全国水文勘测技能培训系列教材

水 文 测 量

水利部水文局　组织编写
周国树　主　编
宋政峰　副主编
李　里　主　审

中国水利水电出版社
www.waterpub.com.cn
·北京·

内 容 提 要

本书是"全国水文勘测技能培训系列教材"的其中一本。针对水文系统基层职工的现状及新形势下对水文技能人才的需求情况，在介绍测量基本知识的基础上，介绍水文测量的工作，特别注重新技术、新设备及新方法的应用。全书共9章：第1章水文测量综述；第2章测量基础知识；第3章水准测量；第4章角度及距离测量；第5章卫星定位测量；第6章水文高程测量；第7章水文断面测量；第8章水文地形测量；第9章水文测量工作的拓展。每章均有小结、思考题与练习题。

本书力求体现职业培训特点，原理简明，循序渐进，深入浅出，图文并茂，示例丰富，宜教宜学。本书可作为水文职工技术技能培训用教材，也可供从事水文测量工作的技术人员及大中专学校相关专业师生参考。

图书在版编目（CIP）数据

水文测量 / 周国树主编. -- 北京：中国水利水电出版社，2016.12(2024.5重印)
全国水文勘测技能培训系列教材
ISBN 978-7-5170-5076-6

Ⅰ．①水… Ⅱ．①周… Ⅲ．①水文测验－技术培训－教材 Ⅳ．①P332

中国版本图书馆CIP数据核字(2016)第323213号

书　名	全国水文勘测技能培训系列教材 **水文测量** SHUIWEN CELIANG
作　者	水利部水文局　组织编写 主编　周国树　副主编　宋政峰　主审　李里
出版发行	中国水利水电出版社 （北京市海淀区玉渊潭南路1号D座　100038） 网址：www.waterpub.com.cn E-mail：sales@mwr.gov.cn 电话：（010）68545888（营销中心）
经　售	北京科水图书销售有限公司 电话：（010）68545874、63202643 全国各地新华书店和相关出版物销售网点
排　版	中国水利水电出版社微机排版中心
印　刷	清淞永业（天津）印刷有限公司
规　格	184mm×260mm　16开本　20.5印张　486千字
版　次	2016年12月第1版　2024年5月第3次印刷
印　数	6001—9000册
定　价	**58.00元**

凡购买我社图书，如有缺页、倒页、脱页的，本社营销中心负责调换

版权所有·侵权必究

编委会

主　　任　　林祚顶　　杨诚芳
副 主 任　　张建新　　周济人
委　　员　　周国树　　熊亚南　　罗国平　　黄红虎　　朱春龙
　　　　　　周建康　　王晓平　　李　里　　陈松生　　宋政峰
　　　　　　马　倩　　李正最　　阴法章
办 公 室　　张海翎　　李　帆　　董秀颖　　李　静　　李　薇

主编单位

水利部水文局
扬州大学

致 谢 单 位

长江水利委员会水文局
黄河水利委员会水文局
淮河水利委员会水文局
珠江水利委员会水文局
太湖流域管理局水文局
天津市水文水资源勘测管理中心
辽宁省水文局
黑龙江省水文局
吉林省水文水资源局
上海市水文总站
江苏省水文水资源勘测局
浙江省水文局
安徽省水文局
河南省水文水资源局
湖北省水文水资源局
湖南省水文水资源勘测局
广西壮族自治区水文水资源局
贵州省水文局
陕西省水文局
甘肃省水文局
青海省水文局
水利部南京水利水文自动化研究所

序

为满足我国经济社会发展对水文的新要求，近年来水文服务范围不断扩大，水文现代化建设突飞猛进，水文监测能力不断提升，水文的基础作用和支撑能力明显增强，我国的水文事业取得了跨越式的发展。

水利部一直以来高度重视水文人才队伍建设，持续不断地开展人才培养和培训工作，不断提升水文队伍素质。近年来，随着水文事业不断发展，水文先进技术和仪器设备不断得以应用，在新形势、新需求下，水文人才培养尤为重要。为适应新时期水文事业的发展需求，2014年伊始，在水利部人事司的指导下，水利部水文局主持并启动了水文勘测技能培训系列教材的编撰工作。

为使该系列教材更有针对性，更具实用性，水利部水文局联合扬州大学在全国水文系统进行了广泛调研，又邀请了数十位专家、教授和技术能手，对水文勘测工作和任务进行了深入的分析和研究，参考借鉴了国际上流行的能力本位教育模式（Competency Based Education，简称CBE），按照我国人力资源和社会保障部组织制订的国家职业技能标准《水文勘测工》的有关要求，结合近年来水利部人事司、水利部水文局在扬州大学联合主办的水文职业技能培训情况和我国水文职工队伍现状，特别是根据新时期水文勘测工作所承担的职责和具体任务，编写了水文勘测技能培训教学的课程体系框架，以及各门课程教材的编写大纲。在此基础上，按计划编撰出版各门课程的教材。

这套培训教材体系完整，在阐述应知的理论知识基础上，突出实践与应用，突出新技术、新方法、新设备、新仪器的应用，针对性强，并具有一定的前瞻性，宜教宜学，紧密贴合水文勘测岗位情况，能满足新技术发展的要求，适用于水文行业职业教育和在职职工培训，也适用于大专院校相关专业师生学习参考，并可作为全国水文勘测技能竞赛培训教材。

希望这套培训教材的面世，能为全国水文职工培训和自学创造更好的条件，促进我国水文行业优秀人才不断涌现，推动我国水文事业不断发展。

编委会

2016年3月

前　言

《水文测量》是"全国水文勘测技能培训系列教材"的分册之一。本系列教材的编撰，以提高技术、技能为主旨，力图反映最新科技的发展，贯彻执行新的技术标准，突出新技术、新方法、新设备、新仪器的应用；理论以必需、够用为度，突出实践与应用，适当拓展，具有一定的前瞻性；循序渐进，图文并茂，示例丰富，宜教宜学。

本分册具有以下特色：突破了一般院校非测绘专业测量教材的内容及组织形式，从水文测量入手，明确水文测量的任务、特点；将原分散于各章的测量基础知识集中于一章；对测量基本技能，简明阐述原理，着重讲解仪器设备的使用、测量的方法和注意事项；将高程控制测量和平面控制测量分别融入"水文高程测量"和"水文地形测量"，结合水文行业的特点，突出水文测量的要求；突显水文高程测量、水文断面测量、水文地形测量这三部分核心内容；以丰富的水文生产实践经验和工程案例作为例题或编写素材，以《水文测量规范》（SL 58—2014）为抓手，介绍和强调水文测量的工作方法、生产流程、质量控制、安全措施等。

本分册共分9章。第1章水文测量综述；第2章测量基础知识；第3章水准测量；第4章角度与距离测量；第5章卫星定位测量；第6章水文高程测量；第7章水文断面测量；第8章水文地形测量；第9章水文测量工作拓展。每章均有小结、思考题与练习题。

本分册由扬州大学周国树任主编，上海市水文总站宋政峰任副主编。扬州大学李振、张德强，水利部长江水利委员会三峡水文水资源勘测局谭良，安徽省安庆水文水资源局杨源远参与编写。辽宁省水文局李里担任主审。

本分册的编写得到多方指导、支持与帮助。水利部水文局和扬州大学水利与能源动力工程学院予以精心组织；部水文局林祚顶副局长、张建新处长、王晓平教授，长江水利委员会水文局陈松生副总工，江苏省水文水资源勘测局苏州分局许仁康局长等，对教材的编写给予了详细指导和建议；辽宁、上海、江苏、贵州、陕西、甘肃、青海等省（直辖市）水文局（水文总站）提出了许多宝贵建议并提供第一手资料；扬州大学杨诚芳教授在教材编写的各个环节均给予了具体指导；中国水利水电出版社李亮分社长、刘佳宜编辑对分册的编辑和出版给予了大力支持。在此，一并表示诚挚感谢。

本分册的编撰参考和引用的一些专著、教材和技术文献，在书末的参考文献中都尽量注明，但难免有遗漏，在此谨向所有原作者表示谢意。

由于编者水平所限，书中难免存在不妥之处，敬请专家和广大读者批评指正。

编 者

2016 年 6 月

目 录

序
前言

第1章 水文测量综述 ... 1
1.1 水文测量的任务 ... 1
1.2 水文测量的特点 ... 2
1.3 水文测量技术的发展 ... 3
本章小结 ... 4
思考与练习 ... 4

第2章 测量基础知识 ... 5
2.1 地面点位置的表示方法 ... 5
2.2 地球曲率对测量工作的影响 ... 14
2.3 直线定向与坐标正、反算 ... 15
2.4 测量工作方法 ... 19
2.5 测量误差基本知识 ... 21
本章小结 ... 32
思考与练习 ... 32

第3章 水准测量 ... 36
3.1 水准测量原理 ... 36
3.2 水准仪及其使用 ... 37
3.3 水准测量的实施 ... 43
3.4 水准测量的平差计算 ... 53
3.5 水准仪与水准尺的检校 ... 57
本章小结 ... 64
思考与练习 ... 65

第4章 角度及距离测量 ... 71
4.1 角度测量 ... 71
4.2 距离测量 ... 88
4.3 全站仪及其使用 ... 98
本章小结 ... 106

思考与练习 ·· 106

第5章　卫星定位测量 ··· 113
5.1　概述 ··· 113
5.2　卫星定位测量的坐标系 ··· 124
5.3　卫星定位静态测量 ·· 128
5.4　卫星定位差分测量 ·· 141
5.5　卫星定位测高 ··· 149
　　本章小结 ·· 151
　　思考与练习 ·· 152

第6章　水文高程测量 ··· 154
6.1　水文高程基准 ··· 154
6.2　高程控制网 ·· 156
6.3　高程控制测量方法 ·· 160
6.4　水文测站高程测量 ·· 172
　　本章小结 ·· 179
　　思考与练习 ·· 180

第7章　水文断面测量 ··· 185
7.1　断面测量方案 ··· 185
7.2　起点距测量 ·· 186
7.3　水位与水深测量 ··· 189
7.4　大断面测量 ·· 195
7.5　纵断面测量 ·· 203
　　本章小结 ·· 206
　　思考与练习 ·· 206

第8章　水文地形测量 ··· 208
8.1　平面控制测量概述 ·· 208
8.2　平面控制测量方法 ·· 210
8.3　地形图的基本知识 ·· 231
8.4　地形图测绘 ·· 240
8.5　水文测站及测验河段地形测量 ··· 258
8.6　大水面水下地形测量 ·· 261
　　本章小结 ·· 266
　　思考与练习 ·· 267

第9章　水文测量工作的拓展 ··· 271
9.1　放样测量 ··· 271
9.2　缆道测量 ··· 274

9.3 地形图应用 …………………………………………………………………… 280
9.4 遥感及在水文测量中的应用 ………………………………………………… 293
9.5 地理信息系统及在水文测量中的应用 ……………………………………… 303
本章小结 …………………………………………………………………………… 311
思考与练习 ………………………………………………………………………… 312

参考文献 ……………………………………………………………………………… 314

第1章 水文测量综述

1.1 水文测量的任务

水文测量是指水文业务中的高程测量、断面测量和地形测量,是进行测验河段查勘、测站勘察、水文测验、水文野外调查等的重要工作内容,也是一项基础性工作。在水文业务的基本观测和水文调查中,有的项目全部或部分需要直接通过测量来完成。

常规的水文测量任务有以下几项:

(1) 水文高程测量。引测或校测水准点、水尺零点、断面基点、固定点及水文设施的高程;在测站地形测绘和断面测量中建立高程控制,进行高程测量。最常见的水文高程测量是,测站水准点和水尺零点高程的校测、断面测量中确定水面和岸上地形转折点的高程、洪水痕迹高程的测量。水文高程测量的关键是对水位高程基准的控制。

(2) 水文断面测量。因测站勘察、水文测验、水文调查、河势演变、冰情观测、水毁等需要,进行纵断面、横断面测量。最常见的是流量测验中大断面测量,包括陆上部分测量和水下部分测量。

(3) 水文地形测量。因测站查勘、测站考证、水文调查、河势演变、冰情观测、水毁等需要,进行测站和测验河段的地形测量,最常见的是测站地形图的测绘。在地形图上应表达各种水文要素和标注各水文观测断面。

(4) 其他水文测量工作。更多的水文测量工作,还包括或涉及平面控制测量、区域水准网联测、缆道测量、沉降观测、应急测量等。

历史上,水文测量被称为"普通测量",20世纪90年代后改称为"水文普通测量"。带有"普通"的称谓,意在区别于普遍意义上即测绘行业的测量工作的表达。之所以称"普通测量"有两方面原因:一是在水文业务中,测量工作内容,只是测绘专业系统里测绘工作内容中的一部分,即仅针对水文测站水准点、水尺、大断面、测站地形等水文测验中所涉及的测量项目,而且往往以局部或碎部测量为主,较少涉及控制测量,即便涉及控制测量也大多等级较低、范围较小、测量技术利用相对单一,也就是,水文测量工作内容存在局限性;二是早期的水文测量技术装备水平相对较低,有些甚至无法严格满足通用测量技术要求,如有些测站没有双面水准尺而不能进行四等及四等以上水准测量。装备条件不足,使得局部的技术方法及要求的设立存在特殊性。为了注意区别水文测量工作中所采用的测量技术与测绘学意义上专业测量的系统技术,较长一段时期,一直以"普通测量"表述水文业务中的测量工作。

随着时代的发展变化,2012年修订《水文普通测量规范》(SL 58—1993)时,根据水文业务中水文测量工作的拓展和测量技术装备的改善,对规范主题正式取消"普通"两字,意味着水文业务中的相关测量工作,在技术上与测绘学意义上专业测量技术完全衔接。

1.2 水文测量的特点

水文测量与测绘学范畴中的工程测量关系相近，几乎所有水文测量工作的技术方法、要求、指标均与工程测量一致，但水文测量又有其自身特点。

(1) 对于水位资料，测站不同断面之间、测站年份之间、站与站之间的数值关系，在水文预报、水文计算分析中非常敏感，要求测站的高程基准要稳定可靠，并且需要采取有效的技术措施，以应对水准点沉降、变动等对高程基准控制的影响，高程基准控制的要求相对较高。

(2) 为了获得水位观测、比降观测和水头差的准确度，相应要求水尺零点高程的水准测量的精度指标达到甚至超过国家三、四等水准测量，从被测对象的角度而言，高于工程测量的相应要求。

(3) 水文测量中的河道地形图，因需要进行洪水淹没、泥沙运动、河势演变等的分析利用，均为大比例尺图，且基本等高距相对较小，一般为0.5m或0.2m、有的仅为0.1m。要求在地形图测绘中，需要建立精度较高的高程控制，同时对碎部点高程测量的要求也相对较高，以保证成图的高程精度。

(4) 针对大断面岸上部分的断面测点以及条件限制下洪水痕迹的水准测量，设置了五等水准，相当于工程测量中图根水准的要求。地面点参照图根控制要求，高于工程测量的相应要求。

(5) 由于测站地形图的测区范围较小，且一般会独立应用，往往与国家或地区基础测绘资料中的地形图没有拼接的需要，所以通常可以采取自定义独立坐标系，这样，对平面控制要求相对较低。另外，水文测站地形图，一般不涉及地籍因素，对地物精度要求相对较低。

(6) 工程测量的任务对象广泛，不同任务的环境条件千差万别。水文测量的对象则相对单一，单站的测量任务及其测量环境几乎长期不变，一定区域内测站之间的测量任务也基本相似。当然，不同气候带或地理区的测量任务有所差别。

(7) 水文测量手段均为测量学意义上成熟测量技术的利用，一般不涉及复杂的技术问题。较大范围情况下需要进行控制测量，也因水文测量测区小而变得相对简单。观测新技术主要在碎部测量范畴中应用，较少触及高等级控制测量。

(8) 虽然在涉水测量中有激光扫描、多波束声呐、图像声呐、遥感、地理信息等技术的运用，但在实务的测站水文测量工作中其作用有限，就水文测量普遍的工作任务来说，仍是高程测量、断面测量、地形测量三大任务，水文测量生产中多普遍采用常规技术手段和方法。

(9) 由于水文的专业特点和环境特征，水文测量技术仅仅是工程测量技术的一部分，使得过去不少水文测量工作的从业者，对测绘学科知识的客观需求、测绘基础理论的深入理解、测量技术的系统掌握均较低，当遇到测量范围较大、理论和技术要求较高时，容易产生技术认识的局限甚至产生失误。

1.3 水文测量技术的发展

1.3.1 仪器装备

20世纪80年代以前，水文行业的测量仪器装备一直处于落后状况，大部分水文测量使用微倾式光学水准仪，6s甚至10s、20s级别的光学经纬仪，小平板与丝尺照准器，很少有正像的仪器，2s的经纬仪也非常罕见，有的测站甚至没有双面水准尺而不得不以两次仪高法来替代观测。那时的水文测量工作处于光学测角、视距测距或钢尺量距的旧技术时代，劳动生产率低，精度不佳，测洪等应急反应能力较弱。

20世纪90年代以后，光电一体测量仪器和电子测量仪器开始陆续装备水文行业，自动安平水准仪、全站仪、测深仪首先进入水文测站。到21世纪初，精密测深仪、卫星定位测量设备等也逐渐成为水文部门的常备测量仪器，并且在不断更新换代。数字测图、自动化水下地形测量等技术也大量被采用，地形图告别了手绘而采用绘图仪输出。近10年来，电子水准仪开始被大量使用，多波束声呐也已经在多地水文部门装备，水文测船更加专业化、现代化。

1.3.2 技术应用

水文测量的工作特点使水文行业的测量技术实践曾长期存在：水文测量的从业人员测量知识和技能更新慢，对测量技术系统理解不够，综合技术能力不足，测量技术水平总体上较低；长期面对单一的测量对象与环境条件，总的测量作业实施的频次也较低，客观经验不够丰富；控制测量的技术实践相对比较少，或者控制测量技术应用相对较为简单，普遍缺乏较大范围控制测量工作的实践经验与技术积累。

随着水文业务的发展，水文系统开始了向工程测量领域的技术拓展，开始了静态卫星定位控制网、区域水准网等控制测量的生产实践。基本控制、加密控制、平差计算、数字测图等具体环节逐渐有序，测量技术方案逐渐系统、完善，测量实施逐渐规范，与二三十年前相比，测量技术有了极大提高。在水环境治理、河道调查、水利普查等测量生产实践中，已经有越来越多的方法严密、操作规范、多种测量技术手段综合利用的成功案例。

1.3.3 技术规范

新修订的行业标准《水文测量规范》（SL 58—2014），吸收了大量的新技术、新方法，淘汰了一些旧的技术方法。增加了电磁波测距高程导线测量、卫星定位高程测量、卫星定位平面坐标测量、数字测图，取消了经纬仪量距导线测量、旁点交会导线。新规范在技术上完全与专业测绘技术标准接轨，同时保留了针对水文特殊需要的相关内容，既充分反映水文测量技术的时代发展，同时也对传统水文测量技术进行必要的历史继承。

当然，就全国而言，在总体装备水平有所提高、测量技术取得较大进步的同时，由于不同地区的人力资源、技术水平、设备条件等存在差异，一些地方仍然存在先进测量手段普及应用不够，新装备的功能没有得到充分发挥，对测绘新技术和测量基础理论缺乏系了解，综合测绘技术应用水平总体较低，甚至生产应用中出现技术差错等问题。这也是组织编写本书，全面促进提高水文职工勘测技术水平的原因所在。

本 章 小 结

　　水文测量的任务，即水文高程测量、水文断面测量和水文地形测量。水文测量所运用的基本理论与技术方法，与一般工程测量的理论、方法相同或相近，但水文测量也具有自身的特点，特别是对高程测量，在某些方面，水文测量高于一般工程测量的相应要求。过去，由于考虑水文测量的工作任务及运用的理论和技术，仅仅是测绘学意义上的一部分，所以冠以"水文普通测量"称谓。20世纪90年代以后，水文测量在仪器装备、从业人员理论和技术素质、测量新技术的应用等方面均有不同程度提高，特别是进入新世纪，更是得到飞速发展，为此，修订了水文测量规范内容，以完全适应时代和新时期水文业务发展的需要。

思 考 与 练 习

1.1　水文测量的任务是什么？
1.2　与一般工程测量工作相比水文测量工作有哪些特点？
1.3　水文测量的发展体现在哪些方面？

第 2 章 测量基础知识

2.1 地面点位置的表示方法

2.1.1 地球的形状和大小

测量工作是在地球的表面上进行的，因此有必要先了解地球的形状和大小，理解和掌握重力、铅垂线、水准面、大地水准面、参考椭球面和法线等概念，并了解它们之间的关系。

地球表面不平坦也不规则，有高山、丘陵、平原、江、河、湖、海等，海洋面积约占71%，陆地面积约占29%，珠穆朗玛峰海拔高达8844.43m，马里亚纳海沟深达海平面以下11022m。

尽管地球的自然表面是高低起伏的，但相对于地球庞大的形体来说，还是很有限的，不妨将地球总的形状看成是一个被海水包围的球体。也就是设想一个静止的海水面，向陆地延伸而形成一个封闭的曲面，把这个静止的水面称为水准面。受潮汐影响，水准面有无数个，其中与平均海水面吻合的水准面称为大地水准面，它所包围的形体称为大地体。

如图2.1所示，由于地球的自转，其表面的质点P除受万有引力的作用外，还受到离心力的影响。P点所受的万有引力与离心力的合力称为重力，重力的方向称为铅垂线方向。

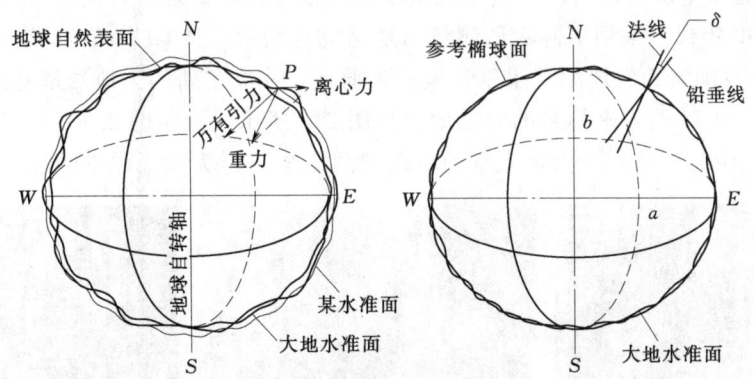

图 2.1 地球自然表面、水准面、大地水准面、参考椭球面、铅垂线、法线间的关系

由于地球内部物质的密度分布不均匀，造成地球各处万有引力的大小不同，致使重力方向产生变化，所以大地水准面仍是有微小起伏、不规则、很难用数学方程表示的复杂曲面。如果将地球表面上的物体投影到这个复杂曲面上，计算起来将非常困难。为了解决投影计算问题，选择一个与大地水准面非常接近、能用数学方程表示的椭球面作为投影基准

面。这个椭球面是由长半轴为 a、短半轴为 b 的椭圆 $NESW$ 绕其短轴 NS 旋转而成的旋转椭球面。旋转椭球又称参考椭球,所以,其表面又称参考椭球面。

由地表任一点向参考椭球面所作的垂线称为法线,地表点的铅垂线与法线一般不重合,其夹角 δ 称为垂线偏差。

决定参考椭球大小的元素为椭圆的长半轴 a 和短半轴 b。此外,根据 a 和 b 定义了扁率 α,其定义为长、短半轴之差与长半轴之比,即

$$\alpha = \frac{a-b}{a} \tag{2.1}$$

a、b 和 α 称为参考椭球元素。现将我国建立大地测量坐标系采用过的两套参考椭球元素值及 GPS 测量使用的 WGS-84 坐标系参考椭球元素值列于表 2.1 中。

表 2.1　　　　　　　　　　　坐标系参考椭球元素

序号	坐标系名称	长半轴 a/m	短半轴 b/m	扁率 α
1	1954 年北京坐标系	6378245	6356863.0188	1/298.3
2	1980 西安坐标系	6378140	6356755.2882	1/298.257
3	WGS-84 坐标系	6378137	6356752.3142	1/298.257223563

地球的扁率是很小的,因此,当测区范围不大时,可以将参考椭球近似看作为圆球,其半径 $R = \frac{1}{3}(a+a+b) = 6371 \text{km}$。

决定参考椭球相对于地球的位置称为参考椭球定位,参考椭球面与大地水准面相切的点称为大地原点,该点的铅垂线与法线重合。新中国成立以来,我国先后两次选用不同的地球椭球元素以解决椭球体的定位,使其尽量与大地体吻合并建立大地测量坐标系。

新中国成立初期,采用苏联克拉索夫斯基椭球体元素,依此建立了"1954 年北京坐标系",其大地原点位于苏联西北部(现俄罗斯圣彼得堡)的普尔科沃。

20 世纪 80 年代,采用国际大地测量与地球物理协会(IUGG)1975 年推荐的地球椭球体元素,在我国陕西省泾阳县永乐镇设大地原点,建立了新的大地测量基准,即"1980 西安坐标系"。1980 西安坐标系的大地原点如图 2.2 所示,其中图 2.2 (a) 为大地原点所在地的大门,图 2.2 (b) 为大地原点的塔楼,图 2.2 (c) 为大地原点的标志。

(a)　　　　　　　　　　(b)　　　　　　　　　　(c)

图 2.2　1980 西安坐标系大地原点

2.1.2 地面点的坐标

测绘工作的实质即确定地面点的空间位置，而空间点的位置是用它的坐标和高程来表示的。测绘上常用的坐标系有地理坐标系和平面直角坐标系。

2.1.2.1 地理坐标系

按坐标系所依据的基本线和基本面的不同以及求取坐标方法的不同，地理坐标系又分为天文地理坐标系和大地地理坐标系两种。

1. 天文地理坐标系

天文地理坐标又称天文坐标，表示地面点在大地水准面上的位置，其基准是铅垂线和大地水准面，用天文经度 λ 和天文纬度 φ 两个参数来表示地面点在球面上的位置。

如图 2.3 所示，过地面上任一点 P 的铅垂线与地球旋转轴 NS 所组成的平面称为该点的天文子午面，天文子午面与大地水准面的交线称为天文子午线，也称经线。过英国格林尼治天文台 G 的天文子午面为首子午面。

P 点天文经度 λ 定义为：过 P 点的天文子午面与首子午面的两面角，从首子午面向东或向西计算，取值范围是 $0°\sim180°$，在首子午线以东为东经，以西为西经；P 点天文纬度 φ 定义为：P 点铅垂线与赤道面的夹角，自赤道起向南或向北计算，取值范围为 $0°\sim90°$，在赤道以北为北纬，以南为南纬。

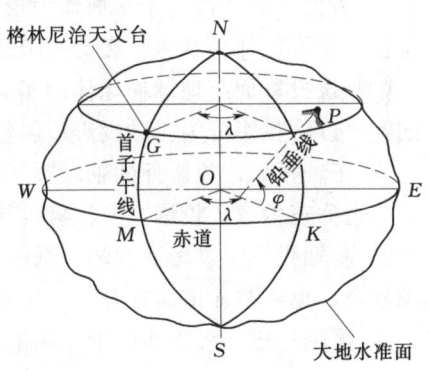

图 2.3 天文地理坐标系

2. 大地地理坐标系

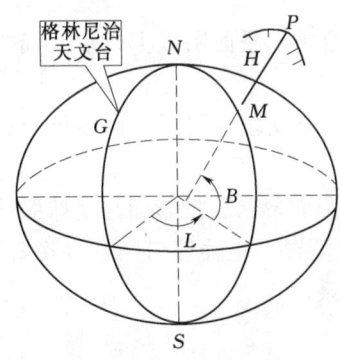

图 2.4 大地地理坐标系

大地地理坐标又称为大地坐标，表示地面点在参考椭球面上的位置，基准是参考椭球面和法线，用大地经度 L 和大地纬度 B 表示。

如图 2.4 所示，P 点大地经度 L 定义为：过 P 点的大地子午面和首子午面所夹的两面角；P 点大地纬度 B 定义为：过 P 点的法线与赤道面的夹角。大地经、纬度是根据起始大地点的大地坐标，按大地测量所得数据推算而得。起始大地点又称为大地原点，该点的大地经纬度与天文经纬度一致。我国以陕西省泾阳县永乐镇大地原点建立的大地坐标系，即"1980 西安坐标系"，其地理坐标为东经 $108°55'$、北纬 $34°32'$。

2.1.2.2 平面直角坐标系

1. 地球投影概述

球面坐标对局部测量工作很不方便，局部测量计算最好在平面上进行，但地球是一个不可展的曲面，须通过投影方法将地球表面上的点位化算到平面上。投影的方法有多种，为了便于研究和使用，有必要进行适当分类。

（1）按投影面分类。按投影面形态不同，可以将投影分为圆锥投影、圆柱投影和方位投影。

1）圆锥投影。想象用一个巨大的圆锥体罩住地球，把地表的位置投影到圆锥面上，然后沿着一条经线将圆锥切开展成平面。圆锥体罩住地球的方式可以有两种情形，即与地球相切（单割线）、与地球相割形成两条与地球表面相割的割线（双割线）。

2）圆柱投影。用一个圆柱体罩住地球，把地表的位置投影到圆柱体面上，然后将圆柱体切开展成平面。圆柱投影可以作为圆锥投影的一个特例，即圆锥的顶点延伸到无穷远。

3）方位投影。以一个平面作为投影面，切于地球表面，把地表的位置投影到平面上。方位投影也可以作为圆锥投影的一个特例，即圆锥的夹角为180°，圆锥变为平面。

（2）按投影面与地球椭球体的相对位置分类。根据投影面与地球椭球体的相对位置的不同，可以将投影分为正轴投影、斜轴投影和横轴投影。

1）正轴投影。投影面的轴（圆锥圆柱的轴线，平面的法线）与地球椭球体的旋转轴重合，也称正常位置投影，或称极投影。

2）斜轴投影。投影面的轴（圆锥圆柱的轴线，平面的法线）既不与地球椭球体的旋转轴重合，也不与赤道面重合，也称水平投影。

3）横轴投影。投影面的轴（圆锥圆柱的轴线，平面的法线）与地球赤道面重合，也称赤道投影。

（3）按投影后的几何变形分类。按照投影后的几何变形，可以将投影分为等角投影、等面积投影和等距离投影。

1）等角投影又称正形投影。地面上的任意两条直线的夹角，在经过地球投影绘制到平面图纸上以后，其夹角保持不变。

2）等面积投影。地面上的一块面积，在经过地球投影绘制到平面图纸上以后，面积保持不变。

3）等距离投影。地面上的两个点之间的距离，在经过地球投影绘制到平面图纸上以后，距离保持不变。

综上所述，投影名称可以结合上述3种分类方法，即投影面形状、投影面与地球椭球体的位置、投影后的变形性质，加以命名，如正轴等角圆锥投影、正轴等角圆柱投影等。下面介绍几种最常用的投影方法及以此建立的平面直角坐标系。

2．墨卡托投影

墨卡托投影是一种等角正切圆柱投影，荷兰地图学家墨卡托（Gerhardus Mercator，1512—1594年）在1569年拟定。假设地球被围在一中空的圆柱里，其标准纬线与圆柱相切接触，然后再假想地球中心有一盏灯，把球面上的图形投影到圆柱体上，再把圆柱体展开。

墨卡托投影没有角度变形，由每一点向各方向的长度比相等，它的经纬线都是平行直线，且相交成直角。经线间隔相等，纬线间隔从标准纬线向两极逐渐增大。墨卡托投影长度和面积变形明显，但标准纬线无变形。从标准纬线向两极变形逐渐增大，但因为它具有各个方向均等扩大的特性，保持了方向和相互位置关系的正确。

取零子午线或自定义原点经线与赤道交点的投影为原点，零子午线或自定义原点经线的投影为纵坐标 x 轴，赤道的投影为横坐标 y 轴，构成墨卡托平面直角坐标系。

在地图上保持方向和角度的正确，是墨卡托投影的优点，所以墨卡托投影地图常用作航海图和航空图，如果循着墨卡托投影图上两点间的直线航行，可以方向不变一直到达目的地，因此它对舰船在航行中定位、确定航向具有有利条件，给航海者带来很大方便。

3. 高斯-克吕格投影及高斯平面直角坐标系

高斯投影是德国科学家高斯（Gauss）在1820—1830年间提出的一种投影方法，从1912年起，德国学者（大地测量学家）克吕格（Kruger），将高斯投影公式加以整理和扩充，并推导出了实用计算公式，所以完整地称其为高斯-克吕格投影，一般简称高斯投影。

如图2.5所示，高斯投影是将地球按经线划分成带，称为投影带。投影时，设想用一个空心椭圆柱横套在参考椭球外面，使椭圆柱与某一中央子午线相切，将椭球面上的图形，按保角投影的原理投影到圆柱体面上，将圆柱体沿过南北极的母线切开，展开成平面，并在该平面上定义平面直角坐标系。

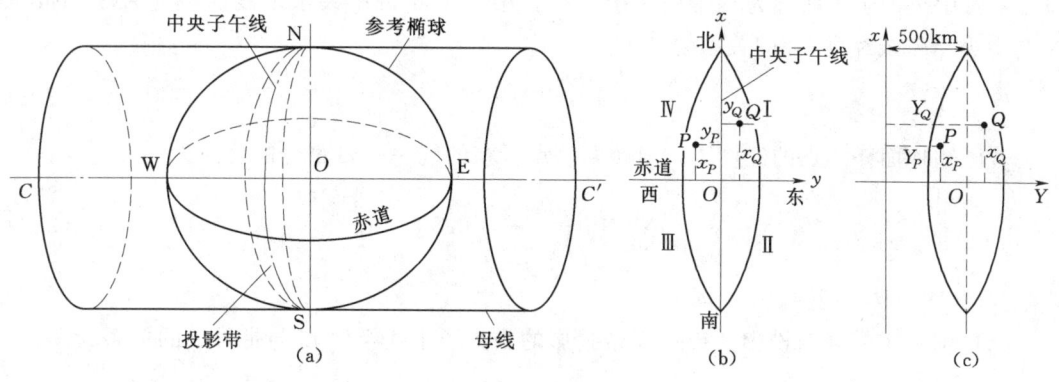

图2.5 高斯投影与高斯平面直角坐标系

高斯投影是保角投影，球面上的角度投影到横椭圆柱面上后保持不变，而距离将变长，只有中央子午线和赤道投影后距离不变，并相互垂直，以此建立的直角坐标系称为高斯平面直角坐标系。

高斯平面直角坐标系与数学的笛卡儿坐标系比较，x 轴与 y 轴互换了位置，其象限按顺时针方向编号，这样做是为了将数学上定义的各类三角函数，在高斯平面直角坐标系中直接应用，无需作任何改变。

我国采用的即是高斯—克吕格投影。我国位于北半球，x 坐标值恒为正，y 坐标值则有正有负，最大的 y 坐标负值约为 -334km。为保证 y 坐标恒为正，统一规定将每带的坐标原点向西移500km，即给每个点的 y 坐标值加500km。为确定投影带的位置，还在 y 坐标前冠以带号。

高斯投影距离变形的规律是，离中央子午线越远，距离变形越大，减小距离变形的方法是缩小投影带的带宽。带宽用投影带两边缘子午线的经度差表示，常用带宽为 6°、3°和 1.5°，分别简称为 6°、3°和 1.5°带投影。国际上对 6°和 3°带投影的中央子午线有统一规定，满足这一规定的投影，称为统一 6°带投影和统一 3°带投影。统一 6°带投影与 3°带投影的关系如图 2.6 所示。

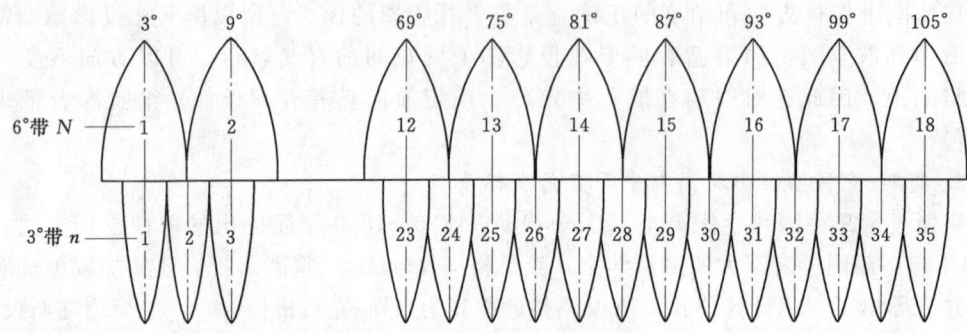

图 2.6　统一 6°带投影与 3°带投影的关系

（1）统一 6°带高斯投影。投影带从首子午线起，每隔经度 6°划分为一带（称统一 6°带），自西向东将整个地球划分为 60 个带，带号 N 从首子午线开始，用阿拉伯数字表示。位于各带中央的子午线称为本带中央子午线，第一个 6°带中央子午线的经度为 3°。带号 N 与中央子午线经度 L_0 的关系为

$$L_0 = 6N - 3 \tag{2.2}$$

若已知地面任一点的经度 L，则计算该点所在的统一 6°带带号的公式为

$$N = \text{Int}\left(\frac{L+3}{6} + 0.5\right) \tag{2.3}$$

式中　Int——取整函数。

（2）统一 3°带高斯投影。统一 3°带投影的中央子午线经度 L_0' 与带号 n 的关系为

$$L_0' = 3n \tag{2.4}$$

若已知地面任一点的经度 L，则计算该点所在的统一 3°带带号的公式为

$$n = \text{Int}\left(\frac{L}{3} + 0.5\right) \tag{2.5}$$

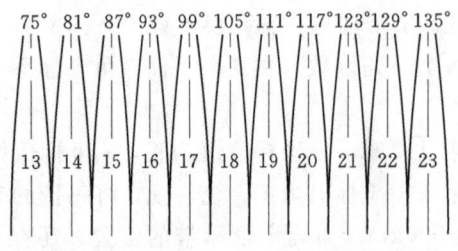

图 2.7　中国所处统一 6°投影带带号及中央子午线经度

中国所处的经度范围是东经 73°27′~135°09′，统一 6°带投影与统一 3°带投影的带号范围分别为 13~23 和 25~45，两种投影带的带号不重复，根据 y 坐标前的带号可以判断属于何种投影带。中国统一 6°带投影的分布情况如图 2.7 所示。

（3）UTM 投影。UTM 是 Universal Transverse Mercator 的首字母，意即通用横轴

墨卡托投影。UTM 投影是一种等角横轴割圆柱投影，椭圆柱割地球于南纬 80°、北纬 84°两条等高圈，如图 2.8 所示。投影分带方法与高斯—克吕格投影相似，是自西经 180°和西经 174°之间为起始带（1 带），每隔经差 6°自西向东分带，将地球划分为 60 个投影带，依次为 1，2，3，…，60 连续编号。

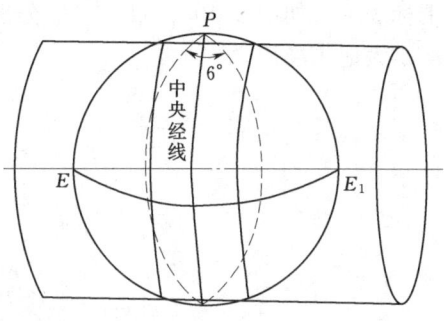

图 2.8　UTM 投影

与高斯投影相似，UTM 投影角度没有变形，中央经线为直线且为投影的对称轴。中央经线长度变化比例因子取 0.9996，投影后保证中央经线左右两条割线没有变形，即有两条不失真的经线。离开这两条割线越远变形越大，在两条割线以内长度变形为负值，在两条割线以外长度变形为正值。它的平面直角坐标系建立方法与高斯投影相同，和高斯投影坐标系有一个简单的比例关系，即有的文献表述的：UTM 投影是 0.9996 的高斯投影。UTM 投影由美国军事测绘局 1938 年提出，1945 年开始采用。使用时直角坐标的实用公式为

$$\begin{cases} y_{实}=y+500000（轴之东用），x_{实}=10000000-x（南半球用） \\ y_{实}=500000-y（轴之西用），x_{实}=x（北半球用） \end{cases}$$

高斯投影与 UTM 投影都是横轴墨卡托投影的变种。目前，一些国外的软件或国外进口仪器的配套软件，往往不支持高斯投影，但支持 UTM 投影，因此常有把 UTM 投影当作高斯投影的现象。从计算结果看，两者主要差别在比例因子上，高斯投影中央经线上的比例系数为 1，UTM 投影为 0.9996。有文献采用以下方式进行坐标转换，即

$$\begin{cases} x_{\text{UTM}}=0.9996 x_{高斯} \\ y_{\text{UTM}}=0.9996 y_{高斯} \end{cases}$$

注意：如果坐标纵轴西移了 500000m，转换时必须将 y 值减去 500000m 后再乘比例因子，然后再加上 500000m。

4．独立平面直角坐标系

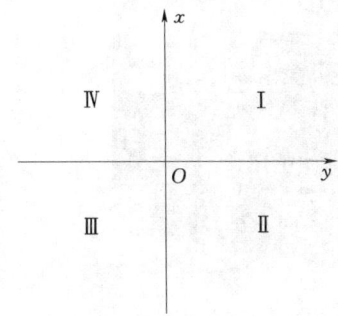

图 2.9　独立测量平面直角坐标系

当测区范围小，可选择任意原点和坐标轴建立平面直角坐标系，称为独立平面直角坐标系，如图 2.9 所示。注意：独立平面直角坐标系也是将坐标轴 x、y 与数学笛卡儿坐标系互换了位置，且象限按顺时针方向编号，这样做同样是为了直接应用数学上各类三角函数公式。

2.1.3　地面点的高程

2.1.3.1　高程的定义

地面点沿铅垂线到大地水准面的距离称为该点的绝对高程或海拔，简称高程。通常用大写英文字母 H 加点名

作下标表示，如图 2.10 中 H_A、H_B 分别表示 A 点和 B 点的高程。高程系是一维坐标系，基准是大地水准面。

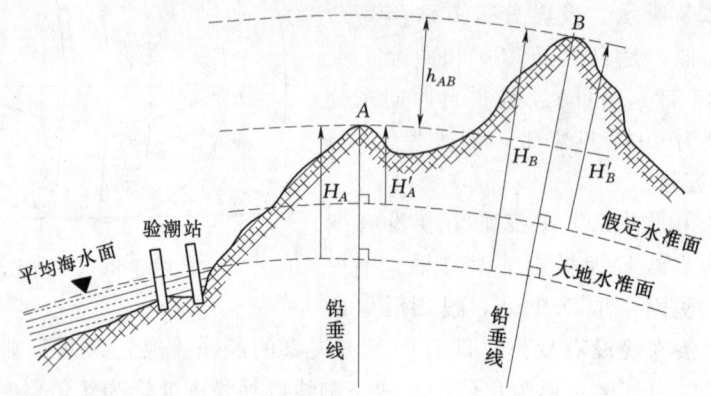

图 2.10　高程与高差的定义及其相互关系

因海水面受潮汐、风浪等影响，它的高低时刻在变化，在海边设立验潮站，进行长期观测，求得海水面的平均高度作为高程零点，以通过该点的水准面（大地水准面）为高程基准面，也即大地水准面上的高程为零。

在局部地区，当无法获得绝对高程时，可假定一个水准面作为高程起算面，地面点到假定水准面的铅垂距离，称为假定高程或相对高程，通常用 H' 加点名作下标表示，如图 2.10 中 A、B 两点的相对高程表示为 H'_A 和 H'_B。

地面两点间的绝对高程或相对高程之差称为高差，用 h 加两点点名作下标表示，如图 2.10 中 A、B 两点高差为

$$h_{AB} = H_B - H_A = H'_B - H'_A \tag{2.6}$$

2.1.3.2　国家高程基准

我国以青岛大港验潮站历年观测的资料计算黄海平均海水面，作为高程基准面，并于 1954 年在青岛市观象山建立了水准原点，用玛瑙石作水准原点标志，如图 2.11（a）所示，设在青岛市观象山验潮站的一间特殊的石屋内，如图 2.11（b）所示。

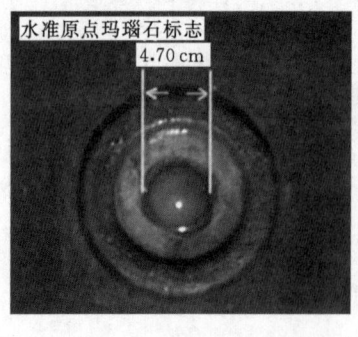
（a）

（b）

图 2.11　国家水准原点

通过水准测量的方法，将验潮站确定的高程零点引测到水准原点，求出水准原点的高程。

1. 1956 年黄海高程系

1956 年，采用青岛大港验潮站 1950—1956 年 7 年的潮汐记录资料，以此推算出的大地水准面为基准，引测出水准原点的高程为 72.289m，如图 2.12（a）所示，以这个大地水准面为高程基准建立的高程系称为"1956 年黄海高程系"，简称"56 高程系统"。

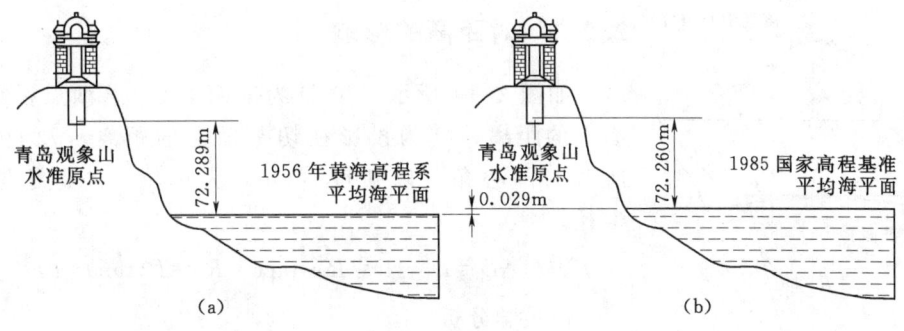

图 2.12 水准原点高程

2. 1985 国家高程基准

20 世纪 80 年代，又采用青岛验潮站 1952—1979 年的潮汐记录资料推算出的大地水准面为基准，引测出水准原点的高程为 72.260m，如图 2.12（b）所示，以这个大地水准面为高程基准建立的高程系称为"1985 国家高程基准"，简称"85 高程基准"。

由于水准原点实际高程并非为海拔 0m，2006 年，经国家测绘局批准，由专家精确移植水准原点信息数据，在青岛银海大世界内建起了"中华人民共和国水准零点"。水准零点标志雕塑，底座像一个铅锤，顶部为一地球仪，如图 2.13（a）所示；在雕塑的下面是一个观测井，井底设有一个红色玛瑙球，如图 2.13（b）所示，这个球体的顶平面就是海拔 0m 的地方。

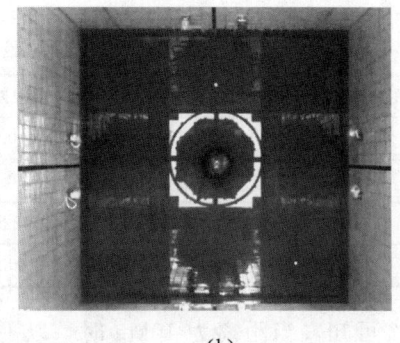

图 2.13 国家水准零点

2.2 地球曲率对测量工作的影响

水准面和参考椭球面都是曲面,要在这样的曲面上进行测量计算,是很不方便的。当测区较小时,可将曲面视为水平面。但是,用平面代替曲面,必然会在测量和制图工作中带来误差,并且范围越大,影响会越大。下面讨论用平面代替曲面对距离和高差的影响,以考虑多大范围方可取用。

2.2.1 对距离的影响

如图 2.14 所示,设 D 为地面上 C、P 两点投影在曲面上的距离,D' 为投影在切平面上的距离,θ 为弧长 D 所对的圆心角,以弧度(rad)为单位,R 为地球曲率半径。

$$\Delta D = D' - D = R \cdot \tan\theta - R\theta = R(\tan\theta - \theta) \quad (2.7)$$

由数学分析

$$\tan\theta = \theta + \frac{1}{3}\theta^3 + \frac{2}{15}\theta^5 + \cdots \quad (2.8)$$

取式(2.8)右端前两项,代入(2.7)式,并顾及 $\theta = \dfrac{D}{R}$,得

$$\Delta D = R\left(\theta + \frac{1}{3}\theta^3 - \theta\right) = R\frac{\theta^3}{3} = \frac{D^3}{3R^2} \quad (2.9)$$

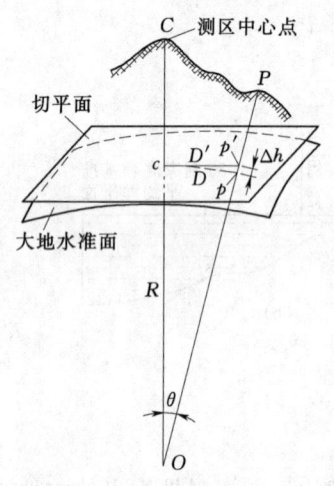

图 2.14 地球曲率对距离和高差的影响

将式(2.9)两端同除以 D,得

$$\frac{\Delta D}{D} = \frac{D^2}{3R^2} \quad (2.10)$$

以不同的 D 值代入式(2.10),算出距离误差 ΔD 及相对误差 $\dfrac{\Delta D}{D}$ 列于表 2.2。

表 2.2　　　　切平面代替曲面的距离误差及相对误差

距离 D/km	距离误差 ΔD/cm	相对误差 $\Delta D/D$
10	0.82	1/1219512
20	6.57	1/304414
30	22.17	1/135317
50	102.65	1/48709

从表 2.2 可知,当距离为 10km 时,以平面代替曲面所产生的距离误差为 0.82cm,相对误差约为 1/1210000,这样小的误差,在地面上进行精密测距时也是允许的。所以,在半径为 10km 范围内,以平面代替曲面所产生的距离误差可以忽略不计。对一般工程测量和地形测量来说,在半径为 20km 范围内,也可以用平面代替曲面。

2.2.2 对高程的影响

如图 2.14 所示,用切平面代替大地水准面,对高程的影响为 Δh,不难看出

$$R^2 + D'^2 = (R+\Delta h)^2 = R^2 + 2\Delta h R + \Delta h^2$$

由此推算出

$$\Delta h = \frac{D'^2}{2R+\Delta h} \tag{2.11}$$

式(2.11)右端,分子用 D 代替 D';分母由于 Δh 相对于 $2R$ 很小,可以略去不计。所以式(2.11)可写成

$$\Delta h = \frac{D^2}{2R} \tag{2.12}$$

以不同的数值代入式(2.12),算出高程误差 Δh 列于表 2.3 中。

表 2.3　　　　　　　水平面代替水准面的高差(或高程)误差

D/m	10	50	100	200	500	1000
Δh/mm	0.0	0.2	0.8	3.1	19.6	78.5

从表 2.3 可知,用水平面代替水准面,200m 距离对高程的影响就超过了 3mm,可见地球曲率对高差(或高程)的影响很大,因此在高程测量中,即便距离较短,也应顾及地球曲率的影响。

2.3　直线定向与坐标正、反算

2.3.1　直线定向

确定地面直线与标准方向间的水平角度称为直线定向。

2.3.1.1　标准方向

由于我国位于北半球,所以取以下 3 个方向的北方向作为直线定向用的标准方向,即真北方向、磁北方向、坐标北方向,统称三北方向。

1. 真北方向

如图 2.15 所示,地表任一点 P 与地球旋转轴所组成的平面,与地球表面的交线称为 P 点的真子午线。过 P 点的真子午线切线方向的北向,称为 P 点的真北方向。真北方向可用天文测量的方法或陀螺经纬仪测定。

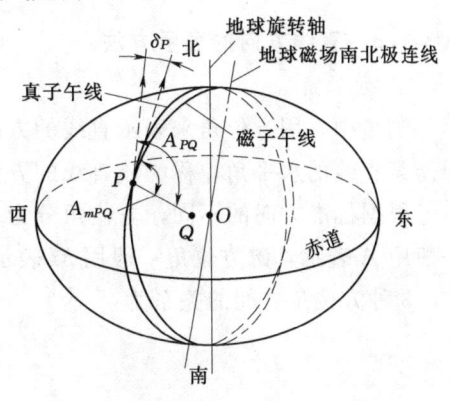

图 2.15　真北方向、磁北方向、磁偏角

2. 磁北方向

如图 2.15 所示，过 P 点及地球磁场南北极所组成的平面，与地球表面的交线，称为该点的磁子午线。过 P 点的磁子午线切线方向的北向，称为 P 点的磁北方向。磁北方向可用罗盘仪确定，当自由旋转的磁针静止下来，其北端所指的方向即为磁北方向。由于地球磁极的位置会不断变动，以及磁针受局部吸引等影响，所以磁北方向不宜作为精确定向的基本方向。但由于用磁北定向方法简便，一般会用于独立小区域的测量定向工作中。

3. 坐标北方向

高斯平面直角坐标系的 x 轴正向所示方向，称为坐标北方向。

2.3.1.2 标准方向之间的关系

过不同点的真北方向并不平行，同样过不同点的磁北方向也不平行，而过各点的坐标北方向是平行的。

1. 真北和磁北之间的关系

由于地磁的两极与地球的两极并不一致，所以过地面上同一点 P 的磁北方向与真北方向并不重合，其间的夹角称为磁偏角，用符号 δ 表示，如图 2.15 所示。磁偏角的符号有正负之分，当磁北方向在真北方向东侧时称为东偏，δ 为正；当磁北方向在真北方向西侧时称为西偏，δ 为负。磁偏角的大小也因地而异，在我国，磁偏角的变化约在 $6°\sim -10°$ 之间。

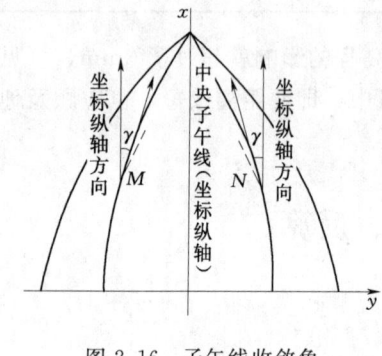

图 2.16 子午线收敛角

2. 真北和坐标北之间的关系

在高斯投影及高斯平面直角坐标系中，中央子午线在高斯平面上是一条直线，作为该坐标系的坐标纵轴，而其他子午线投影后为收敛于两极的曲线，这样过地面上同一点 P 的真北方向与坐标北方向之间就存在一个夹角，称为子午线收敛角，用符号 γ 表示，如图 2.16 所示。同样地，不同地点的收敛角其大小和符号也不是定值，当坐标北方向在真北方向东侧时称为东偏，γ 为正；当坐标北方向在真北方向西侧时称为西偏，γ 为负。

2.3.1.3 直线方向的表示方法

1. 方位角

测量中，用方位角来表示直线的方向。如图 2.17 所示，由标准方向的北端起顺时针量至某直线的水平角，称为该直线的方位角。方位角的取值范围是 $0°\sim 360°$。

根据标准方向的不同，方位角分为真方位角、磁方位角和坐标方位角 3 种，真方位角一般用 A 表示，磁方位角一般用 M 表示，坐标方位角一般用 α 表示，如图 2.18 所示。

3 种方位角之间的关系为

$$\begin{cases} A = M + \delta \\ A = \alpha + \gamma \\ \alpha = M + \delta - \gamma \end{cases} \tag{2.13}$$

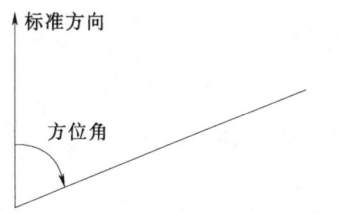
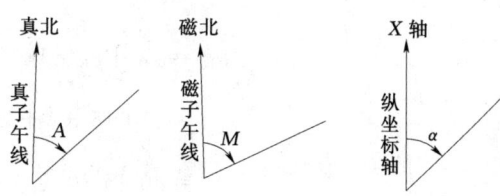

图 2.17 直线的方位角　　　　图 2.18 真方位角、磁方位角和坐标方位角

2. 正、反坐标方位角及其间的关系

如图 2.19 所示，根据方位角的定义，图中 α_{AB} 和 α_{BA} 都是坐标方位角，它们互为正反坐标方位角。一般约定：对于直线 AB，α_{AB} 为正方位角，α_{BA} 为反方位角；而对于直线 BA，α_{BA} 为正方位角，α_{AB} 为反方位角。显然，正反方位角相差 $180°$，即

$$\alpha_{正}=\alpha_{反}\pm 180° \tag{2.14}$$

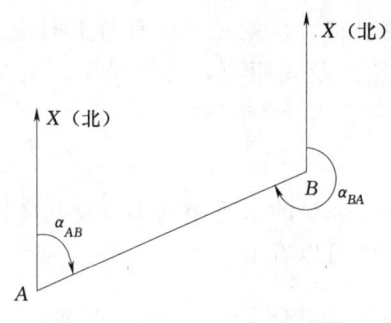
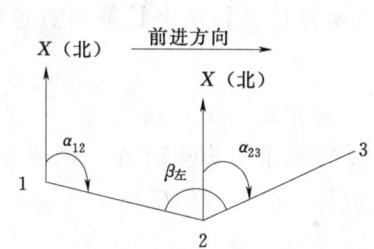

图 2.19 正、反坐标方位角　　　　图 2.20 坐标方位角推算

3. 坐标方位角的推算

在实际测量工作中，绝大多数直线的坐标方位角并不是直接测定的，而是通过与已知方位角的直线连测进行推算。

如图 2.20 所示，设直线 12 的方位角 α_{12} 为已知，观测了水平角 β，β 为转折角。转折角有左右之分，面向前进方向，位于左侧的转折角称为左角，位于右侧的转折角称为右角，图 2.20 中 β 即为左角。由 α_{12} 和 β 可计算直线 23 的方位角 α_{23}，即

$$\alpha_{23}=\alpha_{12}+\beta_{左}\pm 180°$$

也就是

$$\alpha_{前}=\alpha_{后}+\beta_{左}\pm 180° \tag{2.15}$$

显然，如果转折角是右角，则有

$$\alpha_{前}=\alpha_{后}-\beta_{右}\pm 180° \tag{2.16}$$

【**例 2.1**】 如图 2.21 所示，AB 的方位角 $\alpha_{AB}=110°15'30''$，AB 与 BC 的夹角为 $150°30'00''$，试求 BC 的反方位角 α_{CB}。

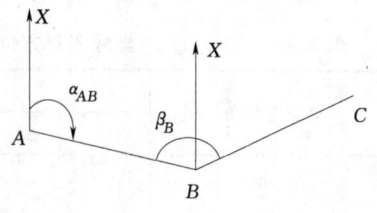

图 2.21 方位角推算

解：

$$\alpha_{BC} = \alpha_{AB} + \beta_B \pm 180°$$

$$= 110°15'30'' + 150°30'00'' - 180°$$

$$= 80°45'30''$$

$$\alpha_{CB} = \alpha_{BC} + 180°$$

$$= 80°45'30'' + 180°$$

$$= 260°45'30''$$

2.3.2 平面直角坐标的正、反算

在实际工作中，往往需要通过两点连线的方位角及其距离计算两点间的坐标增量，此时，如果一个点的坐标已知，即可得到另一点的坐标，这就是平面直角坐标的正算；反之，两点的坐标已知，用来计算两点连线的方位角及其距离，这就是平面直角坐标的反算。

2.3.2.1 坐标正算

如图 2.22 所示，若已知 A 点的坐标 x_A、y_A，AB 的水平距离 D_{AB} 及其坐标方位角 α_{AB}，求直线另一端点 B 的坐标 x_B、y_B。由图 2.22 可以看出

$$\begin{cases} x_B = x_A + (x_B - x_A) = x_A + \Delta x_{AB} \\ y_B = y_A + (y_B - y_A) = y_A + \Delta y_{AB} \end{cases}$$

其中两端点的坐标差 Δx 和 Δy 称为坐标增量，分别为纵坐标增量和横坐标增量。

由图 2.22 可以进一步看出，坐标增量可以由直线的距离和方位角计算，即

$$\begin{cases} \Delta x_{AB} = D_{AB} \cos\alpha_{AB} \\ \Delta y_{AB} = D_{AB} \sin\alpha_{AB} \end{cases} \quad (2.17)$$

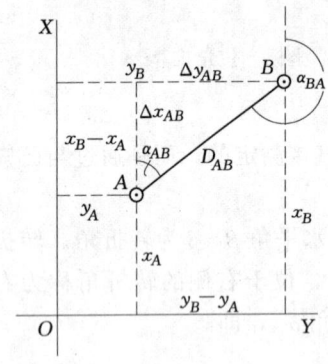

图 2.22 平面直角坐标正反算

坐标增量的符号取决于坐标方位角的大小，或者说取决于该直线的方向，其关系见表 2.4。

表 2.4　　坐标正算方位角与坐标增量符号关系及坐标反算公式

坐标方位角	坐标正算增量符号		坐标反算方位角公式
	Δx	Δy	
0°～90°	+	+	$\alpha = \arctan \dfrac{\Delta y}{\Delta x}$
90°～180°	−	+	$\alpha = \arctan \dfrac{\Delta y}{\Delta x} + 180°$

2.4 测量工作方法

续表

坐标方位角	坐标正算增量符号		坐标反算方位角公式
	Δx	Δy	
180°～270°	−	−	$\alpha = \arctan \dfrac{\Delta y}{\Delta x} + 180°$
270°～360°	+	−	$\alpha = \arctan \dfrac{\Delta y}{\Delta x} + 360°$

2.3.2.2 坐标反算

在图 2.22 中，若已知 AB 两端点的坐标 x_A、y_A 和 x_B、y_B，则可计算 AB 的水平距离 D_{AB} 及其坐标方位角 α_{AB}，即

$$D_{AB} = \sqrt{\Delta x_{AB}^2 + \Delta y_{AB}^2} = \sqrt{(x_B - x_A)^2 + (y_B - y_A)^2} \tag{2.18}$$

$$\alpha_{AB} = \arctan \frac{\Delta y_{AB}}{\Delta x_{AB}} = \arctan \frac{(y_B - y_A)}{(x_B - x_A)} \tag{2.19}$$

注意：式（2.19）只是坐标反算方位角的基本公式，实际计算时，应根据坐标差（坐标增量）的符号，对基本公式加以补充才能得到正确的方位角。补充公式形式见表 2.4。

【例 2.2】 已知 A、B 两点的坐标为 $x_A = 1237.52\text{m}$、$y_A = 976.03\text{m}$ 和 $x_B = 1176.02\text{m}$、$y_B = 1017.35\text{m}$。求 A、B 间的水平距离 D_{AB} 和 A、B 连线的坐标方位角 α_{AB}。

解 根据 A、B 坐标，计算其间的距离为

$$\begin{aligned} D_{AB} &= \sqrt{(x_B - x_A)^2 + (y_B - y_A)^2} \\ &= \sqrt{(1176.02 - 1237.52)^2 + (1017.35 - 976.03)^2} \\ &= 74.09 (\text{m}) \end{aligned}$$

又根据 A、B 坐标可知，$\Delta x_{AB} = (x_B - x_A)$ 符号为"−"，$\Delta y_{AB} = (y_B - y_A)$ 符号为"+"，所以有

$$\begin{aligned} \alpha_{AB} &= \arctan \frac{(y_B - y_A)}{(x_B - x_A)} + 180° \\ &= \arctan \frac{(1017.35 - 976.03)}{(1176.02 - 1237.52)} + 180° \\ &= 146°06'15'' \end{aligned}$$

2.4 测量工作方法

2.4.1 测量基本要素及观测

地面点的三维坐标（X、Y、H）代表着地面点的空间位置，点的平面坐标（X、Y）和高程（H）为地面点的三维定位参数，其中平面坐标（X、Y）为二维定位参数。

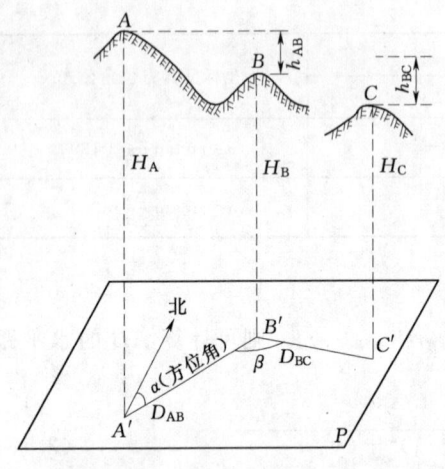

图 2.23 确定地面点位置的基本要素

采用现代测量仪器和定位技术，如全站仪和卫星定位测量，可以直接测定地面点的三维坐标，这种直接依据定位参数的定位技术，为绝对定位或直接定位。除了绝对定位技术外，还常用到相对定位技术。

相对定位即通过测定联系地面点间位置关系的要素来确定地面点的位置。如图 2.23 所示，就平面位置而言，联系地面点位置关系的要素是水平角度（β）和水平距离（D），而竖直方向联系地面点间关系的要素是高差（h）。所以距离、角度和高差是确定地面点位置的基本要素。因此，基本测量工作即角度测量、距离测量和高差测量。

测量水平角用经纬仪或全站仪；测量距离用卷尺或电磁波测距仪（或全站仪）等测距工具；测量高差一般用水准仪，也可测竖直角和距离间接计算高差。

2.4.2 测量工作原则

从事测量工作应遵循"先控制，后碎部；由整体，到局部"的工作原则。

"先控制，后碎部"，即先在测区内布设一些具有控制意义的点，如图 2.24 中的 A、B、C、D 等点，用较精密的方法测出它们的位置，这些点称为控制点，测量这些点的工作称为控制测量。再根据控制点测定房屋、道路、桥梁、河流等细部位置（也称碎部点）。

如图 2.24 所示，在控制点 A 处安置测量仪器，测出角度 β_1、β_2 和距离 S_1、S_2，即可确定房屋拐角（碎部点）的位置。

"由整体，到局部"，即先总体布设全国或全测区的平面和高程控制网，确定控制点的平面坐标和高程，作为测量定位的基准。在此基础上，可分期、分片、分项实施细部测量。任何局部的测量技术过程都必须服从全局的定位要求。

在全国范围内建立的控制网，称为国家控制网。国家控制网是全国各种比例尺测图的基本骨架，也为研究地球的形状与大小、了解地壳水平形变和垂直形变的大小及趋势，以及为地震预测提供形变信息服务。国家控制网是用精密测量仪器和方法依照《国家三角测量和精密导线测量规范》《全球定位系统（GPS）测量规范》《国家一、二等水准测量规范》及《国家三、四等水准测量规范》，按一、二、三、四等共 4 个等级，由高到低逐级加密建立的。

测量工作遵循"先控制，后碎部；由整体，到局部"的原则，一是可以约束和控制测量误差不能超过一定的限度，二是使局部测量误差不要传递影响全局，三是可以将细部的测量工作分阶段、分区、分期实施，不仅能够保证测量成果的质量，而且可以加快测量工作进度。

测量工作除了遵循"先控制，后碎部；由整体，到局部"的工作原则外，还应做到"步步有检核"，即测量工作的每一个过程、每一项成果都必须有检核，在保证前期工作无误的条件下，方可进行后续工作。

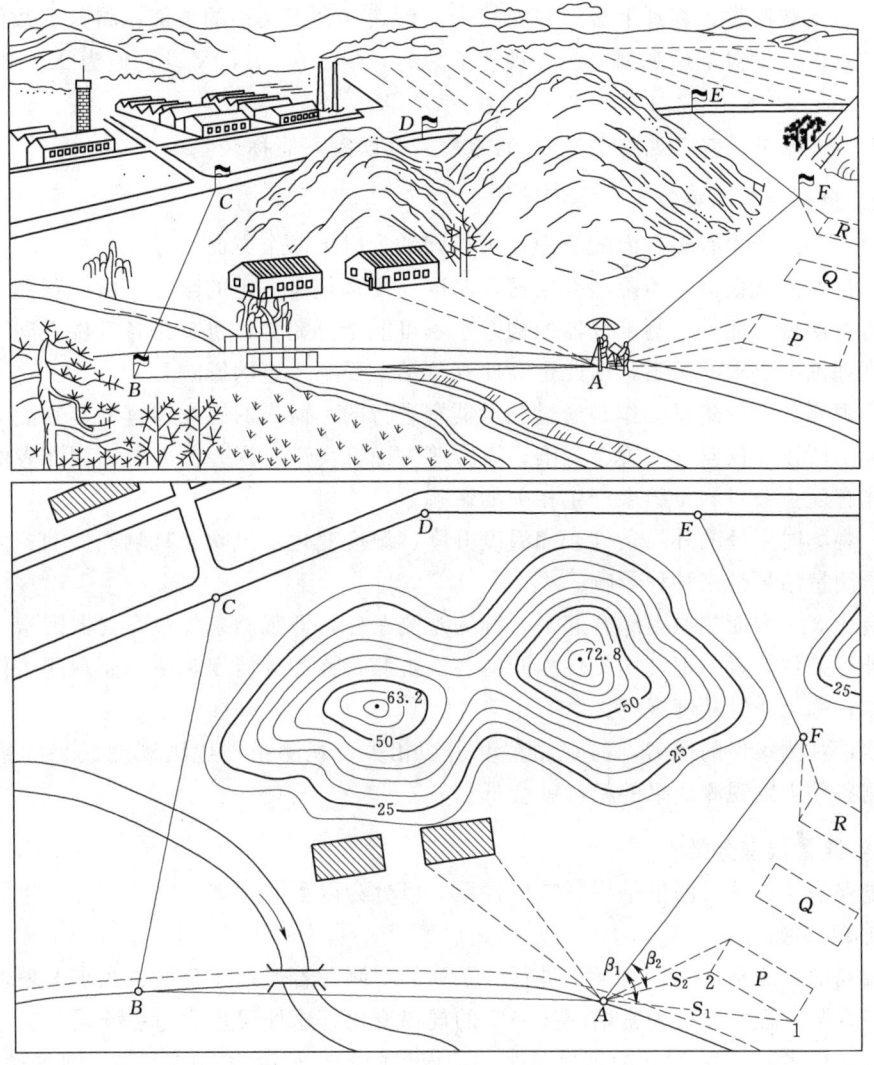

图 2.24 测量工作原则示意图

2.5 测量误差基本知识

2.5.1 测量误差概述

2.5.1.1 测量误差

测量工作的实践表明,尽管是使用精密的仪器,采取合理的观测方法,观测者的工作态度也是认真负责的,但对同一数值的多次观测,各个观测值之间往往还是存在差异。例如,对一段距离测量若干次,测得的结果常常不会完全相等。又如,观测平面三角形的3个内角若干次,其观测值之和往往不等于理论值 $180°$。在测量中,经常而又普遍发生的这种差异,称为测量误差或观测误差。

任何一个观测量,客观上必定存在一个能代表其真正大小的数值,将这一数值称为该观测量的真值。设对某量观测 n 次,观测值为 $l_1,l_2,\cdots,l_n$,又设真值为 X,则有

$$\Delta_i = l_i - X \tag{2.20}$$

式中　Δ_i——测量误差(观测误差),通常称为真误差,简称误差。

2.5.1.2　测量误差的来源

测量误差的产生有多方面的原因,可以归纳为以下 3 个方面。

(1) 任何测量仪器,不论多么精密,其准确度都是有一定的限度,由此观测所得的数据必然带有误差。此外,测量仪器的构造也不可能十分完善,也就是各部件之间,不可能完全达到理论上要求的关系,由此也会使观测结果受到一定的影响。

(2) 观测者进行测量工作是通过感觉器官进行的,而人的感觉器官的鉴别能力有一定的局限性,所以在仪器的安置、照准、读数等方面都会产生误差。此外,观测者的技术水平和工作态度也会对测量结果产生相关的影响。

(3) 观测时所处的外界条件,如温度升降、湿度变化、风吹、日晒、振动、大气折光等都会给测量结果带来种种影响。

把上述 3 个方面的原因综合起来,称为观测条件,即观测条件包含仪器因素、观测者因素、外界条件因素。把观测条件相同的各次观测,称为等精度观测,而观测条件不同的各次观测,称为非等精度观测。

显然,观测条件的优劣,与观测精度密切相关,观测条件优则观测成果的精度就会高,观测条件劣则观测成果的精度就会低。

2.5.1.3　测量误差分类

测量误差,按其对测量结果影响的性质,可分为以下两大类。

1. 系统误差

在相同的观测条件下,对某量进行一系列的观测,若误差在符号、大小上表现出系统性,即在观测过程中保持为常数或按一定的规律变化,这种误差称为系统误差。

例如,用名义长为 30m 的钢尺量距,若该尺的实际长度为 30.003m,则每量一尺段,就会产生 0.003m 的系统误差。

系统误差具有累积性,对测量结果影响甚大。但由于它的符号与大小有一定的规律性,所以,系统误差可以用计算的方法加以改正,或用一定的观测方法来消除其影响。例如,在使用钢尺进行量距时,可以用尺长方程式对观测结果进行尺长改正。又如,在水准测量时,采取使前、后视距相等的观测方法可以消除或减弱 i 角误差对水准测量的影响。

2. 偶然误差

在相同的观测条件下,对某数值进行一系列的观测,若误差在符号、大小上表现出偶然性,即从单个误差看,该列误差的大小和符号没有规律性,但就大量误差的总体而言,具有一定的统计规律,这种误差称为偶然误差。

读数误差、照准误差、对中误差等均属于偶然误差。对于单个的偶然误差,由于其出现的符号及大小无规律性,故无法像系统误差那样通过各种手段来消除或减弱其影响,但就大量偶然误差总体而言,则具有一定的规律性,而且误差的个数越多,规律性越明显。

系统误差与偶然误差在观测过程中往往是同时产生的，当观测中有显著的系统误差时，偶然误差就处于次要地位，测量误差呈现出系统的性质；反之，则呈现出偶然误差的性质。通常在各种测量工作中，人们总是根据系统误差的规律性，采取前面所述的各种方法来消除或减弱其影响，使系统误差处于次要地位，此时，观测结果可以认为只是带有偶然误差的观测值。因此，研究偶然误差的统计性质和如何对一系列偶然误差占主导地位的观测值进行数据处理，就成为测量数据处理的重要内容之一。

在测量中，除了不可避免的误差外，还可能产生错误，如在观测时读错数、记录时记错数、照准瞄错目标等。错误一般都是由于观测者的疏忽大意造成的。在测量结果中是不允许存在错误的，因此，在观测时必须及时发现和更正错误。

2.5.1.4 多余观测

由于观测结果中不可避免地存在着偶然误差的影响，因此，在实际工作中，为了提高成果的质量，以及发现观测值中有无错误，必须进行多余观测。多余观测，即观测值的个数多于确定未知量所必须观测的个数。例如，丈量距离，往返各测一次，则有一次多余；测一平面三角形的3个内角，则有一角多余。有了多余观测，势必在观测结果之间产生矛盾，在测量上称为不符值，也称闭合差。因此，必须对这些带有偶然误差的观测成果进行处理，此项工作在测量上称为测量平差。

2.5.1.5 偶然误差特性

前已述及，在测量工作中，错误是不允许存在的，系统误差是可以消除或减弱其影响的，因此，观测结果即为一系列偶然误差占主导地位的观测值。为了对这样的观测值进行数据处理，就必须进一步研究偶然误差的统计规律性，从而提高测量结果的精度。

为了研究偶然误差的规律性，做了这样一个试验：在相同的观测条件下，对一个三角形的内角独立观测了358次。由于在观测结果中存在偶然误差，三角形的3个内角之和不一定正好等于理论值180°。由式（2.20）可以计算出三角形内角和的真误差，将358个误差按$3''$为一个区间，并按其绝对值的大小排列，分别统计误差出现在各个区间的个数及相对个数，其结果见表2.5。

表 2.5 偶然误差统计结果

误差区间 $\Delta d/('')$	正误差		负误差		误差绝对值	
	k	k/n	k	k/n	k	k/n
0～3	46	0.128	45	0.126	91	0.254
3～6	41	0.115	40	0.112	81	0.226
6～9	33	0.092	33	0.092	66	0.184
9～12	21	0.059	23	0.064	44	0.123
12～15	16	0.045	17	0.047	33	0.092
15～18	13	0.036	13	0.036	26	0.073
18～21	5	0.014	6	0.017	11	0.031
21～24	2	0.006	4	0.011	6	0.017
24 以上	0	0	0	0	0	0
k	177	0.495	181	0.505	358	1.000

从表 2.5 中可以看出，误差的分布情况具有以下规律：绝对值小的误差比绝对值大的误差出现的频率高；绝对值相等的正、负误差出现的频率相同；最大的误差不超过 24″。统计试验结果表明偶然误差具有以下特性。

(1) 在一定的观测条件下，偶然误差的绝对值不会超过一定的限值，即偶然误差的有限性。

(2) 绝对值较小的误差比绝对值较大的误差出现的概率大，即偶然误差的单峰性。

(3) 绝对值相等的正、负误差出现的概率相同，即偶然误差的对称性。

(4) 当观测次数无限增大时，偶然误差的算术平均值趋于零，即偶然误差的抵偿性，即

$$\lim_{n\to\infty}\frac{\Delta_1+\Delta_2+\cdots+\Delta_n}{n}=\lim_{n\to\infty}\frac{[\Delta]}{n}=0$$

式中　[　]——取括号中数值的代数和。

上述第四个特性可以由第三个特性导出。测量工作的实践表明，对于在相同的观测条件下独立进行的一系列观测而言，其观测误差必然具备上述 4 个特性，且观测次数 n 越大，这种特性就越明显。

2.5.2　评定观测精度的指标

精度系指在对某个量的多次观测中，各观测值之间的离散程度。若观测值非常密集，则精度高；反之则低。习惯上所说的精度，通常都是对误差而言的，即误差大，精度低；误差小，精度高。所以，精度是误差的反义词。

为了便于衡量观测值的精度，常用一个具体数字来反映误差分布的离散程度，这个数字就称为评定观测精度的指标。

2.5.2.1　中误差

前面已经讲到，对于一个观测量，客观上必定存在一个能代表其真正大小的数值，即真值，对它进行观测，观测值与真值之差 Δ，称为真误差，观测若干次，就可以得到若干个真误差，即 $\Delta_1, \Delta_2, \cdots, \Delta_n$。定义

$$\sigma=\lim_{n\to\infty}\sqrt{\frac{[\Delta\Delta]}{n}} \tag{2.21}$$

式中　$[\Delta\Delta]=\Delta_1\Delta_1+\Delta_2\Delta_2+\cdots+\Delta_n\Delta_n$；

　　　σ——均方差，可以用于反映观测的精度。

实际观测中，观测个数 n 是有限的，由有限个观测值的真误差，计算 σ 的估值，用 m 表示，称之为"中误差"。

$$m=\pm\sqrt{\frac{[\Delta\Delta]}{n}} \tag{2.22}$$

【例 2.3】 设某段距离用钢尺丈量了 6 次，观测值为 49.988m、49.975m、49.981m、49.978m、49.987m、49.984m。该段距离用高精度的仪器测得，其结果为 49.984m，可视为真值。试求用钢尺丈量距离的中误差。

解　将求算过程列于表 2.6 中。

表 2.6　　距离丈量中误差计算

观测序号	观测值/m	Δ/mm	ΔΔ	计算
1	49.988	+4	16	
2	49.975	−9	81	$m = \pm\sqrt{\dfrac{[\Delta\Delta]}{n}}$
3	49.981	−3	9	$= \pm\sqrt{\dfrac{151}{6}}$
4	49.978	−6	36	$= \pm 5.0\text{mm}$
5	49.987	+3	9	
6	49.984	0	0	
Σ			151	

2.5.2.2　极限误差与允许误差

由偶然误差的特性可知，在一定的观测条件下，偶然误差的绝对值不会超过一定的限值，这个限值就是极限误差。由概率论的理论可知，在等精度观测的一组误差中，偶然误差出现在 $[-\sigma, +\sigma]$、$[-2\sigma, +2\sigma]$、$[-3\sigma, +3\sigma]$ 区间内的概率分别为

$$P(-\sigma \leqslant \Delta \leqslant +\sigma) \approx 68.3\%$$
$$P(-2\sigma \leqslant \Delta \leqslant +2\sigma) \approx 95.5\%$$
$$P(-3\sigma \leqslant \Delta \leqslant +3\sigma) \approx 99.7\%$$

即是说，绝对值大于 2 倍标准差的偶然误差出现的概率为 4.5%，而绝对值大于 3 倍标准差的偶然误差出现的概率仅为 0.3%，实际上是接近于 0 的小概率事件，在有限次观测中不太可能发生。因此，误差理论中，将 3 倍标准差作为偶然误差的限值，称为极限误差。在实际工作中，通常规定 3 倍中误差为偶然误差的允许值，即允许误差为

$$\Delta_{允} = 3m$$

如果实际工作要求较严格，有时也采用 2 倍中误差作为允许误差，即

$$\Delta_{允} = 2m$$

测量工作中，某误差超过了允许误差，则认为它是粗差，应舍去该观测值不用。

2.5.2.3　相对误差

在衡量观测值精度时，有时只用中误差还不能完全表达精度的优劣。例如，在距离测量中，分别测量了 100m 和 400m 两段距离，其中误差均为 ±0.02m。虽然两段距离中误差是相同的，但显然，它们的测量精度是不同的。当观测值的精度与其大小有关时，就必须使用相对误差来衡量观测值的精度。相对误差 K 是中误差 m 的绝对值与相应观测值 D 的比值，即

$$K = \frac{|m|}{D} = \frac{1}{\dfrac{D}{|m|}}$$

相对误差是一个无单位的数，一般以分子为 1 的分式来表示。上述两段距离的相对误差分别为

$$K_1 = \frac{|m_1|}{D_1} = \frac{1}{5000}; \quad K_2 = \frac{|m_2|}{D_2} = \frac{1}{20000}$$

真误差和允许误差，有时也用相对误差表示。例如，在距离测量中，常用往返测量结果的相对校差进行成果检核，即 $K=\dfrac{|D_{往}-D_{返}|}{D_{均}}=\dfrac{|\Delta D|}{D_{均}}=\dfrac{1}{D_{均}/|\Delta D|}$；在导线测量中，规定图根导线全长相对闭合差的限值为 1/2000，即是相对允许误差。

相对误差不用于评定测角的精度，因为角度观测的误差与角度大小无关。同样高差观测的误差与高差大小无关，所以相对误差也不用于评定测高差的精度。

2.5.3 测量误差传播

前面讨论了如何根据一组等精度的独立观测值的真误差，求观测值的中误差。但在实际工作中，有些量往往不是直接观测值，而是某些观测值的函数。直接观测量含有误差，必然导致函数值也有误差，这就是误差传播。如何根据观测值的中误差求观测值函数的中误差，反映观测值的中误差与观测值函数中误差之间的关系式，称为误差传播定律。

函数有多种多样，但总体上可以分为两类，一类是线性函数，另一类是非线性函数。

2.5.3.1 线性函数误差传播定律

设有函数

$$Z=k_1x_1\pm k_2x_2\pm\cdots\pm k_nx_n+k_0 \tag{2.23}$$

式中 k_1，k_2，$\cdots$，k_n，k_0——任意常数；

x_1，x_2，$\cdots$，x_n——独立观测量。

则函数 Z 即为线性函数。设 Z 和 x_i 的真误差分别是 Δ_Z 和 Δ_i，则可以写出

$$\Delta_Z=k_1\Delta_1\pm k_2\Delta_2\pm\cdots\pm k_n\Delta_n$$

又设 x_1，x_2，$\cdots$，x_n 的中误差分别为 m_1，m_2，$\cdots$，m_n，则函数 Z 的中误差为

$$m_Z=\pm\sqrt{k_1^2m_1^2+k_2^2m_2^2+\cdots+k_n^2m_n^2} \tag{2.24}$$

式（2.24）即线性函数的误差传播定律。

2.5.3.2 非线性函数误差传播定律

设有一般函数

$$Z=f(x_1,x_2,\cdots,x_n) \tag{2.25}$$

式中 x_1，x_2，$\cdots$，x_n——独立观测量，其中误差分别为 m_1，m_2，$\cdots$，m_n。

由数学分析可知，任意函数自变量误差与函数误差之间的关系，可以通过函数的全微分来近似表达。对函数式（2.25）求全微分，并用真误差代替微分量，即有

$$\Delta_Z=\frac{\partial f}{\partial x_1}\Delta_1+\frac{\partial f}{\partial x_2}\Delta_2+\cdots+\frac{\partial f}{\partial x_n}\Delta_n \tag{2.26}$$

式中 $\dfrac{\partial f}{\partial x_i}$——函数对各个自变量的偏导数，$i=1$，2，$\cdots$，$n$。

以观测值代入计算得出的常系数。令 $\dfrac{\partial f}{\partial x_i}=f_i$（$i=1$，2，$\cdots$，$n$），则式（2.26）可写成

$$\Delta_Z=f_1\Delta_1+f_2\Delta_2+\cdots+f_n\Delta_n \tag{2.27}$$

显然，式（2.27）与线性函数的真误差表达式（2.23）的形式相同，按线性函数的误差传播定律公式，可以写出

$$m_Z = \pm\sqrt{f_1'^2 m_1^2 + f_2'^2 m_2^2 + \cdots + f_n'^2 m_n^2}$$

即

$$m_Z = \pm\sqrt{\left(\frac{\partial f}{\partial x_1}\right)^2 m_1^2 + \left(\frac{\partial f}{\partial x_2}\right)^2 m_2^2 + \cdots + \left(\frac{\partial f}{\partial x_n}\right)^2 m_n^2} \quad (2.28)$$

式（2.28）即非线性函数的误差传播定律。

【例 2.4】 水准测量。已知在水准尺上的读数中误差为 $m_{读} = \pm 2\text{mm}$，试求一测站高差的中误差 m_h。

解 设在后、前视水准尺上的读数为 a 和 b，一测站高差为 h，则

$$h = a - b$$

式由（2.24）得，$m_h = \pm\sqrt{m_a^2 + m_b^2} = \pm\sqrt{m_{读}^2 + m_{读}^2} = \pm\sqrt{2}\, m_{读} = \pm 2.8\text{mm}$

【例 2.5】 在某处倾斜地面测得一段长度为 89.996m，测距的中误差为 ±0.004m。又测得地面的倾角为 $3°18'06''$，测角的中误差为 $\pm 4''$。试求该段的水平距离及其中误差。

解 设倾斜距离为 S，倾角为 α，水平距离为 D，则有

$$D = S\cos\alpha = 89.996 \times \cos 3°18'06'' = 89.847(\text{m})$$

由式（2.28）得

$$\begin{aligned}
m_D &= \pm\sqrt{\left(\frac{\partial f}{\partial x_1}\right)^2 m_1^2 + \left(\frac{\partial f}{\partial x_2}\right)^2 m_2^2} \\
&= \pm\sqrt{\left(\frac{\partial D}{\partial S}\right)^2 m_S^2 + \left(\frac{\partial D}{\partial \alpha}\right)^2 m_\alpha^2} \\
&= \pm\sqrt{(\cos\alpha)^2 m_S^2 + (S \cdot \sin\alpha)^2 m_\alpha^2}
\end{aligned}$$

代入数据得

$$\begin{aligned}
m_D &= \pm\sqrt{(\cos 3°18'06'')^2 \cdot (0.004)^2 + (89.996 \cdot \sin 3°18'06'')^2 \cdot \left(\frac{4''}{206265''}\right)^2} \\
&= \pm 0.004(\text{m})
\end{aligned}$$

2.5.4 多次独立观测的最可靠结果及其精度

2.5.4.1 等精度观测的最可靠结果及其精度评定

1. 最或是值

在相同的观测条件下对某未知量进行 n 次观测，观测值为 $l_1, l_2, \cdots, l_n$，设该量的真值为 X，相应的真误差为 $\Delta_1, \Delta_2, \cdots, \Delta_n$，由式（2.20）得

$$\begin{aligned}
\Delta_1 &= l_1 - X \\
\Delta_2 &= l_2 - X \\
&\vdots \\
\Delta_n &= l_n - X
\end{aligned}$$

将上式求和后除以 n，得

$$\frac{[\Delta]}{n} = \frac{[l]}{n} - X$$

即

$$X=\frac{[l]}{n}-\frac{[\Delta]}{n}$$

对上式取极限，并根据偶然误差的特性 $\lim\limits_{n\to\infty}\frac{[\Delta]}{n}=0$，得

$$X=\lim_{n\to\infty}\frac{[l]}{n}$$

当 $n\to\infty$ 时，观测值算术平均值的极限就是该观测值的真值。由于在实际工作中 n 总是有限的，故可以求得 X 的估值为

$$x=\frac{l_1+l_2+\cdots+l_n}{n}=\frac{[l]}{n}$$

可见，等精度独立观测值的算术平均值应该是最可靠的，称为最或是值或者最可靠值。

2. 精度评定

在利用式（2.22）计算等精度独立观测的中误差 m 时，需要知道观测值的真误差 Δ_i。而一般情况下，观测值的真值 X 是不知道的，那么真误差也就无法求得。因此，在实际工作中，多用算术平均值与观测值之差 v，计算观测中误差。

记

$$v_i=x-l_i \quad i=1,2,\cdots,n$$

又

$$\Delta_i=l_i-X \quad i=1,2,\cdots,n$$

将上面两式相加得

$$v_i+\Delta_i=x-X$$

令 $x-X=\delta$，代入上式并移项得

$$\Delta_i=-v_i+\delta \quad i=1,2,\cdots,n$$

上式各项平方后求和，即

$$[\Delta\Delta]=[vv]-2[v]\delta+n\delta^2$$

而 $[v]=(x-l_1)+(x-l_2)+\cdots(x-l_n)=nx-(l_1+l_2+\cdots+l_n)=0$

所以有

$$[\Delta\Delta]=[vv]+n\delta^2 \tag{2.29}$$

式（2.29）中

$$\delta=x-X=\frac{l_1+l_2+\cdots+l_n}{n}-\frac{X+X+\cdots+X}{n}$$

$$=\frac{(l_1-X)+(l_2-X)+\cdots+(l_n-X)}{n}=\frac{[\Delta]}{n}$$

等式两边平方，即

$$\delta^2=\frac{[\Delta]^2}{n^2}=\frac{1}{n^2}(\Delta_1^2+\Delta_2^2+\cdots+\Delta_n^2+2\Delta_1\Delta_2+2\Delta_1\Delta_3+\cdots)$$

$$=\frac{[\Delta\Delta]}{n^2}+\frac{2}{n^2}(\Delta_1\Delta_2+\Delta_1\Delta_3+\cdots)$$

根据偶然误差特性，当 $n\to\infty$ 时，上式等号右边的第二项趋于 0，即

$$\delta^2 = \frac{[\Delta\Delta]}{n^2} \tag{2.30}$$

将式 (2.30) 代入式 (2.29)，得

$$\frac{[\Delta\Delta]}{n} = \frac{[vv]}{n} + \frac{[\Delta\Delta]}{n^2}$$

整理上式，得

$$\frac{[\Delta\Delta]}{n} = \frac{[vv]}{n-1}$$

顾及式 (2.22)：$m = \pm\sqrt{\frac{[\Delta\Delta]}{n}}$，用算术平均值与观测值之差 v_i 计算观测中误差的公式，即

$$m = \pm\sqrt{\frac{[vv]}{n-1}} \tag{2.31}$$

式 (2.31) 也称为白赛尔公式。

下面再讨论等精度独立观测的算术平均值即最或是值的精度。在相同的观测条件下对某未知量进行 n 次观测，观测值为 $l_1, l_2, \cdots, l_n$，其最或是值为 x，即

$$x = \frac{l_1 + l_2 + \cdots + l_n}{n} = \frac{1}{n}l_1 + \frac{1}{n}l_2 + \cdots + \frac{1}{n}l_n$$

由式 (2.24) 线性函数的误差传播定律，得

$$m_x = \pm\sqrt{\left(\frac{1}{n}\right)^2 m_1^2 + \left(\frac{1}{n}\right)^2 m_2^2 + \cdots + \left(\frac{1}{n}\right)^2 m_n^2}$$

$$= \frac{m}{\sqrt{n}} \tag{2.32}$$

可见，算术平均值的中误差是观测值中误差的 $1/\sqrt{n}$。结合式 (2.31)，并记 m_x 为 M，用算术平均值与观测值之差 v_i 计算最或是值中误差的公式得

$$M = \pm\sqrt{\frac{[vv]}{n(n-1)}} \tag{2.33}$$

【例 2.6】 对某段距离进行了 6 次等精度观测，观测结果列于表 2.7 中。试求该段距离的最或是值、观测值的中误差、最或是值的中误差及其相对误差。

解 将求算过程列于表 2.7 中。

表 2.7　　　　　　　　用白赛尔公式计算观测中误差及平均值中误差

观测序号	观测值/m	v/mm	vv	计　　算
1	119.935	+5	25	最或是值（算术平均值）$x = 119.940$(m)
2	119.948	−8	64	观测值中误差 $m = \pm\sqrt{\frac{[vv]}{n-1}} = \pm 9.9$
3	119.924	+16	256	(mm)
4	119.946	−6	36	最或是值的中误差 $M = m/\sqrt{n} = \pm 4.0$
5	119.950	−10	100	(mm)
6	119.937	+3	9	最或是值的相对中误差 $K_x = \frac{|M|}{x} = \frac{1}{2900}$
Σ	719.640	0	490	

2.5.4.2 非等精度观测的最可靠结果及其精度评定

前面讨论了对某量进行 n 次等精度独立观测,如何求最或是值(最可靠值)及评定精度的问题。在实际测量工作中,除等精度观测外,还有非等精度观测。下面讨论对某量进行非等精度独立观测情况下,如何求其最或是值及评定精度问题。解决这一问题,要引出"权"的概念。

1. 权

设对某量进行了 n 次不等精度观测,观测值分别为 l_1, l_2, …, l_n,相应的中误差为 m_1, m_2, …, m_n。由于各观测值的中误差不同,所以各观测值的精度不同。把各非等精度观测值的相对精度用一个数值来表示,称为各观测值的"权"。权是衡量观测值相对精度的量,中误差越小,观测值的精度越高,其权就越大,其结果的可靠性就越大。因此,可以用中误差来定义观测值的权,即

$$P_i = \frac{\lambda^2}{m_i^2} \tag{2.34}$$

式中 P_i——第 i 个观测值的权;
　　　λ——任意常数。

【例 2.7】 设对某角度进行了不等精度观测,各观测值的中误差分别为 $m_1 = \pm 4.0''$、$m_2 = \pm 2.0''$、$m_3 = \pm 3.0''$。试求各观测值的权。

解 由式(2.34),得

$$P_1 = \frac{\lambda^2}{m_1^2} = \frac{\lambda^2}{16} \quad P_2 = \frac{\lambda^2}{m_2^2} = \frac{\lambda^2}{4} \quad P_3 = \frac{\lambda^2}{m_3^2} = \frac{\lambda^2}{9}$$

若取 $\lambda = 4''$,则有 $P_1 = 1$、$P_2 = 4$、$P_3 = \frac{16}{9}$;若取 $\lambda = 12''$,则有 $P_1 = 9$、$P_2 = 36$、$P_3 = 16$。

由例 2.7 可知,对于一组已知中误差的非等精度观测,选定了一个 λ 值,就对应一组相应的权。而一组权的大小,随 λ 的不同而异,但无论 λ 选择何值,权之间的比例关系始终不变,即权的意义不在于其数值的大小,而在于权之间的比例关系。所以,在同一问题中,只能选择一个 λ 值。

在式(2.34)中,λ 为任意常数。若取 $\lambda = m_i$,则有 $P_i = \frac{m_i^2}{m_i^2} = 1$。如在例 2.7 中,当 $\lambda = m_1$ 时,有 $P_1 = 1$,而其他观测值的权则是以 P_1 为单位确定的。可见,凡是中误差等于 1 的观测值,其权必然等于 1。因此,通常称 λ 为单位权中误差,一般用 m_0 表示,对应的观测值称为单位权观测值。由此可得式(2.34)的另一种权的表达式,即

$$P_i = \frac{m_0^2}{m_i^2} \tag{2.35}$$

由式(2.35)得中误差的另一种表达式为

$$m_i = m_0 \sqrt{\frac{1}{P_i}} \tag{2.36}$$

2.5 测量误差基本知识

2. 非等精度观测值的最或是值

设对某量进行了 n 次不等精度观测,观测值分别为 l_1, l_2, $\cdots$, l_n,相应的权为 P_1,P_2, $\cdots$, P_n,则该量的最或是值即加权平均值计算式为

$$x=\frac{P_1 l_1+P_2 l_2+\cdots P_n l_n}{P_1+P_2+\cdots P_n}=\frac{[Pl]}{[P]} \tag{2.37}$$

3. 非等精度观测的精度评定

式 (2.37),即

$$x=\frac{P_1 l_1+P_2 l_2+\cdots P_n l_n}{P_1+P_2+\cdots P_n}=\frac{[Pl]}{[P]}=\frac{P_1}{[P]}l_1+\frac{P_2}{[P]}l_2+\cdots+\frac{P_n}{[P]}l_n$$

应用误差传播定律式 (2.24),得

$$m_x^2=\frac{1}{[P]^2}(P_1^2 m_1^2+P_2^2 m_2^2+\cdots+P_n^2 m_n^2)$$

由式 (2.35) 有 $m_i^2=\dfrac{m_0^2}{P_i}$,代入上式,得

$$m_x^2=\frac{1}{[P]^2}(P_1 m_0^2+P_2 m_0^2+\cdots+P_n m_0^2)=\frac{m_0^2}{[P]}$$

即

$$m_x=\frac{m_0}{\sqrt{[P]}}=m_0\sqrt{\frac{1}{[P]}} \tag{2.38}$$

从式 (2.38) 可知,欲求最或是值的中误差 m_x,需先求单位权中误差 m_0。由式 (2.35) 有 $P_i m_i^2=m_0^2$,即有 $nm_0^2=P_1 m_1^2+P_2 m_2^2+\cdots+P_n m_n^2$。所以,用真误差求单位权的中误差计算式为

$$m_0=\pm\sqrt{\frac{[P\Delta\Delta]}{n}} \tag{2.39}$$

仿式 (2.31) 白赛尔公式,用最或是值与观测值之差 v_i 计算单位权中误差的计算公式为

$$m_0=\pm\sqrt{\frac{[Pvv]}{n-1}} \tag{2.40}$$

综合式 (2.38) 和式 (2.40),得

$$m_x=\pm\sqrt{\frac{[Pvv]}{[P](n-1)}} \tag{2.41}$$

【例 2.8】 如图 2.25 所示,在水准测量中,分别从 4 个已知高程点 A、B、C、D 出发,测得 E 点的高程值及各水准路线的长度列于表 2.8 中。试求 E 点高程的最或是值及其中误差。

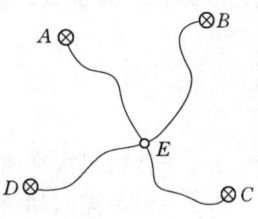

图 2.25 结点水准网

第 2 章 测量基础知识

解 将求算过程列于表 2.8 中。

表 2.8　　　　　　　　　　非等精度观测精度计算

路线	观测高程 H/m	路线长度 S/km	权 $P=\dfrac{1}{S}$	v/mm	Pvv
$A-E$	19.617	4.6	0.22	+6	7.92
$B-E$	19.175	3.3	0.30	−2	1.20
$C-E$	19.177	2.9	0.34	−4	5.44
$D-E$	19.172	5.2	0.19	+1	0.19
Σ			1.05		14.75

E 点高程最或是值（加权平均值）$x=\dfrac{P_1H_1+P_2H_2+P_3H_3+P_4H_4}{P_1+P_2+P_3+P_4}=19.173(\text{m})$

E 点高程最或是值的中误差 $m_x=\pm\sqrt{\dfrac{[Pvv]}{[P]n-1}}=\pm\sqrt{\dfrac{14.75}{3\times1.05}}=\pm2.2(\text{mm})$

本 章 小 结

本章的内容，一方面，是为读者介绍测量的一些基本概念、知识，使读者对测量有一个初步了解；另一方面，是为以后各章内容作必要的铺垫。

(1) 地面点位置的表示方法：介绍坐标和高程内容，这是测量工作的灵魂，因为测量工作的根本任务就是确定地面点的位置，也就是坐标和高程，或者说是三维坐标。对测量坐标系尤其是测量直角坐标系及高程的概念一定要清晰。

(2) 地球曲率对测量工作的影响：讨论在一定的测量范围内，将地球表面视作平面对测量结果的影响，当测区范围在 10km 内，测量水平距离可不考虑其影响，但对高程测量，即使距离很短，也应该考虑地球曲率的影响。

(3) 直线定向与坐标正、反算：涉及测量的基本方向、方位角、方位角传递、坐标增量、直角坐标与距离及方位角的换算等，这些内容在以后的平面控制测量、全站仪测量、地形图测绘等均用到，所以一定要清晰明了、透彻掌握。

(4) 测量工作方法中："测量基本要素及观测"，为后面的第 3 章"水准测量"和第 4 章"角度及距离测量"起传接作用。"测量工作原则"是让读者明了测量工作的路线、程序，初步了解控制测量与碎部、整体与局部的关系。

(5) 测量误差基本知识：对测量误差及产生原因、观测条件、观测精度评定、测量结果最或是值（最可靠值）等进行讨论，为后面有关章节的误差分析、精度计算，建立相关概念和知识，理清处理问题的方法和思路。

思 考 与 练 习

2.1　什么叫水准面？水准面有何特性？什么叫大地水准面和大地体？

2.2　参考椭球如何确定的？

2.3　针对大地体和参考椭球，测量的基准线、基准面分别是什么？

2.4 高斯投影的基本思路是什么？分带的目的是什么？

2.5 高斯平面直角坐标系是怎样建立的？在高斯坐标系中某点 y 坐标值的含义是什么？

2.6 什么是绝对高程、相对高程、两点间的高差？

2.7 测量坐标系有哪些？各有何特点？

2.8 测量平面直角坐标系与数学平面直角坐标系有何异同？

2.9 确定地面点位的基本要素是什么？基本测量工作是什么？

2.10 地球曲率对水平距离测量有何影响？地球曲率对高程测量有何影响？

2.11 测量工作应遵循哪些原则和程序？为什么？

2.12 什么叫直线定向？

2.13 直线定向中标准方向有哪几种？各是怎样确定的？

2.14 什么叫磁偏角？磁偏角的正、负如何确定？

2.15 什么叫子午线收敛角？子午线收敛角的正、负如何确定？

2.16 什么叫直线的方位角？不同标准方向所得方位角之间的关系如何？

2.17 直线的正、反方位角如何认定？正、反坐标方位角之间的关系如何？

2.18 什么是测量误差（真误差）？测量误差产生的原因是什么？

2.19 观测条件包括哪些因素？

2.20 什么是等精度观测？什么是非等精度观测？

2.21 什么是系统误差？系统误差有哪些特性？

2.22 什么是偶然误差？偶然误差有哪些特性？

2.23 进行水准测量，估读水准尺毫米位置的误差属于什么误差？若水准尺倾斜导致的读数误差属于什么误差？

2.24 何谓多余观测？为什么要进行多余观测？

2.25 研究测量误差的目的是什么？

2.26 评定观测精度的标准是什么？

2.27 中误差公式 $m=\pm\sqrt{\dfrac{[\Delta\Delta]}{n}}$ 和 $m=\pm\sqrt{\dfrac{[vv]}{n-1}}$ 有何不同？各适用于什么情况？

2.28 试推导白赛尔公式 $m=\pm\sqrt{\dfrac{[vv]}{n-1}}$。

2.29 根据统计理论说明为什么允许误差定为中误差的 2 倍或 3 倍？

2.30 什么是相对误差？相对误差应用于什么场合？

2.31 等精度观测中为何取其平均值作为最或是值（最可靠值）？

2.32 证明等精度观测，观测中误差和平均值中误差之间的关系。

2.33 何为误差传播定律？应用误差传播定律对直接观测量的相互关系有何要求？

2.34 权的含义是什么？为什么不等精度观测需用权来衡量？

2.35 某点的大地经度为 $116°20'$，该点所在的 6°带和 3°带带号是多少？相应 6°带和 3°带的中央子午线的经度是多少？

2.36 根据 1956 年黄海高程系算得 A 点高程为 213.364m，B 点高程为 214.52m，若改为 1985 国家高程基准，A、B 的高程各为多少？两点间的高差 h_{AB} 和 h_{BA} 各为多少？

2.37 在以 20km 为半径的范围内，以水平面代替水准面，试计算对距离影响的误差 ΔD 及相对误差 $\Delta D/D$、对高程影响的误差 Δh。

2.38 已知直线 PQ 的坐标方位角 $\alpha_{PQ}=78°46'30''$，测得当地的磁偏角为西偏 $25'$，过 P 点的子午线收敛角为东偏 $15'$，求 PQ 的真方位角和磁方位角，并绘出示意图。

2.39 如图 1 所示，已知 AB 的方位角 $\alpha_{AB}=60°35'42''$，AC 的方位角 $\alpha_{AC}=139°43'30''$，求 AB 和 AC 两直线所夹的水平角。

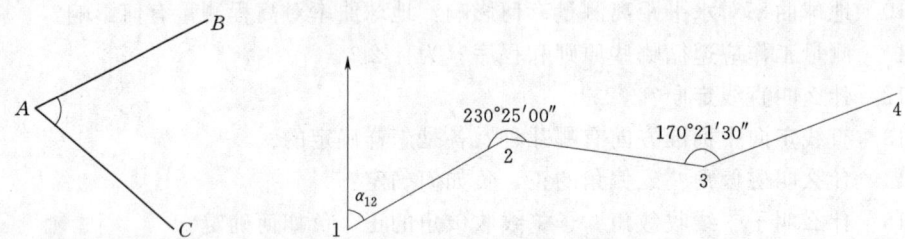

图 1　练习题 2.39 图　　　　　图 2　练习题 2.40 图

2.40 如图 2 所示，已知 $\alpha_{12}=65°30'12''$，各水平角标于图中，求 α_{23} 及 α_{43}。

2.41 已知 E、F 的坐标为：$x_E=9187.419\text{m}$，$y_E=2642.792\text{m}$；$x_F=9310.541\text{m}$，$y_F=2931.040\text{m}$。试计算 EF 的坐标方位角 α_{EF} 和距离 D_{EF}。

2.42 甲、乙两人在各自相同的观测条件下对某量各观测了 10 次，观测量的真误差见表 1，试计算甲、乙两人的观测中误差，哪个观测的精度高？

表 1　　　　　　　　　　　　真　误　差

次　数		1	2	3	4	5	6	7	8	9	10
真误差 /mm	甲	-3	0	$+2$	$+3$	-2	$+1$	-1	$+2$	0	$+1$
	乙	0	-1	$+5$	0	-6	0	$+1$	$+6$	-4	-3

2.43 对两段距离进行测量，长度及中误差分别为 $300.000\text{m}\pm4.5\text{cm}$ 和 $400.000\text{m}\pm4.5\text{cm}$。试计算两段距离之和及之差的相对中误差。

2.44 用某经纬仪观测水平角，若一测回的中误差为 $m=\pm10''$，欲使角度精度优于 $\pm4''$（中误差 $\leqslant\pm4''$），至少需要观测几个测回？

2.45 在相同的观测条件下，对某角度观测 4 测回，各测回的观测值见表 2。试求：一测回的中误差 m；半测回的中误差 $m_半$；平均值的中误差 $m_均$。

表 2　　　　　　　　各测回的观测值

次数	一测回观测值	v	vv	精　度　计　算
1	176°59'54''			
2	177°00'06''			
3	176°59'55''			
4	177°00'12''			
Σ				

2.46　图上量得一圆的半径 $r=31.34\text{mm}\pm0.5\text{mm}$。试求圆的周长和面积以及周长和面积的中误差。

2.47　设有一 n 边形，每个内角的观测值中误差为 m，试求该 n 边形内角和的中误差。若允许误差为中误差的两倍，求该 n 边形角度闭合差的允许值。

2.48　用函数 $h=D\cdot\tan\alpha$ 计算高差，已知 $\alpha=20°\pm1'$，$D=250\text{m}\pm0.05\text{m}$，求 h 的中误差 m_h。

2.49　水准测量中，设一测站的中误差为 $\pm5\text{mm}$，若 1km 有 15 个测站，求 1km 的中误差。

2.50　设有一正方形场地，测得一边的长度为 a，中误差为 m，试求其周长的中误差。若以相同的精度分别测出它的 4 条边，则周长的中误差又是多少？

2.51　为了求得 P 点的高程，分别从 A、B、C 等 3 个水准点向 P 点进行同等级的水准测量，水准点高程及测量结果见表 3。设高差的权与路线长度成反比，试求 P 点的高程。

表 3　　　　　　　　　　水准点高程及测量结果

水准点高程/m	观测高差/m	路线长度/km	示　意　图
$H_A=20.145$	$h_{AP}=+1.538$	$L_{AP}=2.5$	
$H_B=24.030$	$h_{BP}=-2.330$	$L_{BP}=4.0$	
$H_C=19.898$	$h_{CP}=+1.782$	$L_{CP}=2.0$	

第3章 水准测量

3.1 水准测量原理

水准测量是利用水准仪提供的水平视线，借助带有分划的水准尺，测定两点间的高差，然后根据已知点高程和测得的高差计算未知点高程。

如图 3.1 所示，若已知 A 点的高程 H_A，欲测定 B 点的高程 H_B。在 A、B 两点上立水准尺，两点之间安置水准仪，当视线水平时，分别在 A、B 尺上读取读数 a、b，则 A 点到 B 点的高差 h_{AB} 为

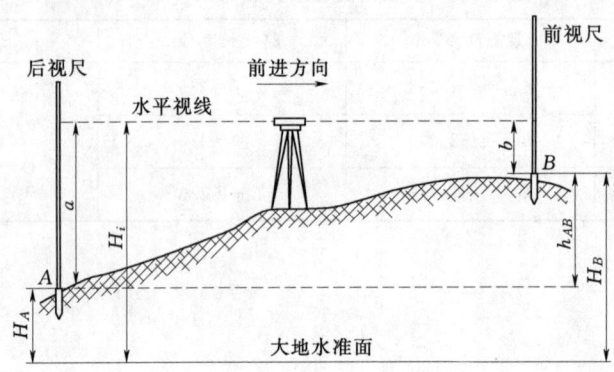

图 3.1 水准测量原理

$$h_{AB} = a - b \tag{3.1}$$

设水准测量是由 A 向 B 进行的，则 A 点为后视点，A 尺为后视尺，A 尺上的读数为后视读数；B 点为前视点，B 尺为前视尺，B 尺上的读数为前视读数。可见

高差＝后视读数－前视读数

测得 A 点到 B 点的高差 h_{AB} 后，如果已知 A 点的高程 H_A，则 B 点的高程 H_B 为

$$H_B = H_A + h_{AB} \tag{3.2}$$

或

$$H_B = H_A + a - b = H_i - b \tag{3.3}$$

式中　H_i——仪器视线高程，即水平视线到大地水准面的铅垂距离。

式（3.3）一般适用于安置一次仪器测定多点高程的情况，如断面测量、高程施工测量等。

3.2 水准仪及其使用

3.2.1 水准仪与水准尺

水准测量所用的仪器为水准仪，工具有水准尺和尺垫（或尺桩）。

3.2.1.1 水准仪的分类

水准仪的类型按产生水平视线的方式，可分为微倾式水准仪和自动安平水准仪；按读数方式，可分为光学水准仪和电子水准仪（或数字水准仪）。若在仪器中装有激光发生器，使视线是一条可见的激光，则称为激光水准仪。各类水准仪如图3.2所示。

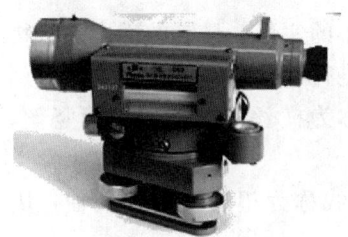
（a）微倾式光学水准仪

（b）自动安平光学水准仪

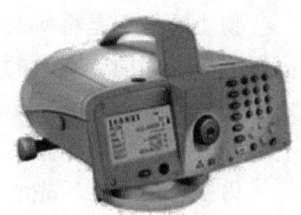
（c）电子水准仪

图3.2 水准仪

水准仪的精度也是有等级区分的，有 DS_{05}、DS_1、DS_3、DS_{10} 等型号。其中"D"表示大地测量，"S"表示水准仪，05、1、3、10 表示精度等级，即仪器所能达到的每公里往返测高差中数的中误差。DS_{05} 和 DS_1 型号的为精密水准仪，DS_3 和 DS_{10} 型号的为一般工程水准仪。电子水准仪有 0.3mm/km、0.4mm/km、0.5mm/km、1mm/km 等。

3.2.1.2 DS_3 型微倾式光学水准仪

DS_3 型微倾式光学水准仪，总体上由望远镜、水准器和基座几部分组成，其他各细部构件如图3.3所示。

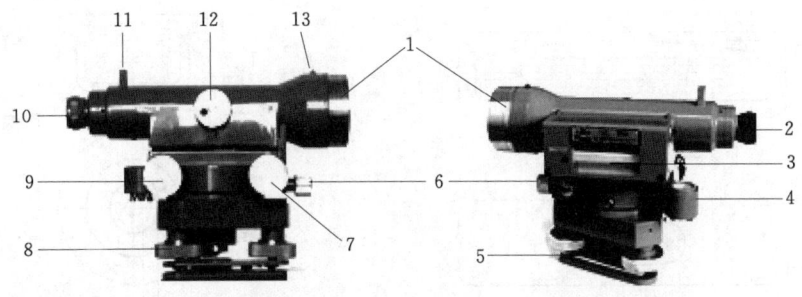

图3.3 微倾式光学水准仪的构造

1—望远镜物镜；2—望远镜目镜；3—长水准管；4—圆水准器；5—基座；6—制动螺旋；7—微动螺旋；8—脚螺旋；9—微倾螺旋；10—目镜对光螺旋；11—瞄准器（缺口）；12—物镜对光螺旋；13—瞄准器（准星）

1. 望远镜

望远镜是提供视线和照准目标的设备,如图 3.4(a)所示,它由物镜、调焦透镜、十字丝分划板和目镜等组成。

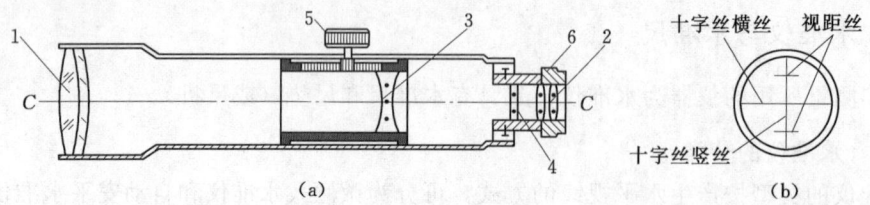

图 3.4 望远镜的构造

1—物镜;2—目镜;3—物镜调焦透镜;4—十字丝分划板;5—物镜对光螺旋;6—目镜对光螺旋

物镜的作用是将所照准的目标成像在十字丝面上形成缩小的实像,目镜的作用是将物镜所成的像连同十字丝的影像放大。十字丝用于在水准尺上进行读数,它是在玻璃片上刻划出很细的分划,如图 3.4(b)所示。中间的一根长横丝称为横丝,竖直的称为竖丝,上下的短丝用以测定距离,称为视距丝。

物镜的焦点也称光心,通过物镜光心与十字丝交点的连线称为望远镜的视准轴,用 CC 表示,即通常所说的视线。

2. 水准器

水准器分为水准管和圆水准器两种,现分述如下。

(1) 水准管。水准管如图 3.5(a)所示,与望远镜连在一起,用以调节视线成水平位置。它是用一纵向内壁磨成圆弧形的玻璃管制成。玻璃管上刻有 2mm 间隔的刻线,管内盛满加热的液体,通常是酒精和乙醚的混合液,冷却后管内液体体积收缩,出现一个小真空空间,即通常所说的"气泡",显然气泡会处于管内最高处。水准管圆弧中点 O 称为水准管零点,零点的切线 LL 称为水准管轴,简称水准轴。当气泡两端与刻划中心对称时则气泡居中,此时水准轴水平。若保持视准轴 CC 与水准轴 LL 平行,则当气泡居中时,即 LL 水平,视准轴也位于水平位置。

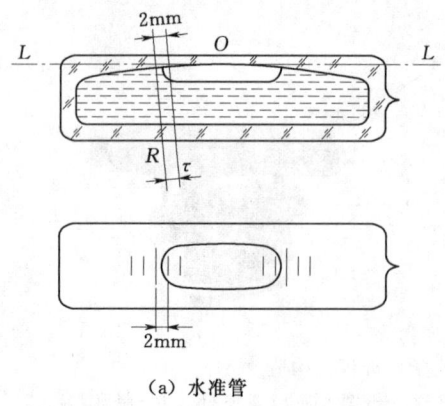

(a) 水准管   (b) 圆水准器

图 3.5 水准器

水准管上每 2mm 弧长所对的圆心角称为水准管分划值,用希腊字母 τ 表示,用公式表示为

$$\tau = \frac{2}{R} \cdot \rho \tag{3.4}$$

式中 R——水准管的内壁圆弧半径,mm;
　　　ρ——弧度与秒的关系,即 $\rho = 206265''$。

由式(3.4)可见,分划值 τ 与水准管的内壁圆弧半径成反比,半径越大,分划值越小,灵敏度越高;反之,半径越小,分划值越大,灵敏度越低。DS_3 微倾式水准仪水准管的分划值为 $20''/2mm$。

一般微倾式水准仪都会在水准管的上方装一组棱镜,如图 3.6(a)所示,通过这组棱镜的折光作用,将气泡两端的像反映在望远镜的符合水准器放大镜内,如图 3.6(b)所示。当放大镜正中看到气泡两端的两个半像对齐,表示气泡居中。如果两个半像错开则表示气泡未居中,此时可转动望远镜微倾螺旋,使气泡两端的像重合,气泡就居中了。这种具有棱镜装置的水准器,称为符合水准器,它能提高气泡居中的精度。

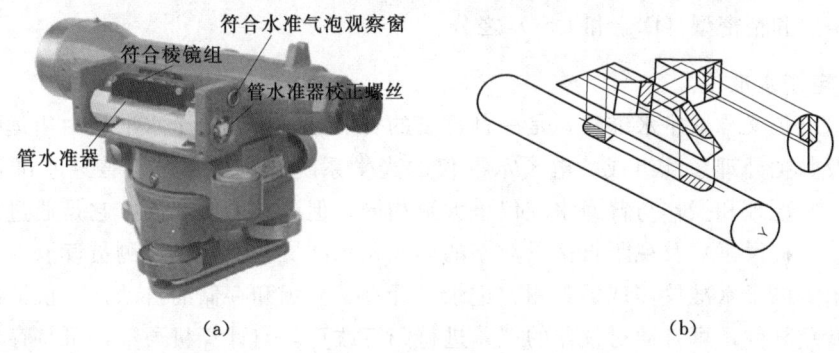

图 3.6 符合水准器

(2)圆水准器。圆水准器是一个内壁顶面为球面的玻璃圆盒,如图 3.5(b)所示。盒内混合液和制作方法与水准管相同。球面正中有圆分划圈,分划圈的中心为圆水准器的零点。过零点的球面法线 $L'L'$ 为圆水准器轴。圆水准器轴应该与仪器的旋转轴(竖轴)平行,所以当气泡居中时,即表示仪器的竖轴已处于铅垂线位置。圆水准器的分划值一般为 $(8'\sim 10')/2mm$,由于它的灵敏度较低,所以用作使仪器概略整平(或称粗平)。

(3)基座。基座包括轴套、脚螺旋和连接板。调节脚螺旋的高度使圆水准器气泡居中,可达到仪器粗略整平的目的。

3.2.1.3 DS_{05} 和 DS_1 型微倾式精密光学水准仪

与普通水准仪(如 DS_3 型水准仪)比较,精密水准仪的特点是:水准管的分化值较小,通常为 $10''/2mm$,整平精度高;望远镜光学性能好,放大倍率大,照准精度高;仪器结构稳固,望远镜视准轴与水准管轴之间的联系保持稳定;仪器上装有测微器,测微器最小分划值不大于 0.1mm,读数精度高。

总体上,精密水准仪与普通水准仪的整体构造大致相同,最大不同之处是精密水准仪有测微器,如图 3.7 和图 3.8 所示。

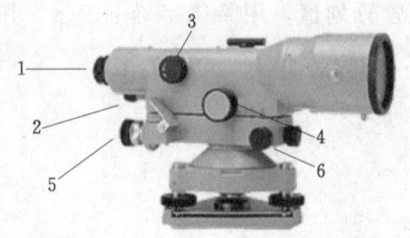 

图 3.7 DS₀₅型精密光学水准仪 　　　　　图 3.8 DS₁型精密光学水准仪
1—目镜；2—测微尺读数目镜；3—物镜对光螺旋；　　1—目镜；2—测微尺读数目镜；3—物镜对光螺旋；
4—测微轮；5—微倾螺旋；6—微动螺旋　　　　　　4—测微轮；5—微倾螺旋；6—微动螺旋

3.2.1.4 自动安平水准仪

自动安平水准仪与微倾式水准仪比较，它只有圆水准器，没有长水准管和微倾螺旋。利用望远镜内光学系统中装置的自动补偿器代替水准管。当仪器概略整平后，通过自动补偿器使视准轴置于水平位置，直接在水准尺上读取读数。自动安平水准仪的精度也有普通型（如 DS_3）和精密型（DS_{05} 和 DS_1）之分。

3.2.1.5 电子水准仪

电子水准仪又称数字水准仪，是一种新型的智能型仪器。电子水准仪由望远镜、水准器、基座及数据处理系统组成。电子水准仪的光学系统和机械系统与普通水准仪基本相同，因此，其原理和操作与普通水准仪也大致相同，但读数系统不同，它是通过对条码尺进行扫描，将标尺读数及视距直接以数字的形式显示在屏幕上，供观测员读取，也可以存储在仪器中。电子水准仪实现了观测、记录、计算、显示和存储的自动化。仪器的中央处理器配有专用软件，可自动对仪器的误差进行归算改正。与计算机通信，可将存储的数据导入计算机进行后续处理。电子水准仪的精度一般都是精密级的。

3.2.1.6 水准尺

水准尺是水准测量时使用的标尺，有区格式双面水准尺、钢瓦水准尺和条形码标尺。

不同精度和不同读数方法的仪器配套不同的水准尺。一般精度的光学水准仪（如 DS_3 型光学水准仪）常配套使用区格式双面水准尺，如图 3.9（a）所示。这种水准尺用木质材料或合金材料制成，长度一般有 2m 和 3m 之分。双面尺的分划一面是黑白相间的，称为黑色面；另一面是红白相间的，称为红色面。每格宽度为 1cm 或 0.5cm，整米和整分米处均有注记。双面尺要成对使用，一对尺子的黑色分划，其起始数字都是从零开始，而红色面的起始数字分别为 4.687m（4687mm）和 4.787m（4787mm），4.687、4.787（或 4687、4787）称为水准尺常数 K。

精密光学水准仪配套使用钢瓦水准尺，这种水准尺是在木质（或合金材料）尺身的凹槽内引张一根钢瓦合金钢带，其中零点固定在尺身上，另一端用弹簧以一定的拉力将其引张在尺身上，以使钢瓦合金钢带不受尺身伸缩变形的影响，长度分划在钢瓦合金钢带上，数字注记在尺身上，如图 3.9（b）所示。

电子水准仪配套使用的是条形码标尺，如图 3.9（c）所示。当标尺影像通过水准仪

3.2 水准仪及其使用

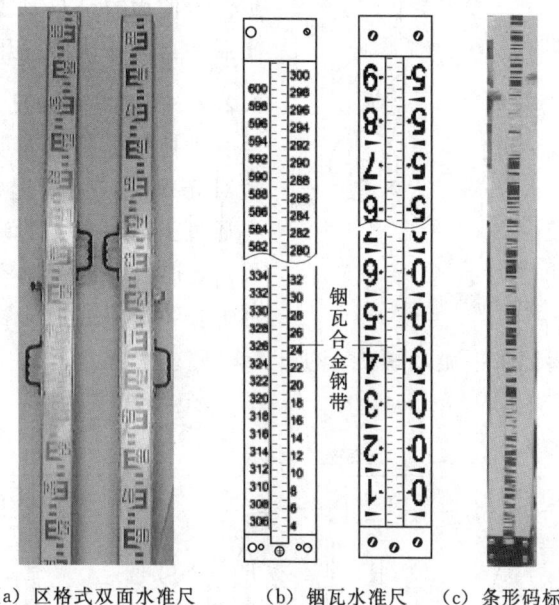

(a) 区格式双面水准尺　(b) 铟瓦水准尺　(c) 条形码标尺

图 3.9　水准尺

望远镜成像在十字丝平面上，经过电子处理器译释、对比、数字化后，在仪器显示屏上显示中丝在标尺上的读数及仪器至标尺的距离（视距）。

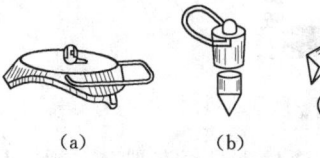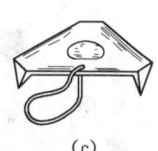

(a)　　(b)　　(c)

图 3.10　尺垫和尺桩

3.2.1.7　尺垫

尺垫是用铸铁制成，如图 3.10（a）和图 3.10（c）所示。面上有一个半球，水准尺立于其上。尺垫下面有 3 个尖脚可以插入土中，其作用是防止水准尺的位置和高度发生变化而影响水准测量的精度。对松软地面，则使用图 3.10（b）所示的尺桩打入土中。

3.2.2　水准仪的使用

水准仪的使用分为安置仪器、概略整平、照准水准尺和精平与读数几个步骤。

3.2.2.1　安置仪器

选择距前后立尺点大约等距离处作为测站点，在测站打开三脚架，使之高度适中，架头大致水平，将脚架踩实。从仪器箱中取出仪器，用中心螺旋将仪器固定在三脚架架头上。

3.2.2.2　概略整平

概略整平也叫粗平，是通过转动脚螺旋使圆水准器气泡居中。操作方法如图 3.11 所示。先用双手同时相对转动两个脚螺旋，使气泡移至第三个脚螺旋与刻划圈连线的方向上，再转动第三个脚螺旋，使气泡居中。注意，气泡移动方向是与左手大拇指转动方向一致。若使用的是自动安平水准仪,仪器粗平后将自动补偿器打开,并轻轻转动仪器。

3.2.2.3 照准水准尺

先把望远镜对向明亮的背景,转动目镜对光螺旋,使望远镜内十字丝像清晰。再通过望远镜上方的缺口和准星瞄准水准尺。这时轻轻地把制动螺旋拧紧,固定望远镜,转动望远镜的物镜对光螺旋,使尺像清楚。然后转动望远镜水平微动螺旋,使十字丝竖丝对准水准尺中线位置,如图 3.12 所示。

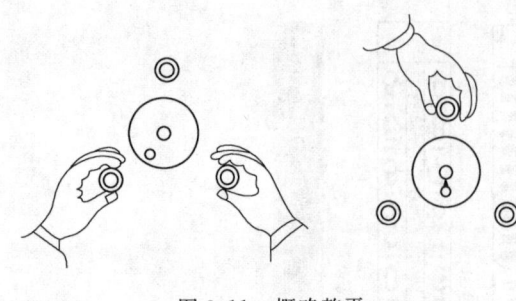

图 3.11 概略整平

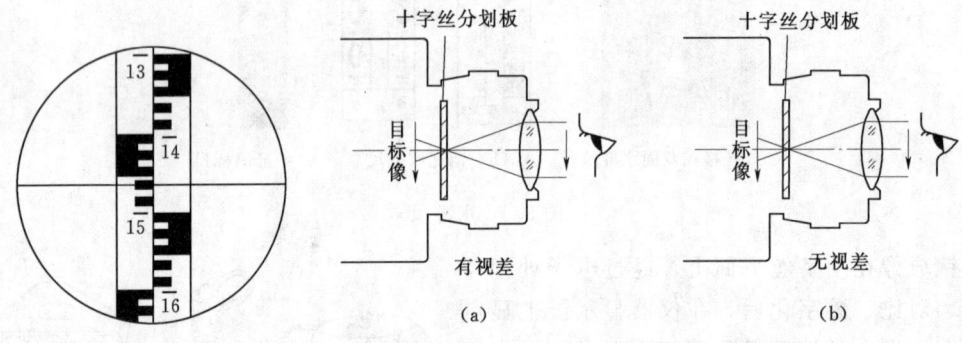

图 3.12 照准水准尺　　　　图 3.13 视差现象

瞄准后,要检查是否有视差。视差是眼睛在目镜处上下左右做少量移动,若发现十字丝和目标的像有相对移动,这种现象即为视差。产生视差的原因是目标通过物镜之后的像平面与十字丝分划板的平面不重合,如图 3.13（a）所示。消除视差的方法是交替调节目镜和物镜的调焦螺旋,使上述两个平面重合,如图 3.13（b）所示,此时横丝截取尺上的读数不变。

3.2.2.4 精平与读数

对于微倾式水准仪,调节微倾螺旋,使水准管气泡居中,即符合气泡影像重合,此时,视线精确水平。对于自动安平水准仪,通过自动补偿器可使视线精确水平。仪器精平后,即可利用十字丝横丝在水准尺上读数。

1. 区格式水准尺的读数方法

通过水准尺的注记能直接读出米、分米和厘米,估读毫米。为了保证读数的准确性,可先估读毫米数。注意,读数要以米或毫米为单位,图 3.12 所示读数为 1.465m 或 1465mm,而不要以分米或厘米为单位。

2. 铟瓦水准尺的读数方法

将仪器精确整平后,十字丝横丝往往不恰好对准水准尺上某一分划线,转动测微轮使十字丝的楔形丝正好夹住一个整分划线,读取楔形丝夹住的分划线的读数,图 3.14 所示为 148,即 1.48m,再读取测微尺读数窗内的读数,图 3.14 所示为 655,即 6.55mm,水准尺的全读数为两个读数之和，为 148655，即 1.48655m。

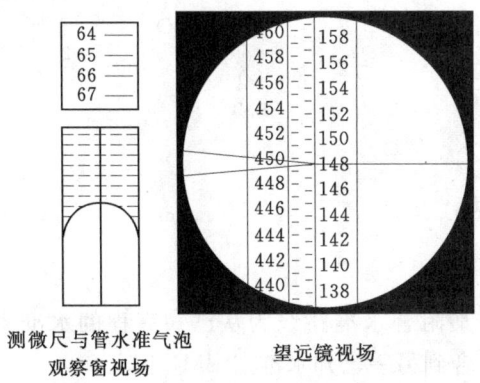

图 3.14　精密水准尺读数方法　　　　图 3.15　条形码水准尺读数

3. 条形码水准尺的读数

条形码标尺，通过电子水准仪照准和扫描后，在仪器显示屏上直接显示数据，供观测者读取或存储，如图 3.15 所示。

3.3　水准测量的实施

3.3.1　水准点与水准路线

3.3.1.1　水准点

为了统一全国的高程系统和满足各种高程测量的需要，测绘部门在各地埋设且用水准测量方法测定的高程控制点，称为水准点（Bench Mark，BM）。

水准点分为永久性和临时性两种。永久性水准点一般用石料或混凝土制成标石，标石顶部嵌有半球形的金属标志，其顶端即为水准点的标志。水准点标石的埋设处选在地基稳定、便于长期保存又便于观测的地方。有的水准点设置在稳定的建筑物墙体内，称为墙脚水准点。

临时性水准点，可将大木桩打入地下，桩顶钉小铁钉作为标志，也可在地面上突出的坚硬岩石或建筑物地面，如桥头、房角等处，用油漆作记号代替。

水准点埋设后应绘制点位平面图，称为点之记。图上要写明水准点的编号及其与附近地物的距离，便于以后寻找和使用。

水准点标石的尺寸、标石埋设要求、点之记的具体形式，将在第 6 章中结合水文高程测量的内容作详细介绍。

3.3.1.2　水准路线

进行水准测量的路线称为水准路线。水准路线的形式有附合水准路线、闭合水准路线和支水准路线几种形式。

附合水准路线是从一已知高程的水准点出发，沿一条水准路线进行水准测量，最后附

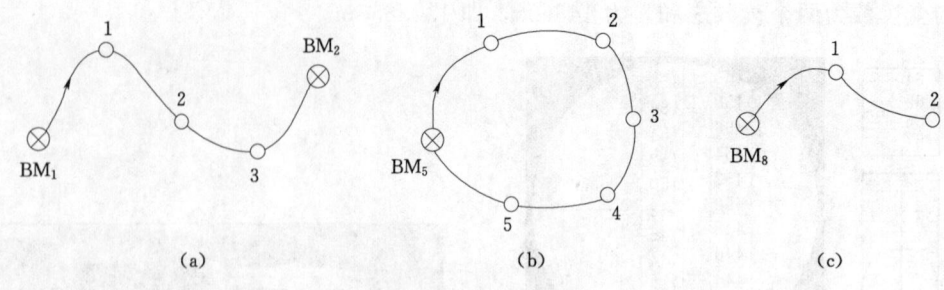

图 3.16 水准路线

合到另一已知水准点上。如图 3.16（a）所示，某附合水准路线为从已知高程的水准点 BM_1 出发，经过 1、2、3 等待定水准点，最后附合到另一已知水准点 BM_2 上。

闭合水准路线是从一已知高程的水准点出发，沿一条水准路线进行水准测量，最后回到起点。如图 3.16（b）所示，某闭合水准路线为从已知高程的水准点 BM_5 出发，经过 1、2、3 等待定水准点，最后回到 BM_5。

支水准路线是从一已知高程的水准点出发，经过几个待定水准点，既不回到原来的水准点上，又不附合到另外的已知水准点上。如图 3.16（c）所示，某支水准路线为从已知高程的水准点 BM_8 出发，经过 1、2 待定水准点。为了对测量结果进行校核，一般进行往返测量。

3.3.2　普通水准测量

水准测量的实施，即在已知水准点与待定高程点之间，连续多次安置仪器进行测量。每安置一次仪器，称为一个测站。架设仪器处，称为测站点，立水准尺处，称为测点。立尺点除了已知水准点和待求高程点外，还有若干个临时立尺点，称为转点（Turning Point，TP），如图 3.17 所示。

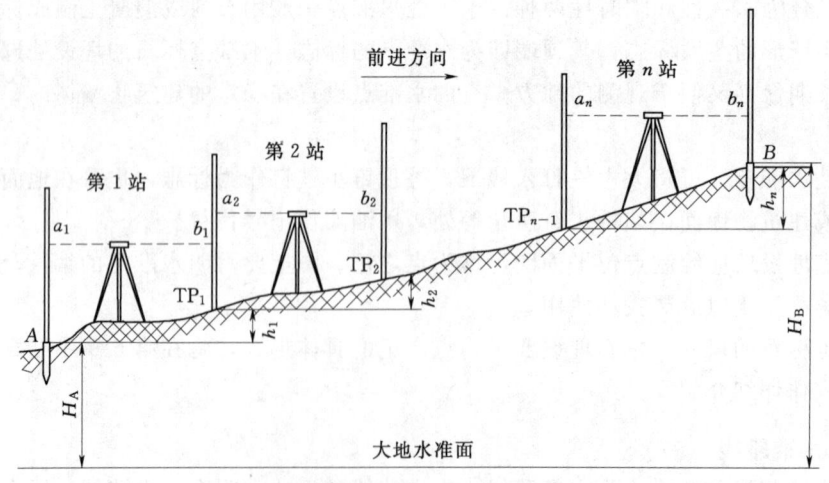

图 3.17　普通水准测量的实施

3.3.2.1 观测实施步骤

(1) 安置水准仪距起始水准点 A 与转点 1（TP_1）大约等距离处，分别在起始水准点和转点上立水准尺。仪器照准水准点上的水准尺（后视尺），读取后视读数 a_1，如为 1.467m，记入表 3.1 中；转动望远镜，读取转点 1 上水准尺（前视尺）的读数 b_1，如为 1.124m，记入表 3.1 中，计算高差 $h_1 = a_1 - b_1$。

(2) 搬迁仪器至 TP_1 与 TP_2 大约等距离处，分别读取 TP_1 上水准尺（后视尺）的读数 a_2 和 TP_2 上水准尺（前视尺）的读数 b_2，记入表 3.1 中，计算高差 $h_2 = a_2 - b_2$。

(3) 同法继续进行，直到水准尺立于另一水准点 B 上。

(4) 检核计算：$\sum a - \sum b = \sum h$。

表 3.1　　　　　　　　　普通水准测量记录手簿

日期：　　　　　　天气：　　　　　　观测：
地点：　　　　　　仪器：　　　　　　记录：

测站	测点	后视读数 /m	前视读数 /m	高差/m +	高差/m −	高程 /m	备注
1	A	1.467		0.343		57.357	
	TP_1		1.124				
2	TP_1	1.674		0.289			
	TP_2		1.385				
3	TP_2	1.869		0.926			
	TP_3		0.943				
4	TP_3	1.425		0.213			
	TP_4		1.212				
5	TP_4	1.732		0.365			
	B		1.367			59.493	
检核计算	$\sum$	8.167	6.031	2.136			
	$\sum a = 8.167$　$\sum b = 6.031$　$\sum h = 2.136$ $\sum a - \sum b = 2.136$						

3.3.2.2 观测注意事项

(1) 选择测站点及转点，应尽量避免车辆、行人等干扰。

(2) 水准点（包括已知点和待定点）上不能放尺垫，转点上要放尺垫。

(3) 同一测站，圆水准器只能调平一次（转动望远镜后不能重新调圆水准器；否则会改变仪器高度），但每次照准标尺后读取水准尺读数之前，对微倾式水准仪都一定要调平管水准器后再读数；对自动安平式水准仪，没有管水准器，但每次照准标尺后要让仪器静止几秒钟才读数。

(4) 在观测过程中，观测员不要手扶仪器或脚架。

(5) 立尺员要将水准尺立直，并且要保护好尺垫，防止尺垫移动。

(6) 读取水准尺读数要以米或毫米为单位，如 1.467 或 1467；不要以分米或厘米为单位，如 14.67 或 146.7。

3.3.3 三（四）等水准测量

三（四）等水准测量的观测方法为双面尺法。一般使用 DS_3 型水准仪和具有厘米刻划的黑、红双面木质区格水准尺。应在通视良好、成像清晰稳定的情况下进行观测。

相邻两水准点之间的水准路线，称为一测段。每一测段的测站数应为偶数，这样可以消除一对水准尺零点差的影响。

3.3.3.1 观测记录

如图 3.18 所示，三等水准测量在一测站上的观测顺序为：

照准后视标尺黑面，读取视距丝读数 1.426、0.995 和中丝读数 1.211。

照准前视标尺黑面，读取中丝读数 0.586 和视距丝读数 0.801、0.371。

照准前视标尺红面，读取中丝读数 5.273。

照准后视标尺红面，读取中丝读数 5.998。

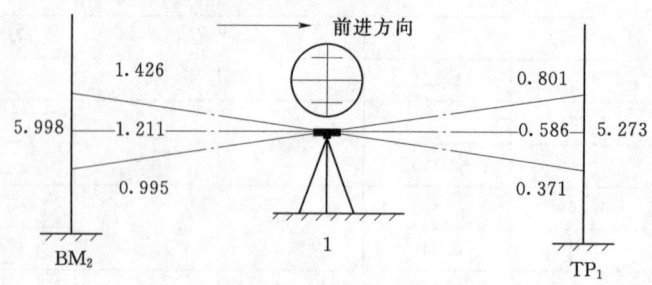

图 3.18 三（四）等水准测量观测顺序

这样的观测顺序称为"后—前—前—后"，其目的是为了消除或减弱因仪器重量造成仪器下沉而带来的误差。

四等水准测量每站观测顺序，可以采取"后—前—前—后"方式，也允许采取"后—后—前—前"方式，即连续读完后尺的黑面和红面读数后，再照准前尺并连续读取前尺的黑面和红面读数。

注意：无论何种观测顺序，视距丝和中丝读数都应在水准管气泡居中时读取。

表 3.2 是三（四）等水准测量的记录计算表格，其中（1）、（2）、…、（8）位置的数据是观测的读数，观测时应立即记录于表中的相应位置。其余编号位置的数据是计算的结果，下面介绍计算方法。

3.3.3.2 测站上的计算与校核

1. 同一水准尺红、黑面中丝读数检核

同一水准尺红、黑面零点差（称为尺常数 K）为 4.687m 或 4.787m。表 3.2 中，1 号尺的尺常数为 $K_1=4.787$m，2 号尺的尺常数为 $K_2=4.687$m。所以，红黑面中丝读数之差为

3.3 水准测量的实施

表 3.2 三（四）等水准测量记录手簿

测站编号	测点编号	后尺 上丝 / 后距/m / 视距差/m	前尺 上丝 / 前距/m / 积累差/m	方向及尺号	水准尺读数/m 黑面	水准尺读数/m 红面	$K+$黑$-$红 /mm	高差中数 /m	备注
		(1)	(5)	后	(3)	(8)	(10)		
		(2)	(6)	前	(4)	(7)	(9)		
		(15)	(16)	后-前	(11)	(12)	(13)	(14)	
		(17)	(18)						
1	BM_2 $\sim$ TP_1	1.426 / 0.995 / 43.1 / +0.1	0.801 / 0.371 / 43.0 / +0.1	后1 / 前2 / 后-前	1.211 / 0.586 / +0.625	5.998 / 5.273 / +0.725	0 / 0 / 0	+0.6250	
2	TP_1 $\sim$ TP_2	1.812 / 1.296 / 51.6 / $-$0.2	0.570 / 0.052 / 51.8 / $-$0.1	后2 / 前1 / 后-前	1.554 / 0.311 / +1.243	6.241 / 5.097 / +1.144	0 / +1 / $-$1	+1.2435	$K_1=4.787$ $K_2=4.687$
3	TP_2 $\sim$ TP_3	0.889 / 0.507 / 38.2 / +0.2	1.713 / 1.333 / 38.0 / +0.1	后1 / 前2 / 后-前	0.698 / 1.523 / $-$0.825	5.486 / 6.210 / $-$0.724	$-$1 / $-$1 / $-$1	$-$0.8245	
4	TP_3 $\sim$ BM_A	1.891 / 1.525 / 36.6 / $-$0.2	0.758 / 0.390 / 36.8 / $-$0.1	后2 / 前1 / 后-前	1.708 / 0.574 / +1.134	6.395 / 5.361 / +1.034	0 / 0 / 0	+1.1340	
计算校核		$\Sigma(15)=169.5$ $\Sigma(16)=169.6$ $\Sigma(15)+\Sigma(16)=339.1$ $\Sigma(15)-\Sigma(16)=-0.1=$末(18)		$\Sigma(3)=5.171$ $\Sigma(4)=2.994$ $\Sigma(11)=2.177$ $\Sigma(11)+\Sigma(12)=+4.356$		$\Sigma(8)=24.120$ $\Sigma(7)=21.941$ $\Sigma(12)=2.179$ $\Sigma(14)=+2.178$			

$(9)=(4)+K-(7)$，表中第 1 站：$0=(0.586+4.687)-5.273$。

$(10)=(3)+K-(8)$，表中第 1 站：$0=(1.211+4.787)-5.998$。

理论上（9）和（10）均应为零，若不为零，水文测量规范规定三等水准测量不得超过$\pm 2mm$，四等水准测量不得超过$\pm 3mm$。

2. 高差计算及其检核

黑面高差（11）=（3）$-$（4），表中第 1 站：$+0.625=1.211-0.586$。

红面高差（12）=（8）$-$（7），表中第 1 站：$+0.725=5.998-5.273$。

由于一对水准尺，红黑面零点相差 0.100m，所以黑面高差（11）和红面高差（12）相差 0.100m，高差检核为

$$(13)=(11)-[(12)\pm0.100]=(10)-(9)$$

表 3.2 中第 1 站：$0=+0.625-(+0.725-0.100)$。检核项（13），按水文测量规范规定，三等水准测量不得超过 ±3mm；四等水准测量不得超过 ±5mm。

以上各项检核无误并符合规范要求后，计算高差中数（14），取至 ±0.1mm，即 $(14)=\{(11)+[(12)\pm0.100]\}/2$，表中第 1 站：

$$+0.6250=[0.625+(+0.725-0.100)]/2$$

3. 视距计算

后视距 $(15)=(1)-(2)$，表 3.2 中第 1 站：$43.1=(1.426-0.995)\times100$。

前视距 $(16)=(5)-(6)$，表 3.2 中第 1 站：$43.0=(0.801-0.371)\times100$。

前、后视距差 $(17)=(15)-(16)$，表 3.2 中第 1 站：$+0.1=43.1-43.0$。前、后视距差，按水文测量规范规定，对于三等水准测量不得超过 2m；对于四等水准测量不得超过 3m。

前、后视距差累积（18）= 上站（18）+ 本站（17），如表 3.2 中第 2 站：$-0.1=+0.1$（上站）$+(-0.2)$ 本站。前、后视距差累积，按水文测量规范规定，对于三等水准测量不得超过 5m；对于四等水准测量不得超过 10m。

在测站上，经检验若发现有观测限差超限，可立即重测。若迁站后才检查发现有超限，则应从水准点或埋石点开始重新观测。记录员在每一测站应完成上述各项计算和检核，各项限差都合格后方可通知观测员迁站。

3.3.3.3 观测结束后的计算与检核

1. 总高差计算及检核

黑面总高差 $\sum(11)=\sum(3)-\sum(4)$，表中：$2.177=5.171-2.994$。

红面总高差 $\sum(12)=\sum(8)-\sum(7)$，表中：$2.179=24.120-21.941$。

检核项为 $\sum(11)+\sum(12)=2\sum(14)$，表中：

$$\sum(11)+\sum(12)=2.177+2.179=4.356=2\sum(14)=+4.356$$

测段高差中数为：$\sum(14)=[\sum(11)+\sum(12)]/2=2.178$。

2. 总视距计算与检核

总视距 $=\sum(15)+\sum(16)$，表中：$339.1=169.5+169.6$。

末站 $(18)=\sum(15)-\sum(16)$，表中：$-0.1=169.5-169.6$。

3.3.4 跨河水准测量

3.3.4.1 跨河水准测量方法

跨河水准测量视跨河视距长度、水流情况，分别采用不同测量方法，测量精度不低于四等水准。

河宽不大于允许视线长度，可直接进行跨河测量，各项限差与相应等级水准测量的规定相同。

河宽大于允许视线长度，若有桥梁可以利用时，可通过桥面进行水准测量，各项限差与相应等级水准测量的规定相同。

视线长度不大于 300m，可采取直接读尺法观测。

3.3 水准测量的实施

对于视线长度不大于 300m 且水流平缓的河流、静水湖泊、池塘等，四等水准测量，也可采用静水传递高程方法进行观测。具体方法：在两岸各埋设一临时水准点，在垂直河流水流流向的断面两岸各挖一坑，开沟引水入坑与河流水面连通，在每一坑内打一木桩，桩顶钉一圆帽钉。两岸在同一时间，精确量出水面与圆帽钉顶面的高差，然后分别测定两岸水准点与圆帽钉顶面的高差，把两岸间水面视作水平面，据以计算两水准点之间的高差。用静水传递高程方法进行观测应至少观测两次，两次观测结果不符值不超过 $\pm 20\sqrt{L}$ mm（L 为两岸水准点间的水平距离，以 km 计）。

视线长度超过 300m 时，须依据测区条件进行专项设计，采用微动觇板法、经纬仪倾角法、EDM 三角高程测量方法等。

北方地区的河流、沼泽、水草地等，也可利用冬季在冰上进行水准测量。严冬前，预先在两岸选定跨河地点并埋设水准标石，与路线上的水准点进行联测。冰上水准测量，应在冰层有足够厚度和表面变化最小期间（一般在每年 12 月底至次年 2 月底）进行，观测过程中应注意安全。观测开始前，沿选定线路依相应等级水准测量所采用的视线长度，选定安置仪器及标尺的地点清除积雪。在安置标尺处凿一小孔，插入一不小于 30cm×10cm×10cm 的木桩（桩顶钉入圆帽钉），然后浇水使其冻结。在安置仪器脚架的每一脚下，同样冻入木桩以支撑仪器脚架。冰上水准测量观测方法及各项限差与相应等级水准测量的规定相同。

3.3.4.2 跨河水准测量的场地布设

布设江河两岸安置仪器及水准尺的位置，使其能够成为图 3.19 所示的平行四边形，或等腰三角形，或 Z 形。

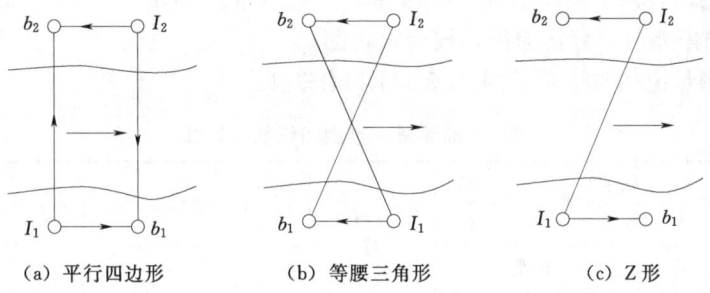

(a) 平行四边形　　(b) 等腰三角形　　(c) Z 形

图 3.19　跨河水准测量场地布设

在图 3.19 中，I_1、I_2 为两岸仪器安置位置，b_1、b_2 为两岸水准尺的立尺点。标尺设立点应牢固，若需设置木桩，木桩顶面直径宜大于 10cm，入土长度应满足标尺点牢固的要求，桩顶高于地面 10cm 以上，并钉上圆帽钉。

岸上视线长度不应短于 10m，且两岸视线长度应相等，即 $I_1b_1=I_2b_2$。观测时，可以用一台仪器，也可以用两台仪器。若使用两台仪器，按平行四边形或等腰三角形且宜同时观测，以减弱大气折光的影响。若使用一台仪器，则按 Z 形观测为宜。跨河测量的水平视线高度，对跨河视线长度不大于 300m 时，视线高度至水面距离不应小于 2m，对视线长度大于 300m 时，视线高度至水面距离不应小于 3m（若水位受潮汐影响，按最高潮位计）。两岸跨河水平视线距水面的高度宜相等。两岸仪器至水边的距离也应基本相等，如果受地形限制不能满足上述要求,则应搭设观测台解决。

3.3.4.3 跨河水准测量观测计算

设用一台仪器观测,按下述操作程序完成一测回观测。

(1) 先在 I_1 与 b_1 (或 I_2 与 b_2)的中间,且与 I_1 及 b_1 等距离的位置 A_1 处安置水准仪,测定 I_1 与 b_1 的高差 $h_{I_1 b_1}$。

(2) 仪器安置于 I_1 点,照准本岸 b_1 点近标尺,用十字丝中丝读取标尺黑、红(或基、辅)分划各一次。

(3) 仪器照准对岸 I_2 点远标尺,调焦后,用胶布将调焦螺旋固定,用十字丝中丝读取标尺黑、红(或基、辅)分划各两次。

(4) 在确保调焦螺旋不受触动的要求下,立即将仪器搬到对岸 I_2 点上,同时 b_1 点上的标尺移到 I_1 点上。精确整平仪器,先照准对岸 I_1 点上的远标尺,按(3)、(2)的反顺序及操作要求读数。

(5) 将仪器搬到 I_2 与 b_2 中间且与两点等距离的 A_2 点上,按一般操作方法测定 I_2 与 b_2 的高差 $h_{I_2 b_2}$。

以上(1)、(2)、(3)为上半测回观测,(4)、(5)为下半测回观测。一个测回的高差为

$$\overline{h}_{b_1 b_2} = \frac{(h_{b_1 b_2} - h_{b_2 b_1})}{2} \tag{3.5}$$

式中 $h_{b_1 b_2}$——上半测回观测的 b_1 与 b_2 两点的高差,$h_{b_1 b_2} = h_{b_1 I_2} + h_{I_2 b_2}$;

$h_{b_2 b_1}$——下半测回观测的 b_2 与 b_1 两点的高差,$h_{b_2 b_1} = h_{b_2 I_1} + h_{I_1 b_1}$。

观测两个测回,两个测回的高差不符值,三等水准应不超出 8mm,四等水准应不超出 16mm。超出限差时,分析原因,按要求重测。

跨河水准测量记载与计算示例见表 3.3 和表 3.4。

表 3.3　　　　　　　　　　跨河水准测量上半测回记载与计算

测站	后尺 上丝 下丝 后距/m 视距差/m	前尺 上丝 下丝 前距/m	方向与尺号	标尺读数/m 黑面	标尺读数/m 红面	$K+$黑$-$红 /mm	高差中数 /m
A_1	1.885 1.620 26.5 0.7	1.030 0.772 25.8	后(b_1) 前(I_1) 后-前 $h_{b_1 I_1}$	1.753 0.900 0.853	6.439 5.587 0.852 0.852	+1 0	0.852
I_1		近标尺读数 b_1		黑面 2.336	红面 7.022	+1	
		远标尺读数 I_2	Ⅰ Ⅱ 中数	1.472 1.467 1.470	6.159 6.155 6.157	0 −1	0.866
		$h_{b_1 I_2}$		0.866	0.865		

表 3.4 跨河水准测量下半测回记载与计算

			黑面	红面		
I_2	近标尺读数 b_2		0.672	5.358	+1	−0.805
	远标尺读数 I_1	Ⅰ	1.477	6.164	0	
		Ⅱ	1.477	6.162	+2	
		中数	1.477	6.163		
	$h_{b_2 I_1}$		−0.805	−0.805		

测站	后尺 上丝 下丝 后距/m 视距差/m	前尺 上丝 下丝 前距/m	方向 与 尺号	标尺读数/m 黑面 红面	K+黑 −红 /mm	高差中数 /m
A_2	1.948 1.638 31.0 0.5	1.152 0.837 31.5	后 I_2 前 b_2 后−前 $h_{I_2 b_2}$	1.792 6.478 0.994 5.680 0.798 0.798 0.798 0.798	+1 +1	0.798

表 3.3 和表 3.4 中：

上半测回高差 $h_{b_1 b_2} = h_{b_1 I_2} + h_{I_2 b_2} = 0.866 + 0.798 = 1.664 \mathrm{m}$；

下半测回高差 $h_{b_2 b_1} = h_{b_2 I_1} + h_{I_1 b_1} = -0.805 + (-0.852) = -1.657 \mathrm{m}$

一个测回高差 $\bar{h}_{b_1 b_2} = \dfrac{h_{b_1 b_2} - h_{b_2 b_1}}{2} = \dfrac{1.664 - (-1.657)}{2} = 1.660 \mathrm{m}$

若使用两台仪器观测，则无需将仪器移到对岸，且两台仪器可同时观测。观测过程与上述方法相同。

3.3.4.4 跨河水准测量注意事项

（1）宜在风力微弱和气温变化较小的阴天进行。风力在 4 级以上或风向平行跨河视线时，不宜观测。

（2）当晴天观测时，应在日出后 1h 开始至地方时上午 9：30 止；下午自地方时 15：00 后开始至日落前 1h 止，观测时仪器使用白色伞遮蔽阳光。

（3）仪器调岸时不应碰动调焦螺旋和目镜筒。

（4）立水准尺时，应保持圆水准器的气泡居中。

（5）跨河水准测量前应进行临时水准点与水准尺的立尺点联测。在每日观测前用单程进行检测。

（6）跨河水准测量的记录和计算使用专门的手簿（视线长度在相应等级水准测量的允许范围内除外）。

3.3.5 水准测量误差及注意事项

根据第 2 章讨论的测量误差基本知识，测量误差来源于仪器及工具的误差、观测误差和外界条件的影响。水准测量的误差也不例外，也是源于这 3 个方面，下面逐项分析误差影响及消减措施。

3.3.5.1 仪器及工具误差

1. 仪器校正后的残余误差

水准仪在经过检验校正后，还可能存在一些残余误差，这些残余误差会对测量成果产生一定的影响。比如，视准轴与水准管轴的平行关系，虽经校正，但两轴未必完全平行，因而产生残余误差。消除或削弱其影响的方法是在测量中采取前后视距相等，即可在高差计算中将误差抵消。前后视距相等，还可避免在一个测站上照准前、后尺需重新调焦引起的误差影响。

2. 水准尺误差

水准尺上水准器位置不正确而导致立尺不直、水准尺刻划不准、一对水准尺尺底磨损不同（即零点差）、水准尺尺身弯曲等，都会影响水准测量的精度。因此，要经常对水准尺进行检验，必要时予以处理或更换。观测时，使每测段的测站数成偶数，则每支水准尺用于前后视的次数相等，可以消除一对尺零点差的影响。

3.3.5.2 观测误差

1. 水准管气泡的居中误差

居中误差一般为水准管分划值 τ 的 0.1～0.2 倍，不妨设为 ±0.15 倍。采用符合水准器时，气泡居中精度可提高一倍，故居中误差可写为

$$m_\tau = \pm \frac{0.15\tau}{2\rho} \cdot D \tag{3.6}$$

式中 D——视线长度；

$\rho = 206265''$。

对于 DS_3 型水准仪，$\tau = 20''/2mm$，设 $D = 100m$（视线长度一般不超过 100m），代入式（3.6）计算得 $m_\tau \approx \pm 0.1mm$。

2. 估读误差

在水准尺上估读毫米数的误差与人眼的分辨能力、望远镜的放大倍率及视距长度有关。因此，估读误差可以按式（3.7）计算，即

$$m_V = \frac{60''}{V} \cdot \frac{D}{\rho} \tag{3.7}$$

式中 V——望远镜的放大倍率；

$60''$——人眼的最小分辨角；

D——视线长度；

$\rho = 206265''$。

设 $V = 30$，$D = 100m$，代入上式计算得 $m_V \approx \pm 0.1mm$。

3. 视差

产生视差的原因是水准尺影像与十字丝平面不重合，造成眼睛在不同位置时，便读出不同读数而产生读数误差。观测时需认真调焦，且观测时尽量保持眼睛平视，以最大可能消除视差的影响。

4. 水准尺竖立不直的误差

水准尺竖立不直，总是使尺上读数增大，从而影响水准测量的精度。其影响值与水准尺倾斜偏离铅垂线的角度及尺上读数高度有关。偏离角越大，影响值就越大。同样，尺上读数越大，影响值就越大。为了减小误差，作业前应对水准尺上水准器进行检验校正，作业时应力求水准尺竖直，尽量避免此项误差对观测结果的影响。

3.3.5.3 外界条件的影响

1. 仪器下沉

仪器下沉，使视线降低，从而引起高差误差。采取"后—前—前—后"的观测程序，即在测站上水准仪照准双面水准尺的顺序为"照准后视标尺黑面读数，照准前视标尺黑面读数，照准前视标尺红面读数，照准后视标尺红面读数"，可以减弱仪器下沉引起观测高差的误差影响。

2. 尺垫下沉

尺垫下沉将使前后两站高程传递产生误差。在观测时，应选择坚固的地点设置转点。若不得不在松软地点设置转点，一定要将尺垫踩实或打入尺桩。当然，加快观测速度，也可减少尺垫下沉对观测结果的影响。

3. 温度的影响

温度的变化不仅会引起大气折光，而且当烈日照射水准管时，会因为水准管本身和管内液体温度的升高，使气泡移动，从而影响仪器水平。特别是若仪器一面受阳光照射而另一面避阳，使仪器受热不均，影响会更大。所以观测时应注意给仪器撑伞遮阳。

4. 地球曲率及大气折光的影响

大地水准面是一个曲面，水准仪的视线是水平直线，用水平视线代替相应水准面的曲线在尺上读数产生的差值，称为地球曲率影响。这一影响与视线长度有关，视线越长，影响越大。

由于大气垂直折光，使视线可能产生弯曲，从而产生误差，称为大气折光影响。同样，大气折光影响与视线长度有关，视线越长，影响越大。

研究表明，地球曲率和大气折光的综合影响为

$$f = 0.43 \times \frac{D^2}{2R} \tag{3.8}$$

式中 D——视线长度；

R——地球曲率半径。

设 $D=100\text{m}$，$R=6371000\text{m}$，代入式（3.8）计算得 $f \approx 0.3\text{mm}$。

测量时，使前、后视距离相等，则地球曲率和大气折光对前、后尺读数的影响接近，即可消除或减弱地球曲率和大气折光对高差的影响。

3.4 水准测量的平差计算

水准测量的平差计算包括高差闭合差的计算、闭合差容许值的计算及高差闭合差的调整、高程推算等。水准测量外业工作结束后，应对所有外业成果进行认真仔细检查，确认

无误后，方可着手水准测量的内业计算工作。

3.4.1 水准路线的高差闭合差及容许值

3.4.1.1 水准路线高差闭合差的计算

水准路线的高差闭合差用 f_h 表示，附合水准路线、闭合水准路线、支线水准路线的高差闭合差，分别按式（3.9）～式（3.11）计算，即

$$f_h = \sum h_{测} - (H_{终} - H_{始}) \tag{3.9}$$

$$f_h = \sum h_{测} \tag{3.10}$$

$$f_h = |\sum h_{往}| - |\sum h_{返}| \tag{3.11}$$

式中　$\sum h_{测}$——各测段高差的代数和，m；

　　　$\sum h_{往}$——路线上各测站的往测高差总和，m；

　　　$\sum h_{返}$——路线上各测站的返测高差总和，m；

　　　$H_{终}$——路线上终了已知水准点的高程，m；

　　　$H_{始}$——路线上起始已知水准点的高程，m。

3.4.1.2 水准路线高差闭合差容许值的计算

高差闭合差是衡量水准测量精度的重要指标，水文测量规范对不同等级水准测量路线高差闭合差的容许值规定如下。

（1）普通水准测量高差闭合差的容许值，即

对于平原地区，有

$$f_{h容} = \pm 30\sqrt{L}(\text{mm}) \tag{3.12}$$

对于丘陵、山区，有

$$f_{h容} = \pm 40\sqrt{L}(\text{mm}) \text{ 或 } f_{h容} = \pm 10\sqrt{n}(\text{mm}) \tag{3.13}$$

（2）四等水准测量高差闭合差的容许值，即

对于平原地区，有

$$f_{h容} = \pm 20\sqrt{L}(\text{mm}) \tag{3.14}$$

对于丘陵、山区，有

$$f_{h容} = \pm 25\sqrt{L}(\text{mm}) \text{ 或 } f_{h容} = \pm 6\sqrt{n}(\text{mm}) \tag{3.15}$$

（3）三等水准测量高差闭合差的容许值，即

对于平原地区，有

$$f_{h容} = \pm 12\sqrt{L}(\text{mm}) \tag{3.16}$$

对于丘陵、山区，有

$$f_{h容} = \pm 15\sqrt{L}(\text{mm}) \text{ 或 } f_{h容} = \pm 4\sqrt{n}(\text{mm}) \tag{3.17}$$

式中　L——各种水准路线长度，km，$L<1\text{km}$ 时，按 1km 计；

　　　n——水准测段测站数，每公里水准路线测站数超过 16 站时，用 n 计算。

3.4.2 高差闭合差的调整与待定点高程计算

3.4.2.1 高差闭合差调整即高差改正数的计算

水准路线高差闭合差的调整即高差改正数的计算，按测段长度或水准路线测站数的比

例进行分配,式(3.18)是按路线长度进行高差改正数的计算,式(3.19)是按测站数进行高差改正数的计算,即

$$v_i = -\frac{L_i}{L}f_h \tag{3.18}$$

$$v_i = -\frac{n_i}{n}f_h \tag{3.19}$$

式中　v_i——某一测段上的高差改正值;
　　　L_i——某一测段路线长度;
　　　L——水准路线的总长度;
　　　n_i——某一测段的仪器站数;
　　　n——水准路线的总仪器站数。

3.4.2.2　水准路线平差计算示例

1. 附合水准路线计算

【例 3.1】 如图 3.20 所示,A、B 为两个已知水准点,其高程分别为 $H_A = 56.345$m、$H_B = 59.039$m,欲测定待定水准点 1、2、3 的高程。按普通水准测量精度实测各测段（即相邻两水准点间的观测路线）的高差分别为 h_1、h_2、h_3 和 h_4,每测段的高差及测站数均标于图 3.20 上。

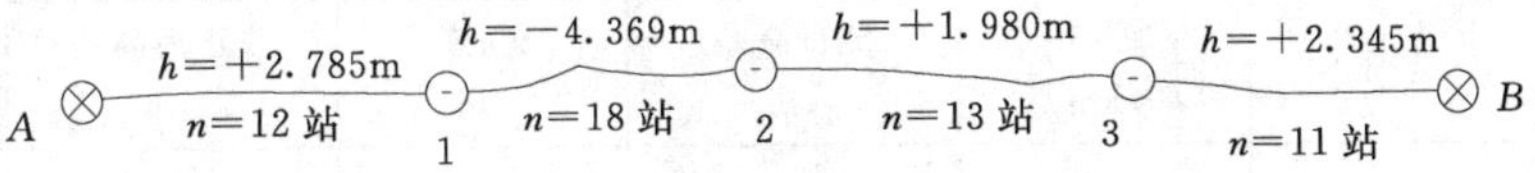

图 3.20　附合水准路线观测成果

全部计算均在表 3.5 进行,计算方法步骤如下。

表 3.5　　　　　　　附合水准路线高差闭合差调整与高程计算

测段	点号	测站数	测得高差 /m	改正数 /m	改正后高差 /m	高程 /m
	A					56.345
1		12	+2.785	−0.010	+2.775	
	1					59.120
2		18	−4.369	−0.016	−4.385	
	2					54.735
3		13	+1.980	−0.011	+1.969	
	3					56.704
4		11	+2.345	−0.010	+2.335	
	B					59.039
∑		54	+2.741	−0.047		
辅助计算		$f_h = \sum h - (H_B - H_A) = +0.047$m $= +47$mm $f_{h容} = \pm 10\sqrt{54} = \pm 73$mm				

(1) 填写测段编号、点名、测站数、观测高差、已知点高程。
(2) 计算高差闭合差。按式（3.9）计算，见表中辅助计算。
(3) 计算高差闭合差容许值。按式（3.13）计算，见表3.5中辅助计算。
(4) 计算改正数，即高差闭合差的分配，按式（3.19）计算。改正数的总和应等于高差闭合差（符号相反），作为检核。
(5) 计算改正后的测段高差。改正后高差＝观测高差＋改正数。

(6) 高程推算。用改正后高差，由已知点 A 高程逐点推算待求点的高程，并附合到 B 点的高程上，结果一致，作为成果检核。

2. 闭合水准路线计算

闭合水准路线计算，除高差闭合差按式（3.10）计算外，其余各项计算与附合水准路线相同。

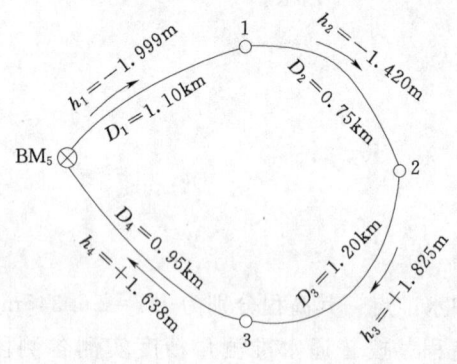

图 3.21 闭合水准路线观测成果

【例 3.2】 计算和调整图 3.21 中闭合水准路线的观测成果，并求出各点的高程。全部计算列于表3.6中。

表 3.6 闭合水准路线高差闭合差调整与高程计算

测段	点号	距离/km	测得高差/m	改正数/m	改正后高差/m	高程/m
	BM$_5$					37.141
1		1.10	−1.999	−0.012	−2.011	
	1					35.130
2		0.75	−1.420	−0.008	−1.428	
	2					33.702
3		1.20	＋1.825	−0.013	＋1.812	
	3					35.514
4		0.95	＋1.638	−0.011	＋1.627	
	BM$_5$					37.141
Σ		4.00	＋0.044	−0.044	0	
辅助计算	$f_h = \Sigma h = +44$ mm $f_{h容} = \pm 30\sqrt{4.00} = \pm 60$ mm					

3. 支线水准路线计算

支线水准路线高差闭合差以式（3.11）计算，不必进行闭合差的调整，而是取各段往返测高差绝对值的平均值作为测段高差（高差的正、负号以往测为准），再计算各点高程。

3.5 水准仪与水准尺的检校

3.5.1 微倾式水准仪的检验与校正

3.5.1.1 一般性的检查

一般性检查包括：三脚架是否稳固，仪器箱有无损坏现象，附件是否齐全；脚螺旋、制动螺旋、微动螺旋、微倾螺旋、目镜和物镜对光螺旋等是否灵活有效；望远镜成像是否清晰等。

3.5.1.2 水准仪轴系关系检验

根据水准测量原理，要求水准仪能提供一条水平视线。因此，水准仪的轴线之间必须满足一定的几何关系。在运输和使用过程中，可能使仪器受到碰撞、震动，会使水准仪上某些部件的相对位置发生变化，从而影响各轴线间应满足的几何条件。为此，应定期地对水准仪进行检验，如果不满足条件，超过了规定要求，则应进行校正。

1. 微倾式水准仪应满足的条件

如图 3.22 所示，微倾式水准仪应满足的条件如下。

(1) 圆水准器轴 $L'L'$ 应平行于仪器竖轴 VV。
(2) 十字丝的横丝应垂直于仪器竖轴 VV。
(3) 水准管轴 LL 应平行于视准轴 CC，本项条件是微倾式水准仪应满足的主要条件。

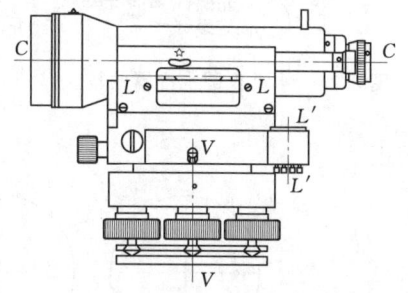

图 3.22 水准仪的轴线

2. 各项几何条件的检验与校正

水准仪的检验校正工作应按下列顺序进行，使先检校项目不受后面检校项目的影响。

(1) 圆水准器轴平行于仪器竖轴的检验与校正。安置好水准仪后，旋转脚螺旋使圆水准器气泡居中。然后将望远镜旋转 180°，如果气泡仍然居中，说明圆水准器轴与仪器竖轴平行，则条件满足。如果气泡不再居中，则表示上述条件不满足，需要校正。

如图 3.23 (a) 所示，在用脚螺旋使圆水准器气泡居中后，圆水准器轴 $L'L'$ 处于铅垂位置。如果竖轴 VV 与 $L'L'$ 不平行，且交角为 α，那么此时竖轴 VV 偏离铅垂位置 α 角。

如图 3.23 (b) 所示，在仪器绕竖轴 VV 旋转 180°后，圆水准器轴转到竖轴左边，圆水准器轴与竖轴的夹角不变，但是圆水准器轴相对于铅垂方向形成 2α 的交角。显然，气泡不再居中，而气泡中心离开零点的距离所对应的圆心角为 2α。

校正图 3.24 所示的圆水准器底部的 3 个校正螺钉，使气泡向居中位置移回偏离量的一半，如图 3.23 (c) 所示，此时 $L'L'$ 与 VV 已经平行。然后，旋转脚螺旋使气泡居中，则圆水准器轴 $L'L'$ 及竖轴 VV 均处于竖直方向，如图 3.23 (d) 所示。由于校正时一次难以做到完全到位，因此需要反复检验、校正，直到仪器旋转到任何位置，圆水准器气泡皆居中为止。

(2) 十字丝横丝垂直于仪器竖轴的检验与校正。

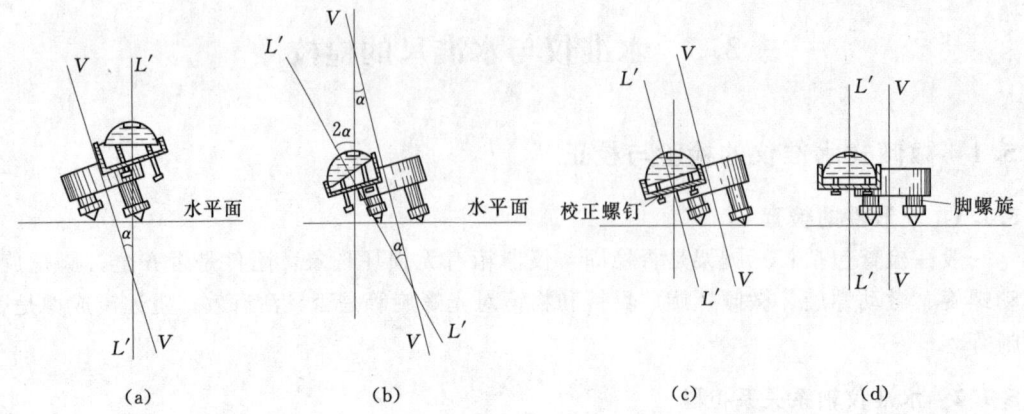

图 3.23 水准仪圆水准器轴平行于仪器竖轴的检验

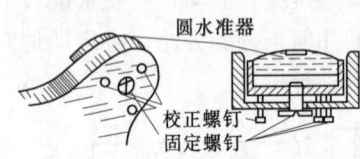

图 3.24 水准仪圆水准器的校正

1）检验。安置好仪器后，用十字丝中丝的一端瞄准一个明显的目标点 P，如图 3.25（a）所示。固定望远镜，转动微动螺旋，观察 P 点的移动轨迹。如果目标 P 始终不离开中丝，如图 3.25（b）所示，则说明十字丝横丝垂直于仪器竖轴，条件满足；如果目标 P 偏离了中丝，如图 3.25（d）所示，则表示条件不满足，需要校正。

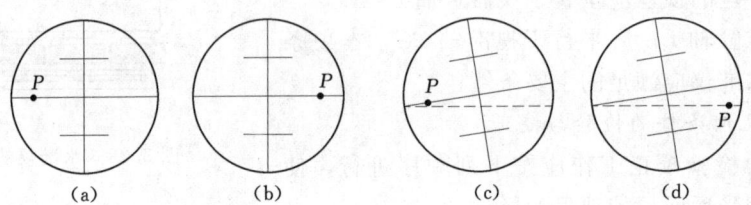

图 3.25 十字丝横丝垂直于仪器竖轴的检验

检验也可以选择一避风处或室内，在墙壁上悬挂一垂球，为避免垂球线晃动，准备一装有液体的容器，将垂球置于装有液体的容器中。在距垂球线 10～20m 处安置仪器，仪器整平后照准垂球线，观测十字丝竖丝与垂球线的重合情况，若不重合，则需要校正。

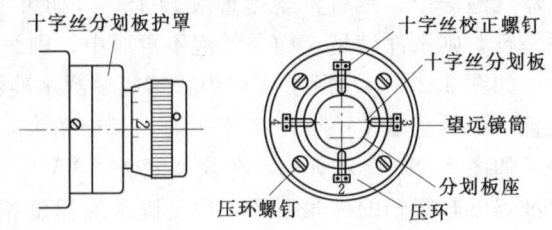

图 3.26 十字丝分划板的校正

2）校正。如图 3.26 所示，旋下目镜十字丝环护罩，松开十字丝分划板座的固定螺钉，按中丝倾斜的反方向轻轻转动十字丝分划板座，使 P 点回去的距离为原偏离距离的一半，再进行检验。此项检校也需反复进行，直至符合要求为止。然后将固定螺钉拧紧，旋上护罩。

（3）视准轴平行于水准管轴的检验与校正。

1) 检验。设视准轴不平行于水准管轴,它们在竖直面上投影的交角为 i,并规定水准管轴水平时,视准轴向上倾斜 i 角为正,由此引起的读数误差也为正。显然,若 i 角为 $0°$,水准管轴水平,则视准轴也处于水平位置,满足水准测量基本原理的要求。本检验的目的,就是检验 i 角是否超过规定要求。

如图 3.27 所示,在较平坦地面选定相距 60~80m 的两固定点 A、B,将水准仪安置于 A、B 中点处,用变动仪器高法,两次测出 A、B 两点的高差。若两次高差之差不超过 $±3mm$,则取两次高差的平均值 h 作为最后结果。由于前、后视距相等,i 角对前、后水准尺读数的影响也相同,高差不受其影响,即有

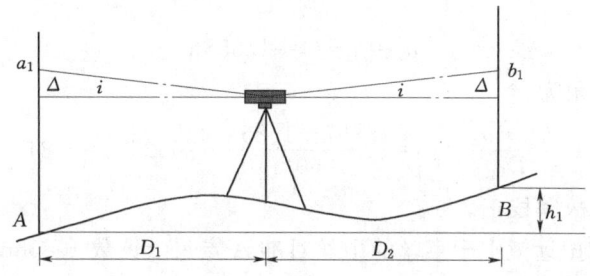

图 3.27 视准轴平行于水准管轴的检验

$$h=(a_1-\Delta)-(b_1-\Delta)=a_1-b_1 \tag{3.20}$$

然后将仪器安置于距 B 点 2~3m 处,如图 3.28 所示,读取 B 点尺上读数 b_2,A 点尺上读数 a_2。因仪器离 B 点很近,i 角对读数 b_2 的影响很小,可以忽略不计,即

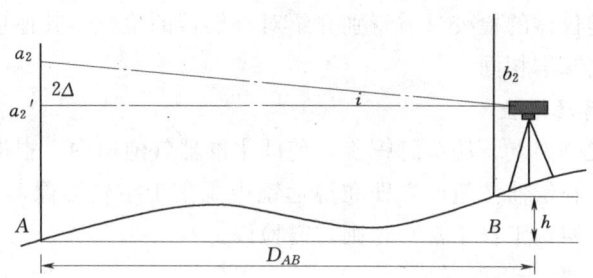

图 3.28 视准轴平行于水准管轴的检验

$$a_2'-b_2=h \tag{3.21}$$

由式(3.21)计算出 A 点尺上应有的水平视线的读数为

$$a_2'=h+b_2 \tag{3.22}$$

水准管轴与视准轴的夹角 i 为

$$i=\frac{a_2-a_2'}{D_{AB}} \cdot \rho'' \tag{3.23}$$

式中 D_{AB}——A、B 两点间的距离;
$\rho''=206265''$。

对于 DS_3 级微倾水准仪,规定 i 角的角值不超过 $±20''$;否则需进行校正。

2) 校正。如图 3.29 所示,转动微倾螺旋,使望远镜中十字丝的中丝对准 A 点尺上正

59

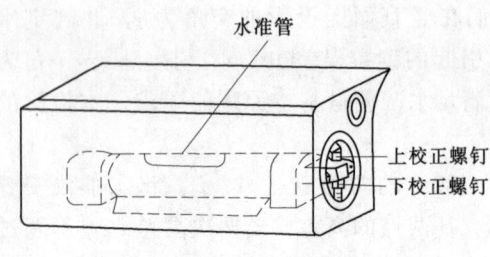

图 3.29 水准仪水准管的校正

确读数 a_2' 处，这时视准轴处于水平状态，但水准管气泡偏离。再用拨针调整水准管位于目镜端的上、下两个校正螺钉，使气泡居中。此时，视准轴和水准管轴均处于水平状态。

【例 3.3】 设在图 3.28 中，$h=0.575\text{m}$，A、B 距离为 60m，仪器在离 B 点 2m 处读得尺上读数 $b_2=1.283\text{m}$，在 A 点上读得尺数为 1.867m。依式（3.22），计算 A 尺上视线水平时的应有读数为

$$a_2'=h+b_2=1.858\text{m}$$

由式（3.23）计算 i 角为

$$i=\frac{a_2-a_2'}{D_{12}}\cdot\rho''=\frac{1.867-1.858}{60}\cdot 206265''=+31''$$

i 角超过限差 $\pm 20''$，故须校正。

调微倾螺旋，使望远镜中十字丝的中丝对准 A 点尺上读数 1.858m 处，再用拨针调整水准管上下校正螺钉，使气泡居中。此项检验校正也需要反复进行，直至 i 角小于规定限差为止。

3.5.2 自动安平水准仪的检验与校正

自动安平水准仪与微倾式水准仪的最主要区别，是利用补偿结构代替微倾装置获得水平视线，所以对此类仪器的检校只需特别介绍对补偿器的检校，其他项目的检校方法与微倾式仪器的检校方法基本相同。

1. 补偿器工作情况检查

将仪器安置在三脚架上，调节脚螺旋，使圆水准器气泡居中。根据不同仪器结构，用手轻敲仪器或按一下补偿器按钮，立即在望远镜中观察十字丝影像，若十字丝振荡或上、下运动，则说明补偿结构工作正常；否则，需检修。

2. 补偿误差的检验

安置仪器，在距仪器约 60m 处置水准尺，使仪器的一个脚螺旋位于望远镜至水准尺的视准面内，整平仪器并调焦后，在水准尺上读数。转动视准面内的脚螺旋，使望远镜在仪器能够补偿的范围内做微小倾斜，若读数有变化则需要校正。

3. 补偿器的校正

总体上，对补偿器的校正较为复杂，不同品牌的自动安平水准仪，补偿结构也不尽相同。若经检查补偿器需要校正，建议送专业检修部门检校或返厂维修。

3.5.3 水准尺的检验

1. 外观检查

检查水准尺有无缺陷、裂缝、碰伤、划痕、脱漆等现象；水准尺刻划线和注记是否清晰、均匀。

2. 尺面弯曲差的测定

通过水准尺引出一细直线，分别量取水准尺两端及中间分划面至细直线的距离，按式（3.24）计算弯曲差，即

$$f = \frac{R_{中} - (R_{上} + R_{下})}{2} \tag{3.24}$$

式中　$R_{中}$、$R_{上}$、$R_{下}$——中间读数、上端读数和下端读数，mm。

若 f 值大于 8mm，标尺尺长 L 按式（3.25）进行改正，即

$$L = L' - \frac{8f^2}{3L'} \tag{3.25}$$

式中　L'——标尺的名义长度，mm。

3. 圆水准器的检验与校正

在距水准仪约 50m 处的尺桩上置水准尺，使水准尺的中线或尺边缘线与水准仪十字丝竖丝精密重合。观察标尺上的水准器气泡，若气泡不居中，则用校正针将气泡调至居中。旋转水准尺 180°，使水准尺的中线或尺边缘线与水准仪十字丝竖丝精密重合，若水准器气泡居中即可；否则，重新对水准器进行校正。

旋转水准尺 90°，检查水准尺另一面，方法同上。反复检查几次，确保水准尺水准器位于准确位置。

4. 一对标尺零点差及标尺尺常数 K 的测定

在距水准仪 20～30m 的等距离处打 3 个尺桩，桩顶间高差约 20cm。分别在 3 个尺桩上依次立一对标尺，每次分别照准黑、红面（或基、辅）分划各读数 3 次，且仪器视准轴位置保持不变。检测 3 个测回，各测回改变仪器高度。

分别计算每根水准尺的黑面、红面（或基、辅）分划的所有读数的中数。两水准尺黑、红面（或基、辅）分划读数中数的差，即为一对水准尺的零点差。每支水准尺黑面（或基本）分划读数中数与红面（或辅助）分划读数中数的差值，即为该尺黑面（或基本）与红面（或辅助）分划读数差常数。

此项检查示例见表 3.7。

表 3.7　　一对标尺零点差及黑面、红面分划读数差（尺常数 K）测定　　　　单位：mm

测回	桩号	1号标尺读数			2号标尺读数		
		基本分划	辅助分划	基辅差	基本分划	辅助分划	基辅差
I	1	1239	5927	4688	1239	6028	4788
		1239	5926	4687	1239	6026	4786
		1238	5926	4686	1239	6028	4788
	2	1447	6132	4685	1447	6234	4787
		1448	6134	4687	1448	6235	4787
		1447	6134	4686	1448	6234	4786
	3	1650	6337	4687	1651	6439	4788
		1649	6338	4689	1651	6438	4787

续表

测回	桩号	1号标尺读数			2号标尺读数		
		基本分划	辅助分划	基辅差	基本分划	辅助分划	基辅差
I	3	1650	6338	4688	1649	6437	4788
	平均	1445.2	6132.4	4687.2	1445.7	6233.2	4787.5
II	1	1244	5932	4688	1245	6033	4788
		1245	5932	4687	1245	6032	4787
		1245	5932	4687	1245	6033	4788
	2	1453	6140	4687	1453	6241	4788
		1453	6140	4687	1454	6240	4786
		1453	6140	4687	1454	6241	4787
	3	1654	6340	4686	1655	6442	4787
		1655	6342	4687	1654	6441	4787
		1655	6344	4686	1655	6441	4786
	平均	1450.8	6437.7	4686.9	1451.1	6238.2	4787.1
III	1	1257	5945	4688	1257	6045	4788
		1256	5943	4687	1257	6044	4787
		1256	5944	4688	1257	6044	4787
	2	1466	6152	4686	1467	6253	4786
		1466	6153	4687	1466	6253	4787
		1465	6153	4688	1466	6253	4787
	3	1667	6354	4687	1667	6454	4787
		1666	6353	4687	1667	6454	4787
		1667	6353	4686	1667	6454	4787
	平均	1462.9	6150.0	4687.1	1463.4	6250.4	4787.0
总中数		1453.0	6140.0	4687.0	1453.4	6240.6	4787.2

一对标尺零点差=0.4mm

5. 水准尺名义长度的测定

此项检定应在温度稳定的室内进行。检查工具为金属线纹米尺，也称为一级线纹米尺（first-class standard meter），如图3.30所示。一级线纹米尺俗称日内瓦尺，是由温度膨胀系数极小的合金制成，尺身上附有温度计和两个

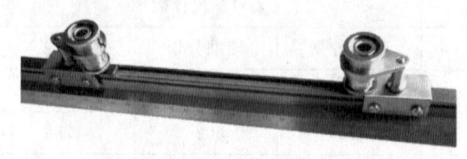

图 3.30 一级线纹米尺

可滑动的放大镜，最小分划值为0.2mm，测量范围为0～1000mm。其长度由国家认定的部门检定，常用于检验精密水准尺的分划长度和坐标网、图廓点及控制点的展绘精度。

检查前两小时将检查尺和被检水准尺送入室内。检查时将水准尺放置在平台上，使尺

3.5 水准仪与水准尺的检校

背面充分与平台接触,尺两端及中央不能下垂。

水准尺的基本分划与辅助分划均需检验,往返进行。往测测定基本分划面的 0.25～1.25m、0.85～1.85m、1.45～2.45m 3 个米间隔,返测测定 2.75～1.75m、2.15～1.15m、1.55～0.55m 3 个米间隔。辅助分划检定,往测测定 5.08～6.08m、5.68～6.68m、6.28～7.28m 3 个米间隔,返测测定 7.58～6.58m、6.98～5.98m、6.38～5.38m 3 个米间隔。

检测时由两名观测员同时进行,两个观测员分别注视检查尺的左、右两端,同时读取"间隔"的两个分划线边缘在检查尺上的读数,微动检查尺,再读一次。两次左右端读数差的差值不大于 0.06mm;否则立即重测。如此依次测定 3 个米间隔。每测定一个米间隔需读记温度,以备改正用。

水准尺黑面(或基本)分划和红面(或辅助)分划每一间隔名义米长计算式为

$$L_i = \frac{A_{R1} - A_{L1} + A_{R2} - A_{L2}}{2} + \Delta L_i \tag{3.26}$$

式中 L_i——间隔名义米长,mm;
A_{L1}——检查尺第一次左读数,mm;
A_{R1}——检查尺第一次右读数,mm;
A_{L2}——检查尺第二次左读数,mm;
A_{R2}——检查尺第二次右读数,mm;
ΔL_i——检查尺尺长及温度改正,mm。

本项目检查示例见表 3.8。

表 3.8　　　　　　　　　　水准尺名义米长的测定

检查尺(线纹米尺)的尺长方程:$L = (1000 - 0.07) + 0.0185 \times (t - 20℃)$

分划面	往返测	分划间隔/mm	温度/℃	检查尺读数/mm		右-左/mm		检查尺尺长温度改正/mm	分划面名义米长/mm
				左端	右端	右-左	中数		
基本分划	往测	0.25～1.25	25.0	1.20	1001.60	1000.40	1000.39	+0.022	1000.412
				1.40	1001.78	1000.38			
		0.85～1.85	25.0	0.40	1000.70	1000.30	1000.27	+0.022	1000.292
				1.14	1001.38	1000.24			
		1.45～2.45	25.0	2.06	1002.10	1000.04	1000.04	+0.022	1000.062
				1.76	1001.80	1000.04			
	返测	2.75～1.75	25.0	3.22	1003.36	1000.14	1000.15	+0.022	1000.172
				1.00	1002.16	1000.16			
		2.15～1.15	25.0	1.04	1001.42	1000.38	1000.39	+0.022	1000.412
				1.00	1001.40	1000.40			
		1.55～0.55	25.0	1.34	1001.44	1000.10	1000.12	+0.022	1000.142
				0.08	1000.22	1000.14			

第 3 章 水 准 测 量

续表

分划面	往返测	分划间隔/mm	温度/℃	检查尺读数/mm		右-左/mm		检查尺尺长温度改正/mm	分划面名义米长/mm
				左端	右端	右-左	中数		
辅助分划	往测	5.05~6.05	25.1	0.42	1000.70	1000.28	1000.29	+0.024	1000.312
				1.52	1001.82	1000.30			
		5.65~6.65	25.1	0.74	1000.90	1000.16	1000.15	+0.024	1000.174
				2.94	1003.08	1000.14			
		6.25~7.25	25.1	0.24	1000.30	1000.06	1000.05	+0.024	1000.074
				0.58	1000.62	1000.04			
	返测	7.55~6.55	25.1	1.82	1001.84	1000.02	1000.03	+0.024	1000.054
				0.68	1000.72	1000.04			
		6.95~5.95	25.1	0.38	1000.42	1000.04	1000.04	+0.024	1000.064
				1.74	1001.78	1000.04			
		6.35~5.35	25.1	0.24	1000.46	1000.22	1000.21	+0.024	1000.234
				1.22	1001.42	1000.20			
一根标尺名义米长							1000.200		

本 章 小 结

水准测量是测量地面点间高差的最主要方法，也是高程测量的最主要方法，水文高程测量的最主要手段也是水准测量。

水准测量的原理是利用水准仪提供的水平视线在水准尺上读取读数计算高差，进而由测定的高差和已知点的高程推算未知点的高程。其核心和灵魂就是水准测量时视线必须水平，为此，仪器的构造、使用、检校都是围绕"视线水平"这一核心。

水准测量的等级依次分为一、二、三、四、五等水准测量，普通水准测量属于五等水准测量。水文测量工作中，主要进行三、四、五等水准测量，所使用的仪器一般为 DS_3 型水准仪和黑、红双面水准尺。三、四等水准测量是非常重要的一块，包括观测方法、记载计算、技术指标、注意事项等，务必掌握。

分析水准测量的误差产生原因与测量时的注意事项，以保障测量成果质量。

明晰水准路线的形式，掌握水准路线高差闭合差的计算，进而熟悉高差闭合差的调整和未知点高程计算。

水文测量工作中，往往会遇到跨河高程传递，了解视具体情况而采取怎样的方法以及相关注意事项。

为了保证水准测量的精度，水准仪的轴线必须满足一定的几何关系，为此应掌握对仪器的检验，了解校正方法。

思 考 与 练 习

3.1 水准测量是根据什么原理测定两点间高差的？

3.2 水准测量中，仪器视线高应为哪两者之和？

3.3 水准仪由哪几部分组成？操作水准仪有哪几个步骤？

3.4 使用水准仪，转动目镜对光螺旋的目的是什么？转动物镜对光螺旋的目的是什么？转动微倾螺旋的目的是什么？

3.5 何谓视准轴？何为视差？产生视差的原因是什么？怎样消除视差？

3.6 水准仪上圆水准器与管水准器的作用有何不同？何谓圆水准器轴？何谓管水准器轴？

3.7 水准器的分划值、灵敏度及其内壁的圆弧半径三者之间有何关系？

3.8 转点在水准测量中起到什么作用？

3.9 测站检核可以采取哪两种方式？

3.10 三、四等水准测量一测站有几个读数？观测程序如何？

3.11 四等水准测量观测有哪些技术指标？各为多少？

3.12 三等水准测量观测有哪些技术指标？各为多少？

3.13 进行三、四等水准测量，可以采取哪些方法控制测站的视距差及视距差积累？

3.14 进行三、四等水准测量，用黑面高差和红面高差计算高差中数如何进行？为什么？

3.15 水准测量的路线形式有哪几种？绘图加以说明。

3.16 水准仪有哪些轴线？它们之间应满足什么条件？为什么？

3.17 水准测量时，为何要求前、后视距尽可能相等？

3.18 水准尺倾斜对读数有何影响？

3.19 与微倾式水准仪比较，自动安平水准仪有何特点？与光学水准仪比较，数字水准仪有何特点？

3.20 分析水准测量的误差来源，如何消除或减弱误差？

3.21 设 A 为后视点，B 为前视点，A 点的高程是 20.123m。当后视读数为 1.456m，前视读数为 1.579m，问 A、B 两点的高差是多少？B、A 两点的高差又是多少？B 点比 A 点高还是低？B 点的高程是多少？并绘图说明。

3.22 将图 1 中的水准测量观测数据填入表 1 中，已知 A 点高程为 $H_A = 23.456$m，求点 B 点高程。

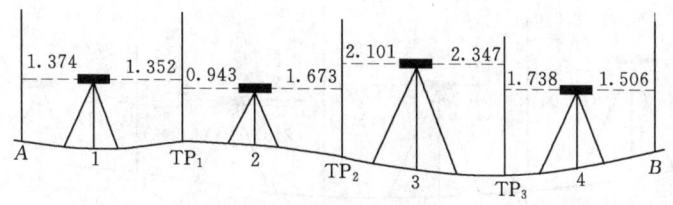

图 1 普通水准测量

第3章 水准测量

表1 普通水准测量记录表格

测站	测点	后视读数/m	前视读数/m	高差/m		高程/m
				+	−	
检核计算	$\sum a=$	$\sum b=$	$\sum h=$			
	$\sum a - \sum b=$					

3.23 完成表2中四等水准测量的计算。

表2 三(四)等水准测量记录表格

测站编号	测点编号	后尺 上丝	前尺 上丝	方向及尺号	水准尺读数/m		$K+$黑$-$红/mm	高差中数/m	备注
		下丝	下丝						
		后距/m	前距/m		黑面	红面			
		视距差 d/m	积累差 $\sum d$/m						
1	A~TP$_1$	1.691	0.859	后1	1.504	6.291			
		1.317	0.483	前2	0.671	5.359			$K_1=4.787$
									$K_2=4.687$
2	TP$_1$~TP$_2$	2.271	2.346	后2	2.084	6.771			
		1.897	1.971	前1	2.158	6.946			

3.24 三等水准测量的观测数据如图2所示,试将观测数据填入表3中,并完成计算(注:括号内为红面中丝读数;$K_1=4.687$m,$K_2=4.787$m)。

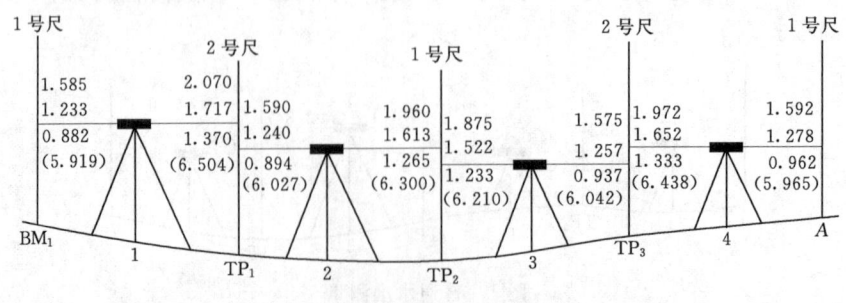

图2 三等水准测量

思 考 与 练 习

表 3 三（四）等水准测量记录表格

测站编号	测点编号	后尺		前尺		方向及尺号	水准尺读数/m		K+黑—红/mm	高差中数/m	备注
		上丝		上丝			黑面	红面			
		下丝		下丝							
		后距/m		前距/m							
		视距差 d/m		积累差 Σd/m							
						后					
						前					
						后-前					
						后					
						前					
						后-前					
						后					
						前					
						后-前					
						后					
						前					
						后-前					
计算校核											

3.25 如图 3 所示，已知水准点 BM_A 的高程为 33.012m，1、2、3 点为待定水准点，水准测量观测的各段高差及路线长度标注在图中，试填表（表 4）计算各待定点高程（注：高差闭合差的限差为 $f_{h容}=\pm 30\sqrt{L}$ mm）。

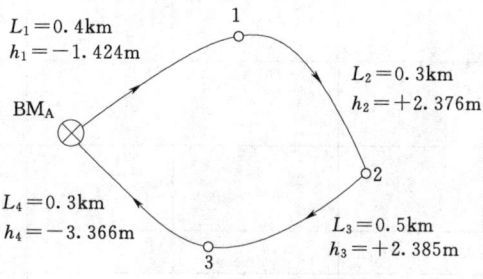

图 3 闭合水准测量成果

第3章 水 准 测 量

表 4 　　　　　　　　　　　水准路线高差闭合差调整与高程计算

测段	点号	距离 /km	测得高差 /m	改正数 /m	改正后高差 /m	高程 /m
辅助计算						

3.26 图 4 所示为附合水准路线的观测数据，判别测量成果是否满足精度要求，如果满足则填表（表5）计算各点的高程（注：$f_{h容}=\pm 10\sqrt{n}$ mm）。

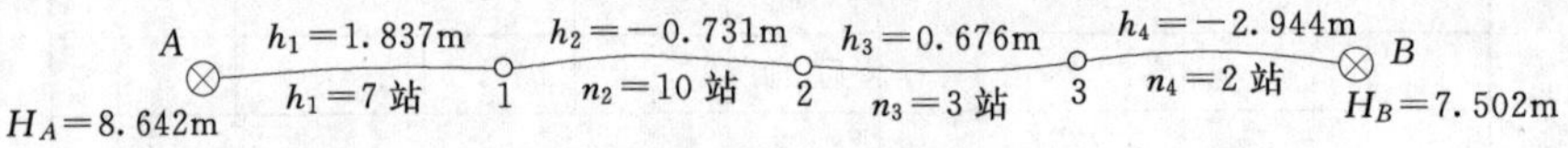

$$A \quad h_1=1.837\text{m} \quad h_2=-0.731\text{m} \quad h_3=0.676\text{m} \quad h_4=-2.944\text{m} \quad B$$
$$H_A=8.642\text{m} \quad n_1=7\text{站} \quad 1 \quad n_2=10\text{站} \quad 2 \quad n_3=3\text{站} \quad 3 \quad n_4=2\text{站} \quad H_B=7.502\text{m}$$

图 4　附合水准测量成果

表 5 　　　　　　　　　　　水准路线高差闭合差调整与高程计算

测段	点号	测站数	测得高差 /m	改正数 /m	改正后高差 /m	高程 /m
辅助计算						

思 考 与 练 习

3.27 设 A、B 两点相距 80m，水准仪安置于中点，测得 A 尺上的读数 a_1 为 1.321m，B 尺上的读数 b_1 为 1.117m。仪器搬到 B 点附近，又测得 B 尺上读数 b_2 为 1.466m，A 尺读数为 a_2 为 1.685m。问该水准仪水准管轴是否平行于视准轴？如不平行，i 角是多少？应如何校正？

3.28 进行普通水准测量观测练习，观测成果记入表 6 中。

3.29 进行三（四）等水准测量观测练习，观测成果记入表 7 中。

表 6　　　　　　　　　　普通水准测量记录表格

日期_____　　仪器_____　　起点_____　　观测者_____
天气_____　　型号_____　　终点_____　　记录者_____

测站	测点	后视读数 /m	前视读数 /m	高差/m		备注
				+	−	
检核计算	$\sum a=$ $\sum a-\sum b=$	$\sum b=$	$\sum h=$			

表7　　　　　　　　　三（四）等水准测量记录表格

日期_____　仪器_____　起点_____　观测者_____
天气_____　型号_____　终点_____　记录者_____

测站编号	测点编号	后尺 上丝	后尺 下丝	前尺 上丝	前尺 下丝	方向及尺号	水准尺读数/m 黑面	水准尺读数/m 红面	K+黑-红/mm	高差中数/m	备注
		后距/m		前距/m							
		视距差/m		积累差/m							
						后					
						前					
						后-前					
						后					
						前					
						后-前					
						后					
						前					
						后-前					
						后					
						前					
						后-前					
						后					
						前					
						后-前					
						后					
						前					
						后-前					
						后					
						前					
						后-前					
计算校核											

第4章 角度及距离测量

4.1 角度测量

4.1.1 角度的概念

1. 水平角

水平角指是地面上一点到两目标的方向线投影到水平面的夹角，或地面上一点到两目标方向线的夹角在水平面上的投影。水平角一般用 β 表示。

如图 4.1 所示，A、O、B 为地面上任意 3 点。O 点为测站点，A、B 为两目标点。OA、OB 方向线在水平面上的投影 O_1A_1、O_1B_1 的夹角，即为 OA、OB 两目标方向线间的水平角。由此可知，水平角 β 就是过 OA、OB 两方向所作铅垂面形成的二面角。该二面角可以在两铅垂面交线任意高度的水平面上进行量度，角值均等于水平角 β。

为了测定水平角值，可在过角顶点铅垂线上任意位置，水平地安置一个顺时针注记的刻划盘，并使其圆心位于过角顶点的铅垂线上。设两铅垂面在刻度盘上截出的读数分别为 a 和 b，则

水平角=终了目标读数-起始目标读数

即

$$\beta = b - a \tag{4.1}$$

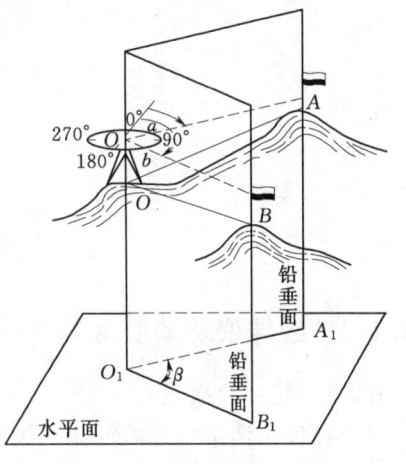

图 4.1 水平角测量原理

水平角没有负值，其值域为 $0°\sim360°$，因此，若 $b<a$，则应在 b 上加 $360°$。

由以上原理可得，测量水平角的仪器必须有：刻度盘和读数设备；能将刻度盘中心安置在过测站点铅垂线上的对中设备；能使刻度盘安放水平的整平设备；能水平方向转动和竖直方向转动的照准设备。

2. 竖直角

竖直角是指在同一竖直面内，视线与水平线的夹角，竖直角一般用 α 表示。视线在水平线上方时称为仰角，角值为正；视线在水平线下方时称为俯角，角值为负。竖直角的值域，仰角为 $0°\sim90°$；俯角为 $0°\sim-90°$。

如图 4.2 所示，为了测量竖直角，可在铅垂面内安置一个刻度盘。显然，竖直角也是两个方向在刻度盘的读数之差。由于其中有一个方向一定为水平方向，所以设计制造仪器，将刻度盘的位置设置为对应水平方向的读数是 $0°$ 或 $90°$ 的倍数，称为始读数。这样，

测量竖直角时，只要瞄准倾斜目标，读出对应的刻度盘读数，则读数与始读数的差值即为竖直角。

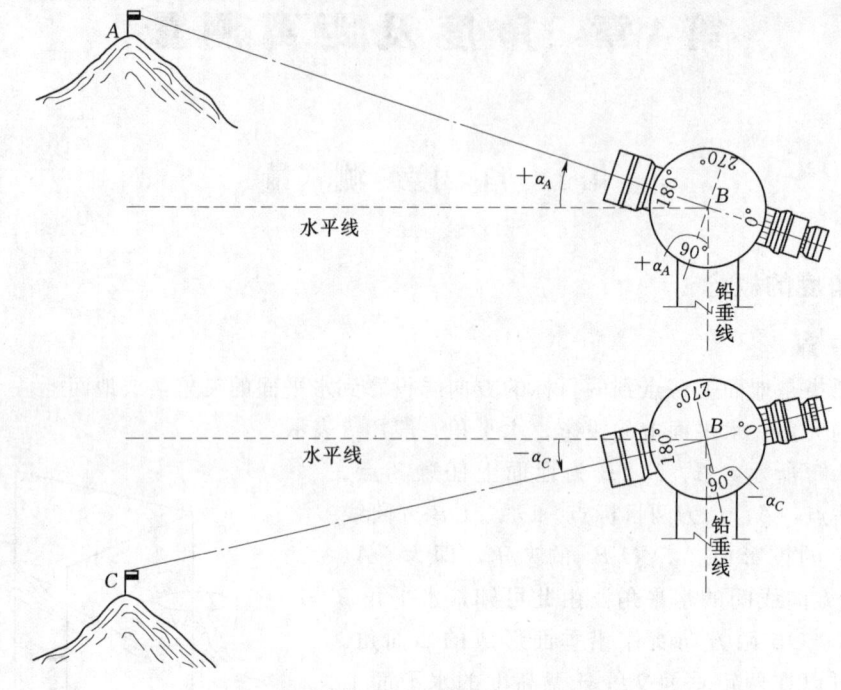

图 4.2　竖直角测量原理

4.1.2　经纬仪及其使用

4.1.2.1　经纬仪概述

经纬仪是测量角度的仪器，按其读数系统可分为光学经纬仪和电子经纬仪。

经纬仪按其精度指标编制了系列标准。国产光学经纬仪的系列分为 DJ_{07}、DJ_1、DJ_2、DJ_6 等级别，其中"D"和"J"分别为"大地测量"和"经纬仪"的汉语拼音首字母，07、1、2、6 等下标数字，表示仪器所能达到的精度指标，如 DJ_6 表示一测回方向中误差为 $\pm 6''$ 的光学经纬仪。电子经纬仪的精度也有高低之分，有 $0.5''$ 级、$1''$ 级、$2''$ 级、$5''$ 级等。

4.1.2.2　DJ_6 级光学经纬仪

不同品牌和型号的仪器，其外观各部件的形状不完全一样，但其基本构造大致相同，主要由照准部、水平刻度盘、基座三部分组成。图 4.3 是某品牌 DJ_6 级光学经纬仪的外形及各部件名称，下面分别予以介绍。

1. 照准部

绕竖轴水平旋转部分称为照准部。照准部由望远镜、读数显微镜、竖盘装置、水准器、竖轴等组成。

望远镜是用于精确瞄准目标的设备，它与横轴垂直固连在一起，安置在支架上，可绕横轴在竖直面内做俯仰转动。为控制望远镜的俯仰，在一侧的支架上装有望远镜的制动螺

4.1 角度测量

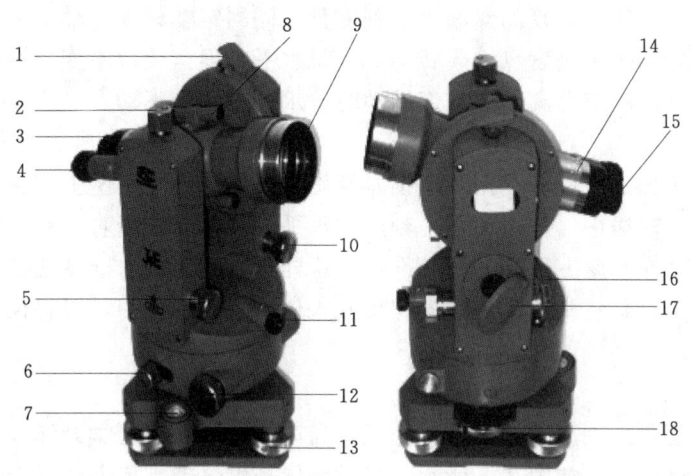

图 4.3 DJ₆ 级光学经纬仪的外形及各部件名称

1—竖盘指标水准器反光镜；2—望远镜制动螺旋；3—目镜；4—读数显微镜；5—望远镜微动螺旋；
6—水平制动螺旋；7—圆水准器；8—瞄准器；9—物镜；10—竖盘指标水准器微动螺旋；
11—光学对中器；12—水平微动螺旋；13—脚螺旋；14—物镜对光螺旋；15—目镜
对光螺旋；16—照准部水准管；17—反光镜；18—刻度盘变换手轮

旋和微动螺旋。

竖盘装置是用来测定竖直角的，它包括竖盘、竖盘指标水准器和竖盘指标水准器微动螺旋。竖盘固连在横轴的一端，与望远镜同步转动，竖盘指标水准器和竖盘指标水准器微动螺旋安装在该侧的支架上。

读数显微镜是用于读取水平刻度盘和竖直刻度盘的读数设备，安装在望远镜旁，在支架的一侧有进光孔和反光镜，用于照亮读数窗。

水准器是指示仪器是否安置水平的部件。大多仪器照准部上的水准器是管状水准器，也有仪器是圆水准器。

竖轴又称为仪器旋转轴，装在支架的下部。竖轴插入竖轴轴套内，可使照准部绕竖轴做水平方向转动。

2. 水平刻度盘

水平刻度盘由刻度盘和刻度盘变换手轮或复测装置组成。刻度盘是用光学玻璃制成的圆环，其上刻有格值为 1°或 30′的刻线，从 0°～360°，按顺时针方向注记度数，用来测量水平角。

水平刻度盘不随照准部转动而转动，但使用水平刻度盘位置变换手轮，可以拨动水平刻度盘旋转，即可以将水平刻度盘读数配置到所需位置。为避免无意中碰动此手轮，设有护盖或保险装置。

有的仪器是采用复测装置来解决刻度盘位置配

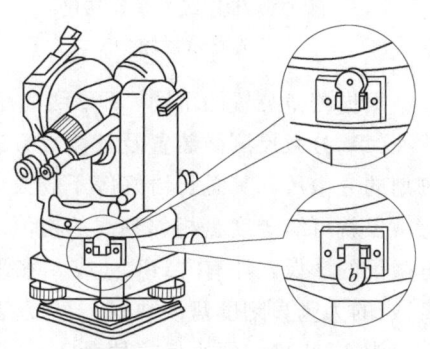

图 4.4 水平刻度盘复测器装置

置问题的。如图4.4所示，复测盘和水平刻度盘一同固定在刻度盘轴套上，当复测器扳手扳下时，照准部带动水平刻度盘一起转动，这时水平刻度盘读数不变；当复测器扳手扳上时，水平刻度盘与照准部分离，照准部转动时，水平刻度盘不动。

3. 基座

基座是支撑仪器的底座。利用轴座锁紧螺旋将仪器固定在基座上。转动脚螺旋可使照准部上的水准器气泡居中，从而使水平刻度盘水平、仪器竖轴铅直。有的仪器除了在照准部上有水准管外，在基座上还装有圆水准器，这样可先利用圆水准器使仪器粗平，再利用水准管进一步整平。将三脚架上的连接螺旋旋入仪器的连接板中，可将仪器稳固地安置在三脚架上。

4. 读数设备

读数设备主要包括刻度盘和指标。为了提高读数精度，在光学经纬仪的读数设备中都设置了显微、测微装置。如图4.5所示，显微装置是由仪器支架上的反光镜和内部一系列棱镜与透镜组成的显微物镜组成，能将刻度盘刻划照亮、转向、放大，成像在读数窗上，通过显微目镜读取读数窗上的读数。测微装置是在读数窗上测定小于刻度盘格值的读数装置。

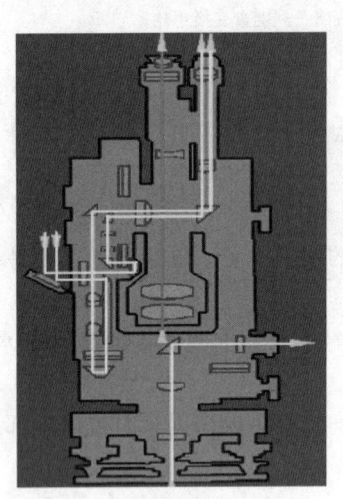

图4.5 DJ₆级光学经纬仪光路示意图

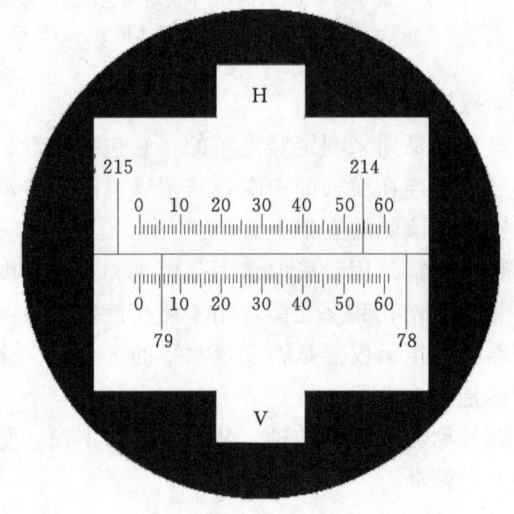

图4.6 DJ₆级光学经纬仪分微尺测微装置的读数方法

根据测微装置的不同，DJ_6级光学经纬仪的读数设备和读数方法分为以下两种。

（1）分微尺测微装置及其读数方法。分微尺测微装置是在读数窗场镜上安装一块带有刻划的分微尺，其总长恰好等于放大后刻度盘格值的宽度。当刻度盘影像呈现在场镜时，分微尺就可续分度盘相邻刻线的格值。如图4.6所示，在读数窗显微镜内看到的刻度盘和分微尺的影像，注有"H"（或"水平"）的为水平刻度盘读数窗，注有"V"（或"竖直"）的为竖直刻度盘读数窗。刻度盘格值为$1°$，分微尺刻划注记为整$10'$。分微尺全长等分为60小格，每小格格值为$1'$，可估读到$0.1'$（即$6''$）。读数时，以分微尺上的零刻划线为指标，"度"数由夹在分微尺上的刻度盘刻划线注记读出，"分"和"秒"即分微尺上零刻划线至刻度盘刻划线间的值，由刻度盘刻划线在分微尺上读出，二者之和即为刻度盘读数。

在图 4.6 中，在分微尺上读出水平刻度盘刻划线注记为 214°，该刻划线在测微尺读数为 54.7′，即 54′42″，取二者之和得水平刻度盘读数为 214°54′42″。同理，可读出竖直刻盘读数为 79°05′30″。由于不足 1′的值估读到 0.1′，所以这种读数装置读数中，估读"秒"必定是 6″的倍数，如上述的 42″、30″。

（2）单平板玻璃测微装置及其读数方法。单平板玻璃测微装置，主要由平板玻璃、测微轮、测微分划尺和传动装置组成。测微轮、平板玻璃和测微分划尺由传动装置连接在一起，转动测微轮，可使平板玻璃和测微分划尺同轴旋转。图 4.7 所示为测微装置原理，当测微分划尺读数为零时，平板玻璃的底面

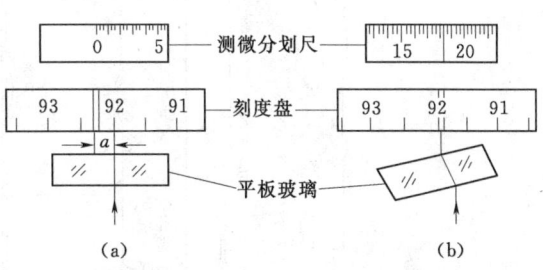

图 4.7 单平板玻璃测微装置原理

水平，光线垂直通过平板玻璃，刻度盘分划线的影像不改变原来位置，这时在读数窗上的双指标线读数为 92°+a，如图 4.7（a）所示。当转动测微轮，平板玻璃转动一个角度后，如果度盘刻划线的影像正好平行移动一个 a 值，使 92°刻划线的影像夹在双指标线的中间，移动量 a 即可由同轴转动的测微分划尺上读出 18′20″，如图 4.7（b）所示，取二者之和为 92°18′20″。

如图 4.8 所示，是从读数显微镜目镜中看到的上、中、下 3 个读数影像，上部是测微分划尺影像，中部是竖直刻度盘影像，下部是水平刻度盘影像。刻度盘刻划线每度有一注记，为 0°～360°，每度又分为两格，则刻度盘格值为 30′。测微分划尺等分 30 大格，每 5 个大格有一注记，从 0′～30′；每一大格又分为 3 个小格，每小格为 20″，可估读到 0.1 小格（即 2″）。读数时，先转动测微轮，使刻度盘某刻划线精确夹在双指标线的中间，先读取刻度盘上该刻划线的读数，再由单指标线在测微分划尺上读取小于刻度盘格值的"分""秒"数，取二者之和即为刻度盘读数。在图 4.8（a）中，水平刻度盘读数为 49°30′+22′40″=49°52′40″；在图 4.8（b）中，竖直刻度盘读数为 107°+01′46″=107°01′46″。这种读数装置中，估读"秒"数只能是 2 的倍数。

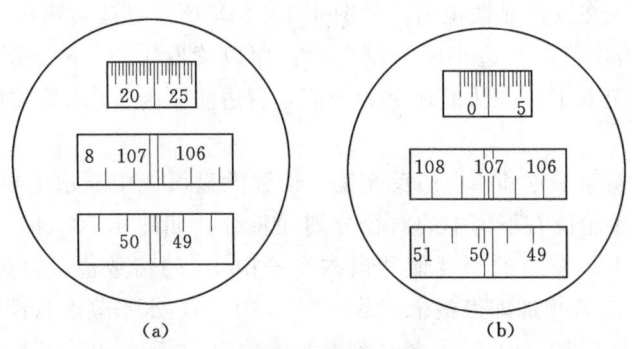

图 4.8 单平板玻璃测微装置读数方法

4.1.2.3 DJ₂级光学经纬仪

DJ₂级光学经纬仪的总体结构与DJ₆级光学经纬仪类似，只是读数系统有所不同。图4.9所示为国产某品牌DJ₂级光学经纬仪的构造。

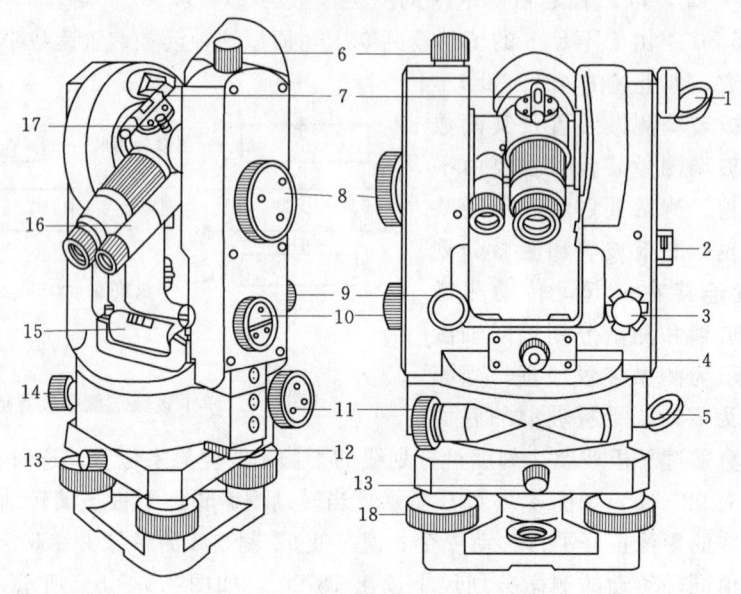

图 4.9 DJ₂型光学经纬仪构造

1—竖直刻度盘反光镜；2—竖盘指标水准管观察镜；3—竖盘指标水准管微动螺旋；4—光学对中器目镜；5—水平刻度盘反光镜；6—望远镜制动螺旋；7—光学瞄准器；8—测微手轮；9—望远镜微动螺旋；10—水平和竖直间的换像手轮；11—水平微动螺旋；12—水平刻度盘变换手轮；13—中心锁紧螺旋；14—水平制动螺旋；15—照准部水准管；16—读数显微镜；17—望远镜反光扳手轮；18—脚螺旋

DJ₂型光学经纬仪在读数显微镜中水平刻度盘和竖直刻度盘的像不能同时显现，因此要使用换像手轮和各自的反光镜进行像的转换。打开水平刻度盘反光镜，转动换像手轮，使轮面的白色指标线成水平时，读数显微镜内观察到水平刻度盘的像；打开竖直刻度盘反光镜，转动换像手轮，当指标线在竖直位置时，读数显微镜内看到竖直刻度盘的像。

刻度盘读数显现在读数显微镜内。如图4.10（a）所示，读数窗中右上窗显示刻度盘的度值及10′的整倍数值，左边小窗为测微尺，用以读取10′以下的分、秒值，共分600格，每格1″，估读至0.1″，左边的注字为分值，右边注字为10″的倍数值，右下窗为对径分划像。

读数前首先用换像手轮和相应的反光镜，使读数显微镜中显示需要读数的刻度盘像。读数时，转动测微手轮使右下窗中的对径分划线重合，如图4.10（b）、（c）所示，而后读取上窗中中央和中央左边的刻度值和窗内小框中10′的倍数值，再读取测微尺上小于10′的分值和秒值，二者相加即得整个读数。图4.10（b）水平刻度盘读数为150°00′+01′54″=150°01′54″；图4.10（c）所示竖直刻度盘读数为74°50′+07′16″=74°57′16″。

图4.11（a）所示为瑞士产T₂光学经纬仪（精度等级相当于国产DJ₂型光学经纬

4.1 角 度 测 量

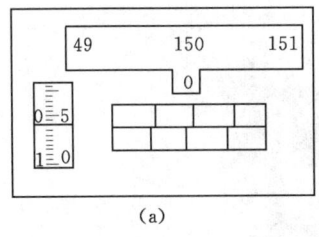
(a)

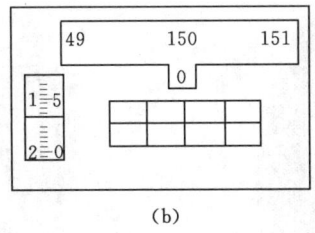
(b)

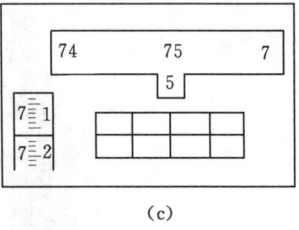
(c)

图 4.10 DJ₂ 型光学经纬仪读数方法

仪）。其读数方法如图 4.11（b）所示，调读数测微轮，使上窗对径分划线重合，在中窗内读取刻度值及 10′的倍数值（▽下尖所指的数），读数为 94°10′，再在下窗中读得 2′44″，整个读数为 94°12′44″。

(a)

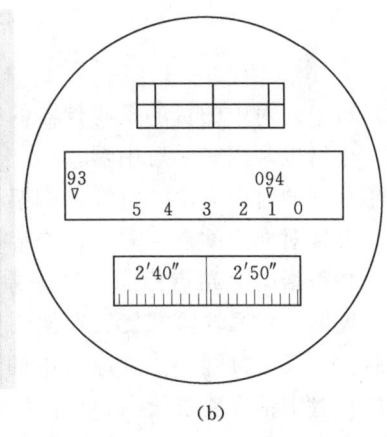
(b)

图 4.11 T₂ 光学经纬仪及读数方法

4.1.2.4 电子经纬仪

随着电子科学技术的发展，经纬仪向自动化、数字化的方向迅速发展，从而诞生了电子经纬仪。电子经纬仪的特点是使用光电测角系统，利用光电转换原理和微处理器，自动对刻度盘进行读数并显示于读数屏幕，还可以自动记录、储存测量数据，通过数据接口或蓝牙设备与计算机连接以传输数据。电子经纬仪的出现，标志着经纬仪技术已发展到一个新的阶段。

电子经纬仪在结构和外观上与光学经纬仪相似。图 4.12（a）是瑞士产 T2000 电子经纬仪，图 4.12（b）是国产 ET-05 电子经纬仪。对电子经纬仪使用，其基本操作，如安置仪器（对中、整平）和照准目标，与光学经纬仪的操作是一样的。关于键盘操作及数据传输，对不同品牌仪器会不尽相同，使用者可参照有关说明书或操作手册使用。

4.1.2.5 经纬仪的使用

使用经纬仪，包括安置仪器、照准目标和读数等操作。

1. 安置仪器

待测角顶点称为测站点，将经纬仪安置在测站点上，包括仪器的对中和整平两项

 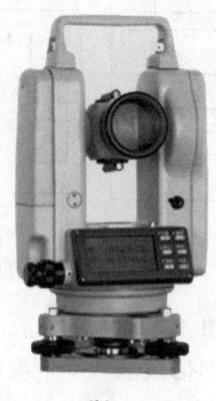

(a)　　　　　　　　　(b)

图 4.12　电子经纬仪

内容。

(1) 对中。对中的目的是将仪器的中心安置在测站点标志中心的铅垂线上。对中可借助垂球,也可以利用光学对中器。

使用垂球的对中方法。打开三脚架,置于测站点上,使其高度适中,目估架头水平,架头中心大致对准测站点标志。使连接螺旋位于架头中心,在连接螺旋下方悬挂垂球。观察垂球尖是否指向测站点标志,若偏差较大,可移动脚架使垂球尖对准测站点,踩紧脚架。装上仪器,稍紧连接螺旋,在架头上移动仪器基座,直至垂球尖准确地对准测站点标志中心后,拧紧连接螺旋。垂球对中的误差一般不超过 3mm。若在有风的天气情况下架设仪器或对对中精度要求较高,可使用光学对中器进行对中。

光学对中器安装在仪器的照准部或基座上。对中器目镜刻划圈中心与其物镜光心的连线为光学对中器的视准轴。当照准部水平时,对中器的视准轴经棱镜转向 90°后的光学垂线与仪器竖轴中心重合,如图 4.5 所示。因此,用光学对中器进行对中时应与仪器整平交替进行。具体操作方法是,将三脚架安置于测站点上,目估水平、对中,装上仪器。调节对中器的目镜,使分划圈清晰,再进行物镜调焦(有的仪器是将对中器拉出或推进,也有的仪器是旋转对中器),使能看清地面。此时,如果刻划圈中心与测站点标志偏差较大,可平移三脚架,若偏差不多,可在架头上移动基座或通过调脚螺旋使准确对中。伸缩脚架腿,使圆水准器的气泡居中。在对中器中检查对中情况,若还有少量偏差,在架头上平移基座,再利用脚螺旋整平仪器,检查对中情况。如此反复进行,直到对中和整平均满足要求为止。

(2) 整平。整平目的是使仪器的水平刻度盘置于水平、竖轴处于铅直位置。整平借助圆水准器和水准管。关于圆水准器的气泡居中方法,与对水准仪的操作完全相同,前一章已经介绍。下面介绍利用水准管进行整平的方法。转动照准部,使照准部水准管平行于任意两脚螺旋的连线,如图 4.13 (a) 所示,两手以相对方向旋转这两个脚螺旋,使水准管气泡居中。注意:气泡移动的方向与左手大拇指运动方向一致。转动照准部,使水准管垂直于上述两脚螺旋的连线,如图 4.13 (b) 所示,旋转第三个脚螺旋,使气泡居中。如此反复进行,直至在任何位置气泡都居中为止。整平完成后,水准管在任何位置,气泡偏离零点均不应超过一格。

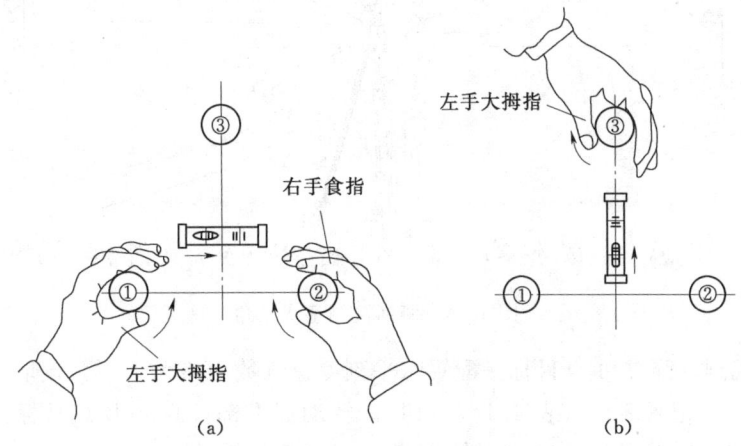

图 4.13 经纬仪整平方法示意图

2. 照准目标

先将望远镜对向明亮处，调目镜对光螺旋使十字丝清晰。照准目标，先利用望远镜上的准星或照准器寻找目标，旋紧水平和望远镜制动螺旋，调物镜对光螺旋使目标像清晰并消除视差，再利用水平微动螺旋和望远镜微动螺旋精确照准目标。注意，测量水平角时，精确照准目标是指利用十字丝纵丝的双丝夹准目标或单丝平分目标，如图 4.14（a）所示；测量竖直角时，精确照准目标是指利用十字丝横丝切准目标的特定位置（如目标顶部），如图 4.14（b）所示。

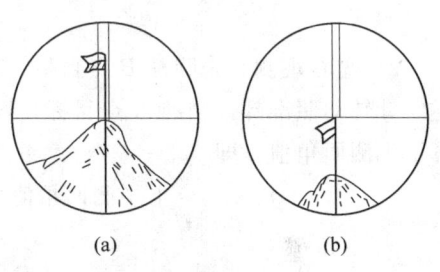

图 4.14 照准目标示意图

3. 读数

打开反光镜并调节反光镜的位置，使读数窗中亮度适中。调节读数显微镜目镜，使刻度盘和测微尺刻划影像清晰，按测微装置类型和前述读数方法读取刻度盘读数。

4.1.3 角度测量

4.1.3.1 水平角测量

水平角观测根据观测目标的多少而采用不同的方法，两个方向一般采用测回法，3 个或 3 个以上方向一般采用方向观测法（又称全圆测回法）。在观测中，会采用盘左和盘右两个位置进行观测。盘左即观测者面对望远镜的目镜时，竖盘在望远镜的左边，也称正镜；盘右即观测者面对望远镜的目镜时，竖盘在望远镜的右边，也称倒镜。下面分别介绍测回法和方向观测法测量水平角的方法。

1. 测回法测量水平角

如图 4.15 所示，在测站点安置经纬仪，进行对中、整平。

（1）第一测回。

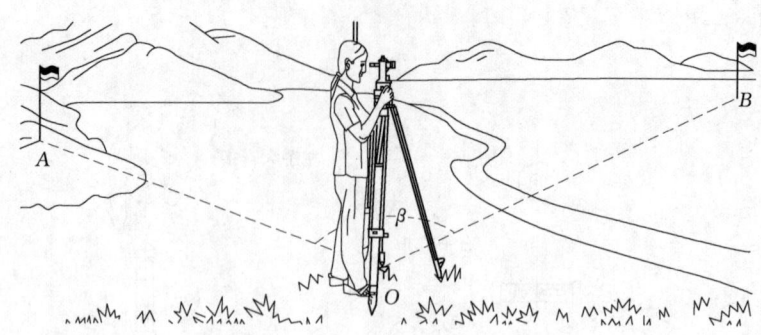

图 4.15 测回法测量水平角

1) 盘左观测。瞄准 A 点目标，配置水平刻度盘读数为略大于 0°，读取具体读数，设读数为 0°24′18″，记入表格（表 4.1）。顺时针转动照准部，瞄准 B 点目标，读取水平刻度盘读数为 73°52′36″，记入表 4.1 中。计算上半测回角值，即

$$上半测回角值 = B 目标读数 - A 目标读数$$
$$= 73°52′36″ - 0°24′18″$$
$$= 73°28′18″$$

2) 盘右观测。先瞄准 B 点目标，读取水平刻度盘读数为 253°52′24″，记入表 4.1 中。逆时针转动照准部，瞄准 A 点目标，读取水平刻度盘读数为 180°23′54″记入表 4.1 中。计算下半测回角值，即

$$下半测回角值 = B 目标读数 - A 目标读数$$
$$= 253°52′24″ - 180°23′54″$$
$$= 73°28′30″$$

检查半测回角值之差是否超限（对 DJ_6 级经纬仪，限差为 36″），差值符合要求，取平均得一测回角值，即

$$(73°28′18″ + 73°28′30″)/2 = 73°28′24″$$

(2) 更多测回。为了提高测角精度，往往要观测几个测回，方法同第一测回。为了削减刻度盘刻划误差的影响，各测回间根据计划测回总数 n，按逐测回累加 $180°/n$ 的规则，变换水平刻度盘的位置。例如，计划总共观测两个测回（即 $n=2$），则两测回盘左瞄准起始目标，配置水平刻度盘位置分别为 0°和 90°。又如，计划总共观测 4 个测回（即 $n=4$），则各测回盘左瞄准起始目标，配置水平刻度盘位置分别为 0°、45°、90°、135°。

检查各测回的角值之差是否超限（对 DJ_6 级经纬仪，限差为 24″），差值符合要求，取平均得两个测回的平均角值，如表 4.1 中，即

$$(73°28′24″ + 73°28′33″)/2 = 73°28′28″$$

2. 方向观测法测量水平角

如图 4.16 所示，O 点为测站点，A、B、C、D 为 4 个目标点，在测站点安置经纬仪。

(1) 第一测回观测。

1) 盘左观测。瞄准起始方向目标 A，配置水平刻度盘读数为略大于 0°，设读取的具体读数为 0°01′12″，记入表 4.2 中，然后顺时针方向转动照准部，依次瞄准其他目标 B、C、

4.1 角 度 测 量

表 4.1　　　　　　　　　　　　测回法测量水平角记录表格

测站	目标	竖盘位置	水平刻度盘读数 /(° ′ ″)	半测回角值 /(° ′ ″)	一测回角值 /(° ′ ″)	各测回平均角值 /(° ′ ″)
O	A	左	0 24 18	73 28 18	73 28 24	73 28 28
	B		73 52 36			
	A	右	180 23 54	73 28 30		
	B		253 52 24			
O	A	左	90 20 00	73 28 42	73 28 33	
	B		163 48 42			
	A	右	270 19 48	73 28 24		
	B		343 78 12			

D，读取水平刻度盘读数，设分别为 $72°35'06''$、$181°24'36''$、$303°41'48''$，记入表 4.2，最后仍然瞄准起始方向目标（归零观测），读取水平刻度盘读数为 $0°01'24''$，记入表 4.2 中，检查归零差是否超限（对 DJ_6 级经纬仪，限差为 $18''$）。

2) 盘右观测。瞄准起始方向目标，读取水平刻度盘读数为 $180°01'18''$，记入表 4.2 中，逆时针方向转动照准部，依次瞄准目标 D、C、B，读取水平刻度盘读数，分别为 $123°41'36''$、$1°24'30''$、$252°35'06''$，记入表 4.2 中，最后再瞄准起始方向目标（归零观测），读取水平刻度盘读数为 $180°01'06''$，记入表 4.2 中，检查归零差是否超限。计算：

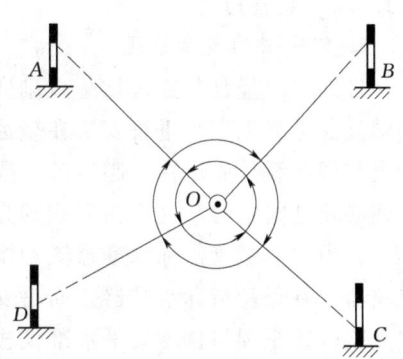

图 4.16　方向观测法测量水平角

表 4.2　　　　　　　　　　　　方向观测法测量水平角记录表格

测回数	测站	目标	水平刻度盘读数 盘左 L /(° ′ ″)	水平刻度盘读数 盘右 R /(° ′ ″)	2C ″	平均读数 (L+R±180°)/2 /(° ′ ″)	归零后方向值 /(° ′ ″)	各测回平均方向值 /(° ′ ″)
1	O	A	0 01 12	180 01 06	+6	(0 01 15) 0 01 09	0 00 00	0 00 00
		B	72 35 06	252 35 06	0	72 35 06	72 33 51	72 33 52
		C	181 24 36	1 24 30	+6	181 24 33	181 23 18	181 23 18
		D	303 41 48	123 41 36	+12	303 41 42	303 40 27	303 40 28
		A	0 01 24	180 01 18	+6	0 01 21		
2	O	A	90 02 36	270 02 24	+12	(90 02 27) 90 02 30	0 00 00	
		B	162 36 24	342 36 18	+6	162 36 21	72 33 54	
		C	271 25 48	91 25 42	+6	271 25 45	181 23 18	
		D	33 42 54	213 43 00	−6	33 42 57	303 40 30	
		A	90 02 24	270 02 24	0	90 02 24		

第4章 角度及距离测量

同一方向两倍视准差 $2C =$ 盘左读数 $-$ (盘右读数 $\pm 180°$)

$$各方向盘左、盘右的平均读数 = \frac{盘左读数 + (盘右读数 \pm 180°)}{2}$$

将起始方向两个盘左、盘右的平均读数再平均，即

$$(0°01'09'' + 0°01'21'')/2 = 0°01'15''$$

归零后的方向值＝该方向盘左、盘右的平均读数－起始方向括号中的平均读数。如 B 方向归零后的方向值为：$72°35'06'' - 0°01'15'' = 72°33'51''$

(2) 第二测回观测。方法同第一测回，但瞄准起始目标时配置水平刻度盘读数约等于 $90°$。

(3) 检查各测回同一方向归零后的方向值之差是否超限（对 DJ_6 级经纬仪，限差为 $24''$），差值符合要求，取平均得各测回的平均方向值。

4.1.3.2 竖直角测量

1. 经纬仪的竖盘系统

经纬仪的竖盘装置包括竖直刻度盘、竖盘指标、竖盘指标水准器和竖盘指标水准器微动螺旋。竖直刻度盘垂直安装在望远镜横轴的一端，随望远镜一起在垂直面内转动。由于竖盘与望远镜是固连在一起转动，要使不同倾斜的视线对应不同的竖盘读数，则读数的指标线必须是固定的，这个指标线即光具组的光轴。光具组与竖盘指标水准器固连在一个支架上，当调节竖盘指标水准器微动螺旋使水准器气泡居中时，指标线即处于铅垂位置。也有仪器没有竖盘指标水准器，而是安装了自动补偿装置，当仪器有稍量倾斜时，会自动调整光路，其原理与自动安平水准仪相似。

2. 竖直角计算公式

由竖直角测量原理可知，竖直角是倾斜视线与水平方向线的竖盘读数之差。水平方向线的读数为一固定值，称为始读数，盘左记为 $L_{始}$，盘右记为 $R_{始}$。用 $L_{读}$、$R_{读}$ 分别表示盘左、盘右时照准目标的竖盘读数，下面讨论计算竖直角的公式。

首先要识别竖盘的注记形式。将经纬仪望远镜缓慢上倾，从读数显微镜中观察竖盘读数的变化，若发现盘左位置读数逐渐减小，盘右位置读数逐渐增大，则竖盘为顺时针注记，如图 4.17 (a) 所示；反之，若发现盘左位置读数逐渐增大，盘右位置读数逐渐减小，则竖盘为逆时针注记，如图 4.17 (b) 所示。

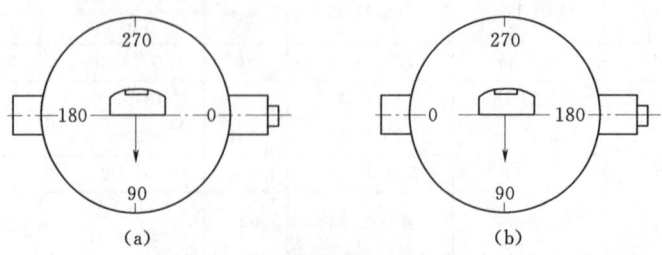

图 4.17 经纬仪竖盘注记形式

对于竖盘是顺时针注记的情况，如图 4.18 所示，盘左位置，当望远镜仰起，读数比始读数小，当望远镜俯下，读数比始读数大。因为仰角为正，俯角为负，所以竖直角的计

算公式为

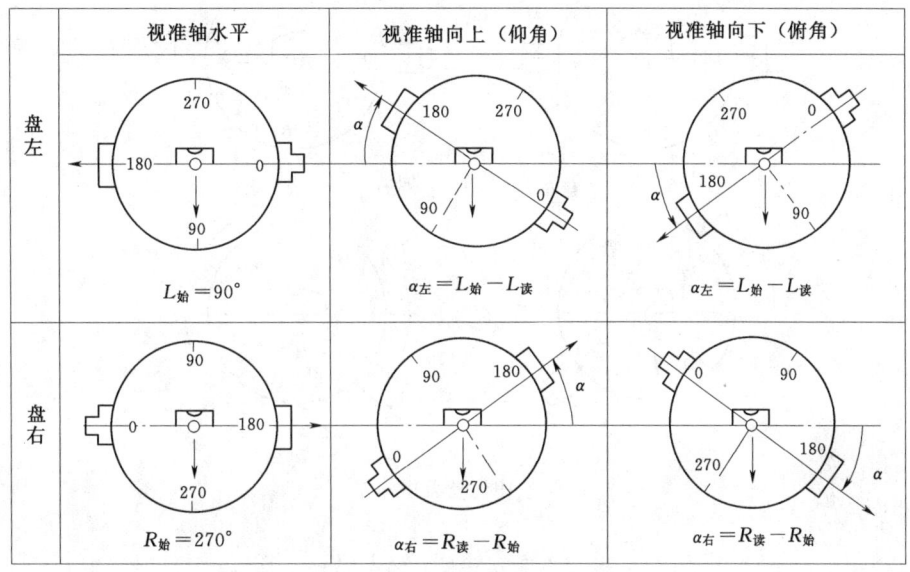

图 4.18 竖直角计算法则

$$\alpha_{左}=L_{始}-L_{读} \tag{4.2}$$

盘右位置，当望远镜仰起，读数比始读数大，当望远镜俯下，读数比始读数小。同样因为仰角为正，俯角为负，所以竖直角的计算公式为

$$\alpha_{右}=R_{读}-R_{始} \tag{4.3}$$

对于竖盘是逆时针注记的情况，按上述方法可得竖直角的计算公式为

$$\alpha_{左}=L_{读}-L_{始} \tag{4.4}$$

$$\alpha_{右}=R_{始}-R_{读} \tag{4.5}$$

观测时，取盘左、盘右的平均值作为竖直角的结果，即

$$\alpha=\frac{1}{2}(\alpha_{左}+\alpha_{右}) \tag{4.6}$$

3. 竖盘指标差

经纬仪竖盘系统，理想情况是竖盘指标水准器气泡居中，竖盘指标应处于铅直位置，此时，若视线水平，竖盘读数恰为始读数。实际上，由于仪器制造安装不可能绝对没有偏差，加之运输和使用等原因，当竖盘指标水准器气泡居中，竖盘指标可能偏离正确位置，这个偏离值称为竖盘指标差，用 x 表示，如图 4.19 所示。指标差 x 有正负之分，若指标偏离正确位置的方向与竖盘注记方向一致，指标差 x 为正；反之，指标差 x 为负。

由图 4.19 可见，由于存在竖盘指标差，倾斜视线的盘左、盘右读数应分别为 $L-x$、$R-x$，根据式（4.2）和式（4.3），正确的竖直角为

$$\alpha=90°-(L-x)=(90°-L)+x=\alpha_{左}+x \tag{4.7}$$

$$\alpha=(R-x)-270°=(R-270°)-x=\alpha_{右}-x \tag{4.8}$$

由式（4.7）和式（4.8）可得

第4章 角度及距离测量

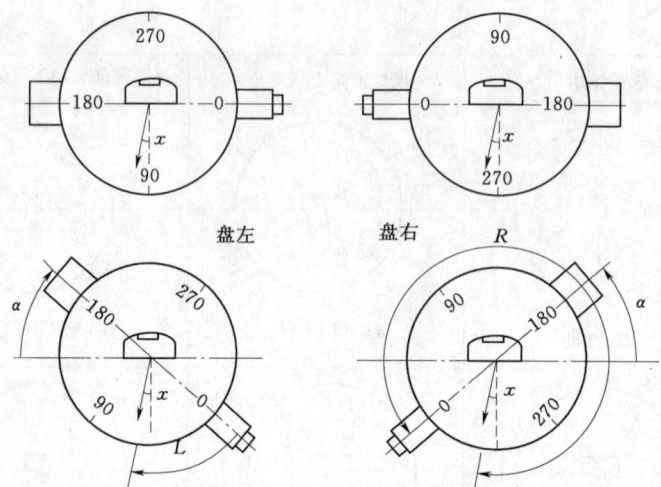

图 4.19 竖盘指标差

$$\alpha = \frac{1}{2}(\alpha_左 + \alpha_右) \tag{4.9}$$

$$x = \frac{1}{2}(L + R - 360°) = \frac{1}{2}(\alpha_右 - \alpha_左) \tag{4.10}$$

由式（4.9）可见，盘左、盘右观测竖直角取平均值后，可以消除指标差的影响。

利用指标差可以对观测质量进行检核，同一测站观测不同目标或同一目标的不同测回，指标差的变动对 DJ_6 经纬仪应不超过 25″。

4. 竖直角的观测

如图 4.20 所示，O 为测站点，A、B 分别为仰角和俯角的目标，观测、记录、计算竖直角的步骤如下。

(1) 在测站点安置经纬仪，进行对中、整平。若使用的经纬仪具有竖盘指标自动补偿装置，仪器整平后将自动补偿器打开，并轻轻转动望远镜。

(2) 俯仰望远镜，观察读数窗内竖盘读数的变化规律，写出竖直角的计算公式，同时写出竖盘指标差的计算公式。

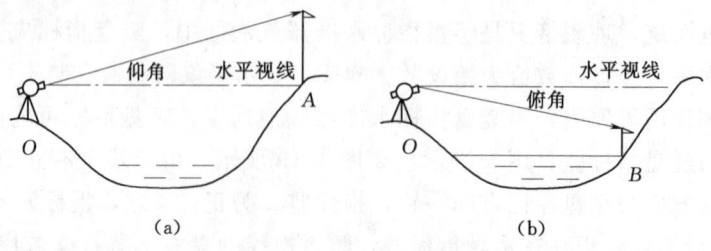

图 4.20 竖直角观测

(3) 仰角观测。

1) 盘左观测。瞄准 A 目标，即用十字丝横丝切于目标的确定部位，转动竖盘指标水准器微动螺旋，使竖盘指标水准器气泡居中，读取竖盘读数为 84°25′18″，记入表 4.3 中。

根据盘左竖直角计算公式计算上半测回角值，即
$$\alpha_左 = 90°00'00'' - 84°25'18'' = +5°34'42''$$

2）盘右观测。瞄准目标，转动竖盘指标水准器微动螺旋，使竖盘指标水准器气泡居中，读取竖盘读数为271°35'00''，记入表4.3中，根据盘右竖直角计算公式计算下半测回角值，即
$$\alpha_右 = 275°34'00'' - 270°00'00'' = +5°34'00''$$

利用指标差计算公式计算竖盘指标差，即
$$x = \frac{1}{2}(84°25'18'' + 275°34'00'' - 360°) = \frac{1}{2}(5°34'00'' - 5°34'42'') = -21''$$

计算一测回角值，即
$$\alpha = \frac{1}{2}(5°34'42'' + 5°34'00'') = +5°34'21''$$

（4）俯角观测。方法同仰角观测，观测目标为 B 目标。

（5）利用指标差对观测质量进行检核，指标差的互差为9''，小于25''。

表4.3　　　　　　　　　　　竖直角测量记录表格

测站	目标	竖盘位置	竖盘读数 /(° ′ ″)	半测回角值 /(° ′ ″)	一测回角值 /(° ′ ″)	指标差 /(″)	备注
O	A	左	84 25 18	+5 34 42	+5 34 21	−21	
			275 34 00	+5 34 00			
	B	右	93 03 12	−3 03 12	−3 03 24	−12	
			266 56 24	−3 03 36			

4.1.4　角度测量误差及削减措施

同水准测量一样，角度测量误差产生的原因也是来源于仪器误差、人为操作误差和外界环境的影响几个方面。下面分析这些误差，找出削减误差的措施，从而提高观测精度。

4.1.4.1　仪器误差

仪器误差，包括仪器检验校正后的残余误差和仪器零部件加工不完善所引起的误差。

仪器检验校正后的残余误差有视准轴不垂直于横轴、横轴不垂直于竖轴、竖盘指标差等。这些因素对测角的影响，可采用盘左、盘右观测取平均值的方法削减。

仪器零部件加工不完善主要指刻度盘偏心差和刻度盘刻划误差。其中刻度盘偏心差也可以采用盘左、盘右观测取平均值的方法削减对测角的影响。削减刻度盘刻划误差影响的措施，水平角观测，采取测回间变换刻度盘位置的方法，竖直角观测可采取对向观测的方法。

4.1.4.2　观测误差

观测误差包括对中误差、目标偏心误差、照准误差、读数误差等。

1. 对中误差

对中误差，即在测站上安置仪器，若仪器中心不在测站点的铅垂线上的偏差。对中误

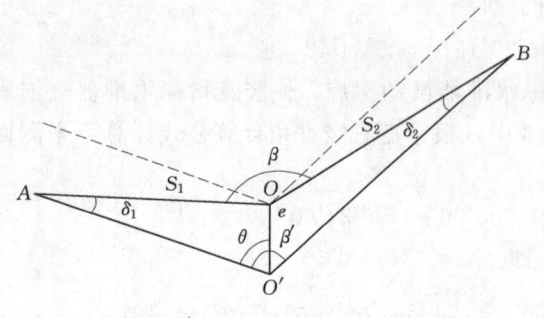

图 4.21 对中误差

差对水平角的影响与测站偏心距、边长（测站与目标之间的距离）及观测方向与偏心方向的夹角有关。如图 4.21 所示，O 为测站，O' 为仪器中心，偏心距 e、边长 S、观测方向与偏心方向的夹角 θ，观测角值 β' 与正确角值 β 间的关系为

$$\beta = \beta' + (\delta_1 + \delta_2) = \beta' + \Delta\beta$$

由于 δ_1、δ_2 很小，可以写成 $\delta_1 = \dfrac{e}{S_1}\rho''\sin\theta$，$\delta_2 = \dfrac{e}{S_2}\rho''\sin(\beta' - \theta)$，因此，仪器对中误差对水平角的影响为

$$\Delta\beta = \delta_1 + \delta_2 = \rho'' e\left(\dfrac{\sin\theta}{S_1} + \dfrac{\sin(\beta' - \theta)}{S_2}\right) \tag{4.11}$$

由式（4.11）可知，对中误差对角度的影响与偏心距成正比，与观测边长成反比。因此，测角时对于短边要特别注意对中。

2. 目标偏心误差

角度观测，通常是在目标点上竖立标杆作为照准标志，若标杆倾斜而又照准标杆上部，则照准点与角度的目标点不在同一铅垂线上，其差值即目标偏心误差。

如图 4.22 所示，设 A 为测站，B 为目标，照准点 B 至标杆底部的长为 l，标杆与铅垂线的夹角为 α，则目标偏心误差 $e' = l\sin\alpha$，它对观测方向值的影响为

$$\delta = \dfrac{l \cdot \sin\alpha}{S}\rho'' \tag{4.12}$$

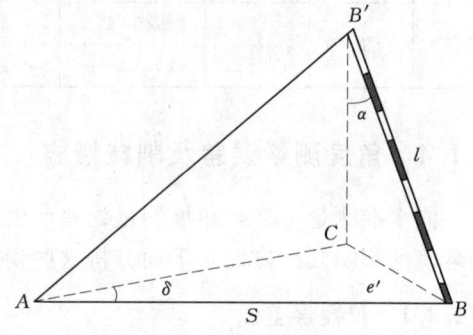

图 4.22 目标倾斜误差

由式（4.12）可知，目标偏心误差对观测方向值的影响与偏心差成正比，与观测边长成反比。因此，为了减小目标偏心差对测量水平角的影响，除了尽量将标杆立直外，观测时还要尽量照准标杆的底部，观测边长较短时尤其要注意。

3. 照准误差

影响照准精度的因素很多，如望远镜的放大倍率、十字丝的粗细、目标的形状和大小、目标影像的亮度和清晰度以及人眼的判别能力等。观测时，应注意消除视差，仔细判别目标位置，尽可能地减小照准误差。

4. 读数误差

读数误差与读数设备（测微装置）、照明情况以及观测者的判别能力有关，其中仪器读数设备的影响是最主要的。对于用分微尺测微器读数的仪器，一般认为可估读的极限误差为测微尺格值的 1/10。

4.1.4.3 外界条件的影响

外界条件的影响很多，也比较复杂，如大风会影响仪器和照准目标的稳定、温度变化可能改变视准轴位置、大气折光会导致光线改变方向、雾霾会导致目标模糊、烈日下会使仪器变形、地面土质松软会影响仪器稳定、地面辐射会加剧大气折光等。为了削弱环境条件的影响，应选择有利的观测条件，尽量避开不利的因素。在晴天观测，给仪器打伞遮挡阳光，防止暴晒仪器。

4.1.5 经纬仪的检验

4.1.5.1 一般性的检查

一般性检查包括：三脚架是否稳固，仪器箱有无坏损现象，垂球等附件是否齐全；脚螺旋、制动螺旋、微动螺旋、竖盘指标水准器微动螺旋、目镜和物镜对光螺旋、刻度盘变换手轮等是否灵活有效；望远镜成像、刻度盘读数窗、光学对中器是否清晰。

4.1.5.2 经纬仪轴系关系检验

如图 4.23 所示，经纬仪的主要轴系有仪器旋转轴（也称竖轴或纵轴 VV）、望远镜旋转轴（或称横轴 HH）、望远镜视准轴（CC）、照准部水准管轴（LL）。由角度测量原理得知，要准确地观测水平角和竖直角，经纬仪的水平刻度盘必须水平，竖直刻度盘必须竖直，望远镜上下转动视准轴应形成一个铅垂面。所以，经纬仪的轴系之间应满足以下几何关系。

(1) 照准部水准管轴应垂直于竖轴（$LL \perp VV$）。
(2) 视准轴应垂直于横轴（$CC \perp HH$）。
(3) 横轴应垂直于竖轴（$HH \perp VV$）。

除了应满足以上主要条件外，还应满足十字丝竖丝垂直于横轴、竖盘指标应处于正确位置、光学对中器视准轴与仪器竖轴重合等要求。

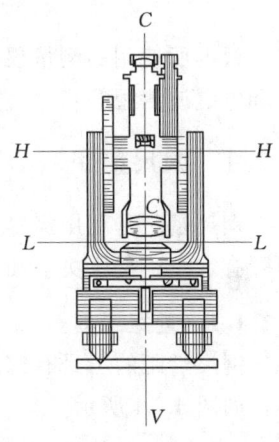

图 4.23 经纬仪轴系关系

按道理，经纬仪在制造安装时应能够满足以上的条件或要求，但由于对仪器的运输和使用，难免会使仪器内外的有关部件位置产生变化，所以，在测量作业前，应对仪器进行检验和校正。

1. 照准部水准管轴垂直于竖轴（$LL \perp VV$）的检验

满足 $LL \perp VV$，则仪器整平后，竖轴铅直，水平刻度盘处于水平状态。

检验方法：将仪器大致整平，转动照准部，使水准管平行于一对脚螺旋连线方向，调整这两个脚螺旋，使水准管气泡居中。然后将照准部旋转 180°后，若气泡仍居中，说明照准部水准管轴垂直于仪器竖轴；否则需要校正。

2. 视准轴垂直于横轴（$CC \perp HH$）的检验

视准轴不垂直于横轴所偏离的角度 C，称为视准差。若仪器存在视准差，望远镜绕横轴旋转时，其视准面不是平面，而是一个锥面，用这样的仪器观测同一锥面内不同高度的目标时，水平刻度盘上读数不相同，从而产生测角误差。

检验方法：盘左瞄准远处与仪器大致同高的目标点 M，读取水平刻度盘读数 m_1，盘右再瞄准 M 点，读取水平刻度盘读数 m_2，若 $m_1 = m_2 \pm 180°$，则 $CC \perp HH$；否则说明条件不满足，即存在视准差 C，其值为 $C = \frac{1}{2}(m_1 - m_2 \pm 180°)$，需要校正。

3. 横轴垂直于竖轴（$HH \perp VV$）的检验

横轴垂直于竖轴，望远镜俯仰旋转时视准面是铅垂面；否则视准轴旋转的轨迹是一斜面，此时，用仪器观测同一铅垂面内不同高度的目标时，水平刻度盘上读数也不相同，从而产生测角误差。

检验方法：在距墙面 10～20m 处安置仪器并整平，盘左瞄准墙上高处的目标点 P（竖直角大于 30°），放平望远镜，在墙上投设一点 P_1，盘右同法投设一点 P_2，若 P_1、P_2 重合，说明仪器满足横轴垂直于竖轴的条件；否则需要校正。

经纬仪的校正较为复杂，所以一般由专业人员进行。

4.2 距 离 测 量

根据所使用的测量仪器和方法不同，距离测量分为卷尺（钢尺、皮尺）量距、视距测量和电磁波测距等。

4.2.1 钢尺量距

钢尺量距是利用经鉴定的钢尺直接量测地面两点间的距离，又称为距离丈量，其基本步骤有定线、尺段丈量和成果计算几项。

4.2.1.1 量距工具

钢尺量距的工具有钢尺、标杆、测钎和垂球。精密量距时，还需要有弹簧秤、温度计等，如图 4.24 所示。

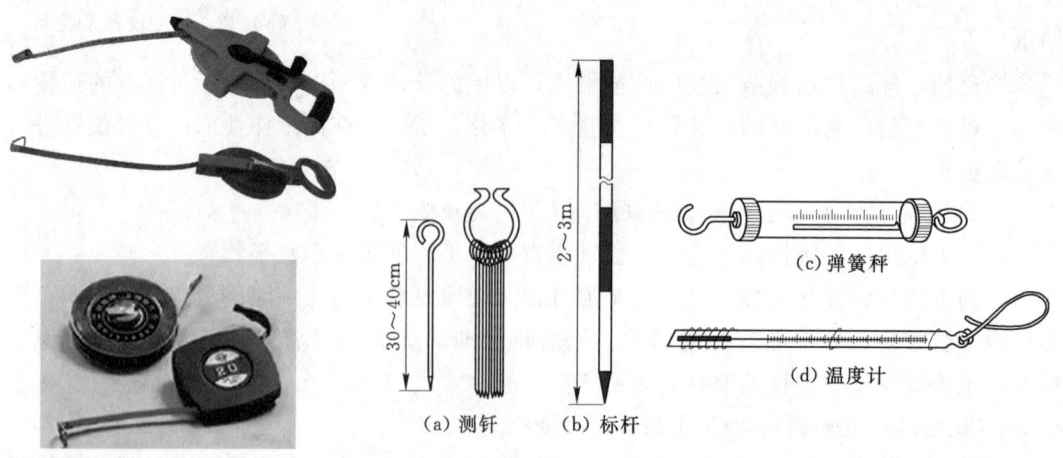

图 4.24 钢尺量距工具

钢尺是钢制的带尺，宽 10～15mm，厚 0.2～0.4mm，长度有 20m、30m、50m 等几

种，卷放在金属架上或金属盒内。钢尺的基本分划为厘米，最小分划为毫米，在米、分米和厘米处有数字注记。

根据钢尺零点的位置，有端点尺和刻线尺的区别。端点尺是以尺的最外端作为尺的零点，如图4.25（a）所示；刻线尺是以尺前端的一刻线（通常有指向箭头）作为尺的零点，如图4.25（b）所示。

测钎用于标定尺段，标杆用于直线定线，垂球用于在不平坦地面丈量时将钢尺的读数位置垂直投影到地面，弹簧秤用于对钢尺施加规定的拉力，温度计用于测定钢尺量距时的温度，以便对钢尺丈量的距离施加温度改正。

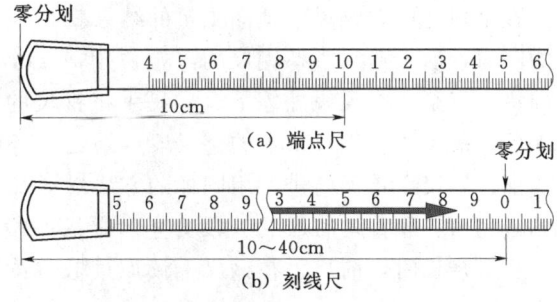

图 4.25 钢尺零点形式

4.2.1.2 定线

如果地面两点之间的距离较长或地形起伏较大，需要分段进行测量。为了使所量各尺段在同一条直线上，需要将每一尺段首尾的标杆标定在待测直线上，这种在直线方向上标定若干点位的工作称为直线定线。其方法有两种。

1. 目测标杆定线

目测标杆定线适用于一般钢尺量距。如图4.26所示，设 A、B 两点互相通视，要在 A、B 两点的直线上标出分段点1、2点。先在 A、B 点上竖立标杆，甲站在 A 点标杆后，指挥乙左右移动标杆，直到甲从在 A 点沿标杆的同一侧看到 A、1、B 三支标杆成一条直线为止。同法可以定出直线上的其他点。两点间定线，一般应由远到近，即先定1点，再定2点。定线时，乙所持标杆应竖直，此外，为了不挡住甲的视线，乙应持标杆站立在直线方向的一侧。

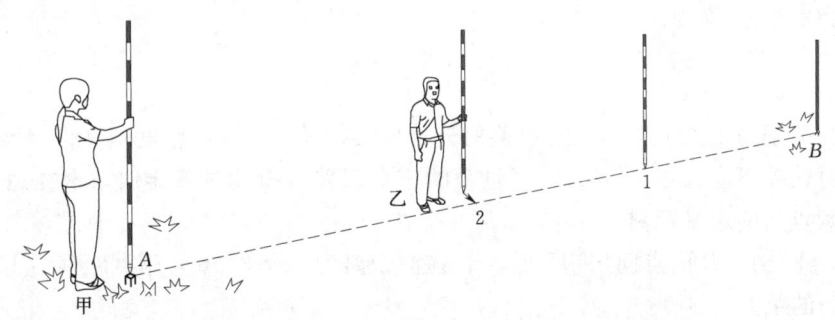

图 4.26 目测定线

2. 经纬仪定线

经纬仪定线适用于钢尺量距的精密方法。设 A、B 两点互相通视，将经纬仪安置在 A 点，用望远镜纵丝瞄准 B 点，制动照准部，上下转动望远镜，指挥在两点间某一点上的助手，左右移动标杆，直至标杆像位于十字丝纵丝上。

4.2.1.3 丈量

1. 平坦地面的距离丈量

在平坦地面，钢尺沿地面丈量的结果就是水平距离。如图 4.27 所示，清除待量直线上的障碍物后，后尺手持钢尺的零端位于 A 点，前尺手持钢尺的末端和测钎沿 A、B 方向前进，行至一个尺段处停下。后尺手将钢尺的零点对准 A 点，当两人同时把钢尺拉紧拉平后，前尺手在钢尺末端的整尺段分划处，竖直插下一根测钎得到 1 点，即量完一个尺段。前、后尺手抬尺前进，用同样的方法量第二尺段。后尺手拔起地上的测钎依次前进，直到量完 A、B 直线的最后一段为止。最后一段距离一般为不足整尺段的长度，称为余长。丈量余长时，前尺手在钢尺上读取读数（读至 mm），则最后 A、B 两点间的水平距离为

图 4.27 平坦地面丈量

$$D = nl + q \tag{4.13}$$

式中　n——整尺段数；

　　　l——钢尺尺长；

　　　q——不足整尺段的余长。

为了防止丈量错误和提高量距的精度，需往返丈量。返测时钢尺要调转方向。往返丈量距离的相对误差 K 为

$$K = \frac{D_{往} - D_{返}}{D_{均}} \tag{4.14}$$

相对误差为分子为 1 的分数，相对误差的分母越大，说明量距的精度越高。钢尺量距往返丈量的相对误差不应大于 1/3000，当量距的相对误差没有超过规定时，取往返丈量的平均值作为两点间的水平距离。

【例 4.1】 A、B 两点间用钢尺量距，往测距离为 189.386m，返测距离为 189.325m，则 A、B 间的距离为

$$D_{AB} = (189.386 + 189.325) \div 2 = 189.356 (\text{m})$$

量距的相对误差为

$$K = \frac{|189.386 - 189.325|}{189.356} = \frac{1}{3100}$$

2. 倾斜地面的距离丈量

（1）平量法。沿倾斜地面丈量距离，当地势起伏不大时，可将钢尺拉平分段丈量，各

段平距的总和即为要量的直线距离，如图 4.28（a）所示。

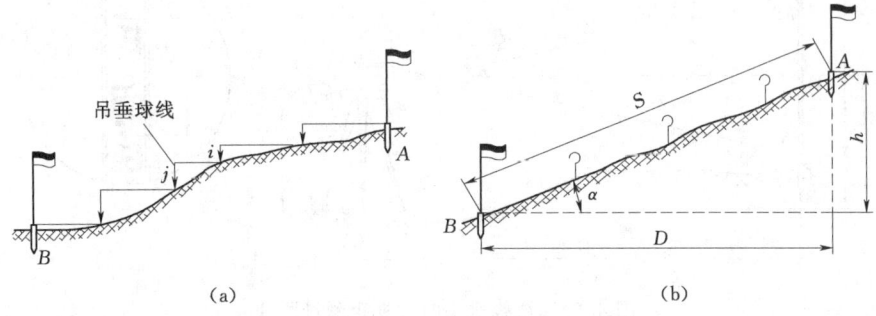

图 4.28 倾斜地面丈量

（2）斜量法。如果倾斜地面的坡度比较均匀，如图 4.28（b）所示，可以沿着倾坡丈量出 AB 的斜距 S，再测出 AB 的倾斜角 α 或高差 h，然后按式（4.15）计算 A、B 两点间的水平距离 D，即

$$D = S \cdot \cos\alpha = \sqrt{S^2 - h^2} \tag{4.15}$$

4.2.1.4 钢尺量距的精密方法

钢尺精密方法量距，要求更为严格，量距时须遵守以下规定。

（1）钢尺应经过检定，得到其检定的尺长方程式，以便进行尺长改正。
（2）采用经纬仪进行定线，确保各分标段点在一条直线上。
（3）丈量时使用弹簧秤对钢尺施加规定的拉力。
（4）每尺段丈量时都要使用温度计读记温度，以便对尺段长度进行温度改正。
（5）每尺段丈量时都要测定高差，以便对尺段长度进行倾斜改正。

由于电磁波测距技术的出现，测距仪（全站仪）的日臻普及，现在，人们已经很少使用钢尺精密方法丈量距离，需要了解这方面内容的读者请参考测绘学科的有关书籍资料。

4.2.2 视距测量

视距测量是一种间接测距方法，它是利用望远镜内十字丝分划板上的视距丝（上丝、下丝）及标尺（水准尺），根据光学原理，测定地面上两点间的水平距离。同时，通过测定视线的倾角（竖直角）和十字丝中丝在标尺上的读数，并量取仪器高，计算地面上两点间的高差。其测距的相对误差约为 1/300；低于钢尺量距；测定高差的精度低于水准测量。视距测量主要用于地形测量的碎部测量中。

4.2.2.1 视线水平时的视距测量计算公式

如图 4.29 所示，A、B 为待测距离的两地面点，在 A 点安置经纬仪，调望远镜视线水平，瞄准 B 点竖立的水准尺，此时，视线与水准尺垂直。

在图 4.29 中，p 为望远镜十字丝分划板上、下视距丝的间距，l 为望远镜十字丝在标尺上的上、下视距丝读数的差值，称为视距间隔。

A、B 间的水平距离为

第 4 章 角度及距离测量

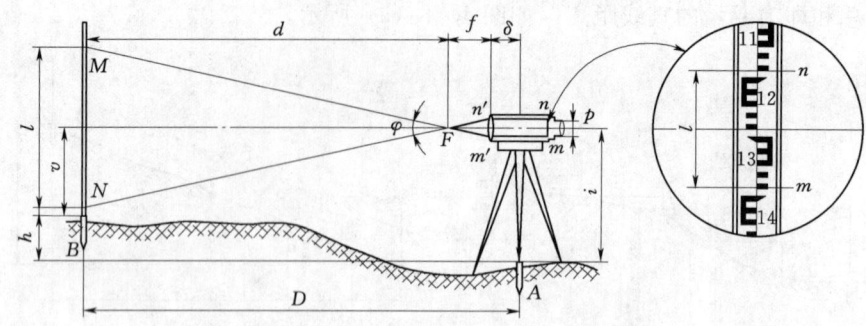

图 4.29 视线水平时的视距测量原理

$$D=d+f+\delta=\frac{f}{p}l+(f+\delta) \tag{4.16}$$

令

$$\frac{f}{p}=K, f+\delta=c$$

K 和 c 为视距乘常数和视距加常数。在设计望远镜时，通常使乘常数 $K=100$，加常数 c 接近于零。因此，视线水平时的视距计算公式为

$$D=Kl=100l \tag{4.17}$$

在望远镜中读出中丝读数 v（或者取上丝、下丝读数的平均值），用小钢尺量出仪器高 i，则 A、B 两点的高度差为

$$h=i-v \tag{4.18}$$

4.2.2.2 视线倾斜时的视距测量计算公式

如图 4.30 所示，当视线倾斜时，测定视线与水平面间的竖直夹角 α。下面直接给出距离和高差的计算公式。

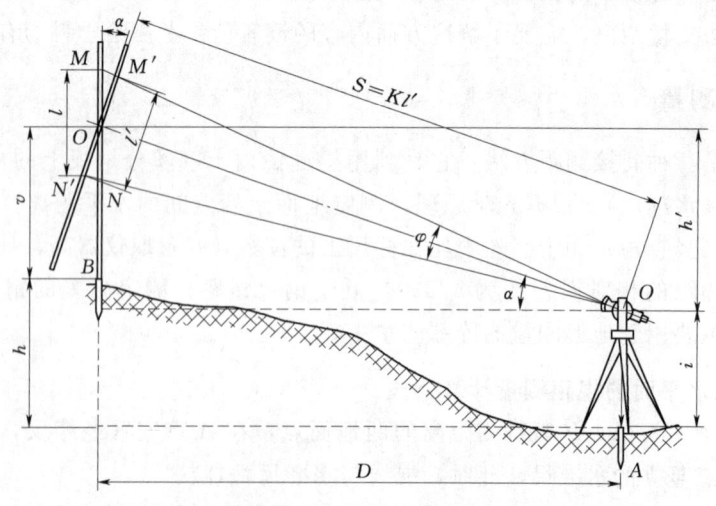

图 4.30 视线倾斜时的视距测量原理

A、B 间的水平距离为

4.2 距 离 测 量

$$D=Kl\cos^2\alpha \tag{4.19}$$

A、B 间的高差为

$$h=\frac{1}{2}Kl\sin2\alpha+i-v \tag{4.20}$$

式中 $\frac{1}{2}Kl\sin2\alpha$ ——高差主值。

4.2.2.3 视距测量的观测与计算

(1) 在测站点安置经纬仪，对中、整平后，量取仪器高。

(2) 在待测点竖立标尺（水准尺）。

(3) 转动仪器照准部，照准水准尺，先读取十字丝的上丝、下丝和中丝的读数；调竖盘指标水准器微动螺旋，使竖盘指标水准器的气泡居中（若有竖盘指标自动补偿器，无需此项操作），读取竖盘读数，以计算竖直角。

(4) 用式（4.19）计算测站点至待测点间的距离；用式（4.20）计算测站点至待测点间的高差，进而由测站点高程计算待测点的高程。

视距测量的观测记录计算示例见表 4.4。

表 4.4　　　　　　　　　视 距 测 量 记 录 计 算

测站点高程 $H_A=7.64\text{m}$，仪器高 $i=1.36\text{m}$

测点	标尺读数/m		视距间隔/m	竖盘读数/(° ′)	竖直角/(° ′)	高差主值/m	高差/m	水平距离/m	测点高程/m
	中丝	上丝							
		下丝							
1	1.36	1.792	0.864	84 32	5 28	+8.19	+8.19	85.62	15.83
		0.928							
2	2.01	2.165	0.330	97 25	−7 25	−4.22	−4.87	32.45	2.77
		1.835							
3	1.58	2.220	1.440	90 28	−0 28	−1.17	−1.39	143.99	6.25
		0.780							

4.2.3 电磁波测距

电磁波测距是通过测量电磁波在待测距离上往返传播的时间或光波相位，解算出距离。按采用载波的不同，电磁波测距可分为微波测距、激光测距和红外测距。微波测距的测程可达百公里，精度能达厘米级。激光测距和红外测距，测程一般为几米至几十公里，精度能达到毫米级甚至更高，目前世界各国或地区制造的仪器都广泛采用激光测距和红外测距。若按测程的远近，电磁波测距可分为远程（30km 以上）、中程（5~30km）和短程（5km 以内）测距。电磁波测距具有测量速度快、受地形影响小、测距精度高、测量距离远等特点，是目前测量距离的主要方法。

4.2.3.1 电磁波测距原理

电磁波测距（Electro - magnetic Distance Measuring，EDM），是用电磁波（光波或

微波）作为载波测距信号，测量两点间距离的一种方法。如图 4.31 所示，通过测量光波在待测距离 D 上往返传播所需要的时间 t_{2D}，依式（4.21）计算待测距离 D，即

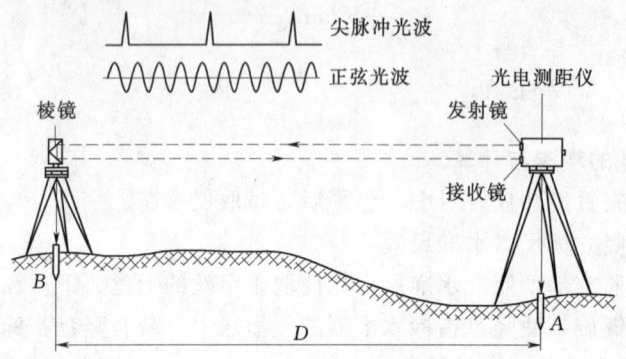

图 4.31 电磁波测距原理

$$\begin{cases} D = \dfrac{1}{2} C \cdot t_{2D} \\ C = \dfrac{C_0}{n} \end{cases} \tag{4.21}$$

式中　C——光在大气中的传播速度；

　　　C_0——光在真空中的传播速度；

　　　n——大气折射率（$n \geqslant 1$），它是光的波长 λ、大气温度 t 和大气气压 p 的函数，即 $n = f(\lambda, t, p)$。

根据测量光波在待测距离 D 上往返一次传播时间 t_{2D} 方法的不同，电磁波测距分为脉冲式和相位式两种。脉冲式是将发射光波的光强调制成一定频率的尖脉冲，通过测量发射的尖脉冲在待测距离上往返传播的时间来计算距离；相位式是将发射光波的光强调制成正弦波的形式，通过测量正弦光波在待测距离上往返传播的相位移来计算距离。

4.2.3.2　光电测距仪及其使用

1. 光电测距仪

根据电磁波测距原理，利用光波作为载波设计制造的测距仪器称为光电测距仪。世界上第一台测距仪如图 4.32（a）所示，是 1953 年由瑞典 AGA 公司研制成功的，采用白炽灯发射的光作光源，只能夜间测距。

20 世纪 80 年代以后，特别是近 20 年来，光电测距技术发展很快，国内外每年都有新的测距仪问世。目前，最精密的测距仪标称精度可以达到亚毫米级。测距仪的标称精度用 $m_D = \pm (a + b \cdot D)$ 表示，其中 a 为固定误差，b 为比例误差，D 为测距长度，如目前世界上最精密的测距仪 [图 4.32（e）] 的标称精度为 $m_D = \pm (0.2\text{mm} + 0.2\text{ppm} \cdot D)$。

2. 测距仪的使用

用测距仪测量距离，一般是将测距仪安装在经纬仪上进行测量，如图 4.33 所示。测

4.2 距 离 测 量

(a) 世界上第一台测距仪　　　　　(b) 脉冲式红外测距仪

  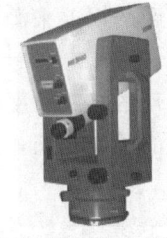

(c) 相位式红外测距仪　　(d) 手持式激光测距仪　　(e) 精度最高的测距仪

图 4.32　测距仪

量时，将经纬仪安置于测站上，对中整平。在目标点上安置反射棱镜，镜面朝向测站。瞄准反射棱镜后，按仪器上的电源开关键开机，仪器自检，显示屏在数秒内依次显示全屏符号、加常数、乘常数、电量、回光信号等，自检合格发出蜂鸣或显示相应符号信息，表示仪器正常。按测距键，仪器即可显示出距离。

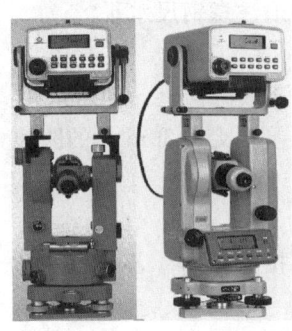 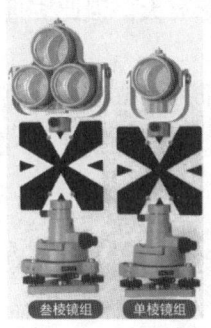

(a) 将测距仪安装在经纬仪上　　　　(b) 测距仪反射棱镜

图 4.33　测距仪的使用

3. 距离计算

测距仪直接测定的距离，还需要进行常数改正、气象改正、倾斜改正，才能得到所测两点之间的水平距离。

(1) 仪器加、乘常数改正。由于仪器制造误差和使用过程中其他因素的影响，实际工作中需要定期对测距仪进行检定，获得测距仪的加常数和乘常数。

(2) 气象改正。由于光速值在不同的大气状态（大气温度、大气压力）下有不同的值，而仪器设计时是假定为某一大气温度和大气压力（一般为20℃和标准大气压）下的光速值，因此实际作业时，需对测距值进行气象改正。每种测距仪厂家均提供其相应的气象改正计算公式，实际使用时据此进行计算。

(3) 倾斜改正。大多数品牌和型号的测距仪都能直接显示平距 D，但少数测距仪只显示斜距 S，对这样的仪器需进行倾斜改正后方可获得平距。若用经纬仪测定了测线的竖直角 α，则水平距离为 $D=S\cos\alpha$。

4.2.4　距离测量误差及注意事项

4.2.4.1　钢尺量距的误差分析及注意事项

钢尺量距的误差来源于以下几个方面。

1. 尺长误差

如果钢尺的名义长度和实际长度不符，则产生尺长误差。尺长误差对量距的影响是累积的，丈量的距离越长，误差就越大。因此，新购置的钢尺必须经过检定，获得其尺长改正值。

2. 温度误差

钢尺的长度会随温度而变化，当丈量时的温度和标准温度不一致时，将产生温度误差。按照钢的膨胀系数计算，钢的膨胀系数为 $1.25\times10^{-5}/℃$，即对于 1m 长，若温度变化 1℃，则长度变化为 0.0000125m，所以，如果是 30m 长的钢尺，每变化 1℃，丈量距离为 30m 时，对距离的影响为 0.4mm。

3. 钢尺倾斜和垂曲误差

在高低不平的地面上采用钢尺水平法量距时，钢尺不水平或中间下垂而成曲线时，都会使量得的长度比实际要大。因此丈量时必须注意钢尺水平。

4. 定线误差

丈量时钢尺没有准确地放在所量距离的直线方向上，使所量距离不是直线而是折线长度，使丈量结果偏大，这种误差称为定线误差。丈量 30m 长的距离，当偏差为 0.25m 时，所量距离偏大 1mm。

5. 拉力误差

钢尺在丈量时所受到的拉力应与检定时拉力相同。若拉力变化±2.6kg，尺长将改变±1mm。

6. 丈量误差

丈量时在地面上标志尺端点位置处插测钎不准，前、后尺手配合不好，余长读数不准等都会引起丈量误差，这种误差对丈量结果的影响符号、大小不定。在丈量中要尽力做到对点读数准确、配合协调。

为了削弱上述误差的影响，钢尺量距时应注意以下事项。

(1) 新购置的钢尺必须经过严格检定，以获得其尺长方程式。还要注意将钢尺放置在干燥的地方以防生锈，使用的过程中要做到防折、防碾压和不在地面上拖拉。

(2) 量距宜选择在阴天、无风或微风的天气条件下进行，测量温度时，要尽可能直接测定钢尺本身的温度。

(3) 进行精密量距时应使用弹簧秤以控制拉力。

(4) 在丈量中采用垂球投点，对点、读数、插测钎尽量做到配合协调。

(5) 采用悬空方式测量时，应采用悬空情况下的尺长改正式或进行垂曲改正。

（6）一般量距时，尺子要拉到尽量水平；精密量距时，应限制每一尺段的高差或按式（4.15）计算水平距离。

4.2.4.2 视距测量的误差及注意事项

1. 用视距丝读取尺间隔 l 的误差

用视距丝在视距尺（水准尺）上读取尺间隔的误差，与距离的远近、望远镜的放大倍率、成像清晰和稳定情况及视距尺分划的误差等因素有关。

2. 视距乘常数 K 不准确的误差

K 的设计值为 100，由于仪器制造的误差和空气变化的影响，会使 K 值有一定的误差。经过视距乘常数检定，K 值应在 100 ± 0.1 之内；否则应该采用实际测定的 K 值。

3. 视距尺竖立倾斜的误差

视距尺倾斜引起的误差，与标尺本身的倾斜度及观测视线的倾角有关。为了减小其影响，视距尺上应安装水准器。

4. 竖直角测量误差

视距测量，对竖直角的测量一般仅测半个测回，因此要特别注意经纬仪的竖盘指标差，测量前应对竖盘指标进行检校，计算竖直角时加入指标差改正。

5. 外界条件的影响

由于大气垂直折光、空气对流以及风力使标尺不稳定等影响，都会对读取尺间隔产生误差，特别是在晴天，若视线较低（视线距地面较近），大气垂直折光和空气对流的影响将明显增大。

为了削弱上述误差的影响，视距测量应注意以下事项。

（1）作业前，对仪器进行检验校正，并测定视距乘常数。

（2）每天观测前，检测经纬仪竖盘指标差，其值不应超过 $1'$。

（3）视距尺上安装水准器，以保证立尺时标尺竖直。

4.2.4.3 电磁波测距的误差及注意事项

电磁波测距的误差可分为两部分：一部分是与距离 D 成比例的误差，即光速值误差、大气折射率误差和测距频率误差；另一部分是与距离无关的误差，即测相误差、加常数误差、仪器对中误差。将测距仪的精度（一般称为标称精度）表达式写成 $m_D = \pm(a + b \cdot D)$，其中 a 为固定误差，b 为比例误差系数，D 为被测距离。

使用测距仪应注意以下事项。

（1）切不可将镜头对准太阳，以免损坏电子器件。

（2）注意检查电池安装或电源接线，确认就绪后方可开机测量。测量完毕及时关机，勿带电迁站。

（3）在大气比较稳定、通视良好的条件下进行测量，同时避免测线两侧特别是镜站后方有其他光源和反射物体进入仪器望远镜视场。

（4）仪器切勿被暴晒和雨淋，在烈日下要用伞遮阳。保持仪器清洁和干燥，运输中注意防震。

4.3 全站仪及其使用

4.3.1 全站仪概述

4.3.1.1 全站仪的构造

全站仪（total station）是由电子测角、光电测距、微处理器与机载程序组合而成的智能光电测量仪器，可以用图4.34所示的结构框图描述其构造。

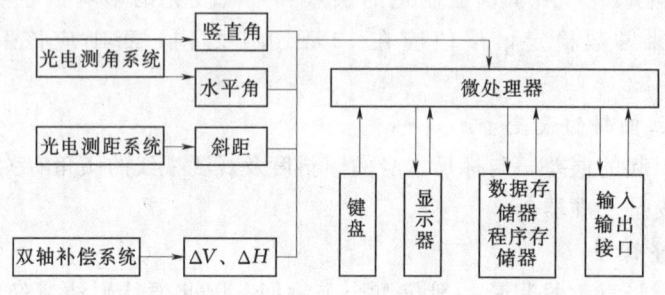

图4.34 全站仪构造

4.3.1.2 全站仪的分类

全站仪按测量功能分类，可分成5类。

1. 经典型全站仪

经典型全站仪（classical total station）也称为常规全站仪，它具备全站仪电子测角、电子测距和数据自动记录等基本功能，有的还可以运行厂家或用户自主开发的机载测量程序，如图4.35（a）所示。

2. 机动型全站仪

在经典全站仪的基础上安装轴系步进电机，可自动驱动全站仪照准部和望远镜的旋转。在计算机的在线控制下，机动型系列全站仪（motorized total station）可按计算机给定的方向值自动照准目标，并可实现自动正、倒镜测量。

3. 无合作目标型全站仪

无合作目标型全站仪（reflectorless total station）是指在无反射棱镜的条件下，可对一般的目标直接测距的全站仪。对不便安置反射棱镜的目标进行测量，无合作目标型全站仪具有明显优势。

4. 智能型全站仪

在自动化全站仪的基础上，仪器安装自动目标识别与照准的新功能，因此在自动化的进程中，进一步克服了需要人工照准目标的缺陷，实现了全站仪的智能化。在相关软件的控制下，智能型全站仪（robotic total station）在无人干预的条件下，可自动完成多个目标的识别、照准与测量。智能型全站仪又称为测量机器人，如图4.35（b）所示。

5. 超站仪

将全站仪与卫星接收设备结合成一体，集合全站仪测角、测距功能和卫星接收设备定位功能，不受时间地域限制，不依靠控制网，无需设基准站，没有作业半径限制，单人单机即可完成全部测绘作业流程的一体化的测绘仪器，被称为超站仪，如图4.35（c）所示。

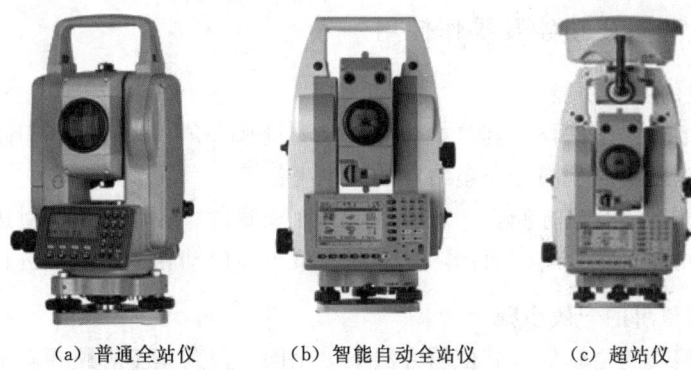

（a）普通全站仪　　（b）智能自动全站仪　　（c）超站仪

图 4.35　几种常用全站仪

4.3.1.3　全站仪的精度

全站仪精度包括测角精度和测距精度两个方面。全站仪的品牌、型号很多，迄今为止，世界各国生产的全站仪应该有几十种甚至更多，精度自然不尽不同。目前，大多普通全站仪测角精度为$2''$，测距精度为$2mm+2\times10^{-6}\cdot D$；高精度全站仪，测角精度为$1''$，测距精度为$1mm+1\times10^{-6}\cdot D$；更高精度全站仪，测角精度达$0.5''$。

4.3.1.4　全站仪的特点

1. 三同轴望远镜

全站仪的望远镜实现了视准轴、测距光波的发射和接收光轴同轴化。望远镜瞄准目标，使目标成像于十字丝分划板，进行角度测量。同时，其测距部分的外光路系统，使测距部分的光敏二极管发射的调制红外光，在经物镜射向反光棱镜后，经同一路径反射回来，再经分光棱镜作用，使回光被光电二极管接收。

三同轴望远镜，使得一次瞄准即可实现同时测定水平角、垂直角和斜距等全部基本测量要素，加之全站仪强大、便捷的数据处理功能，使得对全站仪的使用极其方便。

2. 具有键盘和显示屏

键盘用于输入操作指令或数据，显示屏显示符号、数据、文字等各种信息。全站仪的键盘和显示屏多为双面式，便于仪器处于正、倒镜不同位置时操作。

面板按键分为硬件和软件两种。每个硬件有一个固定功能，或兼有第二、第三功能。软件的功能通过显示窗最下一行对应位置的字符提示，在不同的模式菜单下，软件具有不同的功能。新型的全站仪又发展为具有触屏的功能，使操作更加方便。

3. 具有数据存储与通信功能

各种品牌、型号的全站仪，一般均带有可以至少存储数千个点数据的内存，并且配有SD卡或CF卡等增加存储容量。仪器上还设有一个标准的RS232通信接口，使用专用数据线与计算机COM口连接，使用数据通信软件可以实现全站仪与计算机的双向数据传输。

4. 具有电子补偿功能

各种品牌、型号的全站仪一般都设置有电子补偿器，当它处于打开状态时，能自动测定仪器的横轴误差、竖轴误差和视准轴误差，并能对角度观测值进行倾斜补偿和自动改正。

4.3.2 全站仪的主要功能及操作使用

4.3.2.1 全站仪的主要功能

各种品牌和型号的全站仪，其基本功能都是测量水平角、竖直角和斜距，借助机载程序，能够计算和显示平距、高差及镜站点的三维坐标等。

除了基本功能，还有坐标测量、放样测量、面积测量、偏心测量、对边测量、悬高测量、后方交会等功能。根据不同目的，打开程序菜单，启动相应的功能进行测量。

4.3.2.2 全站仪使用的一般步骤

不同品牌和型号的全站仪，其使用方法不尽相同，但其基本思路相差不大，主要包括以下操作。

1. 安置仪器

安置仪器包括对中和整平两项工作。对中是借助垂球和对中器进行的，大多全站仪都装有光学对中器，也有的仪器未装光学对中器而装有激光对中器。整平是借助水准器（有的全站仪还装有电子气泡），通过调整基座脚螺旋的高低或伸缩三脚架的架腿达到整平目的。

2. 参数设置

参数设置主要包括：输入棱镜常数；选择测量单位（角度单位、距离单位）；选择测量模式（精测模式或粗测模式或跟踪模式）；输入环境气象元素（温度、气压）等。

3. 测站设置

输入仪器高、棱镜高、测站点的三维坐标。输入后视点的坐标或测站点至后视点连线的方位角，然后瞄准后视点按确认键，检测后视点坐标，或检测测站点至后视点连线的方位角，或检测测站点至后视点连线的距离，确认无误。

4.3.2.3 基本测量（以 NTS‐310 系列全站仪为例）

NTS‐310 系列全站仪，具有标准的基本测量模式和较丰富的测量程序，可用于各种专业测量和工程测量。外业测量可以自动记录测量数据。仪器支持最大 2GB SD 存储卡，可以将 SD 卡设为当前内存。可直接与计算机传输数据。NTS‐310 系列全站仪的外观结构如图 4.36 所示，键盘和显示屏如图 4.37 所示。仪器键盘功能与信息显示见表 4.5 和表 4.6。

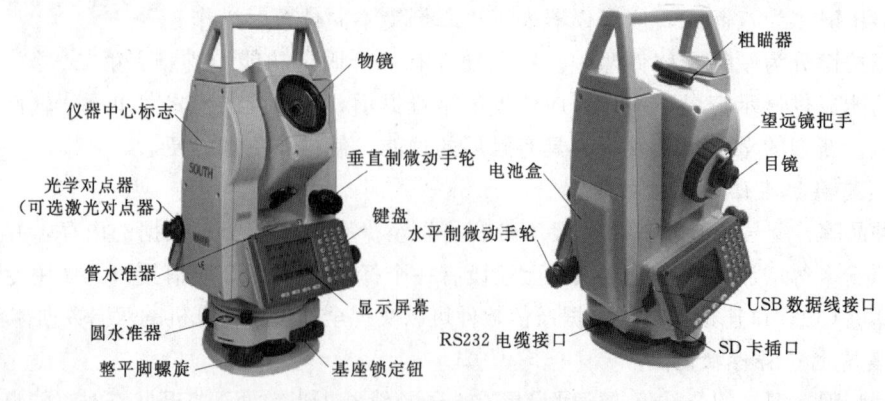

图 4.36 NTS‐310 全站仪

4.3 全站仪及其使用

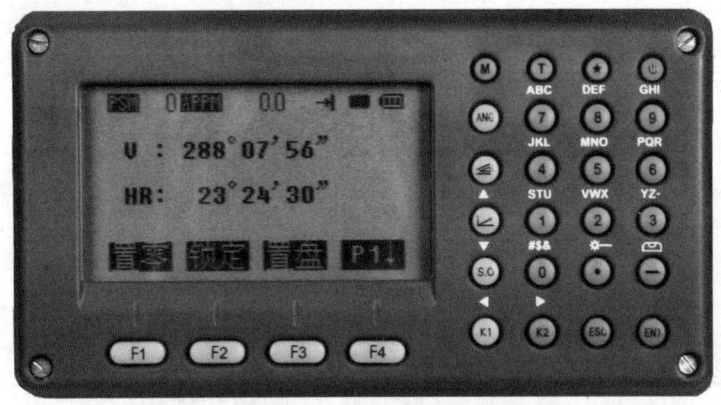

图 4.37 NTS-310 全站仪键盘显示屏

表 4.5　　　　　　　　　　NTS-310 全站仪键盘功能

按键	名称	功　　能
ANG	角度测量键	进入角度测量模式
◢	距离测量键	进入距离测量模式
∠	坐标测量键	进入坐标测量模式（上移键）
S.O	坐标放样键	进入坐标放样模式（下移键）
K1	快捷键1	用户自定义快捷键1（左移键）
K2	快捷键2	用户自定义快捷键2（右移键）
ESC	退出键	返回上一级状态或返回测量模式
ENT	回车键	对所做操作进行确认
M	菜单键	进入菜单模式
T	转换键	测距模式转换
★	星键	进入星键模式或直接开启背景光
⏻	电源开关键	电源开关
F1～F4	软键（功能键）	对应于显示的软键信息
0～9	数字字母键盘	输入数字和字母
—	负号键	输入负号，开启电子气泡功能
·	点号键	开启或关闭激光指向功能、输入小数点

表 4.6　　　　　　　　　NTS-310 全站仪屏幕显示符号意义

显示符号	内　　容
V	竖直刻度盘读数
V%	视线坡度显示
HR	水平刻度盘读数（按顺时针方向测量水平角）
HL	水平刻度盘读数（按逆时针方向测量水平角）
HD	水平距离

续表

显示符号	内　容
VD	高差（望远镜横轴与棱镜中心之间）
SD	斜距（望远镜横轴与棱镜中心之间）
N	北向坐标
E	东向坐标
Z	高程
m	以米为距离单位
ft	以英尺为距离单位
dms	以度分秒为角度单位
gon	以哥恩为角度单位
mil	以密为角度单位
PSM	棱镜常数（以 mm 为单位）
PPM	大气改正值
PT	点名

1. 水平角测量

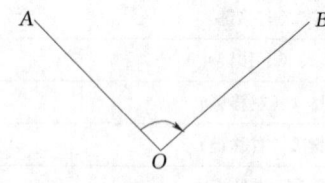

图 4.38　水平角测量

角度测量模式有 3 个界面菜单，见表 4.7。如图 4.38 所示，将全站仪安置在 O 点，测量水平角 $\angle AOB$；操作方法如下。

（1）按角度测量键，使全站仪处于角度测量模式，照准第一个目标 A。

（2）设置第一个目标方向的水平刻度盘读数为 $0°00'00''$。

（3）照准第二个目标 B，此时显示的水平度盘读数即为两方向间的水平夹角 $\angle AOB$。

表 4.7　　　　　　　　NTS - 310 全站仪角度测量模式界面

页数	软键	显示符号	功　能
第 1 页 （P1）	F1	置零	水平刻度盘读数置为 $0°0'0''$
	F2	锁定	水平刻度盘读数锁定
	F3	置盘	通过键盘输入设置水平刻度盘读数
	F4	P1↓	显示第 2 页软键功能
第 2 页 （P2）	F1	倾斜	斜改正开或关，若选择开则显示倾斜
	F2	—	—
	F3	V%	垂直角显示格式（绝对值/坡度）的切换
	F4	P2↓	显示第 3 页软键功能
第 3 页 （P3）	F1	R/L	水平角（右角/左角）模式之间的转换
	F2	—	—
	F3	竖角	高度角/天顶距的切换
	F4	P3↓	显示第 1 页软键功能

2. 距离测量

距离测量模式有两个界面菜单，见表4.8。

表 4.8　　　　　　　　NTS-310全站仪距离测量模式界面

页数	软键	显示符号	功　能
第1页 (P1)	F1	测量	启动测量
	F2	模式	设置测距模式为单次精测、连续测量、连续跟踪
	F3	S/A	温度、气压、棱镜常数等设置
	F4	P1↓	显示第2页软键功能
第2页 (P2)	F1	偏心	进入偏心测量模式
	F2	放样	距离放样模式
	F3	m/f	单位米与英尺转换
	F4	P2↓	显示第1页软键功能

距离测量的操作如下。

(1) 测距前将棱镜常数输入仪器中，仪器会自动对所测距离进行改正。没有更换棱镜的情况下，无需每次测量前均重新输入棱镜常数。

(2) 设置大气改正值或气温、气压值。实测时，可直接输入大气改正值，也可输入温度和气压值，全站仪会自动计算大气改正值，并对测距结果进行改正。有的仪器会自动感应气温、气压值并自动改正，则无需输入。

(3) 照准目标棱镜中心，按测距键，距离测量开始，测距完成时显示斜距、平距、高差。

3. 坐标测量

坐标测量模式有3个界面菜单，见表4.9。

表 4.9　　　　　　　　NTS-310全站仪坐标测量模式界面

页数	软键	显示符号	功　能
第1页 (P1)	F1	测量	启动测量
	F2	模式	设置测距模式为单次精测、连续测量、连续跟踪
	F3	S/A	温度、气压、棱镜常数等设置
	F4	P1↓	显示第2页软键功能
第2页 (P2)	F1	镜高	设置棱镜高度
	F2	仪高	设置仪器高度
	F3	测站	设置测站坐标
	F4	P2↓	显示第3页软键功能
第3页 (P3)	F1	偏心	进入偏心测量模式
	F2		
	F3	m/f	单位米与英尺转换
	F4	P3↓	显示第1页软键功能

坐标测量的操作如下。

（1）设置棱镜常数，设置大气改正值或气温、气压值。

（2）设定测站点的三维坐标及仪器高。

（3）设定后视点的坐标，或设定后视方向的方位角。当设定后视点的坐标时，全站仪会自动计算后视方向的方位角。设置棱镜高。

（4）照准目标棱镜，按坐标测量键，全站仪开始测距并计算显示测点的三维坐标。

注：精测模式是最常用的测距模式，测量时间约 2.5s，最小显示单位 1mm；跟踪模式，常用于跟踪移动目标或放样时连续测距，最小显示一般为 1cm，每次测距时间约 0.3s；粗测模式，测量时间约 0.7s，最小显示单位 1cm 或 1mm。在距离测量或坐标测量时，可按测距模式（MODE）键选择不同的测量模式。

4.3.3 全站仪使用与保管的注意事项

全站仪属于精密贵重仪器，在保管、使用和搬运过程中，应注意以下事项。

4.3.3.1 仪器保管注意事项

（1）仪器保管要有专人负责。现场使用完毕带回仪器室（或指定地方），不得放在工作现场。

（2）仪器箱内应保持干燥，要防潮防水并及时更换干燥剂。仪器必须放置在专门架上或固定位置。放置要整齐，不得倒置。

（3）若仪器长期不用，一个月左右定期取出通风防霉并通电驱潮，以保持仪器良好的工作状态。

（4）冬天室内、室外温差较大，仪器搬出室外或搬入室内，应隔一段时间后才能开箱。

4.3.3.2 仪器使用注意事项

（1）携带搬运仪器前，应检查仪器箱背带及提手是否牢固。

（2）开箱后取出仪器前，要看准仪器在箱内放置的方式和位置，以方便重新放入。将仪器从仪器箱取出或装入时，注意对仪器应轻拿轻放，握住仪器提手和底座，不可握住显示屏的位置。切不可抓住仪器的镜筒取出仪器；否则会影响内部固定部件，从而降低仪器的精度。仪器用毕，先盖上物镜罩，并擦去表面的灰尘。装箱时各部位要放置妥帖，不挤不压，合上箱盖时应无障碍。

（3）严禁将望远镜镜头对向太阳或其他强光。在太阳光照射下观测仪器，应给仪器打伞，并戴上遮阳罩，以免影响观测精度。操作按键和转动旋钮都应该用力适当，切忌用力过猛。

（4）在杂乱环境下测量，仪器要有专人守护，以确保安全。只要仪器还在脚架上，任何情况下，仪器边必须站人。

（5）架设仪器的三脚架，尽可能用木制三脚架而不要用金属三脚架，因为木制三脚架更为稳定些，且受热胀冷缩影响较小。当需要将仪器架设在光滑的表面时，要用细绳（或细铅丝）将三脚架 3 个脚连起来，以防滑倒。

(6) 观测过程中，若出现"补偿超限"提醒，则表明仪器已不再水平，超出自动补偿的范围，需重新整平。

(7) 仪器迁站，当测站之间距离较远，应将仪器卸下装箱搬站，注意应先关机后方可拆卸仪器装箱。行走前要检查仪器箱是否锁好，检查安全带是否系好。当测站之间距离较近，搬站可将仪器连同三脚架一起搬迁。其方法是，关机后，检查仪器与三脚架的连接，确保牢固，然后把制动螺旋略微关住，使仪器在搬站过程中不致晃动，收拢三脚架，双手护住靠在肩上，尽量保持直立姿态，稳步前行。

(8) 仪器任何部分发生故障，均不要勉强使用，应立即检修；否则会加剧仪器的损坏程度。

(9) 光学元件应保持清洁，如沾染灰沙必须用毛刷或柔软的擦镜纸擦掉。禁止用手指抚摸仪器的任何光学元件表面。清洁仪器透镜表面时，先用干净的毛刷扫去灰尘，再用干净的无线棉布沾酒精，由透镜中心向外一圈圈轻轻擦拭。除去仪器箱上的灰尘时，切不可用任何稀释剂或汽油，而是用干净的布块蘸中性洗涤剂擦洗。

(10) 在潮湿环境中工作，作业结束，要用软布擦干仪器表面的水分及灰尘后才装箱。回到仪器室或存放仪器处后，立即开箱取出仪器放于干燥处，彻底晾干后再装入箱内。

4.3.3.3 电池使用注意事项

全站仪的电池是全站仪最重要的部件之一，电池的好坏、电量的多少决定了外业作业时间的长短。

(1) 在电源打开期间不要将电池取出（否则存储数据可能会丢失），应在电源关闭后再装入或取出电池。

(2) 可充电池可以反复充电使用，但是如果在电池还存有剩余电量的状态下充电，则会缩短电池的工作时间。此时，电池的电压可通过刷新予以复原，从而改善作业时间，充足电的电池放电时间约需 8h。

(3) 不要连续进行充电或放电；否则会损坏电池和充电器。如有必要进行充电或放电，则应在停止充电约 30min 后再使用充电器。

(4) 不要在电池刚充电后就进行充电或放电，有时这样会造成电池损坏。

(5) 超过规定的充电时间会缩短电池的使用寿命，应尽量避免。

(6) 电池剩余容量显示级别与当前的测量模式有关，在角度测量的模式下，电池剩余容量够用，并不能保证电池在距离测量模式下也能用，因为距离测量模式耗电高于角度测量模式。当从角度模式转换为距离模式时，由于电池容量不足，可能会中止测距。

4.3.3.4 仪器转运注意事项

(1) 首先把仪器装在仪器箱内，再把仪器箱装在专供转运用的木箱或塑料箱等内，并在空隙处填以泡沫、海绵、刨花或其他防震物品。装好后将木箱或塑料箱盖子盖好。需要时用绳子捆扎结实。

(2) 无专供转运的木箱或塑料箱的仪器不应托运，应由测量员亲自携带。在整个转运过程中，要做到人不离开仪器。乘车中，应将仪器放在松软物品上面，并用手扶着，在颠簸厉害的道路上行驶时，应将仪器抱在怀里。

本 章 小 结

确定地面点的位置（或地面点间位置关系）的要素是角度、距离和高差，测量的基本工作是角度测量、距离测量和高差测量，本章内容角度和距离测量是其中的两项。

角度分为水平角和竖直角，应明晰其定义、测量原理。

测量角度的仪器是经纬仪和全站仪，从经纬仪入手，通过仪器的构造、使用，展开水平角和竖直角的测量方法。其中的仪器操作、观测记载计算、观测技术指标、测量误差分析、观测注意事项等，均须掌握并细心揣摩。

距离是指两点间的直线且水平的长度，距离测量方法主要有卷尺丈量、视距测量和电磁波测距，无论采取哪种方法，其测量结果都必须为距离的含义即"直线且水平的长度"，为此而采取相应的措施，包括一些计算（如斜距换算为平距）。如同高差测量和角度测量，距离测量也应研究测量误差原因与测量注意事项，以保障测量成果质量。

全站仪是集光学、机械和电子于一体的仪器，可以测量角度，也可以测量距离，并通过机载程序还有坐标测量、放样测量、面积测量、偏心测量、对边测量、悬高测量、后方交会等功能。只需一次安置，仪器便可以完成测站上所有的测量工作，故被称为全站仪（total station）。不同品牌和型号的全站仪，其使用方法不尽相同，但其基本思路相差不大。对于一台未使用过的全站仪，首先要对照说明书，熟悉键盘并弄清屏幕显示符号含义，注意检查默认设置（观测目标是棱镜还是反射片、角度和距离的单位）和观测模式（精测、粗测、跟踪），使用时正确进行测站设置，包括测站坐标、仪器高、目标高的输入和后视定向，以确保无误。为保证测量成果质量和仪器安全，应认真对待仪器的使用、运输和保管的注意事项。

思 考 与 练 习

4.1 什么是水平角？测量水平角对经纬仪的结构要求是什么？

4.2 安置经纬仪观测水平角，对中的目的是什么？整平的目的是什么？如何完成对中、整平？

4.3 什么是竖直角？从定义、角值范围、角度符号等方面将竖直角与水平角进行比较。

4.4 经纬仪主要由哪几部分组成？有哪些轴线？轴线之间应满足哪些关系？

4.5 经纬仪的位置何为盘左、何为盘右？盘左、盘右观测同一目标，盘左、盘右的水平刻度盘读数有何关系？

4.6 经纬仪望远镜瞄准同一竖直面内不同高度的两个点，相应的水平刻度盘读数是否相同？相应的竖直刻度盘读数是否相同？

4.7 测量水平角多个测回，为什么变换各测回起始读数？按什么规则变换？

思 考 与 练 习

4.8 设在测站点的东南西北分别有 A、B、C、D 4 个观测方向,用全圆测回法观测水平角,以 B 为零方向,则盘左的观测顺序是怎样的?盘右的观测顺序又是怎样的?

4.9 用经纬仪盘左、盘右两个盘位观测水平角,取其平均值可以消除哪些误差的影响?

4.10 水平角测量,测回法观测有哪些限差要求?全圆测回法观测有哪些限差要求?

4.11 竖直角观测,如何针对使用的经纬仪确定竖直角的计算公式?

4.12 什么是经纬仪的竖盘指标差?竖直角测量采取什么观测方式可以消除竖盘指标差?

4.13 经纬仪测量水平角,仪器对中误差及目标偏斜误差对测角的影响与偏心距 e 和边长 S 有什么关系?

4.14 距离测量的方法有哪些?

4.15 钢尺精密距离测量和钢尺一般距离测量有何不同?

4.16 钢尺量距如果定线不准,则所量结果会偏大还是会偏小?为什么?

4.17 影响钢尺量距精度的因素有哪些?采取哪些措施可以削减这些因素的影响?

4.18 钢尺的尺长方程式形式如何?说明尺长方程式中各符号的含义。

4.19 何为视距测量?它有何特点和用途?

4.20 写出视距测量的公式,说明式中各符号的含义。

4.21 全站仪由哪几部分组成?全站仪的特点是什么?

4.22 全站仪测量距离为什么要输入气象元素?

4.23 全站仪距离测量时,屏幕上显示的 HD、SD、VD 分别是指什么距离?

4.24 全站仪标称精度的形式和含义是什么?

4.25 全站仪坐标测量怎样进行测站设置?

4.26 经纬仪盘左、盘右瞄准同一目标,水平刻度盘读数分别为 60°24′18″和 240°25′00″,问这台经纬仪的视准差是多少?盘左、盘右的正确读数是多少?

4.27 经纬仪盘左、盘右瞄准同一目标,竖直刻度盘读数分别为 75°24′18″和 284°38′30″,问这台经纬仪的竖盘指标差是多少?盘左、盘右的正确读数是多少?

4.28 用 DJ_6 级光学经纬仪观测一角度两个测回,观测数据如表 1 所示,将观测数据填入记录表 2 中并完成计算,说明观测成果是否符合指标要求。

表 1   观 测 数 据 记 录 表

观测目标	竖盘位置	第一测回 /(° ′ ″)	第二测回 /(° ′ ″)
A	左	0 00 06	90 00 12
	右	180 00 06	270 00 06
B	左	72 15 24	162 15 24
	右	252 15 00	342 15 00

表2 测回法观测水平角记录表格

测站	目标	竖盘位置	水平刻度盘读数 /(° ′ ″)	半测回角值 /(° ′ ″)	一测回角值 /(° ′ ″)	平均角值 /(° ′ ″)

4.29 经纬仪安置在 O 点，观测一高目标 A，盘左、盘右的竖直刻度盘读数分别为 $71°45′24″$ 和 $288°16′12″$，请将观测数据填入记录表3中，并完成计算。用这台仪器盘左观测另一目标 B，竖盘读数为 $93°58′00″$，问 B 目标的正确竖直角是多少？

表3 竖直角观测记录表格

测站	目标	竖盘位置	竖盘读数 /(° ′ ″)	半测回角值 /(° ′ ″)	指标差 /(″)	一测回角值 /(° ′ ″)	备注

4.30 如图1所示，某测站有4个观测目标。用 DJ$_6$ 级光学经纬仪观测两个测回，观测数据如图1所示，请将观测数据填入记录表4中并完成计算，说明观测成果是否符合指标要求。

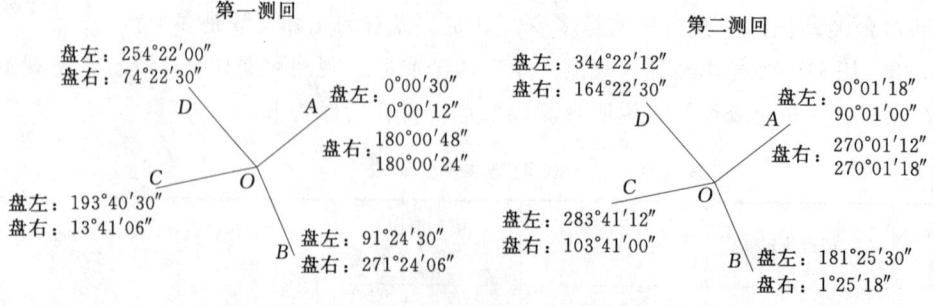

图1 方向观测（全圆测回）法测量水平角

4.31 如图2所示，测量水平角 EOF，因目标 F 标杆倾斜，经纬仪瞄准该目标的偏差为 20mm，若 OF 长为 100m，试计算由于该目标倾斜而引起的水平角误差 δ。

思 考 与 练 习

表 4　　　　　　　　　　全圆测回法观测水平角记录表格

测站	目标	水平度盘读数		2C (L−R±180°) /(″)	平均读数 (L+R±180°)/2 /(° ′ ″)	归零后 方向值 /(° ′ ″)	各测回方向 平均值 /(° ′ ″)
		盘左 L /(° ′ ″)	盘右 R /(° ′ ″)				

4.32　用钢尺丈量 AB、CD 两段距离，AB 往返丈量的距离分别为 126.78m 和 126.70m，CD 往返丈量的距离分别为 250.38m 和 250.48m，问哪一段丈量的精度高？为什么？

4.33　某钢尺的尺长方程式为 $L=30-0.012+30×1.25×10^{-5}×(t-20℃)$，用该尺丈量 AB 和 BC 两段距离，丈量结果列于表 5 中，试计算两段的实际水平距离。

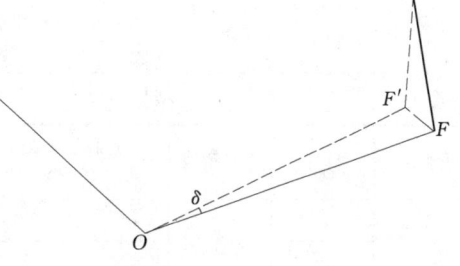

图 2　目标倾斜对测量水平角的影响

表 5　　　　　　　钢　尺　量　距　成　果

尺段	尺段长度/m	温度/℃	尺段高差/m
AB	29.987	16	0.11
CD	29.905	15	0.85

4.34　某钢尺的尺长方程式为 $L=50+0.010+50×1.25×10^{-5}×(t-20℃)$，用该尺沿倾角为 $4°30′$ 的均匀斜坡地面量得的名义斜距为 120.554m，丈量时的平均气温为 10℃，试计算该段的实际水平距离。

4.35　用经纬仪进行视距测量，某一站的观测数据如表 6 所示，已知测站点高程 H_A=17.65m，仪器高 i=1.55m，经纬仪的视距乘常数 K=100，经纬仪竖盘顺时针刻划并测得竖盘指标差 x=2′，试用计算器在表格中完成计算。

4.36　用经纬仪按测回法进行水平角观测练习，观测成果记录在表 7 中。

4.37　用经纬仪进行竖直角观测练习，观测成果记录在表 8 中。

4.38 用全站仪进行角度和距离观测练习，观测成果记录在表 9 中。

表 6　　　　　　　　　　　视距测量记录计算表格

测点	标尺读数/m		视距间隔/m	竖盘读数/(°′)	竖直角/(°′)	高差主值/m	高差/m	水平距离/m	测点高程/m
	中丝	下丝							
		上丝							
1	1.55	1.992		84 15					
		1.128							
2	1.80	1.965		96 19					
		1.635							
3	1.52	2.240		93 31					
		0.800							
4	1.70	1.866		88 43					
		1.525							

4.39 用全站仪进行坐标测量观测练习，观测成果记录在表 10 中。

表 7　　　　　　　　　　　水平角测量记录表格

日期＿＿＿＿＿＿＿＿＿＿　仪器＿＿＿＿＿＿＿＿＿＿　观测者＿＿＿＿＿＿＿＿＿＿
天气＿＿＿＿＿＿＿＿＿＿　型号＿＿＿＿＿＿＿＿＿＿　记录者＿＿＿＿＿＿＿＿＿＿

测站	目标	竖盘位置	水平盘读数/(°′″)	半测回角值/(°′″)	一测回角值/(°′″)	平均角值/(°′″)
略图						

思考与练习

表 8   竖直角测量记录表格

日期_____   仪器_____   观测者_____
天气_____   型号_____   记录者_____

测站	目标	竖盘位置	竖盘读数 /(° ′ ″)	半测回角值 /(° ′ ″)	指标差 /(″)	一测回角值 /(° ′ ″)	备注

略图

表 9   全站仪角度与距离测量记录表格

日期_____   仪器_____   观测者_____
天气_____   型号_____   记录者_____

参数设置	备注
输入：温度（　　）、气压（　　）、棱镜常数（　　）	

1. 水平角测量

测站	目标	竖盘位置	水平盘读数 /(° ′ ″)	半测回角度 /(° ′ ″)	一测回角度 /(° ′ ″)

2. 竖直角测量

测站	目标	竖盘位置	竖盘读数 /(° ′ ″)	半测回角度 /(° ′ ″)	指标差 /(″)	一测回角度 /(° ′ ″)

3. 距离测量

边名	平距/m			垂距/m		
	第一次		平均	第一次		平均
	第二次			第二次		
	第一次		平均	第一次		平均
	第二次			第二次		

略图

第4章 角度及距离测量

表 10   **全站仪坐标测量记录表格**

日期_____ 仪器_____ 观测者_____

天气_____ 型号_____ 记录者_____

1. 参数设置

输入：温度（　　）、气压（　　）、棱镜常数（　　）、仪器高（　　）、棱镜高（　　）

2. 测站定向

测站点坐标 /m	X		定向点坐标 /m	X		检测定向点的坐标 /m	X	
	Y			Y			Y	
	Z			Z			Z	

3. 坐标测量

观测点（点名）	X/m	Y/m	Z/m	备注

第5章 卫星定位测量

5.1 概　　述

5.1.1 卫星定位概况

5.1.1.1 卫星定位技术的发展

卫星定位测量是利用人造地球卫星进行点位测量。当初，人造地球卫星仅仅作为一种空间的观测目标，由地面观测站对它进行摄影观测，测定测站至卫星的方向，建立卫星三角网；或用激光技术对卫星进行距离观测，测定测站至卫星的距离，建立卫星测距网。这种对卫星的几何观测，能够解决用常规大地测量技术难以实现的远距离陆地海岛联测定位问题。20世纪60—70年代，美国国家大地测量局在英国和德国测绘部门的协助下，用卫星三角测量的方法，花了几年时间测设了有45个测站的全球三角网，点位精度约5m。受卫星可见条件及天气的影响，这种观测方法，费时费力，定位精度低，而且不能获得地心坐标。因此，卫星三角测量很快就被卫星多普勒定位所取代。卫星多普勒测量（satellite Doppler meas），是指通过卫星信号接收机，测定卫星发播的无线电信号的多普勒频移或多普勒计数，以确定测站到卫星的距离变化率或到卫星相邻两点间的距离差，进而确定测站的三维地心坐标或两点的坐标差。多普勒定位具有经济快速、精度均匀、不受天气和时间的限制等优点，只要在测点上能收到从子午卫星上发出的无线电信号，便可在地球表面的任何地方进行单点定位或联测定位，获得测站点的三维地心坐标。卫星多普勒定位，使卫星定位技术，从仅仅把卫星作为空间观测目标的低级阶段，发展到把卫星作为动态已知点的高级阶段。

20世纪50年代末期，美国开始研制用多普勒卫星定位技术进行测速、定位的卫星导航系统，在该系统中，由于卫星轨道面通过地极，所以称为"子午卫星导航系统"，也称为海军导航卫星系统（Navy Navigation Satellite System，简称NNSS）。20世纪70年代中期，我国开始引进多普勒接收机，进行了西沙群岛的大地测量基准联测。国家测绘局和总参测绘局联合测设了全国卫星多普勒大地网，石油和地质勘探部门也在西北地区测设了卫星多普勒定位网。

NNSS虽然将导航和定位推向了一个新的发展阶段，但是它仍然存在着一些明显的缺陷，如卫星少（6颗工作卫星）、卫星运行高度低（平均高度约1000km）、从地面站观测到卫星通过的时间间隔较短（平均时间间隔约1.5h）、因维度不同而变化等，不能进行连续三维导航定位。为了实现全天候、全球性和高精度的连续导航与定位，新一代卫星导航系统应运而生，如GPS、GLONASS、BDS，卫星定位技术发展到了一个辉煌的历史阶段。

5.1.1.2 全球导航卫星系统（GNSS）

1992年5月，国际民航组织（ICAO）在未来的空中导航系统（FANS）会议上，审议通过了计划方案——GNSS（global navigation satellite system）系统。该系统是一个全球性的位置和时间的测定系统，包括一个或几个卫星星座、机载接收机和系统完备性监视系统。GNSS研制开发计划分步实施，首先以美国GPS及俄罗斯卫星导航系统（glonass）为依托，建立由地球同步卫星移动通信导航卫星系统（INMARSAT）、系统完备性监视系统（GAIT）以及地面增强和完备性监视系统（RAIM）组成的混合系统，以提高卫星导航系统的完备性和服务的可靠性。之后建成纯民间控制的GNSS系统，该系统由多种中高轨道全球导航卫星和既能用于导航定位又能用于移动通信的静地卫星构成。

目前，GNSS系统星座，除了广泛应用的美国GPS系统外，还有已存在的俄罗斯GLONASS系统、中国卫星导航系统（BDS）和正在建设的欧洲GALILEO系统。下面对各系统进行简要介绍。

1. GPS系统

1973年12月，美国国防部组织陆、海、空三军，联合研制新的卫星导航系统NAVSTAR/GPS（NAVigation Satellite Timing And Ranging/Global Positioning System，卫星授时测距导航/全球定位系统），简称GPS系统。该系统具有全能性（陆地、海洋、航空和航天）、全球性、全天候、连续性和实时性的导航、定位和定时功能，能为各类用户提供精密的三维坐标、速度和时间。

GPS是GNSS系统中最为成熟、应用最为广泛的卫星定位系统。本章后续的内容都以GPS为例，较详细地介绍卫星定位的基本原理和定位方法。

2. GLONASS系统

全球导航卫星系统（GLONASS）由苏联建立，起步比GPS晚9年。苏联解体后，由俄罗斯接替部署。从1982年10月12日发射第一颗GLONASS卫星开始，到1996年，13年时间内历经周折，但始终没有终止或中断GLONASS卫星的发射。1995年初只有16颗GLONASS卫星在轨工作，当年进行了3次成功发射，将9颗卫星送入轨道，完成了24颗工作卫星加1颗备用卫星的布局。经过数据加载、调整和检验，于1996年1月18日整个系统正常运行。

3. GALILEO系统

伽利略导航卫星系统（GALILEO），是由欧共体发起，建设资金由欧盟各国政府和私营企业共同投资，旨在建立一个由欧盟运行、管理并控制的全球导航卫星系统。该系统最主要的设计思想与GPS、GLONASS不同，它完全从民间出发（GPS、GLONASS从军事出发），建立一个最高精度的全开放型的新一代GNSS系统，与GPS、GLONASS有机地兼容。

GALILEO系统的卫星星座，由分布在3个轨道上的30颗中等高度轨道卫星构成，每个轨道上有10颗卫星，其中9颗正常工作，1颗备用。该系统定义阶段已经完成，原计划2008年运行，但由于种种原因，该系统的进展已迟于预定计划。

GALILEO系统总体设计思路有四大特点，即自成独立体系、能与其他的全球导航卫星系统兼容、具备先进性和竞争力、公开进行国际合作。GALILEO系统设计目标，与现在普遍使用的GPS系统相比，其功能将更加先进、更加有效、更为可靠。

4. BDS系统

BDS（BeiDou Navigation Satellite System）卫星导航系统，是中国自行研制的全球卫星定位与通信系统，是继GPS和GLONASS之后第三个成熟的卫星导航系统。BDS和GPS、GLONASS及GALILEO是联合国卫星导航委员会已认定的供应商。

BDS系统设计由35颗卫星组成，其中5颗设计为静止轨道卫星。系统的建设于2004年启动，计划于2020年完成全部30多颗星的发射，完成对全球的覆盖。同时因为现有卫星的寿命也会到期，将会在2020年前完成替换（新一代卫星2015年开始发射）。

BDS系统提供两种服务方式，即开放服务和授权服务。开放服务是在服务区免费提供定位、测速、授时服务；授权服务则是向授权用户提供更安全与更高精度的定位、测速、授时、通信服务以及系统完好性信息。

BDS起步比GPS晚了20年，但在技术上并没有落后很多，还有着自己的特点，即短信通信功能。把导航与通信紧密地结合起来，既能知道"我在哪里"，也能知道"你在哪里"。

5.1.1.3 卫星定位测量技术相对于常规测量技术的特点

卫星定位测量技术，以其全天候、高精度、自动化、高效益等显著特点，赢得世界各国广大测绘工作者的信赖，并成功地应用于大地测量、工程测量、航空摄影测量、地壳运动监测、工程变形监测、资源勘察、地球动力学等多种学科或领域，给测绘工作带来一场深刻的技术革命。

相对于经典的测量技术来说，卫星定位测量技术具有以下特点。

1. 观测站之间无需通视

既要保持良好的通视条件，又要保障测量控制网的良好结构，这一直是经典测量技术在实践方面的困难之一。而卫星定位测量不需要观测站之间互相通视，因而不再需要建造觇标，这既可大大减少测量工作的经费和时间，同时也使点位的选择变得更加灵活。

2. 定位精度高

大量的试验和实际应用表明，卫星定位测量，在小于50km的基线上，其相对定位精度可达$1\times10^{-6}\sim2\times10^{-6}$，而在$100\sim500$km的基线上可达$10^{-6}\sim10^{-7}$相对定位精度。随着观测技术和接收设备及数据处理方法的不断完善，其定位精度还将进一步提高。

3. 观测时间短

根据测量目的和精度要求的不同，卫星定位测量可采取静态观测、快速静态观测和动态观测等模式。对于长基线、高精度的静态观测模式，测量一条基线所需的观测时间是30min至数小时，对于短基线（不超过20km），采取快速静态观测模式，测量一条基线所需的观测时间仅需数分钟，而对于动态观测等模式，一次观测仅需几秒钟时间。

4. 可获得三维坐标

卫星定位测量，在精确测定观测站平面位置的同时，也可精确测定测站的大地高。这一特点不仅使一般的测量工作变得方便、高效，而且为研究大地水准面的形状和确定地面点的高程开辟了新途径，同时也为其在航空物探、航空摄影测量及精密导航中的应用提供重要的高程数据。

5. 操作简便

如何减少野外作业时间和强度，是测绘工作者长期探索的重大课题之一。卫星定位测量的自动化程度很高，在观测中，测量员无需再做照准、读数、记录等繁琐的工作，加之接收机集成化越来越高、体积越来越小、重量越来越轻，携带和搬运都很方便，极大地减轻了作业员的外业劳动强度。

6. 可全天候作业

卫星定位测量，不受天气状况的影响（雷、雨情况除外），对于阴雨特别是雾霾天气，常规测量方法无法进行的情况下，卫星定位测量仍可以进行作业。

卫星定位测量技术，是对经典测量技术的重大突破。一方面，它使经典的测量理论与方法产生了深刻的变革；另一方面，也进一步加强了测量学与其他学科之间的相互渗透，从而促进测绘科学技术的不断发展。

5.1.2　卫星定位系统的组成

为了能更好地理解相关内容，首先学习和理解几个基本概念。

（1）时间。时间包含"时刻"和"时间间隔"两个概念。在卫星定位中，所获数据对应的时刻称为"历元"。

（2）星历。描述卫星运动及其轨道的信息。根据卫星星历可以计算出任一时刻卫星的位置及其速度。

（3）测距码。测距码分为C/A码和P码。C/A码测距精度较低，称为粗码；P码测距精度较高，称为精码。

（4）导航电文。其包括卫星星历、时钟改正、电离层延迟改正、卫星工作状态信息、由C/A码转换到捕获P码信息等。导航电文也称为数据码或D码。

各种卫星定位系统的组成基本相同，都包括三大部分：空间部分（卫星星座）、地面控制部分（地面监控系统）、用户设备部分（卫星信号接收设备和专用软件）。现以GPS系统为例，介绍卫星定位系统的组成。

5.1.2.1　GPS工作卫星及其星座

GPS卫星星座由21颗工作卫星和3颗在轨备用卫星组成，记做（21+3）GPS星座。如图5.1所示，24颗卫星均匀分布在6个轨道平面内，轨道平均高度约20200km，轨道倾角为55°，各个轨道面之间相距60°，即轨道的升交点赤经各相差60°。每个轨道平面内各颗卫星之间的升交角距相差90°，一轨道平面上的卫星比相邻轨道平面上的相应卫星超前30°。

当地球相对恒星来说自转一周，GPS卫星绕地球运行两周，即绕地球一周的时间为12恒星时。这样，对于地面观测者来说，每天将提前4min见到同一颗GPS卫星。位于地平线以上的卫星颗数随着时间和地点的不同而不同，最少可见到4颗，最多可以见到11颗。在用GPS信号导航定位时，为了解算测站的三维坐标，必须观测4颗卫星，称为定位星座。这4颗卫星在观测过程中的几何位置分布，对定位精度有一定的影响。对于某地某时，甚至不能测得精确的点位坐标，这种时间段叫做间隙段。这种时间间隙段是很短暂的，并不影响全球绝大多数地方的全天候、高精度、连续实时的导航定位测量。

GPS卫星的主体呈圆柱形，两侧有太阳能板，能自动对太阳定向，以保证卫星正常用电。每个卫星有一个推力系统，以使卫星轨道保持在适当位置。卫星通过12根螺旋形天线组成的阵列天线，发射电磁波束覆盖卫星的可见地面。卫星姿态调整采用三轴稳定方式，由4个斜装惯性轮和喷气控制装置，构成三轴稳定系统，致使螺旋形天线阵列所辐射的波速对准卫星的可见地面。图5.2是GPS工作卫星的外部形态。

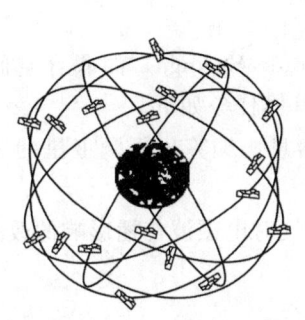 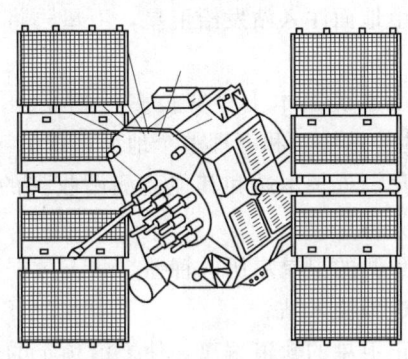

图5.1　GPS卫星星座　　　　图5.2　GPS工作卫星

卫星的核心部件是高精度的时钟、导航电文存储器、双频发射和接收机以及微处理机。GPS定位成功的关键在于高稳定度的频率标准，这种高稳定度的频率标准由高度精确的时钟提供。每颗工作卫星一般安设两台铷原子钟和两台铯原子钟（计划未来采用更稳定的氢原子钟）。GPS卫星虽然发送几种不同频率的信号，但它们均源于一个基准信号（其频率为10.23GHz），所以只需启用一台原子钟，其余作为备用。卫星钟由地面站检验，其钟差、钟速连同其他信息由地面站注入卫星后，再转发给用户设备。

在GPS系统中，GPS卫星的作用如下。

(1) 用卫星信号使用的L波段的两个无线载波（L_1和L_2，L_1波长为19cm，L_2波长为24cm），向广大用户连续不断地发送导航定位信号，每个载波用导航信息和测距码进行双相调制。如上所述，测距码分为C/A码和P码，C/A码测距精度较低，称为粗码；P码测距精度较高，称为精码。

(2) 在卫星飞越注入站上空时，接收由地面注入站用S波段（波长10cm）发送到卫星的导航电文及其他有关信息，并通过GPS信号电路适时地发送给广大用户。

(3) 接收地面主控站通过注入站发送到卫星的调度命令，适时地改正运行偏差或启用备用时钟等。

5.1.2.2　地面监控系统

GPS工作卫星的地面监控系统包括一个主控站、3个注入站和5个监测站，如图5.3所示。

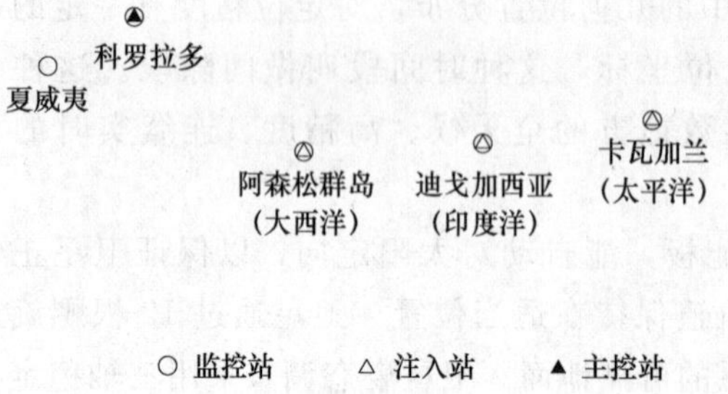

对于导航定位来说，GPS卫星是一动态已知点，卫星的位置是依据卫星发射的星历算得的。每颗 GPS 卫星所播发的星历，是由地面监控系统提供的。卫星上的各种设备是否正常工作，以及卫星是否一直沿着预定轨道运行，都要由地面设备进行监测和控制。地面监控系统另一重要作用是保持各颗卫星处于同一时间标准，即 GPS 时间系统，这就需要地面站监测各颗卫星的时间，求出钟差，然后由地面注入站发给卫星，卫星再将导航电文发给用户设备。

图 5.3 GPS卫星的地面监控系统

1. 主控站

主控站设在美国本土科罗拉多·斯平士（Colorado Springs）的联合空间执行中心（CSOC）。主控站协调和管理整个地面系统的工作，具体任务如下。

（1）收集、处理本站和其他监测站收到的全部信息，编算出每颗卫星的星历和 GPS 时间系统。

（2）将预测的卫星星历、钟差、状态数据以及大气对电磁波传播影响的改正，编制成导航电文传送到注入站。

（3）纠正卫星的轨道偏离，使之沿预定的轨道运行。

（4）必要时调度卫星，让备用卫星取代失效的工作卫星。

（5）监测整个地面监测系统的工作，检验注入给卫星的导航电文，监测卫星是否将导航电文发送给了用户。

2. 注入站

3个注入站分别设在大西洋的阿森松岛、印度洋的迪戈加西亚岛和太平洋的卡瓦加兰。注入站的任务是：将主控站发来的导航电文注入相应卫星的存储器，每天注入 3 次，每次注入 14d 的星历。此外，注入站能自动向主控站发射信号，每分钟报告一次自己的工作状态。

3. 监测站

5 个监测站是，除了位于主控站和 3 个注入站之处的 4 个站以外，还在夏威夷设立了一个监测站。监测站的主要任务是：为主控站提供卫星的观测数据，每个监测站均用 GPS 信号接收机，对每颗可见卫星，每 6min 进行一次伪距测量和积分多普勒观测，以及采集气象要素等数据，在主控站的遥控下自动采集定轨数据并进行各项改正，每 15min 平滑一次观测数据，依此推算出每 2min 间隔的观测值，然后将数据发送给主控站。

5.1.2.3 用户设备

接收机硬件和机内软件以及 GPS 数据的后处理软件包，构成完整的 GPS 用户设备。

1. GPS 接收机

接收机有导航型、测量型和授时型，这里仅介绍测量型接收机。测量型接收机的结构分为天线单元和接收单元两大部分。较早期的测量型接收机，两个单元一般分成两个独立的部件，观测时将天线单元安置在测站上，接收单元置于测站附近的适当地方，用电缆线将两者连接成一个整机。近年来生产的接收机将天线单元和接收单元制作成一个整体，观测时将其安置在测站点上。

目前，各种品牌和型号的 GPS 接收机体积越来越小，重量越来越轻，便于野外携带和观测。测量时，将接收机安装在三脚架上的基座上，或直接安装在对中杆上，如图 5.4 所示。

GPS 信号接收机的任务是，能够捕获到按一定卫星高度截止角所选择的待测卫星的信号，并跟踪这些卫星的运行，对所接收到的 GPS 信号进行变换、放大和处理，以便测量出 GPS 信号从卫星到接收机天线的传播时间，解译出 GPS 卫星所发送的导航电文，实时地计算出测站的三维位置，甚至三维速度和时间。

图 5.4　GPS 接收机

世界上有许多种类型的 GPS 测量型接收机，较早时期的测量型接收机分为单频接收机和双频接收机两种。近年来生产的各种品牌的测量型接收机多为双频接收机。

2. 数据处理软件

数据处理软件是指各种后处理软件包，其作用是卫星信号分析与处理、基线解算、平差计算、坐标管理、坐标转换及生成报表等。

5.1.3　卫星定位测量基本原理

5.1.3.1　卫星定位原理

测量学中有后方交会确定点位的方法，与其相似，卫星定位的原理也是利用后方交会的原理确定点位，称之为空间后方交会，即利用 3 个以上卫星的已知空间位置交会出地面未知点（用户接收机）的位置，如图 5.5 所示。

下面仍以 GPS 系统为例，介绍卫星定位测量的基本原理。

GPS 卫星发射测距信号和导航电文，导航电文中含有卫星的位置信息。用户用 GPS 接收机在某一时刻，同时接收 3 颗以上的 GPS 卫星信号，测量出测站点（接收机天线中心）P 至 3 颗以上 GPS 卫星的距离，由该时刻 GPS 卫星的空间坐标，根据距离

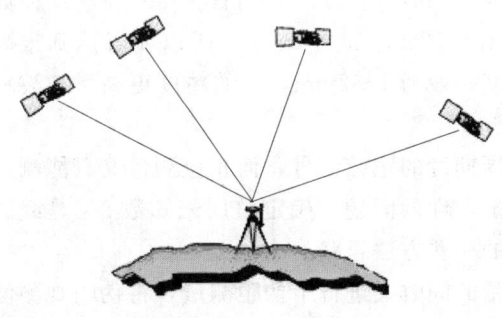

图 5.5　卫星定位原理

交会法原理解算出测站 P 的位置。

设观测时刻 t_i 接收卫星 S_i 的信号，S_i 的三维坐标为 (x_i, y_i, z_i)，则卫星 S_i 到接收

机 P 的空间距离为

$$\rho_P^i = \sqrt{(x_P-x_i)^2+(y_P-y_i)^2+(z_P-z_i)^2} \tag{5.1}$$

若观测 A、B、C、D 4 颗卫星，则有观测方程组为

$$\begin{cases} \tilde{\rho}_P^A = \sqrt{(x_P-x_A)^2+(y_P-y_A)^2+(z_P-z_A)^2} \\ \tilde{\rho}_P^B = \sqrt{(x_P-x_B)^2+(y_P-y_B)^2+(z_P-z_B)^2} \\ \tilde{\rho}_P^C = \sqrt{(x_P-x_C)^2+(y_P-y_C)^2+(z_P-z_C)^2} \\ \tilde{\rho}_P^D = \sqrt{(x_P-x_D)^2+(y_P-y_D)^2+(z_P-z_D)^2} \end{cases} \tag{5.2}$$

解方程组即可算出 P 点坐标 (x_P, y_P, z_P)。

在 GPS 定位中，GPS 卫星是在高速运动的，其坐标值随时间在快速变化着，需要实时地由 GPS 卫星信号测量出测站至卫星之间的距离，实时地由卫星的导航电文解算出卫星的坐标值，并进行测站点的定位。依据测距的方式，其定位原理与方法主要有伪距法定位和载波相位测量定位。

1. 伪距法定位

在某一时刻，用卫星发射的测距码信号到达接收机的传播时间，乘以电磁波传输的速度，即可得到接收机到卫星的距离。由于卫星钟、接收机钟的误差，以及无线电信号经过大气时受大气延迟的影响，实际测出的距离与卫星到接收机的真实几何距离有一定差值，因此称测量出的距离为伪距。用 C/A 码进行测量的伪距为 C/A 码伪距，用 P 码测量的伪距为 P 码伪距。伪距法定位精度不高，P 码定位误差约为 10m，C/A 码定位误差为 20～30m。但伪距法定位具有定位速度快和无多值性问题的优点，所以其定位方法仍然是 GPS 定位系统进行导航的最基本方法。此外，伪距法定位所测的站星之间距离，可以作为载波相位测量中解决整波数不确定问题（模糊度）的辅助资料。

2. 载波相位测量

利用测距码进行伪距测量是 GPS 定位系统的基本测距方法，然而由于测距码的码元长度较大，对于高精度应用来讲，其测距精度无法满足需要。如果观测精度均取至测距码波长的 1%，则伪距测量对 P 码而言量测精度为 30cm，对 C/A 码而言为 3m 左右。而如果把载波作为量测信号，由于载波的波长短，$\lambda_1=19\text{cm}$，$\lambda_2=24\text{cm}$，所以就可达到很高的精度。目前测地型接收机的载波相位测量精度一般为 1～2mm，有的精度更高。载波相位测距原理如图 5.6 所示。

载波相位测距精度高，但载波信号是一种周期性的正弦信号，而相位测量又只能测定其不足一个波长的部分，因而存在着整周数不确定性的问题。确定整周未知数 N_0 是载波相位测量的一项重要工作，下面介绍解决问题的一些方法思路。

(1) 伪距法。伪距法是在进行载波相位测量的同时又进行了伪距测量，将伪距观测值减去载波相位测量的实际观测值（化为以距离为单位）后即可得到 λN_0，但由于伪距测量的精度较低，所以要有较多的 λN_0 取平均值后才能获得正确的整波段数。

(2) 平差计算法。整周未知数从理论上讲应该是一个整数，利用这一特性，把整周未知数当作平差计算中的待定参数来加以估计和确定，这种方法不仅能解决整周未知数问题，而且能提高解的精度，短基线定位时一般采用这种方法。

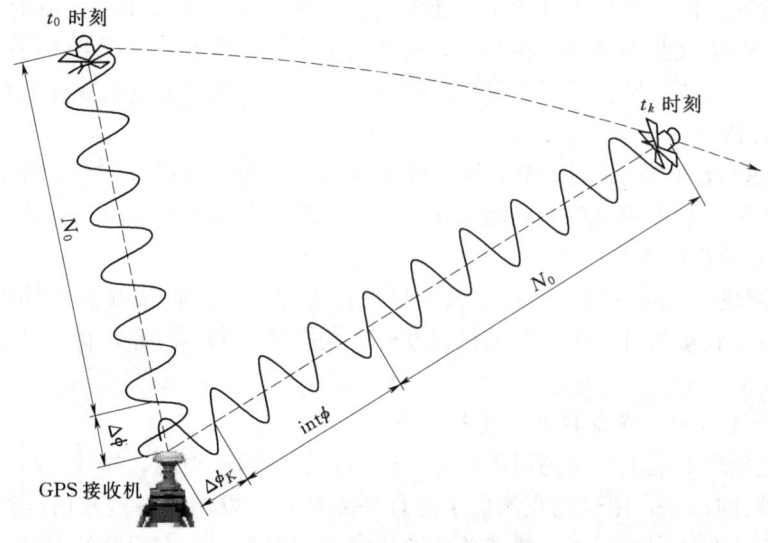

图 5.6 载波相位测距原理

(3) 三差法（多普勒法）。由于连续跟踪的所有载波相位测量观测值中均含有相同的整周未知数 N_0，所以将相邻两个观测历元的载波相位相减，就将该未知参数消去，从而直接解出坐标参数，这就是三差法，也叫多普勒法。运用三差法，由于两个历元之间的载波相位观测值之差，受到此期间接收机钟及卫星钟的随机误差的影响，所以精度不太好，往往用来解算未知参数的初始值。

(4) 快速确定整周未知数法。利用快速模糊度（即整周未知数）解算法进行快速定位。采用这种方法进行短基线定位时，利用双频接收机只需观测 1min 便能成功地确定整周未知数。

5.1.3.2 周跳及修复

接收机在跟踪卫星过程中，由于某种原因，如卫星信号被障碍物挡住而暂时中断，受无线电信号干扰造成失锁，计数器就无法连续计数。当信号重新被跟踪后，整周计数就不正确，但不到一个整周的相位观测值仍是正确的，这种现象称为整周跳变，简称"周跳"。周跳的出现和处理是载波相位测量中的重要问题，探测与修复"周跳"的常用方法有下列几种。

1. 屏幕扫描法

此种方法是由作业人员，在计算机屏幕前，依次对每个站、每个时段、每个卫星的相位观测值变化率的图像进行逐段检查，观察其变化率是否连续。如果出现不规则的突然变化，就说明在相应的相位观测中出现了整周跳变现象，然后用手工编辑的方法逐点、逐段修复。

2. 高次差法

此方法基本想法是，有周跳现象发生必将会破坏载波相位测量观测值随时间而有规律的变化。GPS 卫星的径向速度最大可达 0.9km/s，因而整周计数每秒钟可变化数千周。因此，如果每 15s 输出一个观测值，相邻观测值间的差值可达数万周，那么对于几十周的跳变就不易发现。但如果在相邻的两个观测值间，依次求差而求得观测值的一次差的话，这些一次差的变化就要小得多。在一次差的基础上再求二次差、三次差、……，其变化就小得更多了，此时就能发现有周跳现象的时段了。一般，四次差、五次差就会趋近于零。

3. 多项式拟合法

采用曲线拟合的方法进行计算，根据几个相位测量观测值拟合一个 n 阶多项式，据此多项式来预估下一个观测值并与实测值比较，从而发现周跳并修正整周计数。

4. 在卫星间求差法

在 GPS 测量中，每一瞬间要对多颗卫星进行观测，因而在每颗卫星的载波相位测量观测值中，所受到接收机振荡器的随机误差的影响是相同的，因此，在卫星间求差后即可消除此项误差的影响。

5. 根据平差后的残差发现并修复整周跳变

经过上述处理的观测值中还可能存在一些未被发现的小周跳，修复后的观测值中也可能引入 1~2 周的偏差，用这些观测值来进行平差计算，以求得各观测值的残差。由于载波相位测量的精度很高，因而这些残差的数值一般均很小，而有周跳的观测值往往会出现很大的残差，据此可以发现和修复周跳。

5.1.3.3　绝对定位与相对定位

1. 绝对定位

绝对定位也叫单点定位，是由单台 GPS 卫星信号接收机，通过接收卫星信号，获得接收机与 GPS 卫星之间的距离观测值，直接确定接收机天线在 WGS-84 坐标系（该坐标系的定义将在下一节介绍）中相对于坐标系原点的绝对坐标。绝对定位又分为静态绝对定位和动态绝对定位。

静态绝对定位是指接收机天线处于静止状态下，长时间观测卫星，以确定观测站的坐标。这种定位方式可以连续地根据不同历元同步观测不同的卫星，测定卫星至观测站的伪距，获得充分的多余观测量，测后通过数据处理求得观测站的绝对坐标。

动态绝对定位是指接收机安置在运动的载体上，确定载体瞬时的位置。动态绝对定位，只能得到无多余或很少多余观测量的实时解，所以定位精度低，一般只用于运动载体的导航。

不管是静态绝对定位还是动态绝对定位，因为受到卫星轨道误差、钟差以及信号传播误差等因素的影响，精度都不够高，静态绝对定位的精度约为 m 量级，而动态绝对定位的精度为几米至几十米级，这样的精度一般只能用于导航定位，远不能满足大地测量和工程测量的要求。

2. 相对定位

相对定位也叫差分定位，如图 5.7 所示，用两台接收机分别安置在基线的两端，同步观测相同的 GPS 卫星，以确定基线端点的相对位置，称为基线向量，在一个端点坐标已知的情况下，可以用基线向量推求另一待定点的坐标。同样，若使用多台接收机，安置在若干条基线的端点，通过同步观测 GPS 卫星，可以确定多条基线向量，在一个端点坐标已知的情况下，利用基线向量推求其他待定点的坐标。

相对定位是在两个观测站或多个观测站，同步观测相同卫星，卫星的轨道误差、卫星钟差、接收机钟差以及电离层和对流层的折射误差等，对观测量的影响具有一定的相关性，利用这些观测量的不同组合（求差）进行相对定位，可有效地消除或减弱相关误差的影响，这种方法定位精度高，测量上广泛采用。

5.1.3.4 几何精度因子 DOP

在 GPS 导航及定位测量中，可用几何精度因子 DOP（Dilution Of Precision）来衡量观测卫星的空间几何分布对定位精度的影响。一组卫星与测站所构成的几何图形形状与定位精度

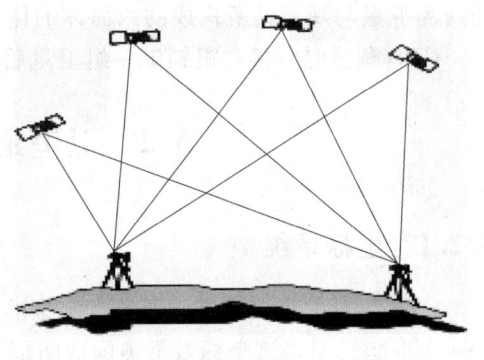

图 5.7 GPS 相对定位

关系的数值，称为点位图形强度因子 PDOP（Position Dilution Of Precision），它的大小与观测卫星的高度角以及观测卫星在空间的几何分布有关，如图 5.8 所示。

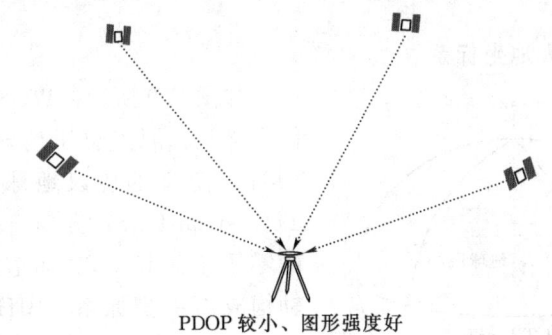

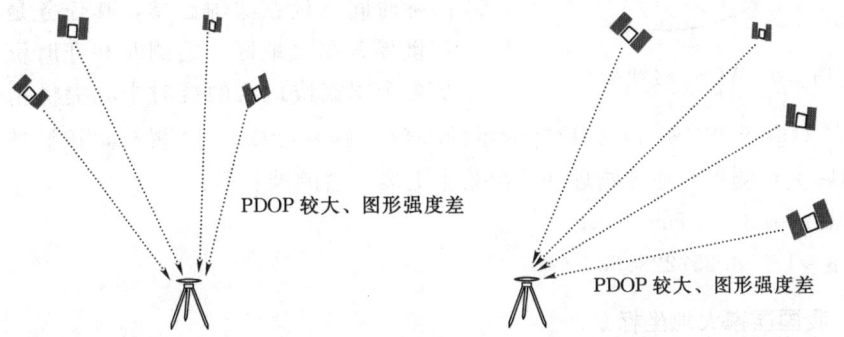

图 5.8 卫星几何图形强度

假设由观测站与 4 颗观测卫星所构成的六面体体积为 V，则精度因子 PDOP 与该六面体体积 V 的倒数成正比，即

$$\text{GDOP} \propto \frac{1}{V} \tag{5.3}$$

一般来说，六面体的体积越大，所测卫星在空间的分布范围也越大，PDOP 值越小；反之，六面体的体积越小，所测卫星的分布范围越小，则 PDOP 值越大。实际观测中，为了减弱大气折射影响，卫星高度角也不能过低，有一定的限制，在这一条件下，尽可能

使所测卫星与观测站所构成的六面体的体积接近最大，即 PDOP 值尽量小。

GPS 测量时，接收机锁定一组卫星后，会自动计算出 PDOP 值并显示在屏幕上。

5.2 卫星定位测量的坐标系

5.2.1 坐标系统

GPS 测量的直接成果，即单点定位的坐标和相对定位中解算的基线向量，属于 WGS-84 大地坐标系，该坐标系是美国国防部为进行 GPS 导航定位于 1984 年建立的地心坐标系，简称 WGS-84 坐标系。GPS 卫星星历就是以 WGS-84 坐标系为根据而建立的。而实际测量工作中的测量成果，往往是属于某一国家坐标系或地方坐标系（或称局部的、参考坐标系）。本节介绍 WGS-84 坐标系及我国国家大地坐标系有关常识以及坐标系之间的转换。

5.2.1.1 WGS-84 大地坐标系

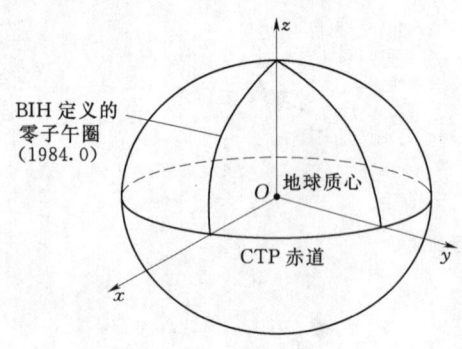

图 5.9 WGS-84 坐标系

如图 5.9 所示，WGS-84 大地坐标系的几何定义是：原点位于地球质心，z 轴指向 BIH 1984.0 定义的协议地球极 CTP（Coventional Terrestrial Pole）方向，x 轴指向 BIH 1984.0 的零子午面和 CTP 赤道的交点，y 轴与 z、x 轴构成右手坐标系。BIH 是法文"Bureau International del'Heure"的缩写，即国际时间局。国际时间局设在法国巴黎，其任务是，搜集处理世界各国（地区）的测时和守时资料，为世界各个国家或地区的授时中心提供精确的时间服务数据。对应于 WGS-84 大地坐标系的椭球可称为 WGS-84 椭球，该椭球元素值为 1979 年国际大地测量与地球物理联合会第十七届大会的推荐值：

长半轴 $a = 6378137\text{m} \pm 2\text{m}$；

扁率 $\alpha = 1/298.257223563$。

5.2.1.2 我国国家大地坐标系

我国使用的两个国家大地坐标系是 1954 年北京坐标系和 1980 西安坐标系。

1. 1954 年北京坐标系

20 世纪 50 年代，在我国天文大地网建立初期，采用克拉索夫斯基椭球元素，即长半轴 $a=6378245\text{m}$，扁率 $\alpha=1/298.3$，并与苏联 1942 年普尔科沃坐标系进行联测，通过计算建立了我国大地坐标系，定名为 1954 年北京坐标系。

1954 年北京坐标系，其椭球参数和大地原点，与苏联 1942 年普尔科沃坐标系一致，但大地点高程两者不同。1954 年北京坐标系大地点高程，是以 1956 年青岛验潮站求出的黄海平均海水面为基准。

几十年来，我国按 1954 年北京坐标系完成了大量的测绘工作，在该坐标系上，实施了天文大地网局部平差，通过高斯-克吕格投影，得到点的平面坐标，测制了各种比例尺地形图，在国民经济建设和国防建设的各个领域中发挥了巨大的作用。目前，属于 1954 年北京坐标系测绘成果，在一些地方或部门仍在继续使用。

2. 1980 年西安坐标系

20 世纪 70—80 年代，为了进行全国天文大地网整体平差，采用了新的椭球元素，即 1975 年国际大地测量与地球物理联合会第十六届大会的推荐值：长半轴 $a=6378140\mathrm{m}\pm 5\mathrm{m}$，扁率 $\alpha=1/298.257$，并进行了新的定位与定向，建立了 1980 年西安坐标系。

1980 年西安坐标系的大地原点，设在我国中部——陕西省泾阳县永乐镇，该坐标系是参心坐标系，椭球短轴 z 轴平行于地球地心指向 1968.0 地极原点（JYD）的方向，大地起始子午面平行于格林尼治平均天文台子午面，x 轴在大地起始子午面内与 z 轴垂直指向经度零方向，y 轴分别与 z、x 轴垂直成右手坐标系。

1980 年西安坐标系大地点高程，按椭球定位时的我国范围内高程异常值平方和最小原则求解参数，高程系统基准仍是 1956 年青岛验潮站求出的黄海平均海水面。

1980 年西安坐标系建立后，实施了全国天文大地网整体平差，提供了属于 1980 年西安坐标系的大地点成果，这种成果与原 1954 年北京坐标系成果，二者属于两个不同的参心坐标系。实用部门和单位有大量成果是 1954 年北京坐标系的，为了充分和更好地利用原有测绘成果，有的部门和单位，将 1980 年西安坐标系的空间直角坐标，经 3 个平移参数平移变换至克拉索夫斯基椭球中心，使椭球参数保持与 1954 年北京坐标系相同，但定向仍然与 1980 年西安坐标系相同，建立新 1954 年北京坐标系，新 1954 年坐标系与原 1954 年坐标系坐标接近，其精度和 1980 年西安坐标系一致。

5.2.1.3 地方独立坐标系

许多城市、矿区基于实用、方便和科学的目的，将地方独立测量控制网建立在当地的平均海拔高程面上，并以当地子午线作为中央子午线进行高斯投影求得平面坐标。仔细分析研究这些地方独立测量控制网，可以发现这些网都有自己的原点和定向，也就是说，这些控制网都是以地方独立坐标系为参考的，因而地方独立坐标系则隐含着一个与当地平均海拔高程对应的参考椭球，该椭球的中心、轴向和扁率与国家参考椭球相同，其长半径则有一改正量。

5.2.1.4 ITRF 坐标框架简介

国际地球参考框架（International Terreetrial Referecce Frame，ITRF）是一个地心参考框架，它是由空间大地测量观测站的坐标和运动速度来定义的，是国际地球自转服务（International Earth Rotation Service，IERS）的地面参考框架。

ITRF 框架实质上也是一种地固坐标系，其原点在地球体系（含大气圈）的质心，以 WGS-84 椭球为参考椭球。ITRF 框架为高精度的 GPS 定位测量提供较好的参考系，被广泛地用于地球动力学研究、高精度、大区域控制网的建立等方面，如我国青藏高原地球动力学研究、国家 A 级 GPS 网平差等。目前几乎所有的 IGS 精密星历都是在 ITRF 框架下提供的，所以在应用精密星历进行 GPS 数据处理时，应当注意所提供的精密星历的参考框架问题。

5.2.2 坐标系统之间的转换

坐标系统之间的转换，包括不同参心大地坐标系之间的转换、参心大地坐标系与地心大地坐标系之间的转换，以及大地坐标与高斯平面坐标之间的转换等。实际应用中，通常是将 GPS 测量的 WGS-84 坐标系的坐标，转换为实用的国家或地方坐标系统的坐标。

5.2.2.1 不同空间直角坐标系之间的转换

进行两个不同空间直角坐标系之间的坐标转换，需要求出坐标系之间的转换参数，转换参数一般是利用重合点的两套坐标值，通过一定的数学模型进行计算，当重合点数为 3 个以上时，可以采用布尔萨七参数法进行转换。

设 X_{Di} 为地面网点的参心坐标向量，X_{Gi} 为 GPS 网点的地心坐标向量，由布尔莎模型可知

$$X_{Di} = \Delta X + (1+k) R(\varepsilon_z) R(\varepsilon_y) R(\varepsilon_x) x_{Gi} \tag{5.4}$$

式中 $X_{Di}=(x_{Di}, y_{Di}, z_{Di})$、$X_{Gi}=(x_{Gi}, y_{Gi}, z_{Gi})$、$\Delta X=(\Delta x, \Delta y, \Delta z)$——平移参数矩阵；

k——尺度变化参数。

$$R(\varepsilon_x) = \begin{bmatrix} 1 & 0 & 0 \\ 0 & \cos\varepsilon_x & \sin\varepsilon_x \\ 0 & -\sin\varepsilon_x & \cos\varepsilon_x \end{bmatrix}$$

$$R(\varepsilon_y) = \begin{bmatrix} \cos\varepsilon_y & 0 & -\sin\varepsilon_y \\ 0 & 1 & 0 \\ \sin\varepsilon_y & 0 & \cos\varepsilon_y \end{bmatrix}$$

$$R(\varepsilon_z) = \begin{bmatrix} \cos\varepsilon_z & \sin\varepsilon_z & 0 \\ -\sin\varepsilon_z & \cos\varepsilon_z & 0 \\ 0 & 0 & 1 \end{bmatrix}$$

式中 $R(\varepsilon_x)$，$R(\varepsilon_y)$，$R(\varepsilon_z)$——旋转参数矩阵。

Δx、Δy、Δz、ε_x、ε_y、ε_z、k 称为坐标系间的转换参数。Δx、Δy、Δz 为平移转换参数；k 为尺度变化参数；ε_x、ε_y、ε_z 为旋转转换参数。为了简化计算，当 k、ε_x、ε_y、ε_z 为微小量时，忽略其间的互乘项，且 $\cos\varepsilon \approx 1$、$\sin\varepsilon \approx \varepsilon$，则上述模型为

$$\begin{bmatrix} x_{Di} \\ y_{Di} \\ z_{Di} \end{bmatrix} = \begin{bmatrix} \Delta x \\ \Delta y \\ \Delta z \end{bmatrix} + (1+k) \begin{bmatrix} x_{Gi} \\ y_{Gi} \\ z_{Gi} \end{bmatrix} \begin{bmatrix} 0 & \varepsilon_z & -\varepsilon_y \\ -\varepsilon_z & 0 & \varepsilon_x \\ \varepsilon_y & \varepsilon_x & 0 \end{bmatrix} \begin{bmatrix} x_{Gi} \\ y_{Gi} \\ z_{Gi} \end{bmatrix} \tag{5.5}$$

通过上述模型，利用重合点的两套坐标值，采取平差的方法可以求得转换参数。求得

转换参数后，再利用上述模型进行各点的坐标转换（包括重合点和非重合点的坐标转换）。对于重合点来说，转换后的坐标值与已知值有一差值，其差值的大小反映转换后坐标的精度，其精度与被转换的坐标精度有关，也与转换参数的精度有关。

各种 GPS 用户设备的软件，无论是测量控制手簿中预装的软件，还是后处理软件，均有坐标转换功能。

5.2.2.2 不同大地坐标系的换算

不同大地坐标系的换算，除了上述 7 个参数外，还应增加两个转换参数，即两种大地坐标系所对应的地球椭球元素变化参数（Δa，$\Delta \alpha$）。不同大地坐标系的换算公式又称为大地坐标微分公式或变换椭球微分公式。根据 3 个以上公共点的两套大地坐标值，列出若干大地坐标微分方程式，求出 9 个转换参数。这部分内容比较复杂，可参见有关大地测量书籍。

5.2.2.3 大地坐标（B，L，H）与地球空间直角坐标（x，y，z）的转换

大地坐标系的定义是：地球椭球的中心与地球质心重合，椭球短轴与地球自转轴重合。大地纬度 B 为过地面点的椭球法线与椭球赤道面的夹角，大地经度 L 为过地面点的椭球子午面与起始子午面（过格林尼治的子午面）之间的夹角，大地高 H 为地面点沿椭球法线至椭球面的距离。

地球空间直角坐标系的定义是：坐标系原点 O 与地球质心重合，z 轴指向地球北极，x 轴指向起始子午面（过格林尼治的子午面）与地球赤道的交点，y 轴垂直于 xOz 平面构成右手坐标系。

将大地坐标（B，L，H）转换为地球空间直角坐标（x，y，z）公式为

$$\begin{cases} x = (N+H)\cos B \cos L \\ y = (N+H)\cos B \sin L \\ z = [N(1-e^2)+H]\sin B \end{cases} \tag{5.6}$$

式中　N——椭球的卯酉圈曲率半径；

　　　e——椭球的第一偏心率。

若 a、b 为椭球的长半轴和短半轴，有以下关系式，即

$$\begin{cases} N = \dfrac{a}{W} \\ W = \sqrt{1-e^2\sin^2 B} \\ e^2 = \dfrac{a^2-b^2}{a^2} \end{cases}$$

将地球空间直角坐标（x，y，z）转换为大地坐标（B，L，H）公式为

$$\begin{cases} B = \arctan\left[\tan\phi\left(1+\dfrac{ae^2}{z}\cdot\dfrac{\sin B}{W}\right)\right] \\ L = \arctan\left(\dfrac{y}{x}\right) \\ H = \dfrac{R\cos\phi}{\cos B} - N \end{cases} \tag{5.7}$$

其中：

$$\begin{cases} \phi = \arctan\left(\dfrac{z}{\sqrt{x^2+y^2}}\right) \\ R = \sqrt{x^2+y^2+z^2} \end{cases}$$

5.2.3 坐标转换注意事项

（1）进行两种不同类型的坐标转换，坐标转换的正确与否，决定于坐标转换的模型。对于未知模型的现成软件，使用应谨慎，如果使用则必须对转换结果要加以检核。

（2）求解转换参数的精度，与公共点的数量有关。条件允许的情况，应使用多于3个具有两种坐标类型的公共点，采用最小二乘法原理，进行七参数的求解。

（3）公共点的位置分布应均匀，且能够覆盖整个区域。最好是有几个点分布在测区周边，有至少一个点位于测区中部。

（4）对于较大的测区，地面网可能存在一定的系统误差，且在不同区域并非完全一样，所以可以采用分区求解转换参数、分区进行坐标转换，这样可以提高坐标转换的精度。

5.3 卫星定位静态测量

5.3.1 外业观测

5.3.1.1 GPS 静态测量的方案设计

GPS 测量的方案设计，即依据有关 GPS 测量规范及 GPS 网的用途、用户要求等，对 GPS 测量的网形、精度及基准等进行设计。

1. GPS 测量技术设计的依据

GPS 测量技术设计的主要依据是 GPS 测量规范和测量任务书。

GPS 测量规范是国家测绘管理部门或行业部门制定的技术法规，如国家测绘局发布的测绘行业标准《全球定位系统（GPS）测量规范》（GB/T 18314—2009）以及国家各部委根据本部门 GPS 工作的实际情况制定的 GPS 测量规程或细则。

测量任务书是施测单位的主管部门或合同甲方下达的技术要求文件，这种技术文件是指令性的，一般会明确测量的范围、目的、精度和密度要求，提交成果资料的项目和时间，完成任务的经济指标等。

在 GPS 测量方案设计时，一般首先依据测量任务书提出的 GPS 网的精度、密度和经济指标，再结合规范规定并现场踏勘，确定各点间的连接方法，各点设站观测的次数、时段长短等布网观测方案。

2. GPS 网的精度、密度设计

（1）GPS 测量精度标准。对于各类 GPS 网的精度设计主要取决于网的用途，用于地壳形变及国家基本大地测量的 GPS 网可参照《全球定位系统（GPS）测量规范》（GB/T

18314—2009）中 A、B 级的精度分级，见表 5.1。用于城市、区域或工程的 GPS 控制网，可根据规模按 C、D、E 级的要求，见表 5.2。

表 5.1　　　　　　　　　　GPS 测量精度分级（一）

级　别	主　要　用　途	固定误差 a /mm	比例误差 b /（ppm·D）
A	地壳形变测量或国家高精度 GPS 网建立	≤5	≤0.1
B	国家基本控制测量	≤8	≤1

表 5.2　　　　　　　　　　GPS 测量精度分级（二）

等　级	平均距离/km	a/mm	b/（ppm·D）	最弱边相对中误差
C	10～15	≤10	≤2	1/12 万
D	5～10	≤10	≤5	1/8 万
E	0.2～5	≤10	≤10	1/4.5 万

各等级 GPS 相邻点间弦长精度表示为

$$\sigma = \sqrt{a^2 + (b \cdot D)^2} \tag{5.8}$$

式中　σ——GPS 基线向量的弦长中误差，亦即等效距离误差；

a——GPS 接收机标称精度中的固定误差，mm；

b——GPS 接收机标称精度中的比例误差系数，ppm；

D——GPS 网中相邻点间的距离。

（2）GPS 点的密度标准。各种不同的任务要求和服务对象，对 GPS 点的分布要求不同。对于 A、B 级，主要用于提供国家级基准、精密定轨、星历计划及高精度形变信息，布设点的平均距离可达数百公里。对于 C、D、E 级，主要是满足城市、区域的测图控制和其他工程测量的需要，平均边长一般为几公里，见表 5.2。

3. GPS 网的基准设计

GPS 测量获得的是 GPS 基线向量，它属于 WGS‐84 坐标系的三维坐标差，而实际需要的是国家坐标系或地方独立坐标系的坐标，所以在进行 GPS 网的技术设计时，必须明确 GPS 网所采用的基准，也就是 GPS 成果所采用的坐标系统和起算数据，这项工作称为 GPS 网的基准设计。

GPS 网的基准包括位置基准、方位基准和尺度基准。位置基准一般都是由给定的起算点坐标确定。方位基准一般以给定的起算方位角值确定，也可以由 GPS 基线向量的方位作为方位基准。尺度基准一般由地面的电磁波测距边确定，也可由两个以上的起算点间的距离确定，同时也可由 GPS 基线向量的距离确定。

在进行基准设计时，应充分考虑以下几个问题。

（1）为求定 GPS 点在地面坐标系的坐标，应在地面坐标系中选定起算数据和联测原有地方控制点若干个，用以坐标转换。在选择联测点时，既要考虑充分利用旧资料，又要使新建的高精度 GPS 网不受旧资料精度的影响。因此，一般大中城市或较大区域的 GPS

控制网应与附近的国家控制点联测 3 个以上，小城市、较小区域或工程控制可以联测 2～3 个点。

（2）为保证 GPS 网进行约束平差后，坐标精度的均匀性以及减少尺度比误差影响，除未知点连接图形观测外，对 GPS 网内重合的高等级国家或地方控制网点，也要适当地构成长边图形。

（3）GPS 网经平差计算后，可以得到 GPS 点在地面参照坐标系中的大地高，为求得 GPS 点的正常高，可视具体情况联测高程点，联测的高程点需均匀分布于网中。对丘陵或山区联测高程点，应按高程拟合曲面的要求进行布设，联测宜采用不低于四等水准或与其精度相当的方法进行。

（4）新建 GPS 网的坐标系，应尽量与测区过去采用的坐标系统一致。如果采用的是地方独立或工程坐标系，还应该了解所采用的参考椭球元素、坐标系的中央子午线经度、纵横坐标加常数、坐标系的投影面高程及测区平均高程异常值、起算点的坐标值等参数。

4. GPS 网构成的几个基本概念及网特征条件

在进行 GPS 网图形设计前，需明确有关 GPS 网构成的几个概念，掌握 GPS 网特征条件的计算方法。

（1）GPS 网图形构成的几个基本概念。

1）观测时段。测站上开始接收卫星信号到观测停止连续工作的时间段，简称时段。

2）同步观测。两台或两台以上接收机同时对同一组卫星进行的观测。

3）同步观测环。3 台或 3 台以上接收机同步观测获得的基线向量所构成的闭合环，简称同步环。

4）独立观测环。由独立观测所获得的基线向量构成的闭合环，简称独立环。

5）异步观测环。在构成多边形环路的所有基线向量中，只要有非同步观测基线向量，则该多边形环路叫异步观测环，简称异步环。

6）独立基线。对于 N 台 GPS 接收机构成的同步观测环，有 J 条同步观测基线，其中独立基线数为 $N-1$。

7）非独立基线。除独立基线外的其他基线叫非独立基线，总基线数与独立基线数之差即为非独立基线数。

（2）GPS 网特征条件的计算。观测时段数计算公式为

$$C = n \cdot \frac{m}{N} \tag{5.9}$$

式中　C——观测时段数；

　　　n——网点数；

　　　m——每点平均设站次数；

　　　N——接收机数。

在 GPS 网中，有以下计算式。

总基线数为

$$J_{总} = \frac{CN(N-1)}{2} \tag{5.10}$$

必要基线数为
$$J_{必}=n-1 \tag{5.11}$$
独立基线数为
$$J_{独}=C\cdot(N-1) \tag{5.12}$$
多余基线数为
$$J_{多}=C\cdot(N-1)-(n-1) \tag{5.13}$$

(3) GPS 网同步图形构成及独立边的选择。对于由 N 台 GPS 接收机构成的同步图形中，一个时段包含的 GPS 基线（GPS 边）数为
$$J=\frac{N(N-1)}{2} \tag{5.14}$$

其中仅有 $N-1$ 条边是独立的 GPS 边，其余为非独立 GPS 边。图 5.10 给出了当接收机数 $N=2\sim5$ 时所构成的同步图形。对应于图 5.10 的独立 GPS 边可以有不同的选择，如图 5.11 所示。

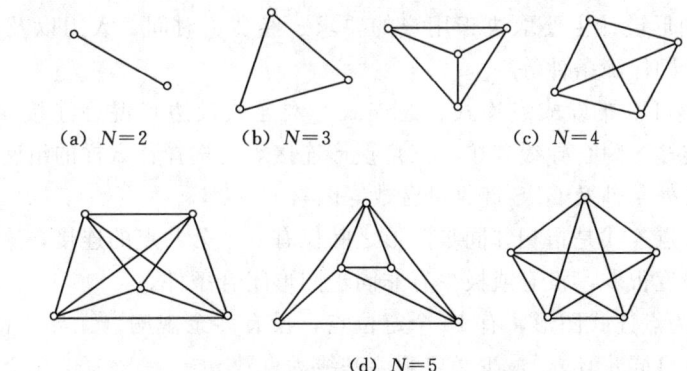

图 5.10 N 台接收机同步观测所构成的同步图形

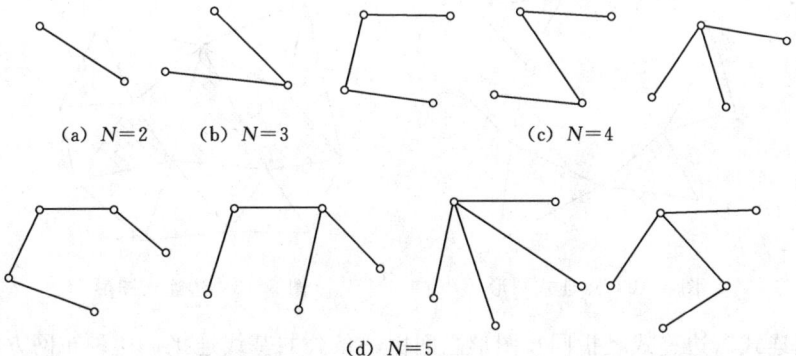

图 5.11 GPS 独立边的不同选择

理论上，同步闭合环中各 GPS 边的坐标差之和（即闭合差）应为 0，但由于有时各台 GPS 接收机并不是严格同步，同步闭合环的闭合差并不等于零，GPS 规范规定了同步闭合差的限差，对于同步较好的情况，应遵守此限差的要求，但由于某种原因，同步不是

很好的，可适当放宽此项限差。

值得注意的是，当同步闭合环的闭合差较小时，通常只能说明 GPS 基线向量的计算合格，并不能说明 GPS 边的观测精度高。此外，如果接收的信号受到干扰而产生粗差，也不能用同步闭合环的闭合差去确定有无或大小。

为了确保 GPS 观测质量的可靠性，有效地发现观测成果中的粗差，必须使 GPS 网中的独立边构成一定的几何图形，这种几何图形可以是由数条 GPS 独立边构成的非同步多边形（也称非同步闭合环），如三边形、四边形、五边形、……。当 GPS 网中有若干个起算点时，也可以是由两个起算点之间的数条 GPS 独立边构成的附合路线。

对于异步环的构成，一般应按所设计的网图选定。当接收机多于 3 台时，也可按软件功能自动挑选独立基线构成环路。

5. GPS 网的图形设计

常规测量中，对控制网的图形设计要求是，既要保证通视，又要考虑图形结构（几何强度）。而在 GPS 图形设计时，因 GPS 观测不要求通视，所以其图形设计具有较大的灵活性。GPS 网的图形设计主要取决于用户的要求、经费、时间、人力以及所投入接收机的类型、数量和后勤保障条件等。

GPS 网的图形可以布设成点连式、边连式、网连式及边点混合连接 4 种基本方式，也可布设成星形连接、附合导线连接、三角锁形连接等。选择什么样的组网，取决于工程所要求的精度、野外条件及 GPS 接收机台数等因素。

(1) 点连式。点连式是指相邻同步图形之间仅有一个公共点的连接，这种方式布点所构成的图形几何强度很弱，没有或极少有非同步图形闭合条件。

图 5.12 所示为点连式图形，有 13 个定位点，没有多余观测（无异步检核条件），最少观测时段为 6 个（同步环），最少必要观测基线为点数 $n-1=12$ 条，6 个同步图形中总共有 12 条独立基线。显然，这种点连式网的几何强度很差。

 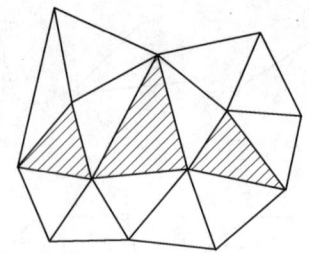

图 5.12　点连式图形　　　　　图 5.13　边连式图形

(2) 边连式。边连式是指同步图形之间由一条公共基线连接，这种布网方案，网的几何强度高，有较多的复测边和非同步图形闭合条件。在相同的仪器台数条件下，观测时段数将比点连式大大增加。

如图 5.13 所示，网中有 13 个定位点，12 个观测时段，9 条重复边，3 个异步环。最少观测同步图形为 11 个，总基线为 33 条，独立基线数 22 条，多余基线数 10 条。比较图 5.12 与图 5.13，显然边连式布网有较多的非同步图形闭合条件，几何强度和可靠性均大大高于点连式。

(3) 网连式。网连式是指相邻同步图形之间有两个以上的公共点相连接，这种方法需要 4 台以上的接收机。这种密集的布图方法，几何强度和可靠性指标是相当高的，但所花的费用和时间较多，一般用于较高精度的控制测量。

(4) 边点混合连接式。边点混合连接式是指把点连式与边连式有机地结合起来组成的 GPS 网，既能保证网的几何强度，提高网的可靠性指标，又能减少外业工作量，降低成本，是一种较常用的布网方法。

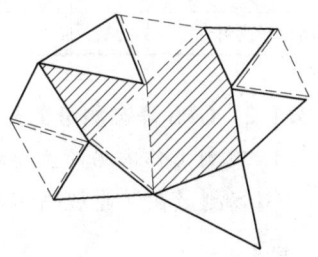

图 5.14 边点混合连接图形

图 5.14 是在点连式（图 5.12）基础上加测 4 个时段，把边连式与点连式结合起来，就可得到几何强度改善的布网设计方案。若使用 3 台接收机的观测，共有 10 个同步三角形，2 个异步环，6 条复测基线边，总基线数为 29 条，独立基线数为 20 条，多余基线数为 8 条，必要基线数为 12 条。显然，该图线呈封闭状，可靠性指标比点接式大为提高，而外业工作量比边连式有一定的减少。

(5) 导线网形连接（环形网）。将同步图形布设为直伸状，形如导线结构式的 GPS 网，如图 5.15 所示。各独立边组成封闭状，形成非同步图形，用以检核 GPS 点的可靠性，适用于一般精度的 GPS 布网。该布网方法也可与点连式结合起来布设。

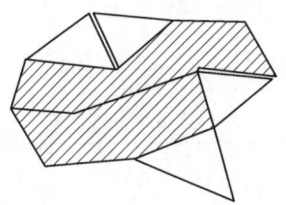 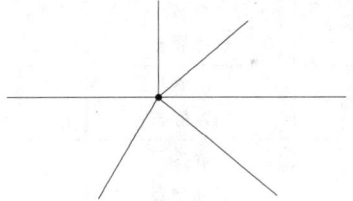

图 5.15 导线网形连接图形　　图 5.16 星形连接图形

(6) 星形布设。星形网的几何图形如图 5.16 所示。星形图的几何图形简单，其直接观测边之间不构成任何闭合图形，所以其检查与发现粗差的能力比点连式更差，但这种布网只需两台仪器就可以作业。若有 3 台仪器，一个可作为中心站，其他两台可流动作业，不受同步条件限制。测定的点位坐标为 WGS-84 坐标系，每点坐标还需使用坐标转换参数进行转换。由于方法简便，作业速度快，星形布网广泛应用于精度较低的测量，如勘探定点、地形碎部测量等。

(7) 三角锁（或多边形）连接。用点连式或边连式组成连续发展的三角锁同步图形，此连接形式适用于狭长地区的 GPS 布网，如道路、河道及管线工程的勘测。

在实际布网设计时还应注意以下几点。

(1) 尽管 GPS 网点与点间不要求通视，但考虑到 GPS 点可能会提供给常规测量使用，如作为全站仪或经纬仪的测站点或定向点，所以每点应有一个以上通视方向。

(2) 对于特定区域或特定工程，为了顾及原有测绘成果资料以及各种比例尺地形图的沿用，应尽量采用原有坐标系。对凡符合 GPS 网点要求的旧点，应充分利用其标石。

（3）GPS网必须由非同步独立观测边构成若干个闭合环或附合路线，各级GPS网中每个闭合环或附合路线中的边数应符合表5.3的规定。

表5.3　　　　　　　　　　　闭合环或附合线路边数的规定

等　　级	C	D	E
闭合环或附合路线的边数	≤6	≤8	≤10

5.3.1.2　GPS静态测量的外业实施

1. 观测工作依据的主要技术指标

GPS测量在外业观测作业中按表5.4的有关技术指标执行。

表5.4　　　　　　　　　　　各级GPS测量作业的基本技术要求

项　目	方　法	等　级		
		C	D	E
卫星高度角/(°)	静态 快速静态	≥15	≥15	≥15
有效观测卫星数	静态 快速静态	≥5 —	≥4 ≥5	≥4 ≥5
观测时段数	静态 快速静态	≥2	≥2	≥2
平均重复设站数	静态 快速静态	≥2	≥2	≥2
观测时段长度/min	静态 快速静态	≥90	≥60 ≥20	≥45 ≥15
数据采样间隔/s	静态 快速静态	10～30	10～30	10～30
PDOP	静态 快速静态	<6	<6	<8

2. 安置天线

一般情况下，是将接收机安装在三脚架上，在GPS点标志中心上方直接对中整平。

若需要将接收机安置在控制点觇标的观测台上，先将觇标顶部拆除，以防止对GPS信号的遮挡。可将标志中心反投影到观测台或回光台上，作为安置接收机的依据。如果觇标顶部无法拆除，将接收天线安置在标架内观测，会造成卫星信号中断，影响GPS测量精度。在这种情况下，可进行偏心观测。偏心点选在离控制点100m以内的地方，归心元素以解析法精密测定。

架设接收机天线不宜过低，一般应距地面1m以上。天线架好后，量取天线高，对于圆盘天线（接收机），在间隔120°的3个方向上分别量取天线高，对于方形天线（接收机），在几个边的方向上分别量取天线高，各次测量结果之差不应超过3mm，取各次结果的平均值记入测量手簿中，天线高的记录取值到0.001m。

对于较高等级（C、D级）的GPS测量，要求测定气象元素，每时段气象观测应不少于 3 次（时段开始、中间、结束）。气压值读至 0.1mbar（1mbar＝100Pa），气温读至 0.1℃，对 E 级及以下 GPS 测量，可只记录天气状况。

核对点名并记入测量手簿中。

3. 开机观测

观测作业的目的是捕获 GPS 卫星信号，并对其进行跟踪、处理和量测，以获得所需要的定位信息和观测数据。天线安置完成确认就绪后，开启接收机电源进行观测。

接收机锁定卫星并开始记录数据后，观测员可按照仪器随机提供的操作手册进行输入和查询操作，在未掌握有关操作系统之前，不要随意按键和输入，在正常接收过程中禁止更改任何设置参数。

4. 记录

在外业观测工作中，所有信息资料均须妥善记录，记录形式主要有以下两种。

（1）存储记录。存储记录由 GPS 接收机自动进行，其主要内容有：载波相位观测值及相应的观测历元，同一历元的测码伪距观测值，GPS 卫星星历及卫星钟差参数，实时绝对定位结果，测站控制信息及接收机工作状态信息。

（2）测量手簿。测量手簿是在接收机启动前及观测过程中，由观测者随时填写的。其记录格式参照现行的 GPS 测量规范，也可按照技术设计书的要求记录。

存储记录和测量手簿都是 GPS 定位测量的依据，必须认真、及时填写，杜绝事后补记或追记。

外业观测中仪器自动记录的数据文件应及时复制，妥善保管。存储介质的外面，适当处应贴制标签，注明文件名、网区名、点名、时段名、采集日期、测量手簿编号等。

接收机内存数据文件在转录到外存介质上时，不得进行任何剔除或删改，不得调用任何对数据实施重新加工组合的操作指令。

5.3.2 数据处理

5.3.2.1 数据处理软件及选择

GPS 网数据处理分基线解算和网平差两个阶段。各阶段数据处理软件可采用随机软件或经正式鉴定的专门软件，对于高精度的 GPS 网成果处理应选用国际著名 GPS 软件。

5.3.2.2 基线解算（数据预处理）

用两台及两台以上接收机同步观测，产生独立基线向量（坐标差），对独立基线向量的平差计算即基线解算，也称为观测数据预处理。

预处理的主要目的是对原始数据进行编辑、加工整理、分流并产生各种专用信息文件，为进一步的平差计算做准备。其基本内容如下。

（1）数据传输。将 GPS 接收机记录的观测数据传输到计算机或其他介质上。

（2）数据分流。从原始记录中，通过解码将各种数据分类整理，剔除无效观测值和冗余信息，形成各种数据文件，如星历文件、观测文件和测站信息文件等。

（3）统一数据文件格式。将不同类型接收机的数据记录格式、项目和采样间隔，统一为标准化的文件格式，以便统一处理。

（4）卫星轨道的标准化。采用多项式拟合法，平滑 GPS 卫星每小时发送的轨道参数，使观测时段的卫星轨道标准化。

（5）探测周跳、修复载波相位观测值。

（6）对观测值进行必要改正，如加入对流层改正和电离层改正。

基线向量的解算一般采用多站、多时段自动处理的方法进行，具体处理中应注意以下几个问题。

（1）基线解算一般采用双差相位观测模型，对于边长超过 30km 的基线，解算时也可采用三差相位观测模型。

（2）卫星广播星历坐标值，可作基线解的起算数据。对于规模较大的首级控制网，也可采用其他精密星历作为基线解算的起算值。

（3）基线解算中所需的起算点坐标，应按以下优先顺序采用：国家 GPS A、B 级网控制点或其他高等级 GPS 网控制点的已有 WGS-84 系坐标；国家或地区较高等级控制点转换到 WGS-84 系后的坐标值；不少于观测 30min 的单点定位结果的平差值提供的 WGS-84 系坐标。

（4）在采用多台接收机同步观测的一个同步时段中，可采用单基线模式解算，也可以只选择独立基线按多基线处理模式统一解算。

（5）同一级别的 GPS 网，根据基线长度不同，可采用不同的数据处理模型。但短基线如 1km 内的基线，须采用双差固定解。30km 以内的基线，可在双差固定解和双差浮点解中选择最优结果。30km 以上的基线，可采用三差解作为基线解算的最终结果。

（6）对于所有同步观测时间短于 30min 的快速定位基线，必须采用合格的双差固定解作为基线解算的最终结果。

5.3.2.3 观测成果的检核

对野外观测资料首先要进行核查，包括成果是否符合计划和规范的要求、进行的观测数据质量分析是否符合实际等，然后进行下列项目的检核。

1. 每个时段同步边观测数据的检核

（1）剔除的观测值个数与应获取的观测值个数的比值称为数据剔除率，同一时段观测值的数据剔除率应小于 10%。

（2）采用单基线处理模式时，对于采用同一种数学模型的基线解，其同步时段中任意三边同步环的坐标分量相对闭合差和全长相对闭合差不得超过表 5.5 所列限差。

表 5.5　　　　　　同步坐标分量及环线全长相对闭合差限差　　　　　　ppm·D

限差类型 \ 等级	C 级	D 级	E 级
坐标分量相对闭合差	3.0	6.0	9.0
环线全长相对闭合差	5.0	10.0	15.0

2. 重复观测边的检核

同一条基线边若观测了多个时段，则可得到多个边长结果，这种具有多个独立观测结果的边就是重复观测边。对于重复观测边的任意两个时段的成果互差，均应小于相应等级规定精度（按平均边长计算）的 $2\sqrt{2}$ 倍。

3. 同步观测环检核

当环中各边为多台接收机同步观测时，由于各边是不独立的，所以其闭合差应恒为零。例如，三边同步环中只有两条同步边可以视为独立的成果，第三边成果应为其余两边的代数和。但是由于模型误差和处理软件的内在缺陷，使得这种同步环的闭合差实际上仍可能不为零，这种闭合差一般数值很小，不至于对定位结果产生明显影响，所以也可把它作为成果质量的一种检核标准。

三边同步环中第三边处理结果与前两边的代数和之差值应小于下列数值，即

$$\omega_x \leqslant \frac{\sqrt{3}}{5}\sigma, \omega_y \leqslant \frac{\sqrt{3}}{5}\sigma, \omega_z \leqslant \frac{\sqrt{3}}{5}\sigma$$

$$\omega = \sqrt{\omega_x^2 + \omega_y^2 + \omega_z^2} \leqslant \frac{3}{5}\sigma \tag{5.15}$$

式中　σ——相应级别的规定中误差（按平均边长计算）。

对于四站以上的多边同步环，可以产生大量同步闭合环，在处理完各边观测值后，应检查一切可能的环闭合差。

所有闭合环的分量闭合差不应大于 $\frac{\sqrt{n}}{5}\sigma$，而环闭合差有

$$\omega = \sqrt{\omega_x^2 + \omega_y^2 + \omega_z^2} \leqslant \frac{\sqrt{3n}}{5}\sigma \tag{5.16}$$

4. 异步观测环检核

无论采用单基线模式还是多基线模式解算基线，都应在整个 GPS 网中选取一组完全的独立基线构成独立环，各独立环的坐标分量闭合差和全长闭合差应符合式（5.17），即

$$\begin{cases} \omega_x \leqslant 2\sqrt{n}\sigma \\ \omega_y \leqslant 2\sqrt{n}\sigma \\ \omega_z \leqslant 2\sqrt{n}\sigma \\ \omega_s \leqslant 2\sqrt{3n}\sigma \end{cases} \tag{5.17}$$

当发现边闭合数据或环闭合数据超出上列规定时，应分析原因并对其中部分或全部成果重测。需要重测的边，应尽量安排在一起进行同步观测。

对经过检核超限的基线在充分分析基础上，进行野外返工观测，基线返工应注意以下几个问题。

（1）无论何种原因造成一个控制点不能与两条合格独立基线相连接，则在该点上应补测或重测不少于一条独立基线。

（2）可以舍弃在复测基线边长较差、同步环闭合差、独立环闭合差检验中超限的基线，但必须保证舍弃基线后的独立环所含基线数不得超过表 5.3 的规定；否则应重测该基线或者有关的同步图形。

（3）由于点位不符合 GPS 测量要求，造成一个测站多次重测仍不能满足各项限差技

术规定时,可按技术设计要求另增选新点进行重测。

5.3.2.4 GPS网平差处理

1. 无约束平差

在各项质量检核符合要求后,以所有独立基线组成闭合图形,以三维基线向量及其相应方差协方差阵作为观测信息,以一个点的 WGS-84 系三维坐标作为起算依据,进行 GPS 网的无约束平差。基线向量的改正数绝对值应满足

$$\begin{cases} V_{\Delta x} \leqslant 3\sigma \\ V_{\Delta y} \leqslant 3\sigma \\ V_{\Delta z} \leqslant 3\sigma \end{cases} \quad (5.18)$$

式中 σ——该等级基线的精度。

若不能满足要求,认为该基线或其附近存在粗差基线,应采用软件提供的方法或人工方法剔除粗差基线,直至符合式(5.18)要求。

无约束平差结果有:各控制点在 WGS-84 坐标系下的三维坐标,各基线向量3个坐标差观测值的总改正数,基线边长以及点位和边长的精度信息。

2. 约束平差

在无约束平差确定的有效观测量基础上,在国家坐标系或地方独立坐标系下,进行三维约束平差或二维约束平差。约束点的已知点坐标、已知距离或已知方位,可以作为强制约束的固定值,也可作为加权观测值。

约束平差中,基线向量的改正数,与剔除粗差后的无约束平差结果的改正数,两者的较差($dv_{\Delta x}$, $dv_{\Delta y}$, $dv_{\Delta z}$)应符合

$$\begin{cases} dv_{\Delta x} \leqslant 2\sigma \\ dv_{\Delta y} \leqslant 2\sigma \\ dv_{\Delta z} \leqslant 2\sigma \end{cases} \quad (5.19)$$

式中 σ——相应等级基线的规定精度。

若不能满足式(5.19)的要求,认为作为约束的已知坐标、已知距离、已知方位与 GPS 网不兼容,采用软件提供的或人为的方法,剔除某些误差大的约束值,重新平差计算,直至符合要求。

约束平差的结果有:在国家坐标系或地方独立坐标系中的三维或二维坐标,基线向量改正数,基线边长、方位、坐标、边长、方位的精度信息,转换参数及其精度信息。

5.3.3 静态测量误差分析及注意事项

5.3.3.1 误差分析

GPS 测量是通过地面接收设备,接收卫星传送的信息,确定地面点的三维坐标,测量结果的误差主要来源于 GPS 卫星、卫星信号的传播过程和地面接收设备。在高精度的 GPS 测量中,还应注意到与地球整体运动有关的地球潮汐、负荷潮及相对论效应等的影响。

上述误差,按误差性质可分为系统误差与偶然误差两类。偶然误差主要包括信号的多

路径效应和接收机的安置误差，系统误差包括卫星的星历误差、卫星钟差、接收机钟差以及大气折射的误差等。其中系统误差无论是误差的大小还是对定位结果的危害性，都比偶然误差要大得多，所以系统误差是 GPS 测量的主要误差源，然而系统误差有一定的规律可循，可采取一定的措施加以消除。

下面分别讨论 GPS 测量中信号传播、卫星本身及信号接收等误差，对测量定位的影响及其处理方法。

1. 与信号传播有关的误差

与信号传播有关的误差有电离层折射误差、对流层折射误差及多路径效应误差。

(1) 电离层折射误差。电离层指地球上空距地面高度在 50~1000km 之间的大气层。电离层中的气体分子由于受到太阳等天体各种射线辐射，产生电离形成大量的自由电子和正离子。当 GPS 信号通过电离层时，如同其他电磁波一样，信号的路径会发生弯曲，传播速度也会发生变化，所以用信号的传播时间乘上理论的传播速度而得到的距离，就会不等于卫星至接收机间的几何距离，这种偏差叫电离层折射误差。电离层改正的大小主要取决于电子总量和信号频率。载波相位测量时的电离层折射改正和伪距测量时的改正数大小相同、符号相反。对于 GPS 信号来讲，这种距离改正在天顶方向最大可达 50m，在接近地平方向时（高度角为 20°）则可达 150m，因此必须加以改正；否则会严重影响观测值的精确度。

(2) 对流层折射误差。对流层是高度为 50km 以下的大气底层，其大气密度比电离层更大，大气状态也更复杂。对流层与地面接触并从地面得到辐射热能，其温度随高度的上升而降低，GPS 信号通过对流层时，使传播的路径发生弯曲，从而使测量距离产生偏差，这种现象叫做对流层折射。

(3) 多路径误差。在 GPS 测量中，如果测站周围的反射物所反射的卫星信号（反射波）进入接收机天线，就将和直接来自卫星的信号（直接波）产生干涉，从而使观测值偏离真值，产生"多路径误差"。这种由于多路径的信号传播所引起的干涉时延效应，称为多路径效应。

2. 与卫星有关的误差

与卫星本身有关的误差有卫星星历误差、卫星钟误差及相对论效应。

(1) 卫星星历误差。由星历所给出的卫星在空间的位置与实际位置之差称为卫星星历误差。由于卫星在运行中要受到多种摄动力的复杂影响，而通过地面监测站又难以充分可靠地测定这些作用力并掌握它们的作用规律，因此在星历预报时会产生较大的误差。在一个观测时间段内星历误差属系统误差特性，是一种起算数据误差，它会严重影响单点定位的精度，也是精密相对定位中的重要误差源。

(2) 卫星钟误差。卫星钟误差包括由钟差、频偏、频漂等产生的误差，也包含钟的随机误差。在 GPS 测量中，无论是码相位观测或载波相位观测，均要求卫星钟和接收机钟保持严格同步。尽管 GPS 卫星设有高精度的原子钟（铷钟和铯钟），但与理想的 GPS 时之间仍存在着偏差或漂移，这些偏差的总量即便在 1ms 以内，由此引起的等效距离误差也可能达 300km。

(3) 相对论效应。相对论效应是由于卫星钟和接收机钟所处的状态（运动速度和重力位）不同，而引起卫星钟和接收机钟之间产生相对钟误差的现象。

3. 与接收机有关的误差

与接收机有关的误差主要有接收机钟误差、接收机位置误差、天线相位中心位置误差及几何图形强度误差等。

(1) 接收机钟误差。GPS 接收机一般采用高精度的石英钟，其稳定度约为 10^{-9}。若接收机钟与卫星钟间的同步差为 $1\mu s$，则由此引起的等效距离误差约为 300m。

(2) 接收机的位置误差。接收机天线相位中心相对测站标石中心位置的误差，称为接收机位置误差，包括天线的置平和对中误差、量取天线高误差。例如，当天线高度为 1.6m、置平误差为 0.1°时，会产生对中误差 3mm。因此，安置接收机必须仔细操作，以尽量减少这种误差的影响。对于精度要求较高时，有条件的宜采用有强制对中装置的观测墩。

(3) 天线相位中心位置的偏差。在 GPS 测量中，观测值都是以接收机天线的相位中心位置为准的，而安置接收机是根据其几何中心的，所以天线的相位中心与几何中心在理论上应保持一致，可是实际上天线的相位中心随着信号输入的强度和方向不同而有所变化，即观测时相位中心的瞬时位置（称为相位中心）与理论上的相位中心将有所不同，这种差别叫天线相位中心的位置偏差，这种偏差的影响可达数毫米甚至厘米。如何减少相位中心的偏移是天线设计中的一个重要问题。

在实际工作中，如果使用同一类型的天线，在相距不远的两个或多个观测站上同步观测同一组卫星，便可以通过观测值的求差来削弱相位中心偏移的影响，不过这时各观测站的天线应按天线附有的方位标进行定向，可使用罗盘使之指向磁北极，定向偏差保持在 3°以内。

GPS 测量的误差来源是很复杂的，随着对定位精度要求的不断提高，研究误差的来源及其影响规律具有重要的意义。

5.3.3.2 注意事项

1. 选点注意事项

GPS 测量观测站之间不一定要求相互通视，而且网的图形结构也比较灵活，所以选点工作比常规控制测量的选点要简便。但由于点位的选择对于保证观测工作的顺利进行和保证测量结果的可靠性有着重要的意义，所以在选点工作开始前，除收集和了解有关测区的地理情况和原有测量控制点分布及标架、标型、标石完好状况外，选点工作还应遵守以下原则。

(1) 点位应设在易于安装接收设备、视野开阔的较高点上。

(2) 点位视场周围 15°以上不应有障碍物，以减小 GPS 信号被遮挡或障碍物吸收。

(3) 点位应远离大功率无线电发射源（如电视台、微波站等），其距离不小于 200m，远离高压输电线，其距离不小于 50m，以避免电磁场对 GPS 信号的干扰。

(4) 点位附近不应有大面积水域或有强烈干扰卫星信号接收的物体，以减弱多路径效应的影响。

(5) 点位应选在交通方便，利于其他观测手段扩展与联测的地方。

(6) 地面基础稳定，易于点的保存。

(7) 选点人员应按技术设计进行踏勘，在实地按要求选定点位。

(8) 网形应有利于同步观测边、点连接。

(9) 当所选点位需要进行水准联测时，选点人员应实地踏勘水准路线，提出有关建议。

(10) 当利用旧点时，应对旧点的稳定性、完好性以及觇标是否安全可用进行检查，符合要求方可利用。

2. 观测注意事项

在观测工作中，仪器操作人员应注意以下事项。

(1) 确认外接电源电缆及天线等各项连接完全无误后，方可接通电源启动接收机。

(2) 开机后接收机有关指示显示正常，并通过自检后方能输入有关测站和时段控制信息。

(3) 接收机在开始记录数据后，应注意查看有关观测卫星数量、卫星号、相位测量残差、实时定位结果及其变化、存储介质记录等情况。

(4) 一个时段观测过程中，不允许进行关闭又重新启动、进行自测试（发现故障除外）、改变卫星高度角、改变天线位置、改变数据采样间隔、按动关闭文件和删除文件等功能键。

(5) 每一观测时段中，气象元素一般应在始、中、末各观测记录一次，若时段较长可适当增加观测次数。

(6) 在观测过程中要特别注意供电情况，作业中观测人员不要远离接收机，听到仪器的低电压报警要及时予以处理否则可能会造成仪器内部数据的破坏或丢失。

(7) 仪器高要按规定始、末各量测一次，并及时输入仪器及记入测量手簿中。

(8) 在观测过程中不要靠近接收机使用通信设备，雷雨季节架设天线要防止雷击，雷雨过境时应关机停测，并卸下天线。

(9) 观测站的全部预定作业项目，经检查均已按规定完成，且记录与资料完整无误后方可迁站。

(10) 观测过程中要随时查看仪器内存或硬盘容量，每日观测结束后，应及时将数据转存至计算机硬盘或移动盘上，确保观测数据不丢失。

5.4 卫星定位差分测量

5.4.1 差分测量综述

差分（differential）技术，简单的理解就是，在不同观测量之间进行求差，其目的在于消除公共项，包括公共误差和公共参数，在以前的无线电定位系统中已被广泛应用。卫星定位差分测量是将一台接收机安置在一个固定不动的点（称为"基准站"）上进行观测，根据基准站已知精密坐标，计算出基准站到卫星的距离改正数，并由基准站通过发送电台（称为"数据链"），实时将这一数据发送出去。用户接收机在进行观测的同时，也接收基准站发出的改正数，以此对定位结果进行改正，从而提高定位精度。

差分 GPS（称为 DGPS）定位，根据差分基准站发送的信息方式可分为 3 类，即位置差分、伪距差分和载波相位差分。

1. 位置差分

安装在基准站上的 GPS 接收机，观测 4 颗卫星后便可进行三维定位，解算出基准站的坐标。由于存在着轨道误差、时钟误差、大气影响、多径效应以及其他误差，解算出的坐标与基准站的已知坐标不一致，即

$$\begin{cases} \Delta X = X - X' \\ \Delta Y = Y - Y' \\ \Delta Z = Z - Z' \end{cases} \tag{5.20}$$

式中 ΔX，ΔY，ΔZ——坐标改正量。

基准站利用数据链将坐标改正数发送给用户站，用户站用该坐标改正数对其观测坐标进行改正，即

$$\begin{cases} X_k = X'_k + \Delta X \\ Y_k = Y'_k + \Delta Y \\ Z_k = Z'_k + \Delta Z \end{cases} \tag{5.21}$$

坐标差分的优点是传输的差分改正数较少，计算方法简单，任何一种 GPS 接收机均可改装和组成这种差分系统。其缺点为，要求基准站与用户站必须同步观测同一组卫星，如果接收机基准站与用户站接收机配备及观测环境不完全相同，就难以保证同步观测同一组卫星，这样必将导致定位误差的不匹配，从而影响定位精度。

2. 伪距差分

伪距差分，即码（C/A 码、P 码）相位差分技术。在基准站上的接收机，观测求得它至可见卫星的距离，将此计算出的距离与含有误差的测量值加以比较。利用滤波器将此差值滤波并求出其偏差，然后将所有卫星的测距误差传输给用户，用户利用此测距误差来改正测量的伪距。最后，用户利用改正后的伪距来解出本身的位置，就可消去公共误差，提高定位精度。

与位置差分相似，伪距差分能将两站公共误差抵消，但随着用户到基准站距离的增加又出现了系统误差，这种误差用任何差分法都是不能消除的。用户和基准站之间的距离对精度有决定性影响。

3. 载波相位差分

利用卫星信号使用的 L 波段的两个无线载波（L_1 和 L_2，L_1 波长为 19cm，L_2 波长为 24cm），由基准站通过数据链，将其载波观测量及站坐标信息一同传送给用户站。用户站将接收卫星的载波相位与来自基准站的载波相位，组成相位差分观测值进行及时处理，获得高精度的定位结果。

5.4.2 RTK 测量

5.4.2.1 RTK 定位技术简介

定位技术即实时动态测量技术（Real Time Kinematic，简称 RTK），是以载波相位观

测量为根据的实时差分（Real Time Differential，RTD）测量技术，它是卫星测量技术发展中的一个重大突破。

前面介绍的 GPS 测量工作，其定位结果需通过观测数据的测后处理而获得。观测数据在测后处理，无法实时地给出观测站的定位结果，也不能对观测数据的质量进行实时检核，因而如果在数据后处理后发现不合格的测量成果，需要进行返工重测。以往解决这一问题的措施主要是延长观测时间，以获得大量的多余观测量，来保障测量结果的可靠性，显然，这样会降低定位测量工作的效率。RTK 测量采用载波相位动态实时差分方法，实现在野外实时得到定位结果，并现场查看其定位精度。

如图 5.17 所示，在基准站上安置一台 GPS 接收机，对所有可见 GPS 卫星进行连续观测，并将其观测数据通过无线电传输设备（数据链）实时地发送给用户观测站（称为"移动站"）。在移动站上，GPS 接收机在接收 GPS 卫星信号的同时，通过无线电接收设备，接收基准站传输的观测数据，在整周末知数解固定后，软件实时地进行计算处理，通过手持操作设备实时地显示用户站的三维坐标及其精度。手持操作设备也称测量手簿，如图 5.18 所示。

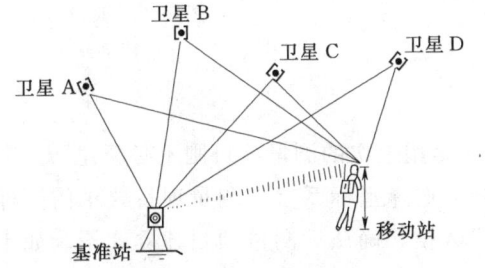
图 5.17 RTK 测量原理

图 5.18 几种品牌的 RTK 测量手簿

5.4.2.2 RTK 测量作业步骤

RTK 测量系统由基准站和移动站两部分组成，测量时，其操作步骤是先启动基准站，后进行移动站操作。

1. 基准站操作

将基准站的接收机组装在对中基座上，然后安装在三脚架上进行对中整平。基准站的发射电台有两种情况：一种是内置方式，即接收机主机、接收机天线、发射电台及发射天线、电池组合在一起，如图 5.19 (a) 所示；另一种是分离方式，即接收机主机、接收机天线、发射电台及发射天线、电池（或电瓶）是分离的，需通过电缆连接，如图 5.19 (b) 所示。基站架设好后，打开主机电源，设置为基准站模式。查看卫星信号闪烁灯及电台发射闪烁灯，若均正常表明基准站架设完成。

2. 移动站连接

移动站由接收机、对中杆和控制手簿组成，如图 5.20 所示。将接收机安装在对中杆上，利用固定支架将手簿也固定在对中杆的适当位置，以方便操作。接收机与手簿一般是通过蓝牙连接（也可以通过电缆连接）。打开移动站接收机电源，设置接收机为移动站，并设置电台模式。打开手簿电源，点开手簿蓝牙，搜索移动站串号与移动站配对（记清楚配对的 COM 口是多少），然后打开手簿中的测量软件，配置里面的 COM 口设置，和蓝牙里面的必须一样，点连接并确定连接到移动站接收机，在手簿上看是否接收到卫星信号及电台信号，若均能正常接收，待手簿显示移动站达到固定解，则移动站连接完毕。

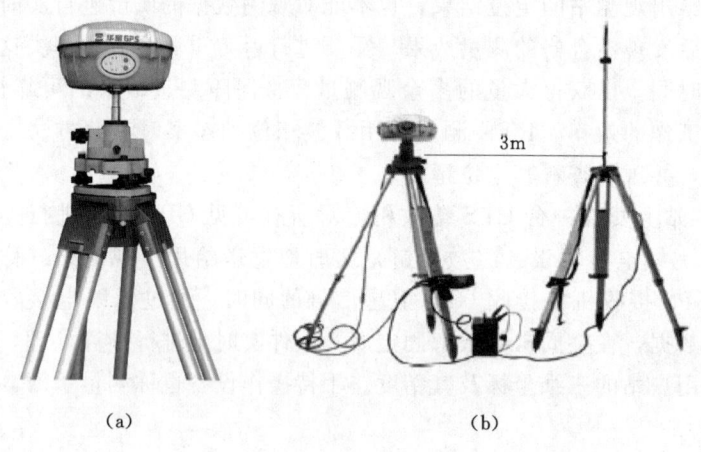

图 5.19 RTK 测量基准站

图 5.20 RTK 测量移动站

3. 测量项目设置

在手簿上，根据软件提示新建测量项目（若还是用上次的测量项目则不必新建，只需打开以前的项目即可，看屏幕上显示的项目名称），选择坐标系（与测量项目要求的坐标系一致），填入正确的当地工作地点的中央子午线数据，确认后测量项目建立完毕。如果新建的测量项目，坐标系及工作区域与手簿中存有的项目相同，则直接套用原有项目即可。

4. 求转换参数

如果已经获得工作区域的参数，可根据软件向导的提示，在设置菜单下的测量参数中输入即可。

如果没有转换参数，就需要用控制点求转换参数，转换参数有四参数和七参数之分，二者只能用其一。四参数计算至少需要两个控制点，七参数计算至少需要 3 个控制点，控制点等级和分布直接决定参数的控制范围。

各种 GPS 品牌手簿中的程序，一般都会提供两种计算转换参数的方式：一种是用"控制点坐标库"中的数据计算；另一种是现场输入和采点数据进行计算。

(1) 用"控制点坐标库"中数据计算转换参数。假设利用 A、B 两个已知点求四参数。首先要有 A、B 两点的 WGS-84 坐标系原始记录坐标和实用坐标系（测量项目）坐标。操作时，先在控制点坐标库中输入 A 点的已知坐标，之后软件会提示输入 A 点的 WGS-84 坐标，然后再输入 B 点的已知坐标和 B 点的 WGS-84 坐标，所有的控制点都输入以后，查看水平精度和高程精度。查看确定无误后单击"保存"按钮，出现路径界面，选择参数文件的保存路径并输入文件名，控制点坐标库会自动计算出四参数，完成之后单击"确定"按钮。之后可以在"设置\测量参数\四参数"查看四参数。

七参数求解与四参数求解的方法相似,但至少需要 3 个控制点。

(2) 用现场输入和采点数据计算转换参数。在软件的向导提示下,将控制点的已知坐标通过键盘输入手簿,利用移动站直接对控制点测量 WGS-84 坐标,测量时可以没有任何校正参数起作用,但必须是在固定解状态。注意:控制点的已知坐标和刚刚采集的 WGS-84 坐标一定要一一对应,在达到精度要求的情况下,可进行"计算\保存\应用"。

转换参数求取后,至少找一个具有已知坐标的控制点进行检验,确认没有问题即可开始任意点的测量工作。以后如果是在同一区域工作,打开相应的参数文件,做一个点校正即可。点校正即根据软件的校正向导提示,把移动站对中杆立在已知坐标点的控制点上,把控制点的坐标和移动站的杆高输入,单击"矫正"按钮并确定。

如果新建的测量项目,坐标系及工作区域与手簿中存有的项目相同,则无需求转换参数,直接套用原有项目,利用一个已知坐标的控制点做一个点校正即可。

5. 测量点坐标采集

转换参数求好之后,便可以开始正常作业了。移动站对中杆立在待测量点上,在手簿屏幕显示固定解的状态下测量,输入测点名并保存。在作业过程中,可以随时查看测量点的数据。

5.4.3 CORS RTK 测量

5.4.3.1 CORS 概念

连续运行参考站网络(Continously Operating Reference Stations,简称 CORS)定义为一个或若干个固定的、连续运行的 GPS 参考站,利用计算机、数据通信和互联网(LAN/WAN)技术组成的网络,实时地向不同类型、不同需求、不同层次的用户,自动提供经过检验的不同类型的 GPS 观测值(伪距、载波相位)、各种改正数参数、状态信息以及其他 GPS 服务项目。

CORS 系统的理论源于 20 世纪 80 年代中期,加拿大学者提出的主动控制系统(Active Control System)。该理论认为,GPS 主要误差源来自于卫星星历,D. E. Wells 等人提出利用一批永久性参考站点,为用户提供高精度的预报星历以提高测量精度。之后由于基准站点(fiducial points)概念的提出,使这一理论的实用化推进了许多。它的主要理论基础是认为在同一批测量的 GPS 点中选出一些点位可靠、对整个测区具有控制意义的测站,并进行较长时间的连续跟踪观测,通过这些站点组成的网络解算,获取覆盖该地区和该时间段的"局域精密星历"及其他改正参数,以用于测区内其他基线观测值的精密解算。

5.4.3.2 CORS 技术简述

目前应用较广泛的 CORS 技术有 Trimble 的 VRS 技术和 Leica 的主辅站技术。两种技术基本思想都是将所有的固定参考站数据发送到数据处理中心,联合解算后,以 RTCM 等通信标准格式播发到移动站,但两者还有不同的地方。

1. Trimble 的 VRS 技术

虚拟参考站(Virtual Reference Station,简称 VRS)与常规 RTK 不同,VRS 网络

中，各固定参考站不直接向移动用户发送任何改正信息，而是将所有的原始数据通过数据通信线发给控制中心。同时，移动用户在工作前，先通过GSM的短信息功能向控制中心发送一个概略坐标，控制中心收到这个位置信息后，根据用户位置，由计算机自动选择最佳的一组固定基准站，根据这些站发来的信息，整体改正GPS的轨道误差，电离层、对流层和大气折射引起的误差，将高精度的差分信号发给移动站。这个差分信号的效果相当于在移动站旁边，生成一个虚拟的参考基站。由上述可见，在VRS网络中，需要移动站先将接收机的位置信息发送到数据处理中心，数据处理中心会根据移动站的位置"虚拟"出一个参考站，然后，将虚拟出的参考站改正数据播发给移动站，所以在这条通信线路上是双向通信的。

2. Leica的主辅站技术

Leica的主辅站技术认为，数据处理中心播发给移动站的数据由两个部分组成，一部分是主参考站的位置信息及改正信息，另一部分是辅参考站相对于主参考站的改正信息。一个参考站网中只有一个主站，剩下的都是辅站。Leica的主辅站技术不需要用户播发位置信息，所以在这条通信线路上是单向通信的（最新的Leica技术也需要移动站发数据给基准站）。

目前，各地建成的CORS系统，有单基站CORS系统、多基站CORS系统和网络CORS系统之分。单基站系统类似于1+1或1+N的RTK，只不过其基准站是一个连续运行的基准站。多基站系统是由分布在一定区域内的多个单基站组成，各基准站均将数据发送到同一个服务器内。网络CORS系统是将所有分布在一定区域内多台基准站的原始数据传回控制中心，利用系统软件对接收到的坐标和原始数据进行系统综合误差的建模。

5.4.3.3 CORS RTK 特点

CORS差分测量技术，使得卫星定位测量变得更加快速、高效。CORS系统摆脱了无线电技术的束缚，采用因特网、GPRS或CDMA作为差分信号传输的载体，借用成熟的网络和移动通信技术，使差分信号的传输不受距离的限制，充分发挥RTK技术的效能，具有以下特点。

(1) CORS系统，测量外业无需架设基站，只需携带移动站设备，使得外业工作更加轻松便捷。

(2) CORS系统，可大大减小系统误差，并有效地避免基准站粗差的产生。成熟的移动通信技术保证差分信号质量，保障移动站的初始化速度。

(3) CORS系统，一次求取转换参数，外出测量只需套用即可直接进行测量作业。

(4) CORS系统，有效地增加RTK作业范围，对于单基站CORS系统，基站服务半径约50km，而对于多基站CORS系统及网络CORS系统，其作业范围则更大，如一些省级网络CORS系统，可以在全省范围内任何地方进行测量作业。

(5) CORS系统，服务器可实时监控移动站状态，并可保存移动站实时返回的信息，保证RTK数据的完整性。

5.4.3.4 CORS RTK 测量操作

下面简要介绍CORS RTK测量的一般操作步骤。

1. 连接接收机和手簿

将接收机安装在对中杆上,打开接收机和手簿电源,默认情况下手簿和接收机会自动进行蓝牙连接,如果弹出提示窗口"端口打开失败",则重新连接,单击设置菜单下的连接仪器,软件会自动搜索,搜索连接成功后,手簿屏幕上会有"R"标志。

2. 新建测量项目

测量软件默认打开上一次的测量项目,如果是新建项目,根据测量软件提示向导,输入项目名称并确认。

3. 配置网络参数

手簿与 GPS 主机连通之后,手簿读取主机的模块类型,单击"设置"下拉菜单下面的"网络连接"命令。

连接方式根据手机卡类型选择 GPRS 或 CDMA,然后输入 IP 地址、域名、端口、用户名和密码(用户名和密码事先联系使用的 CORS 系统中心进行申请)。设置完成后单击"设置"按钮,提示设置成功后退出。该设置只需要输入一次,以后无需重复设置。

4. 套用坐标系统

CORS RTK 测量一般是套用手簿中预存的坐标系统,如 1954 年北京坐标系或 1980 西安坐标系或地方坐标系。如果测量项目与预存的坐标系统均不同,转换参数的求取与前面普通 RTK 测量中介绍的方法相同。

5. 测量及成果输出

对中杆立在待测量点上,在手簿屏幕显示固定解的状态下测量,输入测点名并保存。在作业过程中,可以随时查看测量点的数据。

测量完成后,测量成果可以以不同的格式输出,例如:

点名,属性,X,Y,H

或   点名,属性,Y,X,H

一般的操作方法为:选择"项目名称"→"文件输出"菜单命令,在"数据格式"中选择需要输出的格式,再确定文件输出的路径,即单击"源文件",选择需要转换的原始数据文件,单击"确定"按钮,然后单击"目标文件",输入目标文件名(注意转换后保存文件的名称不要和已有文件重名),单击"确定"按钮。

5.4.4 差分测量误差分析及注意事项

5.4.4.1 差分测量误差分析

卫星定位差分测量误差可分类为:卫星轨道误差及卫星信号传播误差;同仪器和信号干扰有关的误差;数据链误差和转换参数求解误差。

1. 卫星轨道误差及卫星信号传播误差

对于轨道误差,其相对误差很小,就短基线(<10km)而言,对测量结果的影响可忽略不计,但是对长距离基线,则可达到几厘米。

卫星信号传播误差主要指电离层误差和对流层误差。电离层引起电磁波传播延迟从而产生误差,其延迟强度与电离层的电子密度密切相关,电离层的电子密度随太阳黑子活动状况、地理位置、季节变化、昼夜不同而变化。利用双频接收机将 L_1 和 L_2 的观测值进行线性组合，利用两个以上观测站同步观测量求差（短基线），利用电离层模型加以改正，均可有效地消除电离层的影响。实际上，差分测量技术一般都考虑了上述因素和办法。对流层误差，即 GPS 信号通过对流层时使传播的路径发生弯曲，从而使距离测量产生偏差，这种现象叫做对流层折射。对流层的折射与地面气候、大气压力、温度和湿度变化密切相关，这也使得对流层折射比电离层折射更复杂。对流层折射的影响与信号的高度角有关。

2. 同仪器和信号干扰有关的误差

接收机天线的机械中心（或者称几何中心）和电子相位中心一般不重合，而且电子相位中心是变化的，它取决于接收信号的频率、方位角和高度角。天线相位中心的变化，可使点位坐标的误差一般达到 3~5cm。因此，若要提高 RTK 测量的定位精度，必须进行天线检验校正。

多路径误差是 RTK 测量中较严重的误差，其大小取决于天线周围的环境，一般为几厘米，高反射环境下可超过 10cm。多路径误差可通过选择地形开阔、不具反射面的点位、采用具有削弱多径误差的各种技术的天线、基准站附近铺设吸收电波的材料等措施予以减小。

信号干扰可能有多种原因，如无线电发射源、雷达装置、高压线等，干扰的强度取决于频率、发射台功率和接收机至干扰源的距离。

气象因素，快速运动中的气象峰面，也可能导致观测坐标有较大误差，因此，在天气急剧变化时不宜进行 RTK 测量。

3. 数据链误差和转换参数求解误差

差分测量的基本思想，即由基准站通过发送电台（称为"数据链"），实时将改正参数发送出去，用户接收机在进行观测的同时，也接收基准站发出的改正数，以此对定位结果进行改正，从而提高定位精度。数据链发送的效果与移动站至基准站的距离有关，所以 RTK 的有效作业半径是有限制的（一般为几公里），CORS RTK 可以有效地解决这一问题。

RTK 测量的转换参数，是通过具有已知坐标的控制点求解的，其精度不仅与控制点本身精度有关，而且与控制点的数量与控制点分布有关。

5.4.4.2　RTK 测量注意事项

1. 基准站注意事项

（1）基准站的点位选择，应尽量设置于相对制高点上，以方便播发差分改正信号。

（2）基准站周围应视野开阔，截止高度角应超过 15°，周围无信号反射物（大面积水域、大型建筑物、玻璃幕墙等），以减少多路径干扰，并要尽量避开交通要道、过往行人的干扰。

（3）若使用外接电台及供电电瓶模式，要把主机、电台和电瓶连接起来，注意电源的正负极，确保所有的连接线都连接正确后方可打开电台电源开关。

（4）基准站启动后，需等到差分信号正常发射方可离开。

（5）RTK 作业期间，基准站不允许移动或关机又重新启动，若必须重启则需要重新点校正。

2. 移动站注意事项

(1) 在进行 RTK 测量作业前,应首先检查仪器内存容量能否满足工作需要,并备足电源。

(2) 确保手簿与主机蓝牙已配置好端口。

(3) 在信号受影响的点位,为提高效率,可将仪器移到开阔处或升高天线,待数据链锁定且差分解达到固定状态后,再小心无倾斜地移回待定点或放低天线,一般可以初始化成功。

(4) 移动站一般采用默认值 2m 长对中杆作业,当高度改变时,应注意在手簿中修正杆高。

3. 套用坐标系统或求解转换参数注意事项

(1) 套用预存坐标系统后,进行点校正控制点,应选择在测区中央。对于较大测区,宜分区测量,分区域建立项目,套用预存坐标系统后,选择区域里面的控制点进行点校正。

(2) 对于必须求解转换参数的测量项目,最好利用 3 个以上已知坐标的控制点进行求解,而且控制点应均匀分布于测区周围。如果利用两点校正,一定要注意尺度比是否接近于 1。要利用坐标转换中误差对转换参数的精度进行评定。

5.5 卫星定位测高

5.5.1 高程系统

高程系统有大地高系统、正高系统和正常高系统(图 5.21)。

1. 大地高系统

大地高系统是以参考椭球面为基准面的高程系统。某点的大地高是指该点沿通过该点的参考椭球的法线方向,到参考椭球面的距离。大地高也称为椭球高,大地高一般用符号 H 表示。大地高是一个纯几何量,不具有物理意

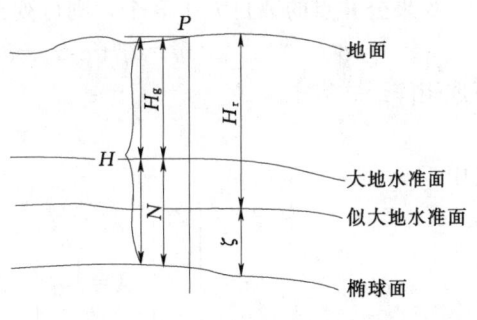

图 5.21 大地高、正高、正常高

义,不难理解,同一个点,在不同定义的椭球的基准下,具有不同的大地高。

2. 正高系统

正高系统是以大地水准面为基准面的高程系统。某点的正高是指该点沿通过该点的铅垂线方向,到大地水准面的交点之间的距离,正高用符号 H_g 表示。因为正高系统是以大地水准面为基准面的高程系统,所以它具有明确的物理意义。大地水准面至椭球面的距离为大地水准面差距,用 N 表示,即

$$N = H - H_g \tag{5.22}$$

3. 正常高系统

正常高系统是以似大地水准面为基准的高程系统。某点的正常高是指,该点沿通过该

点的铅垂线方向，到"似大地水准面"的交点之间的距离，正常高用符号 H_r 表示。正常高与大地高之差，称为高程异常，用 ζ 表示，即

$$\zeta = H - H_r \tag{5.23}$$

补充说明："似大地水准面"严格说不是水准面，它与大地水准面不完全吻合，但接近于大地水准面，是用于计算的辅助面。似大地水准面与大地水准面之间的差距，即正常高与正高之差，称为重力异常。重力异常的大小与点位的高程和地球内部的质量分布有关系，在我国青藏高原等西部高海拔地区，两者差异最大可达 3m，在中东部平原地区这种差异约几厘米，在海洋面上似大地水准面与大地水准面重合。

5.5.2 高程拟合

由 GPS 定位测定的点的高程属于 WGS-84 坐标系的大地高，因此，需要找出 GPS 点大地高程与正常高程的关系，并采用一定的模型进行转换。目前，主要是采用几何的曲面拟合方法，即利用测区内若干具有 GPS 大地高程和水准高程的公共点，通过这些点的高程异常值，构造一种曲面来逼近似大地水准面。下面介绍几种常用的拟合方法。

1. 平面拟合法

在小区域且较为平坦的测区，可以考虑用平面逼近局部似大地水准面。设某公共点的高程异常 ζ 与该点的平面坐标的关系式为

$$\zeta_i = a_1 + a_2 x_i + a_3 y_i \tag{5.24}$$

式中 a_1, a_2, a_3——模型参数。

如果公共点的数目大于 3 个，则可列出相应的误差方程为

$$v_i = a_1 + a_2 x_i + a_3 y_i - \zeta_i \quad i = 1, 2, 3, \cdots \tag{5.25}$$

写成矩阵形式有

$$\mathbf{V} = \mathbf{AX} - \boldsymbol{\zeta} \tag{5.26}$$

其中：

$$\mathbf{V} = \begin{bmatrix} V_1 \\ V_2 \\ \vdots \\ V_n \end{bmatrix}, \mathbf{A} = \begin{bmatrix} a_1 \\ a_2 \\ a_3 \end{bmatrix}, \mathbf{X} = \begin{bmatrix} 1 & x_2 & y_3 \\ 1 & x_2 & y_3 \\ \vdots & \vdots & \vdots \\ 1 & x_2 & y_3 \end{bmatrix}, \boldsymbol{\zeta} = \begin{bmatrix} \zeta_1 \\ \zeta_2 \\ \vdots \\ \zeta_n \end{bmatrix}$$

根据最小二乘原理可求得

$$\mathbf{A} = (\mathbf{X}^T \mathbf{X})^{-1} \mathbf{X}^T \boldsymbol{\zeta} \tag{5.27}$$

平面拟合方法在约 100km² 的平原地区，拟合精度为 3~4cm。

2. 二次曲面拟合法

二次曲面拟合法拟合似大地水准面，是将某公共点的高程异常 ζ 与平面坐标的关系写成

$$\zeta_i = a_0 + a_1 x_i + a_2 y_i + a_3 x_i^2 + a_4 y_i^2 + a_5 xy \tag{5.28}$$

式中 $a_0, a_1, a_2, a_3, a_4, a_5$——待定模型参数。

因此，区域内至少需要 6 个公共点。当公共点的数目大于 6 个，同上，可根据最小二乘原理求解。

曲面拟合法还可以进一步扩展为更多项和更高次的曲面，其关系式可写为
$$\zeta_i = a_0 + a_1 x_i + a_2 y_i + a_3 x_i^2 + a_4 y_i^2 + a_5 xy + a_6 x_i^3 + a_7 y_i^3 + \cdots \tag{5.29}$$

3．多面函数拟合法

多面函数法的基本思想是，任何数学表面和任何不规则的圆滑表面，总可以用一系列有规则的数学表面的总和以任意精度逼近。

4．其他方法

曲面拟合法中还有样条函数法、非参数回归曲面拟合法、有限元法、移动曲面法等。此外，还可以运用地球重力场模型法、重力场模型与曲面拟合相结合方法等，进行大地高向正常高的换算。这些方法一般数学关系式及模型参数解算均较为复杂，这里不再详述。

5.5.3 卫星定位测高注意事项

影响卫星定位测高精度的因素，包括卫星定位测量获得的大地高精度、公共点几何水准的精度、公共点的密度与分布、高程拟合的模型及方法等。

（1）具有高精度的 GPS 大地高程是获得高精度正常高程的前提，因此必须采取措施以获得高精度的大地高程，包括改善 GPS 星历的精度，提高基线解算中起算点坐标的精度，减弱电离层、对流层、多路径效应及观测误差的影响等。

（2）几何水准测量应认真组织实施，以保证提供具有足以满足精度要求的水准测量高程值。此外，应有足够数量的高程公共点，且点的位置应均匀分布于测区。

（3）根据不同的测区情况，选用合适的拟合模型。对大范围测区，可采用重力场模型与曲面拟合相结合的方法，并宜采取分区进行平差计算。

本 章 小 结

卫星定位技术是当代科学技术发展的最重要标志之一，卫星定位测量，以其全天候、高精度、自动化、高效益等显著特点，给测绘工作带来一场深刻的技术革命。

卫星定位测量，有其系统的理论、方法、技术，本章以全球定位系统（GPS）为介绍对象，对卫星定位测量在基本的原理、实际操作方法以及注意事项等作适当介绍，现梳理如下：

（1）卫星定位技术的发展情况。目前，联合国卫星导航委员会认定的卫星导航定位供应商是 GPS、GLONASS、GALILEO、BDS。

（2）GPS 系统的组成，各部分的构成及作用。

（3）GPS 测量的基本原理是空间后方交会，观测量是伪距和载波相位。

（4）GPS 测量坐标系（WGS84），GPS 测量坐标与实用坐标的转换方法。

（5）GPS 测量模式：绝对定位、相对定位、静态定位、动态定位、实时定位、非实时定位。

（6）GPS 静态测量，方案设计（精度、密度、网形、基准、观测时段）、外业观测及注意事项、误差分析、数据处理流程。

（7）GPS 差分（RTD 和 RTK）测量，首先介绍 RTK 的思想，着重介绍 RTK 测量

的实施,介绍 CORS 的概念及 CORS RTK 测量实施步骤,RTK 测量的误差分析及注意事项。

(8)卫星定位测高,介绍高程系统及其关系、高程拟合几种方法、卫星测高注意事项。

思 考 与 练 习

5.1 卫星大地测量的发展及各阶段的特点是什么?

5.2 如何认识和理解"卫星定位技术的应用是测绘发展史上的一场革命"?

5.3 GPS 定位系统由哪几部分组成?各部分的作用是什么?

5.4 GPS 测量坐标系(WGS-84)是如何定义的?

5.5 解释下列名词:

绝对定位、相对定位、静态定位、动态定位、观测基线、观测时段、同步观测、异步观测、同步环、异步环、几何分布精度因子、RTK、CORS。

5.6 电离层误差和对流层误差是怎样产生的?采取何种方法削弱其对 GPS 测量的影响最为有效?

5.7 在 GPS 测量定位中,什么是多路径效应?多路径效应是怎样产生的?如何避免或减弱多路径效应?

5.8 GPS 测量的技术设计包括哪些内容?

5.9 GPS 观测过程中应注意哪些事项?

5.10 GPS 测量数据处理包括哪些工作?

5.11 GPS 网无约束平差和有约束平差有什么不同?

5.12 GPS 测高注意事项是什么?

5.13 GPS 网有哪些形式?试绘示意图并分析各自的特点。

5.14 GPS 网的基准是什么?这些基准一般如何确定?

5.15 某 GPS 网由 27 个点组成,若用 3 台接收机进行观测,并每点平均设站次数为 2,计算该 GPS 网的总基线数、必要基线数、独立基线数和多余基线数。

5.16 写出七参数法地面参心坐标与 WGS-84 地心坐标系之间的转换公式,指出式中各符号的意义。

5.17 GPS 实时动态(RTK)定位模式的基本思想是什么?

5.18 GPS 连续运行参考站网络(CORS)的基本思想是什么?

5.19 结合本单位的 GPS 定位设备,参照说明书整理写出 RTK 测量基准站和流动的设置方法。

5.20 结合本单位的 GPS 定位设备,参照说明书整理写出数据处理软件的使用方法。

5.21 RTK 测量练习:设置一块练习场地,设置 4 个已知坐标控制点(最好为国家坐标系和国家高程基准,条件不具备也可以是独立坐标系和独立高程基准)和若干个待测点。进行以下操作练习并填写表 1。

(1)安装设置移动站,新建测量项目文件名。

（2）采集 4 个已知点当前坐标信息，求解坐标转换参数。

（3）任意选择一个已知点作为待测点进行坐标采集，将新测坐标与原坐标进行比较，以作检核。

（4）采集各待测点坐标。

表 1　　　　　　　　　　　　　RTK 测 量 记 载 表

接收机品牌、型号		新建项目文件名	
差分模式		电文格式	
已知点坐标系统		已知点高程系统	
已知点（设为 K_1、K_2、K_3、K_4）坐标			
K_1	坐标：$x=$　　　m；$y=$　　　m；$H=$　　　m		
K_2	坐标：$x=$　　　m；$y=$　　　m；$H=$　　　m		
K_3	坐标：$x=$　　　m；$y=$　　　m；$H=$　　　m		
K_4	坐标：$x=$　　　m；$y=$　　　m；$H=$　　　m		
检核已知点坐标			
检核点点名：____	坐标：$x=$　　　m；$y=$　　　m；$H=$　　　m		
待测点坐标采集后从电子手簿查找坐标数据填入			
待测点点名：____	坐标：$x=$_____m；$y=$_____m；$H=$_____m		
待测点点名：____	坐标：$x=$_____m；$y=$_____m；$H=$_____m		
待测点点名：____	坐标：$x=$_____m；$y=$_____m；$H=$_____m		
待测点点名：____	坐标：$x=$_____m；$y=$_____m；$H=$_____m		
待测点点名：____	坐标：$x=$_____m；$y=$_____m；$H=$_____m		
待测点点名：____	坐标：$x=$_____m；$y=$_____m；$H=$_____m		
待测点点名：____	坐标：$x=$_____m；$y=$_____m；$H=$_____m		
待测点点名：____	坐标：$x=$_____m；$y=$_____m；$H=$_____m		
待测点点名：____	坐标：$x=$_____m；$y=$_____m；$H=$_____m		

第6章 水文高程测量

水文高程测量的内容包括：水准点的引测、校测，水尺零点高程测量，洪水痕迹和大断面控制桩（点）高程测量，水准点及水尺零点的考证等。本章将按水文高程基准、高程控制、水文高程测量的具体项目为序介绍水文高程测量的内容。

6.1 水文高程基准

6.1.1 高程基准

高程基准也称高程系统，是地面点高程的统一起算面，一般是取用海滨某地点的多年平均海平面。

6.1.1.1 国家高程基准

对于一个国家来说，应该只能根据一个验潮站所求得的平均海水面，作为全国高程的统一起算面，即国家高程基准面。

黄海之滨的青岛验潮站地处我国海岸线的中部，位置适中。而且青岛验潮站所在港口，是有代表性的规律性半日潮港，又具有避开江河入海口、外海海面开阔、无密集岛屿和浅滩、海底平坦、水深在10m以上等有利条件。因此，新中国成立之后确定青岛验潮站为我国基本验潮站，以该站1950—1956年7年间的潮汐资料推求的平均海水面作为全国的高程基准面，以此高程基准面作为统一起算面的高程系统，称为"1956黄海高程系统"。

"1956黄海高程系统"高程基准面的确立，对统一全国的高程测量具有重要的历史意义，对国家的经济建设、科学研究和国防事业等方面都起到重要的作用。但确立"1956黄海高程系统"的平均海水面，所采用的验潮资料验潮时间较短，还不到潮汐变化的一个周期（一个周期一般约为19年），同时又发现验潮资料中含有粗差，因此有必要采用更完备的资料，重新确定国家高程基准。用青岛验潮站1952—1979年27年间的验潮资料计算确定，根据这个高程基准面作为全国高程统一起算面的高程系统，称为"1985国家高程基准"。

国家高程基准的水准原点和水准零点在第2章已经介绍，这里不再重述。

6.1.1.2 其他高程基准

我国历史上不同时期和不同部门曾形成或使用过多个高程系统，如"波罗的海高程""渤海高程""大连零点""大沽零点高程""废黄河零点高程""吴淞高程基准""坎门零点""罗零高程""广州高程""珠江高程基准"等。由于留下的资料相当匮乏，所以，关于这些高程基准的具体情况并不明确。特别是这些高程基准与"1956黄海高程系统"或"1985国家高程基准"之间的关系，基本上无从严格查考。互联网上发布的一些历史情况及数据，建议只能是仅作参考，或者说可以作为"知识"了解，但不能轻易作为"依据"使用。

6.1.2 水文测站基面的使用

6.1.2.1 基面

基面是水文上计算水位和高程的起始面，常用的基面有绝对基面、假定基面、测站基面和冻结基面。

1. 绝对基面

绝对基面一般是以某一海滨地点平均海水面的高程定为零的水准基面，如前面所述的各种高程基准。我国水文系统，最好应采用统一的绝对基面，也就是"1985国家高程基准"的基面。

2. 假定基面

假定基面是在水文测站附近没有国家水准点的情况下，水文测站水准点高程，暂时无法与全流域统一引据的绝对基面高程相连接，暂时假定一个水准基面，作为本站水位及高程起算的基准面。

3. 测站基面

测站基面是假定基面的一种，一般将其确定在测站河床最低点以下 $0.5\sim1.0\mathrm{m}$ 的水平面上。

4. 冻结基面

冻结基面是将第一次使用的基面冻结下来，作为永久固定基面的一种基面，属于水文测站专用的另一种假定基面。使用冻结基面可以保持测站水位资料的历史连续性。

6.1.2.2 水文测站基面的采用

一个测站可能会有多种基面，有条件的测站应首选绝对基面。测站一般是将第一次使用的基面（高程数据）固定下来，作为冻结基面，有条件时应及时将冻结基面与现行的国家高程基面联测。水位站已采用测站基面的可继续沿用。另外，当发生地震、滑坡、溃坝、泥石流等大范围突发性地质灾害，需要紧急观测水位时，可采用假定基面。

当本地普遍应用的地方高程基准要采用新的基面时，无论水文测站是否变更基面，均应对原采用基面作一次全网维护。若水文站需要基面变更，则应同时考证以原基面和新基面下的水位，并以最新的考证结果作为原基面最后一期考证周期水位订正的依据。值得注意的是，新、旧基面的换算值应该是在区域高等级水准网整体测量和平差计算下获得，一般是由测绘部门测量、计算和公布。所以，水文测站新、旧基面的换算关系，往往是采用测绘部门的"发布值"，而不是轻易使用局部的自行水准测量"引测值"。

新基面启用后，如果防汛设防水位、水利工程控制水位、水利规划等未变更基面，为满足其需要，测站水位可保留原基面表达。水准考证时，以新基面为引据进行水准测量考证，当新、旧水位成果变化，在一定的精度要求范围内，与基面变更时测绘部门公布的基面换算值吻合，将水位值换算至原基面下使用，并在有关成果的附注中说明。

6.2 高程控制网

6.2.1 水准点与水准路线（网）

6.2.1.1 水准点

水准点是利用水准测量方法建立的高程控制点，水准点的布设应埋设在土质坚实、便于保存和使用的地方，也可在墙脚或固定实物上设置水准点。水准点编号前面通常加 BM（Bench Mark），作为水准点的代号，如图 6.1 所示。

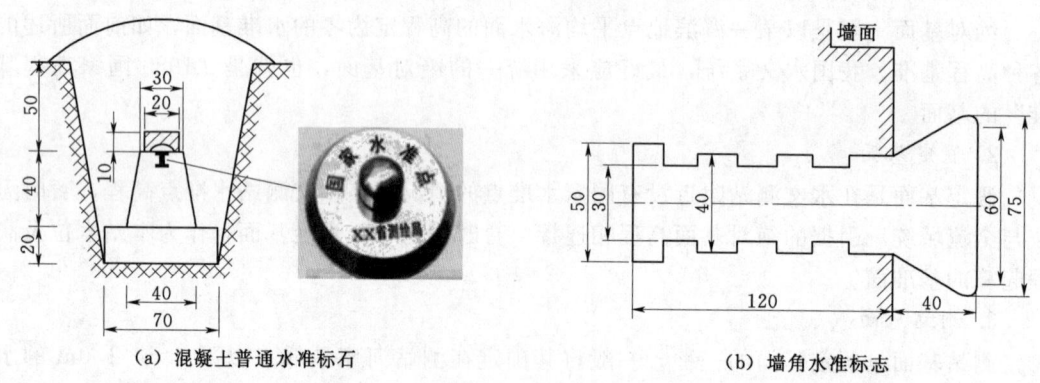

(a) 混凝土普通水准标石　　　　　　　　(b) 墙角水准标志

图 6.1　水准点

水准点有永久性和临时性两种。国家等级水准点一般用石料或钢筋混凝土制成，深埋到地面冻结线以下。在标石的顶面设有用不锈钢或其他不易锈蚀材料制成的半球状标志，如图 6.1（a）所示。有些水准点设置在稳定的墙脚上，称为墙上水准点，如图 6.1（b）所示。临时性的水准点可用地面上突出的坚硬岩石，或用大木桩打入地下，桩顶钉以半球形铁钉。埋设水准点后，应绘出水准点与附近固定建筑物或其他地物的关系图，在图上还要写明水准点的编号和高程，称为点之记，以便日后寻找水准点位置之用。

6.2.1.2 水准路线

水准路线可布设成以下几种形式。

（1）闭合水准路线。从一已知水准点出发，经过测定沿线其他各点高程，最后又闭合到出发点的环形路线，如图 6.2（a）所示。

（2）附合水准路线。从一已知水准点出发，经过测定沿线其他各点的高程，最后附合到另一已知水准点的路线，如图 6.2（b）所示。

（3）支水准路线。从一已知水准点出发，沿线往测其他各点高程，又沿线返测到出发点，其路线既不闭合又不附合，但必须是往返施测的路线，如图 6.2（c）所示。

（4）水准网。由单一水准路线构成的节点状或网状路线，如图 6.2（d）所示。

6.2.1.3 国家高程控制网

在全国领土范围内，由一系列按国家统一规范测定高程的水准点构成的水准网，即国家高程控制网。国家水准网按逐级控制、分级布设的原则，分为一、二、三、四等。水准

6.2 高程控制网

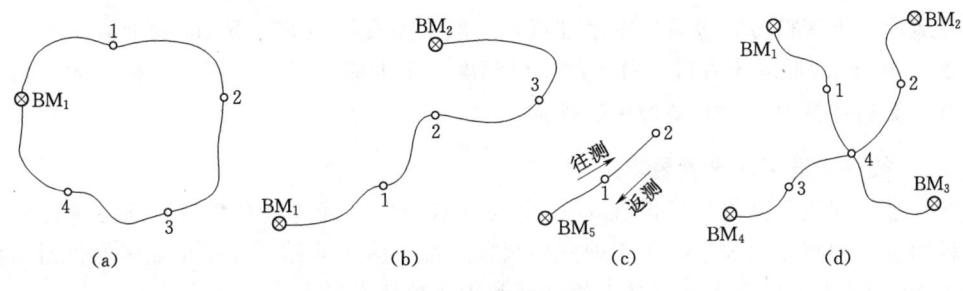

图 6.2 水准路线

网逐级布设示意图如图 6.3 所示。一等水准是国家高程控制的骨干，沿地质构造稳定和坡度平缓的交通线布满全国，构成网状。二等水准是国家高程控制的全面基础，一般沿铁路、公路和河流布设，二等水准环线布设在一等环线内。沿一、二等水准路线还要进行重力测量，提供重力改正数据。在一、二等高程控制网的基础上，布设三等高程控制网，三等水准网直接为测制地形图和各项工程建设用，三等环不超过 300km。四等水准一般布设为附合在高等级水准点上的附合路线，其长度不超过 80km。

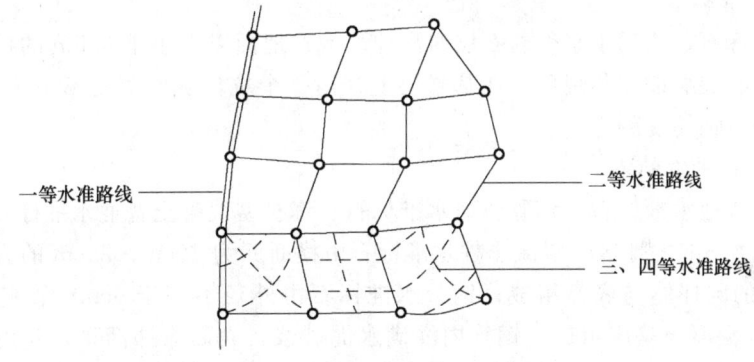

图 6.3 水准网逐级布设示意图

6.2.2 水文测站水准点的布设

6.2.2.1 水文测站水准点分类

水文测站水准点分基本水准点和校核水准点两种，均应设置在地形地质稳定、便于测量、有利于保护的地方。基本水准点是永久性高程控制点，校核水准点是水文测站用于引测断面、水尺和其他设施高程经常作校核测量的水准点。

6.2.2.2 基本水准点的设置要求

在不同位置设置 3 个基本水准点，选择其中一个为常用基本水准点，设置成明标；另两个为非常用基本水准点，设置成暗标。基本水准点相互间距离宜为 300~500m，不应超过 700m。基本水准点应设置在水文测站附近、便于引测的地方，但必须位于历年最高洪水位以上或堤防背河侧高处，以能保证水准点稳定。水文站附近设有国家水准点时，国家水准点可作为水文测站基本水准点使用。

基本水准点标石的埋设应符合《水位观测标准》（GB/T 50138—2010）及《国家三四等水准测量规范》（GB/T 12898—2009）的规定。位于湖内、离岸距离较远的湖泊站，应采用建造混凝土深桩方式设置基本水准点，一般采用直径为25～50cm的混凝土填充钢管桩或30～40cm的混凝土方桩，打入的硬层深度，至少应超过硬土面之上桩长的2倍，且应具有必要的持桩力，并有防撞保护结构。

6.2.2.3　校核水准点的设置要求

在各水位观测断面附近可设置3～5个校核水准点，其位置和数量应满足进行水尺零点高程测量时的测站数要求，平坦地区的仪器站数不多于6站，非平坦地区的仪器站数不多于11站。基本水准点离水尺较近的，可兼用作校核水准点。

6.2.2.4　水准点标石形式

水文测站水准点的标石，相当于国家普通水准点的标石，根据当地实际条件，选择合适的形式。

1. 混凝土普通水准标石

混凝土普通水准标石，适用于土层不冻或最大冻土深度小于0.8m的地区。若是在翻浆或沼泽或盐碱地区，须加涂沥青，以防锈蚀。

2. 岩层水准标石

岩层水准标石，适用于坚硬岩石层露出地面或在地面以下小于0.5m的地点。基岩层露出部分不应有裂缝或剥落现象。在基岩层上开凿一个坑，坑的深度不小于0.5m。用水将坑洗净，浇筑钢筋混凝土。

3. 冻土地区水准标石

混凝土柱普通水准标石、钢管普通水准标石、爆扩型混凝土普通水准标石，皆适用于冻土深度大于0.8m的地区。混凝土柱水准标石由横断面为20cm×20cm的方柱体或外径不小于20cm的圆柱体与底盘组成；钢管水准标石由外径不小于6cm、管壁厚度不小于3mm的钢管与混凝土基座组成，钢管内灌满水泥砂浆，表面涂抹沥青，并用旧布或麻线包裹，然后再涂一层沥青漆；爆扩型混凝土普通水准标石，是采用定向爆破技术，将坑底扩成球形或其他形状，现场浇灌基座，插入钢管或利用模具浇灌柱石，基座至少在最大冻土层深度线以下0.5m。

4. 螺旋钢管标石

螺旋钢管标石，适用于沙漠或流沙地区。将螺旋纹钢管旋入砂层以下不小于1m处，用栓钉将木制根络固结在钢管上，以增加钢管的稳定性。

5. 墙脚水准标志

墙脚水准标志适用于坚固建筑物如房屋、纪念碑、桥梁基础等或直立石崖处。墙脚水准标石一般距地面为0.4～0.6m。埋设方法是，在墙壁或石壁上挖凿空洞，洗净浸润放入标志，标志圆鼓部与墙壁或石壁齐平，灌满水泥使其凝固。

6. 坚硬石料标石

坚硬石料标石适用于有条件制作的地区。用整块花岗岩、青石等凿制成，底盘在现场浇灌。

6.2.2.5　水准点标志

水准点标志可用不易锈蚀的金属制作，也可用陶瓷、玻璃钢、坚硬岩石制作。

6.2 高程控制网

6.2.2.6 水准点埋设要求

(1) 除岩层水准标石、螺旋钢管标石和墙脚水准标石外,其他形式的水准标石埋设深度,其基座应至少在冻土层以下 0.5m,并在水准点外围挖防护沟。

(2) 若水准点为暗标,在标石顶设置指示盘,在正北方向约 1.5m 处设置指示牌;若水准点为明标,无须设置指示碑,但为保护水准点标志,用混凝土预制件或砖、石等设置保护井,并盖上井盖。

(3) 水准点的埋设时间宜选择在春季。对于南方地区,埋设时间宜选择在梅雨季之初,在秋后启用;对于北方地区在汛期之前埋设,汛期之后启用。

6.2.2.7 水准点编号及档案建立

水准点设置后逐一进行编号,以后无论其高程是否有变动,都不改变其编号,必要时可加辅助编号。

水准点标志埋设后,绘制水准点位置图、水准点构造图;填制水准点设置记载表,建立水准点档案资料。例如,某水文站设置的水准点,编号为 BM_1,位置图、构造图如图 6.4 所示,水准点设置记载表见表 6.1。

表 6.1 水 准 点 设 置 记 载 表

类 别	基本水准点	形式	明标	编号	BM_1
构造	60mm 钢管标身,混凝土基座				
入土深度	1.1m	位置经纬度	东经×××°××′ 北纬××°××′		
设置单位	××省××水文站				
位置说明	距水文站办公室东北角 26.1m、东南角 18.0m,距气象场西北角 21.5m				
设置日期	1990 年 5 月 10 日	设置者	×××		
引测高程	高程:15.00m(测站基面),绝对高程:65.216m(黄海基面)				
引测日期	1991 年 6 月 20 日	引测者	××××××		
引据点	编号:Ⅱ 正大 52 高程:70.333m(黄海基面,1985 国家高程基准) 位置:××省××县 正大公路 110km 东 50m 设置单位:××××× 引测距离:12.6km				

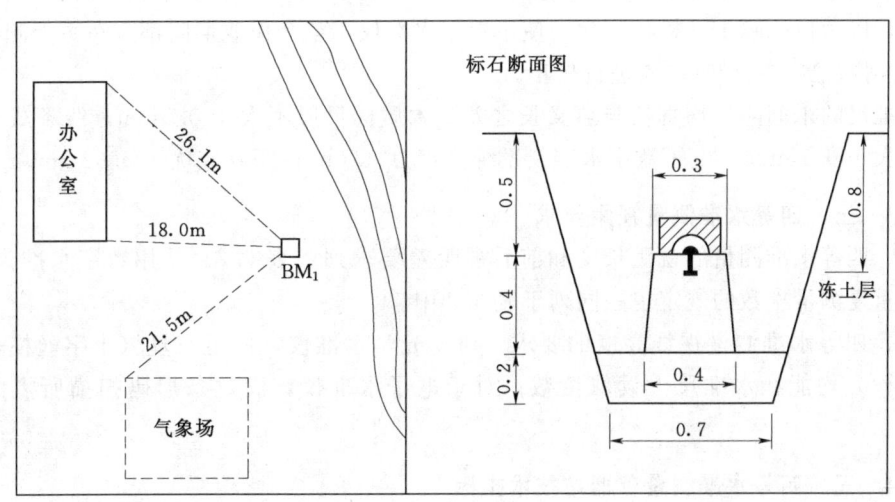

图 6.4 水准点设置图(单位:m)

6.3 高程控制测量方法

6.3.1 等级水准测量

等级水准测量有一等、二等、三等和四等。水文测量中一般采用三等和四等。三、四等水准测量基本要求如下。

6.3.1.1 三、四等水准路线长度要求

三等附合水准路线长度不超过 150km，环线周长不超过 200km，支线长度不超过 45km。测站水准点联测和比降观测水准点高程测量的路线长度不超过 2.8km。

四等附合水准路线长度不超过 80km，环线周长不超过 100km，支线长度不超过 15km。测站水准点联测和比降观测水准点高程测量的路线长度不超过 1km。

当水准路线长度大于 20km 时，每隔 10km 左右分一测段，在测段的端点设置或选定相当于校核水准点标准的固定点。

6.3.1.2 三、四等水准测量仪器要求

三、四等水准测量采用不低于 DS_3 级的水准仪。仪器与水准尺配套按以下方案配置。

（1）DS_3 级光学水准仪，配套使用具有黑、红面区划的双面水准尺一付（两根），两根尺的尺常数分别为 4.687m 和 4.787m。如因条件限制，可用单面水准尺按"一镜双高法"施测。注意，不能使用塔尺或折尺。

（2）带有测微器的光学水准仪，配套使用线条式钢瓦标尺。

（3）电子数字水准仪，配套使用条形码式标尺。

水准测量期间，使用微倾式（或称气泡式）水准仪，每天上、下午各检校一次 i 角；使用自动安平式光学水准仪，每天检校一次 i 角，作业开始后的 7 个工作日内，若 i 角较为稳定，以后可每隔 15d 检校一次；使用数字水准仪，整个作业期间都应在每天测量前进行 i 角检验。当 $i>20''$ 时，应进行校正。

水准尺的米间隔平均真长与名义长之差，木质标尺应不大于 0.5mm，线条式钢瓦标尺应不大于 0.15mm。电子数字水准仪系统分辨力（10m 视距）应优于 0.02mm。

6.3.1.3 三、四等水准测量视距要求

三、四等水准测量的视距长度和前后视距差要求列于表 6.2。使用数字水准仪观测，观测时重复测量次数的规定也一同列于表 6.2 中。

三、四等水准测量视线高度的要求，对于光学水准仪，满足三丝（十字丝横丝及上下视距丝）均能在水准尺上读取读数；对于电子水准仪，满足条形码扫描所需的尺面范围。

6.3.1.4 三、四等水准测量仪器站技术指标

三、四等水准测量仪器站观测限差列于表 6.3 中。

6.3 高程控制测量方法

表 6.2 　　　　三、四等水准测量视距、视距差、数字水准仪重复测量次数的规定

等级	视线长度/m		前后视距差/m		数字水准仪重复测量次数
	仪器类型	视距	单站	测段累计	
三等	DS_3、DSZ_3	≤75	≤2	≤5	≥3次
	DS_{05}、DSZ_{05}、DS_1、DSZ_1	≤100			
四等	DS_3、DSZ_3	≤100	≤3	≤10	≥2次
	DS_{05}、DSZ_{05}、DS_1、DSZ_1、	≤150			

注 使用相位法数字水准仪测量，重复测量次数为表6.2中次数减少一次。所有数字水准仪，在地面振动较大时，暂停测量，直至振动消失，无法回避时增加重复测量次数。

表 6.3 　　　　　　　　水准测量仪器站观测限差　　　　　　　　单位：mm

等级		基、辅分划（黑红面）读数的差	基、辅分划（黑红面）所测高差的差	左右路线转点差	检测间歇点高差之差
三等	光学测微法	1.0	1.5	1.5	3.0
	中丝读数法	2.0	3.0	—	
四等		3.0	5.0	4.0	5.0

注 1. 采用单面尺时，变换仪器高度前后所测两尺高差之差，与同站黑、红面所测高差之差限差相同。
　　2. 使用双摆位自动安平水准仪观测时，不计算黑红面读数差。
　　3. 使用数字水准仪，同一标尺两次观测所测高差之差执行基辅分划所测高差之差的限差。

6.3.1.5 三、四等水准测量高差闭合差

三、四等水准测量往返测量高差不符值、附合路线、环线闭合差限差的要求列于表6.4中。

表 6.4 　　　　往返测量高差不符值及附合路线、环线闭合差限差

等级	检测已测测段高差之差/mm	路线、区段、测段往返测高差不符值、附合路线、环线闭合差/mm		左右路线高差不符值/mm
		平原	丘陵、山区	
三等	$\pm 20\sqrt{L}$	$\pm 12\sqrt{L}$	$\pm 15\sqrt{L}$或$\pm 4\sqrt{n}$	$\pm 8\sqrt{L}$
四等	$\pm 30\sqrt{L}$	$\pm 20\sqrt{L}$	$\pm 25\sqrt{L}$或$\pm 6\sqrt{n}$	$\pm 14\sqrt{L}$

注 1. L为各种路线往返平均长度，均以km为单位。$L<1km$时，按1km计。
　　2. n为水准测段测站数。
　　3. 每千米水准测站数超过16站时用n计算。

6.3.2 三、四等水准测量观测

6.3.2.1 观测方法

三等水准测量，每测段应进行往返观测，若使用有光学测微器的水准仪配以铟瓦水准标尺进行观测，也可以进行单程双转点观测。三等水准测量的观测程序为"后、前、前、后"。

四等水准测量，附合或环形闭合路线可只进行单程测量，水准支线须进行往返观测或单程双转点观测。四等水准测量的观测程序，可以采取"后、前、前、后"，也可以采取

"后、后、前、前"。

用气泡式水准仪测量，仪器安平后，望远镜绕垂直轴旋转，符合水准气泡两端影像分离应不大于1cm。

用光学测微法的仪器测量，十字丝横丝照准水准尺的分划线时，符合水准气泡两端影像分离应不大于2mm。

用电子数字水准仪进行水准测量要注意：避免望远镜正对太阳；视线不能被遮挡，若因条件限制而有遮挡情况，遮挡不能超过标尺在望远镜中截长的20%；观测时若有振动，应待振动源造成的振动消失后才能启动测量键；测段往返起始测站均需要对仪器进行限差、作业、通信等设置。

若采用单面水准尺观测，变换仪器的高度应不小于10cm。

三等和四等水准测量，采用测微法水准仪及电子水准仪观测，中丝读数及计算的平均高差均取至0.1mm；采用其他仪器观测，读记至1mm，计算平均高差取至0.5mm；视距和视距差取至0.1m。

6.3.2.2 观测注意事项

(1) 安置水准仪三脚架，宜使其中两脚与水准路线的方向平行，第三脚交替轮换置于路线方向的两侧。

(2) 除路线拐弯处外，每测点上仪器和前后视标尺的3个位置，使尽量接近于一条直线。

(3) 同一仪器站测量时，三、四等水准测量不要两次调焦。转动仪器的倾斜螺旋和测微鼓，其最后旋转方向应为旋进。使用自动安平水准仪观测，相邻仪器站交替对准前后视调平仪器。

(4) 每一测段的往测和返测，其仪器站数应为偶数。由往测转向返测时，两标尺要互换前后站位置，并重新安置仪器。

(5) 观测间歇，选择两个坚实、可靠的固定点作为间歇点，间歇后进行检测，检测指标须符合表6.4的规定。

(6) 测量中要及时检查本站的观测结果，符合技术指标要求方可迁至下一站。

(7) 每测完一个测段，及时计算往返测或单程双转点左、右路线测量的高差，不符值应满足表6.4的规定。若超出规定，按下列要求重测和计算高差结果。

1) 对可靠程度小的往测或返测进行单程重测。

2) 如果重测的单程高差与同一方向原测高差的不符值符合限差，且其平均数与反方向的原测高差也符合限差，取其平均值作为该单程的高差结果。

3) 如果重测的高差与同方向的原测高差不符值超出限差，而重测的单程高差与反方向原测高差没有超出限差，则用重测的单程高差与反方向原测单程高差计算闭合差。

4) 如果该单程重测后与原往、返测的单程高差计算结果均超出限差，则重测另一单程，至符合限差要求为止。

5) 采用单程双转点左右路线观测，可只重测一个单程单线，并与原测结果中符合限差的一个左或右单线的高差取平均值。

6) 如果重测结果分别与原测的左右线结果比较均符合限差，则取3次单线的结果平均值。

7) 当重测的结果与原测两个单线结果均超限差，则要分析原因再测一个单程单线，至符合限差要求为止。

6.3.3 三、四等水准测量精度计算

6.3.3.1 高差闭合差及限差计算

1. 水准路线的高差闭合差

附合水准路线为

$$\Delta h = \sum h - (H_d - H_u) \tag{6.1}$$

闭合水准路线为

$$\Delta h = \sum h \tag{6.2}$$

支水准路线为

$$\Delta h = |\sum h_t| - |\sum h_c| \tag{6.3}$$

式中　　Δh——高差闭合差，m；

$\sum h$——各测段高差的代数和，m；

$\sum h_t$，$\sum h_c$——路线上各测站的往测、返测的高差总和，m；

H_d——路线上终了已知水准点的高程，m；

H_u——路线上起始已知水准点的高程，m。

2. 水准路线高差闭合差允许值的计算

高差闭合差是衡量水准测量精度的重要指标，三、四等水准测量路线高差闭合差的允许值规定如下。

四等水准测量高差闭合差的允许值为

对于平原地区，有

$$\Delta h_允 = \pm 20\sqrt{L}(\text{mm}) \tag{6.4}$$

对于丘陵、山区，有

$$\Delta h_允 = \pm 25\sqrt{L}(\text{mm}) \text{ 或 } \Delta h_允 = \pm 6\sqrt{n}(\text{mm}) \tag{6.5}$$

三等水准测量高差闭合差的允许值为

对于平原地区，有

$$\Delta h_允 = \pm 12\sqrt{L}(\text{mm}) \tag{6.6}$$

对于丘陵、山区，有

$$\Delta h_允 = \pm 15\sqrt{L}(\text{mm}) \text{ 或 } \Delta h_允 = \pm 4\sqrt{n}(\text{mm}) \tag{6.7}$$

式中　　L——各种路线往返平均长度，km。$L<1$km 时，按 1km 计；

n——水准测段测站数；每公里水准测站数超过 16 站时，用 n 计算。

3. 水准路线高差闭合差的调整与待定点高程计算

水准路线高差闭合差的调整即高差改正数计算，按测段长度或水准路线测站数的比例进行分配。按路线长度计算高差改正数的公式为式（6.8）；按测站数计算高差改正数的公式为式（6.9），即

$$\delta_i = -\frac{L_i}{L}\Delta h \tag{6.8}$$

$$\delta_i = -\frac{n_i}{n}\Delta h \tag{6.9}$$

式中　δ_i——某一测段的高差改正数；
　　　L_i——某一测段的路线长度；
　　　L——水准路线的总长度；
　　　n_i——某一测段的仪器站数；
　　　n——水准路线的总仪器站数。

计算出各测段高差改正数，便可计算各测段改正后的高差，进而利用已知点高程推算待定点的高程。水准路线平差计算示例见第3章3.4.2.2小节。

6.3.3.2 每公里高差中误差计算

1. 每公里高差中数的偶然中误差

每公里高差中数的偶然中误差计算式为

$$M_\Delta = \pm\sqrt{\frac{1}{4n}\left[\frac{\Delta\Delta}{R}\right]} \tag{6.10}$$

式中　M_Δ——每公里高差中数的偶然中误差，mm；
　　　Δ——测段往返测高差不符值，mm；
　　　R——测段长度，km；
　　　n——测段数。

2. 每公里高差中数的全中误差

当采用水准网进行高程控制测量，水准环或附合路线较多的，可计算每公里高差中数的全中误差。每公里高差中数的全中误差按式（6.11）计算，即

$$M_W = \pm\sqrt{\frac{1}{N}\left[\frac{WW}{F}\right]} \tag{6.11}$$

式中　M_W——每公里高差中数的全中误差，mm；
　　　W——测段往返高差中数计算的水准环或附合路线闭合差值，mm；
　　　F——各环线或附合路线长度，km；
　　　N——闭合环及附合路线个数。

三、四等水准测量的观测高差中误差应满足6.5的规定。

6.3 高程控制测量方法

表 6.5　　　　　　　　　三、四等水准测量的观测高差中误差　　　　　　　　　单位：mm

精度指标	三等水准	四等水准
每公里高差中数的偶然中误差 M_Δ	≤±3.0	≤±5.0
每公里高差中数的全中误差 M_W	≤±6.0	≤±10.0

6.3.4　电磁波测距三角高程测量

6.3.4.1　电磁波测距三角高程测量原理

如图 6.5 所示，在 A 点安置经纬仪或全站仪，量取仪器高 i；在 B 点竖立标杆，标杆长度为 v。照准杆顶，测出竖直角 α，再测出斜距 S 或平距 D，则可计算 A、B 间的高差 h_{AB} 为

$$h_{AB}=S\sin\alpha+i-v=D\tan\alpha+i-v \quad (6.12)$$

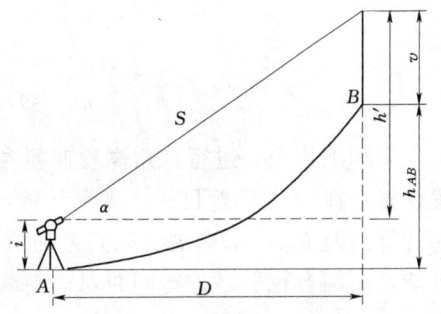

图 6.5　三角高程测量原理

式 (6.12) 是假定地球表面为水平面、观测视线为直线的条件下导出的，地面上两点间距离较近时（一般小于 200m）可以运用。如果两点间的距离较远，就要考虑地球曲率及大气折光的影响，如图 6.6 所示。

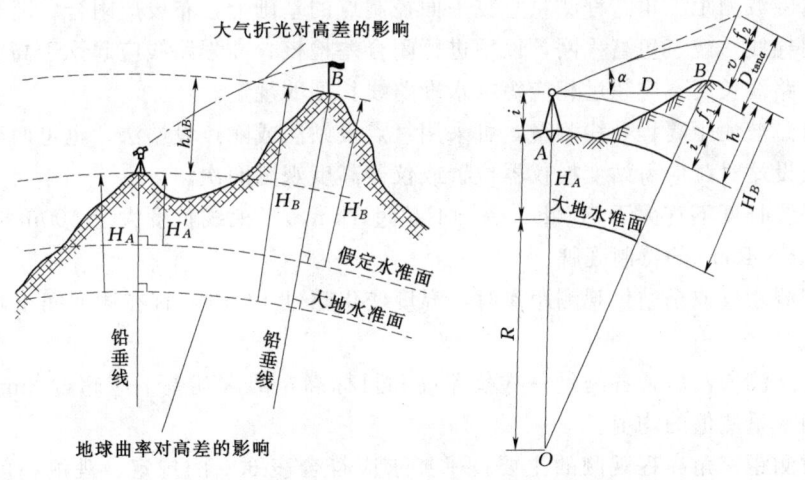

图 6.6　地球曲率及大气折光对高差的影响

地球曲率对高差的影响，称为球差，设用 f_1 表示，在 2.2.2 节已作过讨论，即 $f_1=\dfrac{D^2}{2R}$，式中：D 为两点间的距离，R 为地球曲率半径。

大气折光对高差的影响，称为气差，设用 f_2 表示。事实上，大气折光对高差的影响，难以用确定的公式来计算，因为折光影响是随观测环境（观测时间、气象条件、视线高度、视线下垫面类型等）的变化而随之复杂地变化。根据研究成果，近似地取 $f_2=\dfrac{1}{7}f_1$，即 $f_2=\dfrac{D^2}{14R}$。

如图 6.6 所示，考虑地球曲率及大气折光对高差的影响，两点间的高差计算公式为

$$h_{AB}=S\sin\alpha+i-v+f_1-f_2=S\sin\alpha+i-v+\frac{D^2}{2R}-\frac{D^2}{14R}$$

即

$$h_{AB}=S\sin\alpha+i-v+0.43\frac{D^2}{2R} \tag{6.13}$$

或

$$h_{AB}=D\tan\alpha+i-v+0.43\frac{D^2}{2R} \tag{6.14}$$

实际工作中，进行三角高程测量须进行对向观测，也称为直觇和反觇。即在 A 点安置仪器，在 B 点设置目标，观测计算高差 h_{AB}；在 B 点安置仪器，在 A 点设置目标，观测计算高差 h_{BA}。对向观测取高差均值，可以自行削减地球曲率和大气折光的影响。若有可能，用两台仪器，进行同时对向观测，则削减效果更佳。

6.3.4.2 电磁波测距三角高程测量适用情况与注意事项

在进行几何水准测量确有困难的山区以及沼泽地、水网地区、四等及以下水准测量，可酌情采用电磁波测距三角高程测量。

进行电磁波测距三角高程测量，应注意以下事项。

（1）电磁波测距三角高程测量宜在平面控制点的基础上，布设成附合、闭合路线（也称三角高程导线）或三角高程网，以便进行闭合差检核。高程路线应起讫于高一级的高程控制点上。路线长度不应超过相应等级水准路线长度的规定。

（2）电磁波测距高程导线测量，可采用每点设站法或隔点设站法，也可两种方法交替使用。隔点设站时，应每站变换仪器位置或仪器高度观测两次。

（3）视线长度不宜大于 700m，最长不超过 1km，当视线长度大于 500m 时，宜使用不小于 40cm×40cm 的特制觇牌。

（4）用测距仪或全站仪观测距离时，温度变化超过 1℃时，宜在测回间重新输入温度后再进行观测。

（5）每站测前测后，各测量一次仪器高和目标高，两次互差不应超过 2mm，当满足要求时取两次量测值的均值。

电磁波测距三角高程观测的主要技术要求应符合表 6.6 的规定，观测精度应符合表 6.7 的规定。

表 6.6　电磁波测距高程导线观测的主要技术要求

等级	仪器标称精度		垂直角观测			边长测回数	仪器高、棱镜高丈量精度/mm
	测距（等级）	测角/(″)	测回数	指标差较差/(″)	测回较差/(″)		
四等	Ⅱ	2	3	≤7	≤7	2	2
普通	Ⅲ	2	2	≤10	≤10	2	2

注　1. 当采用 2″级光学经纬仪进行垂直角观测时,根据仪器的垂直角检测精度,适当增加测回数。
　　2. 垂直角的对向观测,当直觇完成后即刻迁站进行返觇测量。
　　3. 仪器、反光镜或觇牌的高度,在观测前后各量一次并精确至 1mm,取其平均值作为最终高度。

6.3 高程控制测量方法

表 6.7　　　　　　　　　电磁波测距高程测量精度要求

等级	每千米高差全中误差 /mm	边长 /km	观测方式	高差较差 /mm	附合或环形闭合差 /mm
四等	10	≤1	对向观测	$\pm 45\sqrt{D}$	$\pm 20\sqrt{\sum D}$
			单程双测	$\pm 14\sqrt{D}$	
四等以下	15	≤1	对向观测	$\pm 60\sqrt{D}$	$\pm 30\sqrt{\sum D}$
			单程双测	$\pm 20\sqrt{D}$	

注　D 为测站间或照准点间的水平观测距离,单位为 km。

视线通过江河、湖泊、沼泽和沙漠时,若往、返观测高差较差超限,在排除可能发生粗差的条件下,可将限差放宽到原限值的 $\sqrt{2}$ 倍。

当三角高程路线的长度短于估算的最短水准路线长度的 1/2 时,可将附合、闭合限差放宽到原限值的 $\sqrt{2}$ 倍。

6.3.4.3 微视距精密三角水准

高精度的高程测量通常是采用精密水准测量的方法,但利用水平视线的水准测量,劳动强度大,且受测站点与立尺点之间的高差不能过大的限制。因此,用电磁测距三角高程测量代替水准测量进行精确的高程传递,得到了人们的重视和研究。欲使三角高程测量的精度能够达到精密水准测量的精度,进行三角高程测量必须采取相应的措施以提高其精度。影响三角高程测量精度的因素有竖直角测量误差、距离测量误差、大气折光以及量取仪器高和棱镜高的误差等。如果将三角高程测量的视距限制在不超过 50m(相当于二等水准的最大视距),即"微视距",则影响高差精度的因素就主要是量取仪器高和棱镜高的误差,这样,如果可以不需量取仪器高和棱镜高即可计算高差,自然高差的精度就更高了。

1. 不量仪器高和棱镜高的微视距精密三角水准原理

如图 6.7 所示,为了测量 A、B 两点间的高差,将全站仪安置在 O 点,在 A 点安置棱镜,用全站仪照准棱镜中心,测得竖直角 α_A 和斜距 S_A,从而可计算 O、A 两点间的高差为

$$h_{OA} = S_A \sin\alpha_A + (1-K_A)\frac{S_A^2 \cos^2\alpha_A}{2R} + i - v \tag{6.15}$$

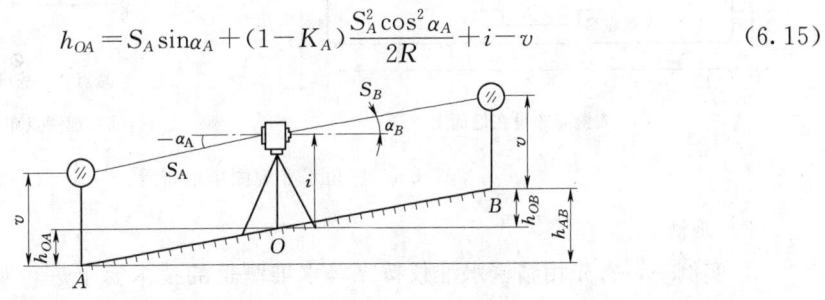

图 6.7　不量仪器高和棱镜高的三角水准原理

式中　K——大气垂直折光系数；

R——地球曲率半径。

然后把 A 点处的棱镜严格不改变棱镜杆长度移至 B 点，全站仪照准棱镜中心，测得竖直角 α_B 和斜距 S_B，可计算 O、B 两点间的高差为

$$h_{OB}=S_B\sin\alpha_B+(1-K_B)\frac{S_B^2\cos^2\alpha_B}{2R}+i-v \tag{6.16}$$

则 A、B 两点间的高差为

$$h_{AB}=h_{OB}-h_{OA}$$
$$=S_B\sin\alpha_B-S_A\sin\alpha_A+\frac{1}{2R}(S_B^2-S_A^2)-\frac{1}{2R}(S_B^2\cos\alpha_B K_B^2-S_A^2\cos\alpha_A^2 K_A^2) \tag{6.17}$$

由式（6.17）可见，计算 A、B 两点间高差的式中已不存在仪器高和棱镜高。由于可以任意选择仪器站位置，所以测量时可以将仪器站至两观测点的距离安排得尽量相等，则式（6.17）可简化为

$$h_{AB}=h_{OB}-h_{OA}=S_B\sin\alpha_B-S_A\sin\alpha_A \tag{6.18}$$

2. 观测实例

（1）场地布置。

1）观测实例一，如图 6.8（a）所示，在某处道路上布设观测点，点的标志顶部呈微凸状，使其既便于立放水准尺，又便于安放棱镜杆。将布设的观测点构成一条闭合路线，即基点→1→2→3→4→5→6→7→8→9→10→11→12→基点。

2）观测实例二，如图 6.8（b）所示，在建筑物上设置观测标志，并设置 4 个基准点，构成的闭合路线，即基点 1→基点 2→1→2→3→4→5→6→7→8→基点 3→基点 4→9→基点 1。

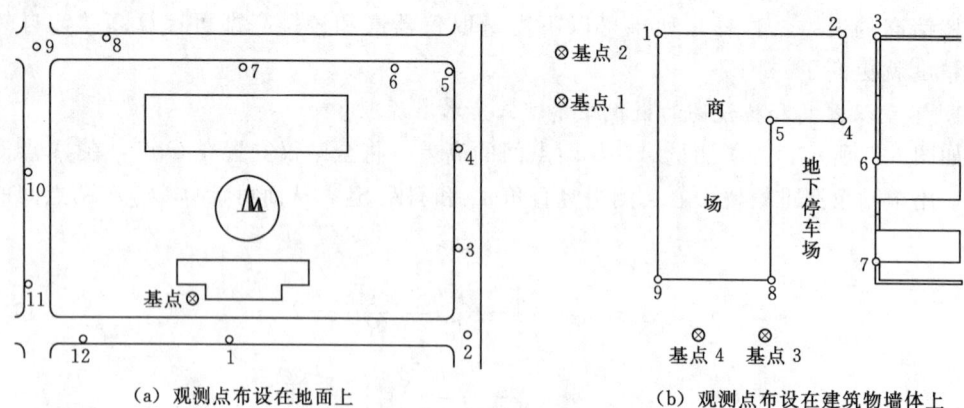

（a）观测点布设在地面上　　　　（b）观测点布设在建筑物墙体上

图 6.8　三角水准观测场地布置

（2）观测。

1）实例一，首先用精密水准仪按二等水准测量的技术要求进行观测，而后用标称精度 $2''$、$2mm+2ppmD$ 的全站仪进行两轮观测。第一轮是对每一观测目标分别测定竖直角和斜距，竖直角观测 2 测回，读数读至 $0.5''$，测回差不大于 $2''$，指标差互差不大于 $3''$。

距离观测 2 测回，读数读至 0.1mm，每测回内各次读数差不超过 2mm，测回间距离较差不超过 1mm，视距长度不超过 50m。第二轮观测是用全站仪对观测目标直接测定高差，读数读至 0.1mm，观测 2 测回，测回间高差较差不超过 1mm，测定高差的同时读取视距，视距读至 0.1m，视距长度也不超过 50m。

2）实例二，仍然首先用精密水准仪按二等水准测量的技术指标进行观测，再用标称精度 $2''$、$2mm+2ppmD$ 的全站仪按直接测定高差的方法进行两轮观测，技术要求与观测实例一相同。

注意：用全站仪观测，无论是分别测定竖直角和斜距还是直接测定高差，都应将观测时的温度、气压预先输入全站仪；安放棱镜使用对中杆支架，确保棱镜杆竖直且稳定，且要严格保证同一测站棱镜杆高度不变。

(3) 观测结果。表 6.8 所列为观测的精度情况；表 6.9 所列为观测点高程计算结果（独立高程系统）；表 6.10 所列为观测的工作效率情况。

表 6.8   观测精度统计

参数	观测实例一			观测实例二		
	精密水准	三角水准（分别测竖角斜距）	三角水准（直接测高差）	精密水准	三角水准（第一期）	三角水准（第二期）
闭合路线长/m	2864	2860	2858	844	839	840
环线闭合差/mm	−1.9	+2.1	+1.4	−1.1	−1.0	−1.2
M_0/mm	±1.1	±1.2	±0.8	±1.0	±1.1	±1.3
M_{Hmax}/mm	±0.9	±1.0	±0.7	±0.5	±0.5	±0.6

注　M_0 为每公里高差中误差；M_{Hmax} 为最大高程中误差。

表 6.9   观测点高程结果比较   单位：m

观测实例一				观测实例二			
点号	精密水准	三角水准（分别测竖角斜距）	三角水准（直接测高差）	点号	精密水准	三角水准（第一期）	三角水准（第二期）
基点	7.0000	7.0000	7.0000	基1	5.0000	5.0000	5.0000
1	6.5302	6.5306	6.5303	基2	5.6478	5.6475	5.6480
2	6.3196	6.3191	6.3192	基3	5.3391	5.3395	5.3393
3	6.2308	6.2302	6.2307	基4	5.1685	5.1688	5.1687
4	6.3114	6.3113	6.3116	1	6.1295	6.1293	6.1290
5	5.5200	5.5194	5.5196	2	5.9567	5.9572	5.9569
6	5.6334	5.6328	5.6335	3	5.6229	5.6225	5.6225
7	5.5238	5.5237	5.5235	4	5.7411	5.7406	5.7408
8	6.3002	6.2997	6.3004	5	6.0322	6.0328	6.0323

续表

	观测实例一				观测实例二		
点号	精密水准	三角水准（分别测竖角斜距）	三角水准（直接测高差）	点号	精密水准	三角水准（第一期）	三角水准（第二期）
9	6.7036	6.7031	6.7037	6	6.0402	6.0402	6.0399
10	6.9289	6.9284	6.9285	7	5.7572	5.7574	5.7568
11	6.5311	6.5308	6.5308	8	5.9512	5.9509	5.9514
12	6.5175	6.5175	6.5177	9	6.1429	6.1429	6.1432

表 6.10　　　　　　　　　　　工　作　效　率　比　较

	试　验　一			试　验　二		
观测量	精密水准	三角水准（分别测竖角斜距）	三角水准（直接测高差）	精密水准	三角水准（第一期）	三角水准（第二期）
外业观测人数	4	3	3	4	2	2
外业观测用时	3h40min	3h18min	2h50min	2h35min	1h47min	1h40min
数据处理用时	1h05min	1h37min	1h15min	50min	55min	52min
外业交通工具	大车	小车	小车	大车	小车	小车

从实例观测结果看，用全站仪进行微视距三角水准测量不必分别观测竖直角和斜距（或平距），可直接用全站仪测定高差；微视距精密三角水准的精度与二等水准的精度相当；微视距精密三角水准的效益优于精密水准，这主要体现在外业观测用时和经费开支（如外业观测人数、交通工具等）。观测实例的场地起伏并不太大，若测区起伏较大，三角水准的优越性无疑将更加明显。

6.3.5　卫星定位高程测量

6.3.5.1　卫星定位高程测量方法

卫星定位高程测量宜与卫星定位平面控制测量同时进行。期望卫星定位高程测量精度达到四等水准的精度，必须采取静态（或快速静态）测量，普通水准及碎部高程测量可采用实时动态定位（RTK）方法施测。采用 RTK 方法施测，若位于连续运行基准站（Continuously Operating Reference Stations，简称 CORS）系统有效覆盖区内，宜选用网络 RTK 测量。

卫星定位静态测量及 RTK 测量方法见第 5 章内容。卫星定位点的高程计算不宜超出高程异常模型所覆盖的范围。

6.3.5.2　高程异常模型

卫星定位高程测量高程异常模型，可根据测区情况通过下列途径建立。

（1）利用卫星定位测量、水准测量、重力测量、地形测量及重力场模型等资料，按物理大地测量方法获得。

（2）区域面积较小、地形平坦及重力异常变化平缓地区，利用水准测量和卫星定位测量资料，通过数学拟合方法获得。

（3）采用 RTK 方法施测，且位于 CORS 系统有效覆盖区内，宜利用 CORS 系统已有高程异常模型。

利用已有高程异常模型，应对其标称的高程精度进行检测，核实是否达到相应的精度等级要求。新建高程异常模型，模型内的符合中误差、高程中误差、检测较差应达到表 6.11 的规定。

表 6.11　　　　　　　　卫星定位高程测量主要技术要求　　　　　　　　单位：cm

等级	平原、丘陵			山区		
	模型内符合中误差	高程中误差	检测较差	模型内符合中误差	高程中误差	检测较差
四等	2.0	3.0	6.0	—	—	—
普通	3.0	5.0	10.0	4.5	7.5	15.0

通过数学拟合方法建立高程异常模型，水准点的布设应：采用平面拟合，拟合点数不少于 4 个；采用曲面拟合，拟合点数不少于 7 个；点位均匀分布于测区范围内，平原地区点间距不宜超过 5km。若地形起伏较大，应按测区地形特征增加点位。高程拟合点的水准测量要求应符合表 6.12 的规定。

表 6.12　　　　　　　　高程拟合点的水准测量要求

卫星定位高程等级	水准连测等级	卫星定位高程等级	水准连测等级
四等	三等及以上	普通	四等及以上

6.3.5.3　卫星定位高程测量检核

卫星定位高程测量完成后，要进行 100% 的内业检查和点数不少于总点数 10%（不宜少于 3 个）的外业同精度检测。内业数据检查包括：外业观测数据记录的齐全性；观测成果的精度指标；输出成果内容的完整性；校核点的较差计算及检核结果。

外业检测可采用卫星定位测量方法进行，也可采用水准测量或电磁波测距三角高程测量方法进行，且至少联测一个已知高程点。用水准或电磁波测距高程测量方法检测，应达到表 6.13 的规定。

表 6.13　　　　　　　　卫星定位高程测量检测较差

卫星定位高程等级	检测方法	检测较差/mm
四等	四等水准	$30\sqrt{L}$
普通	普通水准	$60\sqrt{L}$
	三角高程	$0.4S$

注　1. L 为水准检测线路长度，以 km 为单位。小于 0.5km 的，按照 0.5km 计。
　　2. S 为三角高程边长，以 m 为单位。
　　3. 在山区，上述限差可以放宽 1.5 倍。
　　4. 在山区，可采用四等电磁波测距高程导线检测。

6.4 水文测站高程测量

6.4.1 水准点的引测和校测

6.4.1.1 水准点的引测

水文测站基本水准点，其高程以国家一、二等水准点为起算点，用不低于三等水准测量方法引测；若条件不具备，也可从国家三等水准点引测。

为防止受地面沉降和引据水准点损坏灭失影响，有条件的地区，宜将水文测站基本水准点中的一个，直接纳入国家或者地方的基础测绘系统，联网观测平差，并定期维护。

水文测站校核水准点，其高程以水文测站基本水准点为起算点，用三等水准测量方法引测；若条件不具备，可用四等水准测量方法引测。

引测基本水准点和校核水准点高程的起算点，长期固定，一经选用无特殊情况不作更换。

6.4.1.2 水准点的校测

1. 水文测站基本水准点的校测

对水位精度要求较高的水文测站，基本水准点每逢5逢0年份校测一次，其他水文测站的基本水准点每10年校测一次。

纳入绝对基面水准网进行统一联网测量平差的水文测站基本水准点，按联网的水准网维护周期，在其复测年份进行校测，逢5逢0年份不再进行独立的校测。

未直接联网测量平差的基本水准点，及时就近引用经过水准网平差后的引据点进行校测。

若基本水准点出现变动迹象，则随即校测。废弃损坏、失稳的水准点，重新埋设新标石。

每年对测站基本水准点系统进行一次自校考证测量，将各基本水准点组成最短的闭合路线，进行往返测量。

新建、补设的基本水准点，标石埋设后沉降一年方开始启用，启用后第一年内进行3~4次自校测量，次年按汛前、汛后各校测一次，第三年起每年校测一次。

2. 水文测站校核水准点的校测

校核水准点每年至少校测一次。若发现水准点标石有变动或疑有变动，则随即进行校测考证。

对废弃损坏、失稳的水准点，重新埋设新标石。

若水准点被过水淹没，退水后待土壤水分基本排干，及时进行校测。

3. 水准点校测后的高程启用

若新测高程与原用高程之差，不超过往返、测高差不符值的允许限差（表6.4），沿用原用高程。

若新测高程与原用高程之差，超过往返、测高差不符值的允许限差，需要通过基本水准点自校系统进行考证分析，判定确实是被测水准点的标石发生了变动，启用新高程。

对于纳入绝对基面水准网进行统一联网测量平差的基本水准点，可直接启用新高程资料，以此为起点引测的校核水准点，也随之启用新高程。

6.4.1.3 高程自校系统测量案例

某水文站高程自校系统水准测量成果见表6.14。

表6.14　　　××水文站　高程自校系统三等水准测量记载计算

测自：BM_1　　天气：晴　　呈像：清晰　　观测者：×××　　记录者：×××
测至：BM_2、BM_3、BM_1　　基面：假定　　测量方法：中丝读数　　仪器：××××××××
测量时间：×年×月×日　　开始：8:30　　结束：11:30

测站编号	测点编号	后尺 上丝	后尺 下丝	前尺 上丝	前尺 下丝	方向及尺号	水准尺读数/m 黑面	水准尺读数/m 红面	K+黑-红/mm	高差中数/m	备注
		后距/m		前距/m							
		视距差/m		积累差/m							
1	BM_1 ~ TP_1	1.684		1.520		后1	1.522	6.309	0		
		1.357		1.186		前2	1.353	6.040	0		
		32.7		33.4		后-前	0.169	0.269	0	0.1690	
		−0.7		−0.7							
2	TP_1 ~ BM_2	1.759		1.333		后2	1.564	6.251	0		
		1.370		0.931		前1	1.131	5.919	−1		
		38.9		40.2		后-前	0.433	0.332	+1	0.4325	
		−1.3		−2.0							
3	BM_2 ~ TP_2	1.422		1.732		后1	1.377	6.164	0		
		1.332		1.629		前2	1.680	6.367	0		
		9.0		10.3		后-前	−0.303	−0.203	0	−0.3030	
		−1.3		−3.3							
4	TP_2 ~ BM_3	1.483		1.843		后2	1.432	6.119	0		$K_1=4.787$
		1.381		1.751		前1	1.797	6.584	0		$K_2=4.687$
		10.2		9.2		后-前	−0.365	−0.465	0	−0.3650	
		+1.0		−2.3							
5	BM_3 ~ TP_3	1.854		1.480		后2	1.799	6.486	0		
		1.745		1.389		前1	1.434	6.220	+1		
		10.9		9.1		后-前	0.365	0.266	−1	0.3655	
		+1.8		−0.5							
6	TP_3 ~ BM_2	1.702		1.398		后1	1.651	6.438	0		
		1.603		1.305		前2	1.348	6.035	0		
		9.9		9.3		后-前	0.303	0.403	0	0.3030	
		+0.6		+0.1							
计算校核											

第6章 水文高程测量

续表

测站编号	测点编号	后尺 上丝 / 下丝 / 后距/m / 视距差/m	前尺 上丝 / 下丝 / 前距/m / 积累差/m	方向及尺号	水准尺读数/m 黑面	水准尺读数/m 红面	$K+$黑$-$红 /mm	高差中数 /m	备注
7	BM_2 ~ TP_4	1.330 / 0.936 / 39.4 / -0.5	1.764 / 1.365 / 39.9 / -0.4	后2 / 前1 / 后$-$前	1.135 / 1.570 / -0.435	5.821 / 6.357 / -0.536	1 / 0 / 1	-0.4355	
8	TP_4 ~ BM_1	1.585 / 1.251 / 33.4 / -0.8	1.757 / 1.415 / 34.2 / -1.2	后1 / 前2 / 后$-$前	1.383 / 1.552 / -0.169	6.170 / 6.239 / -0.069	0 / 0 / 0	-0.1690	
				后 / 前 / 后-前					
				后 / 前 / 后-前					$K_1=4.787$ $K_2=4.687$
				后 / 前 / 后-前					
				后 / 前 / 后-前					
计算校核		Σ后 184.4 Σ后-前	Σ前 185.6 -1.2	后Σ 前Σ $h\Sigma$	11.863 11.865 -0.002	49.758 49.761 -0.003		-0.0025	

6.4 水文测站高程测量

续表

测站编号	测点编号	后尺 上丝	后尺 下丝	前尺 上丝	前尺 下丝	方向及尺号	水准尺读数/m 黑面	水准尺读数/m 红面	K+黑 −红 /mm	高差中数 /m	备注
		后距/m		前距/m							
		视距差/m		积累差/m							

水文三、四等水准测量允许闭合差：

三等：$\Delta h_允 = \pm 0.012\sqrt{L}$ （m）

四等：$\Delta h_允 = \pm 0.020\sqrt{L}$ （m）

实测闭合差：$\Delta h = -0.0025$ （m）

$\Delta h_允 = \pm 0.012\sqrt{L} = \pm 0.012\sqrt{0.37} = \pm 0.007$ （m）

$$\delta_i = -\frac{n_i}{n}\Delta h = +0.0003 n_i \text{ （m）}$$

水准点	BM$_1$	BM$_2$	BM$_3$
原测高程：	21.428m	22.029m	21.362m
实测高程：	21.428m	22.031m	21.363m
取用高程：	21.428m	22.029m	21.362m

计算：×××（×年×月×日）　　校核：×××（×年×月×日）

复校：×××（×年×月×日）

6.4.2 水尺零点高程测量

水尺零点高程是指水尺的零刻度线（起始线）相对于某一基面的高差数值。水尺零点高程测量即经过测量确定水尺零刻度线的高程。

6.4.2.1 水尺零点高程测量方法与要求

水尺零点高程测量的仪器要求和测量方法，基本同水文四等水准测量，用双面尺往返观测。若采用单面水准尺观测，往、返测均采用一镜双高法。一镜双高法仪器两个高度的读数，相当于双面尺的黑、红面读数，所以变仪器高读数测得的两尺间高差之差的限差，与使用双面尺黑、红面所测高差之差的限差相同。

水尺零点高程测量的主要技术指标见表6.15。

表6.15　　　　　　　　　　水尺零点高程测量主要技术指标

地势	同尺黑、红面读数差/mm	同站黑、红面所测高差之差/mm	往返不符值/mm	视线长度/m	单站前后视距差/m
不平坦	≤3	≤5	$\pm 3\sqrt{n}$	5~50	≤5
平坦	≤3	≤5	$\pm 4\sqrt{n}$	≤100	≤5

注　要求视线高度三丝能读数；n 为单程仪器站数。

需要校核的各支水尺，在往测和返测过程中都逐个测量。测至水边时，加测水面高程。

接（校）测直立式水尺零点高程，若不能在水尺上直接测读，则在水尺桩一侧钉一能安放水准尺的小木块，钉木块的位置是使木块上端的平面与水尺上的分米分划齐平，每次接（校）测，将水准尺固定放置在小木块上读数。

接（校）测矮桩式水尺桩顶高程，将水准尺放在桩顶帽钉或固定点上。

接（校）测倾斜式水尺零点高程，分别在不同倾斜度的分划上立水准尺测量其高程。

接（校）测悬锤式和测针式水尺，测定其固定点的高程。

6.4.2.2 水尺零点高程测量的计算与零点高程启用规定

往测与返测的高差、高程计算，均应用校核（或基本）水准点作起算点。往测中，高差计算和高程推算按正常方法进行。返测中，将前视作为后视、后视作为前视进行高差、高程计算。

校核各支水尺，根据往、返观测算出的零点高程不符值，满足表6.15的规定，以往、返测定高程的平均值，作为新测的水尺零点高程。

新测的水尺零点高程，与原用的水尺零点高程，相差不超过该次测量的允许不符值，或虽超过允许不符值，但比降水尺不大于5mm，其他水尺不大于10mm，其水尺零点高程仍沿用原高程；否则，则采用新测高程。

6.4.2.3 水尺零点高程测量记载与计算示例

表6.16所列为水尺零点高程测量记载与计算表格式样。表6.17所列为某水文站进行的水尺零点高程测量记载计算实例。

表6.16　　　　　　　　　水尺零点高程测量记载计算表

测量项目：　　　　　施测号数：　　　　　断面名称：
测量时间：　　　　　年　月　日　　　　　时　分　至　时　分
天　　气：　　　　　风　　向：　　　　　风　　力：
仪器牌号：　　　　　基　　面：
水尺编号：　　零点高程：　　　m　　测水边时读数：　　水位：　　m
水尺编号：　　零点高程：　　　m　　测水边时读数：　　水位：　　m

仪器站号	测点	起点距或间距/m	距仪器站间距/m（后视/前视）	后视/m	前视/m	间视/m	高差/m +	高差/m −	平均高差/m +	平均高差/m −	高程/m

6.4 水文测站高程测量

续表

水尺编号	高程/m			原测高程/m	取用高程/m	闭合差/mm	
	往测	返测	平均			实测	允许

表 6.17　　××水文站　水尺零点高程测量记载计算

测量时间：　　2010 年 4 月 23 日　　14 时 25 分　　至　　17 时 35 分

天　　气：晴　　　　　风　向：　　　　　风　力：

仪器牌号：NA724　　　　基　面：大沽

仪器站号	测点	起点距或间距/m	距仪器站间距/m (后视/前视)	后视/m	前视/m	间视/m	高差/m +	高差/m -	平均高差/m +	平均高差/m -	高程/m
往测 1	BJ1		42.0/	2.297							39.338
				7.084							
2	TBM3		11.0/43.0	1.015	1.941		0.356		0.356		39.694
				5.702	6.628		0.456				
3	转1		8.0/10.0	0.445	2.992			1.977		1.978	37.716
				5.234	7.781			2.079			
3	P1+1.000		/8.0			1.001				0.555	36.161
						5.688					
4	转2		50.0/7.0	0.808	1.724					1.278	36.438
				5.493	6.411						
5	转3		52.0/51.0	1.212	1.537					0.730	35.708
				5.999	6.324						
5	P2+1.000		/20.0			0.642	0.570		0.570		35.278
						5.329	0.670				
6	转4		53.0/53.0	1.215	1.557		0.345		0.345		35.363
				5.902	6.244		0.245				
7	转5		54.0/54.0	1.838	1.684		0.469		0.469		34.894
				6.625	6.471		0.569				
7	水面					2.084	0.246		0.246		34.648
						6.870	0.245				
7	P4+1.000		/12.0			1.730	0.108		0.108		34.002
						6.517	0.108				
8	转6		44.0/55.0	1.341	1.585		0.253		0.253		35.147
				6.028	6.272		0.353				
	P4+1.500		/35.0			0.878	0.463		0.462		34.109
						5.666	0.362				

续表

水尺编号	高程/m			原测高程/m	取用高程/m	闭合差/mm		
	往测	返测	平均			实测	允许	
P1	36.161	36.165	36.163		36.163	4	$\pm 3\sqrt{3}$	5
P2	35.278	35.280	35.279		35.279	2	$\pm 3\sqrt{5}$	7
P3	34.109	34.103	34.106		34.106	6	$\pm 3\sqrt{7}$	8
P4	34.002	34.004	34.003		34.003	2	$\pm 3\sqrt{8}$	8

仪器站号	测点	起点距或间距/m	距仪器站间距/m（后视/前视）	后视/m	前视/m	间视/m	高差/m +	高差/m −	平均高差/m +	平均高差/m −	高程/m
返测 1	P3+1.500			0.919		0.477			0.477		34.103
				5.706		0.477					
2	转7			1.195	1.396	0.128			0.128		35.126
				5.883	6.183	0.128					
3	P4+1.000				2.317		0.285			0.994	34.004
					7.005		0.186				
3	水面				1.673		0.350			0.350	34.648
					6.361		0.350				
4	转8			1.352	1.323		0.254			0.254	34.998
				6.039	6.011		0.154				
5	转9			1.557	1.098		0.270			0.270	35.252
				6.343	5.885		0.369				
5	P2+1.000				1.529		0.242			0.242	35.280
					6.216		0.342				
6	转10			1.568	1.287		0.702			0.702	35.522
				6.255	5.974		0.602				
7	转11			2.349	0.866		1.491			1.492	36.224
				7.136	5.653		1.592				
7	P1+1.000				1.409		0.551			0.551	36.165
					6.195		0.651				
7	转12			2.821	0.858		1.976			1.976	37.716
				7.507	5.544		0.875				
8	TBM3			1.934	0.845	0.354			0.354		39.692
				6.621	5.632	0.354					
	BJ1				2.288						39.338
					6.975						

水尺编号	高程/m			原测高程/m	取用高程/m	闭合差/mm	
	往测	返测	平均			实测	允许

现将表 6.17 中的记载和计算内容说明如下：

(1) 起点距为各支水尺距零点标志桩的距离。

(2) 后视、前视和间视为水准尺读数，上下两栏分别为水准尺黑、红面读数，其差为该水准尺的尺常数（4.687m 或 4.787m）。

(3) 高差计算，由后视读数减前视读数（或间视读数），后视读数大于前视读数，高差为正；反之为负。

(4) 平均高差为上下两栏的平均值，也按正、负填入。

(5) 高程为校核（或基本）水准点或转点高程加本测点平均高差，即水尺零点高程。

(6) 返测时，校核（或基本）水准点起算，将返测记录的后视当作前视、前视当作后视（原记录格式不改变），反算各测点的前后测点高差和高程。

(7) 计算各支水尺往返测算高程的不符值，符号精度要求，取往返高程的平均值。

(8) 将前次各支水尺的水尺零点高程与本次相应水尺往返测高程的平均值相比较，按规定确定启用各支水尺的零点高程值。

6.4.3 洪水痕迹和大断面控制桩（点）高程测量

洪水过后，往往在河道岸壁、岸坡或附近的固定建筑物上，留有因浸水和未浸水的分界印记痕迹，确认位置后可测量其高程。若洪水痕迹点不便直接进行水准测量，可在其点位的竖直方向选择方便测量的点位实施水准测量，得到高程，然后用钢卷尺量测该点与洪水痕迹之间的竖直距离，从而计算出洪水痕迹的高程。

洪水痕迹高程测量，多用于调查历史特大或特殊洪水产生的痕迹位置。在规划的洪痕调查河段或必要的地方，应设立固定的永久性水准点，以备日后查考及复测之用。

重要的洪水痕迹的高程采用四等水准方法测量，一般洪水痕迹可采用普通水准、电磁波测距三角高程、卫星定位测高等方法测量。进行水准测量时，一般应由附近已有的水准基点接测，并注明何种起算基面。如果附近没有水准基点，可以自行设立固定点，测出洪水痕迹与固定点之间的高差，之后再从水准点引测设立的固定点的高程，进而计算洪水痕迹的高程。

大断面控制桩（点）高程，从测站基本水准点或校核水准点引测，通常采用四等水准方法测量。如果采用电磁波测距三角高程或卫星定位测高等方法测量，必须达到或优于四等水准的精度。

本 章 小 结

水文高程测量的任务，即水文测站水准点的引测（校测）、水尺零点高程测量、洪水痕迹和大断面控制桩（点）高程测量。

首先是高程基准或高程系统，着重明晰国家高程基准，即"1956 年黄海高程系统"和

"1985 国家高程基准",了解我国历史上不同时期和不同部门曾形成或使用过的其他高程系统。在明晰高程基准的基础上,明了水文测站的"基面"。

了解国家基本高程控制网情况,明晰水文测站基本水准点和校核水准点的布设,掌握水准点点之记图的绘制和水准点设置记载表的填写。

领会掌握水文三等和四等水准测量的技术要求,包括路线长度要求、仪器工具、观测技术指标、闭合差要求、观测注意事项。掌握三、四等水准测量的精度计算。

理解电磁波测距三角高程测量原理,研究探讨保证和提高三角高程测量成果精度的方法措施。理解卫星定位测高在水文高程测量中的应用要求。

明晰水文测站水准点引测(校测)的要求,掌握水尺零点高程测量的观测、记载、计算方法和高程启用规定,明了洪水痕迹和大断面控制桩(点)高程测量的规定要求。

思 考 与 练 习

6.1 水文高程测量包括哪些内容?

6.2 了解国家基本高程控制情况,了解我国高程基准情况。

6.3 何为基面?基面有哪几种?

6.4 水文站基本水准点如何布置及埋设?基本水准点高程引测要求是什么?

6.5 水文站高程自校系统如何布置?

6.6 水文站校核水准点如何布置?校核水准点高程引测要求是什么?

6.7 进行水文四等和三等水准测量的注意事项是什么?

6.8 水文三(四)等水准测量,每仪器站有哪些技术指标?三等和四等各为多少?

6.9 电磁波测距三角高程测量原理是什么?什么情况下采用三角高程测量?

6.10 进行三角高程测量采取对向观测有何好处?

6.11 水尺零点高程概念是什么?水尺零点高程引测(校测)有何要求?

6.12 新引测(校测)的水尺零点高程启用规定是什么?

6.13 水文测站水准点高程校测后的数值采用规定是什么?

6.14 洪水痕迹高程和大断面控制桩(点)高程的测量要求是什么?

6.15 图1所示为四等附合水准路线观测成果,A 和 B 为两个已知高程的水准点,1、2、3为待定高程的水准点,路线上方的数字为测得两点间的高差,路线下方数字为该段路线的长度,请在表1中平差计算1、2、3的高程。

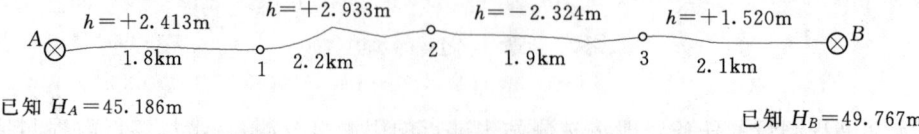

图1 四等水准测量观测成果

思 考 与 练 习

6.16 在表 5 中完成三等水准测量的每公里高差中数的偶然中误差计算。

表 1   水 准 测 量 成 果 整 理

点号	距离 /km	测量高差 /m	改正数 /m	改正后高差 /m	高程 /m
Σ					
辅助计算					

6.17 图 2 所示为三等水准网，各测段的水准路线长度及往返测高差列于表 2 中，试计算每公里高差中数的偶然中误差和每公里高差中数的全中误差。

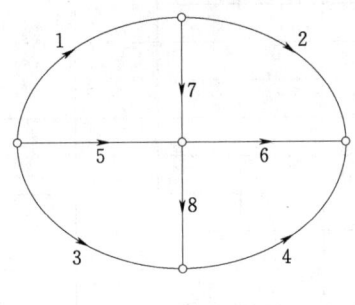

图 2   三等水准网

表 2

测段编号	水准路线长 /km	观测高差/m	
		往测	返测
1	3.5	+3.593	-3.590
2	2.7	+0.880	-0.883
3	3.3	+4.243	-4.247
4	2.9	+0.222	-0.224
5	1.6	+8.230	-8.228
6	2.5	-3.753	+3.756
7	1.8	+4.640	-4.638
8	4.2	-3.977	+3.981

6.18 已知 A 点的高程为 46.54m，用电磁波测距三角高程测量方法进行了直觇、反觇观测，观测数据列于表 3 中，求 P 点的高程。

表 3   电磁波测距三角高程测量观测数据

测站	目标	距离 /m	竖直角 /(° ′ ″)	仪器高 /m	觇标高 /m
A	P	213.645	+3 36 12	1.48	2.30
P	A	213.641	-2 50 56	1.50	3.30

6.19 某水文站水尺零点高程测量数据见表 4，试在表中完成计算。

表 4　　　　　　　　　××水文站　水尺零点高程测量记载

测量时间：　　××××年×月××日　　　14时20分 至 15时58分
天　　气：晴　　　　风　　向：　　　　　　　风　　力：
水尺编号：P1　　水尺零点高程0.07m　　测时水尺读数：2.72m　　水位：2.79m
仪器牌号：　　　　基　　面：吴淞

仪器站号	测点	起点距或间距/m	距仪器站间距/m（后视/前视）	后视/m	前视/m	间视/m	高差/m +	高差/m −	平均高差/m +	平均高差/m −	高程/m
往测 1	SW642A			1.458							4.623
				6.145							
2				1.252	1.616						
				6.039	6.403						
3				0.947	1.705						
				5.634	6.392						
4				1.818	1.441						
				6.605	6.228						
	P1				1.268						
					5.955						

水尺编号	高程/m 往测	高程/m 返测	高程/m 平均	原测高程/m	取用高程/m	闭合差/mm 实测	闭合差/mm 允许
P1							

思 考 与 练 习

续表

仪器站号	测点	起点距或间距/m	距仪器站间距/m（后视/前视）	后视/m	前视/m	间视/m	高差/m		平均高差/m		高程/m
							+	−	+	−	
往测	P1			1.304							
				6.091							
1				1.387	1.834						
				6.074	6.521						
2				1.673	0.922						
				6.424	5.709						
3				1.723	1.224						
				6.410	5.911						
4					1.514						4.623
	SW642A				6.301						

水尺编号	高程/m			原测高程/m	取用高程/m	闭合差/mm	
	往测	返测	平均			实测	允许
P1							

表 5 三等水准测量中误差计算

测段	仪器站数	路线长/km			高差/m		Δh /m	$\Delta h_允$ /m	$h_均$ /m	$\Delta h \Delta h$ /mm²	$\dfrac{\Delta h \Delta h}{L}$ /(mm²/km)
		$L_往$	$L_返$	$L_均$	$h_往$	$h_返$					
TJ1～B6-1	4	0.4663	0.4656		0.5959	−0.5985					
B6-1～B6-2	2	0.1104	0.1102		−0.6555	0.6540					
B6-2～B6-3	4	0.4042	0.4034		0.0070	−0.0090					
B6-3～TJ2	2	0.1825	0.1836		−0.2155	0.2150					
Σ											
中误差计算											

第7章 水文断面测量

水文断面测量包括横断面测量和纵断面测量，垂直于河道或水流方向的截面为横断面（简称断面），水流方向的截面为纵断面。断面测量的内容，即测定河床各点的起点距及其高程，绘制断面图。水文断面测量一般是结合水文测站及测验河段的地形图测量同时进行，根据实际需要也可单独进行测量。断面测量工作中的断面布设、标志设置、测量范围、施测时间及测次要求等，按《水文测量规范》（SL 58—2014）要求进行。

7.1 断面测量方案

7.1.1 断面测点布设

断面测点分水上部分和水下部分。

7.1.1.1 水上部分测点的布设

水上部分测点分布以能控制地形转折变化、测绘出断面的实际情况为原则，起伏较大的地方需布设较多的测点，滩地平缓处可以适当减少测点。

施测前要清除断面上的障碍物，在布设的测点处打入木桩等作为标志，以便固定测点位置和测定高程。标志按起点距顺序编号。

7.1.1.2 水下部分测深垂线的布设

测深垂线的布设，也是以能控制断面内河床地形的主要转折变化为原则，一般情况是进行均匀布设，但在主槽、陡岸边及河底急剧转折处应适当加密。断面最深处也应布设垂线。

在串沟和独股水流上，也按上述要求布设测深垂线。

断面内有回流、死水区时，且需要测定其边界，则在顺逆流分界线及死水边界处布设测深垂线。

在新设的断面上，为了探清河床地形的起伏变化，沿断面采用连续探测法探测水深。在地形转折点的垂线上记录水深和起点距，如果探测垂线的水深与前一个地形转折点水深之差超过5%，则该垂线即作为新地形转折点，记录其测得水深和起点距。在坡度均匀倾斜的岸边部位，取用探测记录的密度可以适当减小。

对不便于采用连续探测法的地方，宜采用双倍垂线法，使测深垂线数目增加至表7.1所列测深线数的两倍。若断面变化复杂，用两倍垂线法仍不能测得准确的水道断面，还需增多垂线数目。

第7章 水文断面测量

表 7.1 横断面测量的最少测深垂线数目

水面宽/m		<5	5	50	100	300	1000	>1000
垂线数	窄深河道	5	6	10	12	15	15	15
	宽浅河道		6	10	15	20	25	>25

注 水面宽与平均水深的比值小于100时为窄深河道，大于100时为宽浅河道；任一水面宽的最少测深线数目可内插求出。

7.1.2 控制测量布局

7.1.2.1 基线的设置

采用全站仪、经纬仪或平板仪交会的方法，推求测点和测深垂线的起点距，须设置基线，基线通常设置成垂直于断面，其起点设在断面线上。当河道过宽而一条基线不能满足需要时，可设置高、中、低基线。滩地上的基线尽可能结合断面上的固定桩设置。基线的长度宜取10m的整倍数，总长能满足断面上最远点的仪器视线与断面夹角不小于30°，特殊情况下也不应小于15°。基线位置确定后，设立基线桩，基线桩设在基线的起点和终点处。基线起始桩可兼作断面桩（断面起点桩）。高水位的基线桩设在历年最高洪水位以上。

基线长度测量，一般用全站仪测量，也可用经鉴定的钢尺进行往返测量，往返测量相对误差不大于1/1000，取其均值作为基线长度。若因条件限制，无全站仪设备，又不便用钢尺测量，可设置由两个辅助基线组成的单三角形，以正弦定理推算断面基线。采用这种方法，三角形的每个内角应大于30°小于120°，三角形辅助基线进行往返丈量，丈量相对误差不低于1/2000。

7.1.2.2 高程基点的设置

高程基点一般设置在断面上，其高度满足仪器对断面上最远一个测点视线的俯角不小于4°，特殊情况下不小于2°。若受地形等条件限制，高程基点也可设在断面线上、下线附近。高程基点的位置确定后，设置标志，标志设在坚固的岩石或标桩上，其高程采用四等水准测定。若基点高出最高洪水位不足5m，则采用三等水准测定其高程。永久性的高程基点标志，按校核水准点的要求设置，这样可兼作校核水准点。

7.2 起点距测量

起点距为测点或测深垂线在断面内的位置至断面起点桩的水平距离。对横断面测量，水上部分地形转折点（测点）和水下部分测深垂线的起点距，一般以高水时的左岸断面桩（起点桩）作为起算零点，若自右岸断面桩作为零点则需加以说明。断面桩和滩地固定桩均为起点距测量控制点。两岸断面桩之间的总距离，以及各固定桩之间的距离须往返测量，取其均值，往返测量不符值与均值的相对精度不低于1/500；否则，须重新测量，直至符合要求为止。以后每次断面测量，两岸断面桩间的总距离，以及各固定桩之间的距离，当其单程测量的长度与原测定长度的不符值满足或优于1/500的相对精度，可只进行单程测量，距离值采用原测数值。若达不到精度要求，则需进行往返测量，并满足精度要求。起点距或桩间距的测量方法介绍如下。

7.2.1 全站仪观测或钢尺丈量

用全站仪或测距仪可以方便、准确地测出水平距离，适用于岸上各测点及涉水测深时测深垂线的起点距测量。

若全站仪或测距仪不具备需要使用钢尺量距，丈量时使用导标或经纬仪定向，沿断面方向用钢尺丈量各测点和测深垂线的起点距。导标法定向，在断面桩处沿断面线设置前、后两个导标，两标之间的距离不小于所测断面总宽度的 5%～10%。且最小不小于 5cm。

7.2.2 观读断面索（标志）

如图 7.1 所示，在断面上架设断面索，利用断面索标志，测读出各个桩点或测深垂线的起点距。断面索上的标志为等间距，以方便累算距离，测读时短于标志间距的部分用钢尺或皮尺丈量。

断面索的量距标志一般每隔 1～10m 设一个，视河面宽度不同而异，当河面宽度较大，标志间间距也较大，但最大间距不会大于 50m。断面索标志间的距离至少每年检验一次，检测长度与设定长度（如 5m、10m、20m 等）差值的相对误差，应不低于 1/500；否则须重新调整标志位置。

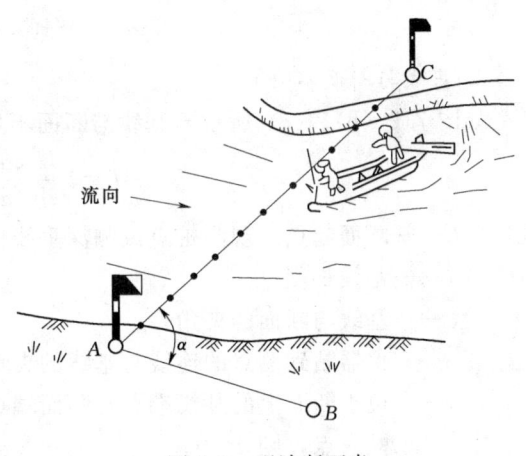

图 7.1 观读断面索

如果河道上有桥梁，当施测与桥梁走向一致的断面时，可利用桥面标定的起点距标志直接测读起点距。

7.2.3 交会法

7.2.3.1 平面交会

将经纬仪（或全站仪）设在基线的一个端点上，后视基线的另一端点（位于断面线上）进行仪器定向，再前视各个测点或测深垂线位置，测出其水平角度，解析计算起点距。基线位置有垂直于断面和不垂直于断面两种情况。

1. 基线与断面垂直

如图 7.2（a）所示，基线垂直于断面（$\alpha=90°$），仪器架设在 B 点，则有

$$L = l \cdot \tan\beta + k \tag{7.1}$$

式中 L——断面起点至观测桩点或测深垂线位置的距离，即起点距；

l——基线长度；

β——仪器站到测点的连线与基线的夹角；

k——位于断面上的基线端点与断面端点 P 之间的距离，若基线端点与断面端点为同一点，则 $k=0$。

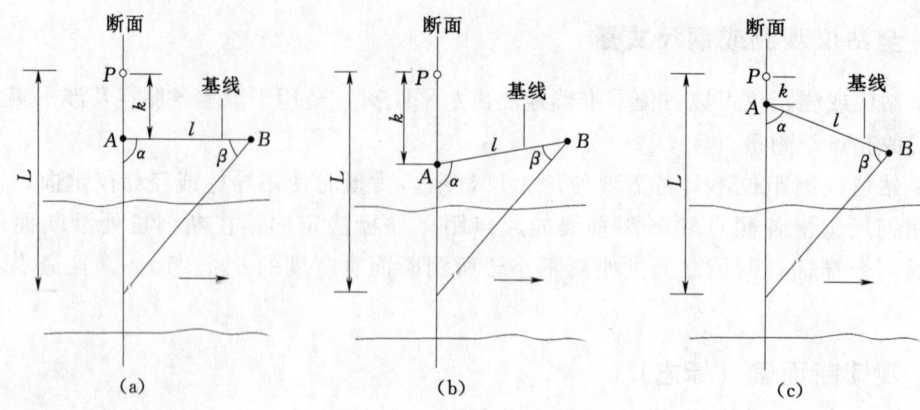

图 7.2 平面交会测算起点距

2. 基线与断面不垂直

如图 7.2（b）、(c) 所示，基线与断面不垂直（$\alpha \neq 90°$），仪器架设在 B 点，则有

$$L = l\frac{\sin\beta}{\sin(\alpha+\beta)} + k \tag{7.2}$$

式中 L——断面起点至观测桩点或测深垂线位置的距离，即起点距；

l——基线长度；

α——基线与断面的夹角；

β——仪器站到测点的连线与基线的夹角；

k——位于断面上的基线端点与断面端点 P 之间的距离，若基线端点与断面端点为同一点，则 $k=0$。

用经纬仪或全站仪平面交会观测起点距，若测点较多或测量历时较长，要注意在测量中经常后视基线端点进行校验，以确保交会角可靠无误。

7.2.3.2 立面交会

如图 7.3 所示，将经纬仪或全站仪安置在高程基点上（设高程基点位于断面线上），瞄准断面测点，测量垂直角，按式（7.3）计算起点距，即

$$L = h\cot\theta + k = (H+i-Z)\cdot\cot\theta + k \tag{7.3}$$

式中 h——水面与仪器视线的高差；

i——仪器高；

Z——与高程基点为相同基面（相同高程基准）的水位（水面高程）；

θ——实测竖直角；

k——位于断面上的高程基点与断面端点 P 之间的距离，若高程基点与断面端点为同一点，则 $k=0$。

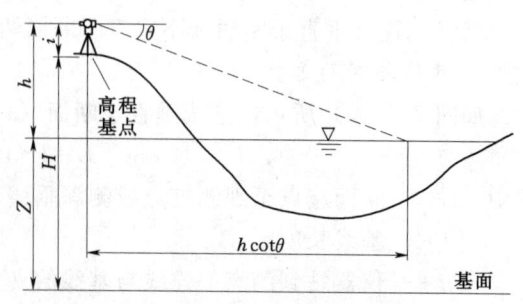

图 7.3 立面交会测算起点距

7.2.4 卫星定位测量

采用卫星定位 RTK 方法测量断面上起、终点及各个测点（测深垂线）的位置，可计算得各测点（测深垂线）的起点距，该法不受地形和距离影响，方便高效。卫星定位 RTK 测量方法见 5.4.2 小节。

7.3 水位与水深测量

断面测量中，水下测点的高程，是由水面高程（也称水位）减水深求得的，因此，测定水下点的高程，既需要进行水深测量，也需要进行水位观测。

7.3.1 水面高程（水位）测量

如图 7.4 所示，观测水面截在水尺上的读数，即可算得水位，即

水位（水面高程）＝水尺零点高程＋水尺读数

如果观测断面在水文测站附近，即有已经设立的水尺，且已作零点高程校测，则断面测量时利用水尺直接读算水位。

如果观测断面附近没有水尺，则需要在断面测量之前设立水尺。若水边有坚硬直立的岸壁可利用，直接在岸壁上钉上水尺；如果无岸壁可利用，则在岸边水中打入大木桩（长 1m 以上，入地深度 0.6m 以上，确保木桩竖直且稳固），在桩顶钉上铁钉，桩侧钉上水尺。由水准点高程接测水尺零点高程，接测方法和要求见 6.4.2 小节。

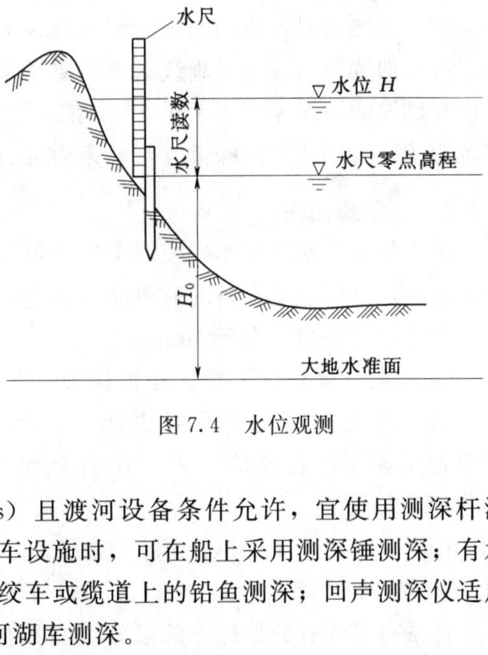

7.3.2 水深测量

水深测量的方法有测深杆测深、测深锤测深、铅鱼测深和回声测深仪测深等。当水深、流速较小（水深小于 6m，流速小于 2m/s）且渡河设备条件允许，宜使用测深杆测深；水深、流速较大，又无水文缆道和水文绞车等设施时，可在船上采用测深锤测深；有水文绞车或水文缆道等测深设备时，可用悬吊在绞车或缆道上的铅鱼测深；回声测深仪适用于水深较大（10m 以上），含沙量不太大的江河湖库测深。

图 7.4 水位观测

7.3.2.1 测深杆测深

测深杆一般采用适当长度的直径为 3~4cm 的竹竿或木杆制成，也有用玻璃钢、高强度塑料、铝合金及其他材料制作。重量以利操作，并具有一定的刚度及强度，经得起水流的冲击而无明显的弯曲或抖动。杆底部装有直径约 20cm 的带孔盘。以底盘底面作为刻度零点，涂以红白或黑白相间的油漆刻度，并标以深度数字，其刻度在不同水深下的水深读数能准确至 10%。测深杆的长度根据水深大小及实际使用情况，可以制作不同长度的测

深杆分别应用于不同水深时测深。

测深时在距船头约1/3船的长度处作业，以减少波浪对读数的影响。测深垂线位于上游插入水中，当测深杆到达测深垂直位置时，立即测读水深。在每条测深垂线上连续测读两次，满足两次水深之差不超过2%、河底不平或有波浪时不超过3%，取两次的均值作为实测水深。河底为乱石或较大卵石、砾石组成时，除在垂线上进行两次测深外，同时在其上、下游和左、右侧各0.2m（小河）或0.5m（大河）以内再测两次，取5点水深的平均值作为垂线水深。

7.3.2.2 测深锤测深

测深锤为塔形或截锥体的铅锤或铸铁锤，重4~8kg，测绳用直径6~8mm的麻（棕）绳制成，绳长视水深而定。其分划从锤底开始，标志间距使大多数测深垂线上的水深读数准确至3%，一般每隔0.2m或0.5m作上深度标志，整1m、5m、10m处用不同颜色的标志加以区别。标记深度标志，是将测绳浸入水中2~3昼夜，然后取出拉于木桩间，并挂上20~30kg重物晒干，干后再浸入水中1~2h，取出后在平坦的地面上拉紧测绳，用钢尺量定深度分划标志位置，在相应位置处系牢不同颜色的深度标志。

每次测深前须对测绳进行检验校正，先将测绳浸入水中1~2h，然后取出进行检校。测绳改正数记入当日测深记载簿中，精度记至cm量级。

在船上测深时，将测深锤向测深垂线上游方向投掷，当测深锤触及河底且测绳成垂直状态时立即读数。在每条垂线上连续测读两次水深，两次水深之差不大于3%，对河底不平或有风浪的情况差值不大于5%，满足要求取其均值作为实测水深。实际工作时，需要有备用的系有测绳的测深锤（当河床为乱石组成时，备用测深锤不少于两个）。

7.3.2.3 铅鱼测深

采用悬吊在水文绞车或缆道上的铅鱼测深，铅鱼的重量和钢丝绳悬索的直径视水深、流速大小及过河起重设备的荷重能力而定。在保证安全的前提下，所用悬索尽可能细些为好。悬索直径一般不大于5mm。

悬索须经常擦拭干净、涂油保养，使用前要注意检查有无扭结、压裂、断丝等现象，若出现上述情况要及时更换。当水深、流速变化很大，需用多种铅鱼测深时，相应地变换不同直径的悬索。在船上利用水文绞车悬吊铅鱼测深时，须在铅鱼底部安装河底信号器。

在测船上用水文绞车悬吊铅鱼测读水深的方法有以下几种。

1. 直接读数法

在系有或焊有分划标志的悬索上直接测读水深。分划标志刻度满足使测深误差不大于3%。

2. 计数器读数法

在绞车上装置计数器，当铅鱼触及水面时，将计数器拨对零点，然后下放铅鱼，当铅鱼触及河底时，计数器上的读数即为测得水深。

3. 游尺读数法

在绞车悬臂上装置游尺，游尺刻度单位为1cm，游尺的方向与同一位置处悬索的方向平行，其零点在绞盘的一端，读数朝着导向滑轮的一端（铅鱼的一端）增大，当铅鱼接触水面及河底，分别读出位于游尺刻度之间的悬索标志整米数及其在游尺上所截分米、厘米数，两数处的值即为测得水深。

用水文缆道悬吊铅鱼测深时，在铅鱼上装置水面和河底信号器，通过测深计数器在室内直接测读水深。在铅鱼触及水面出现水面信号时开始记录，铅鱼触及河底出现河底信号时停止记数，其间悬索运行的距离即为水深。具体操作方法、精度要求、率定、比测及改正等按《水文缆道测验规范》（SL 443—2009）有关规定进行。

7.3.2.4 回声测深仪测深

1. 回声测深仪及测深原理

如图 7.5 所示，回声测深仪主要由发射机、接收机、发射换能器、接收换能器、显示设备及电源等部分组成。

回声测深的基本原理是利用声波在同一介质中匀速传播的特性，测量声波由水面至水底往返的时间间隔，从而推算出水深。

2. 测深仪的安装与使用

（1）换能器的安装。如图 7.6 所示，把换能器盒与一适当长度的钢管相连，电线从管内穿过，把钢管固定在船舷外，离船首约 1/3 船身长的地方，以避开船首处水流冲击船壳产生的杂音干扰，同时避开船首水中气泡对声波传播速度的影响。此外，还须避开船机产生的杂音干扰。将换能器入水 0.5m 以上，记录下具体入水深度。换能器盒的长轴要平行于船的轴线。

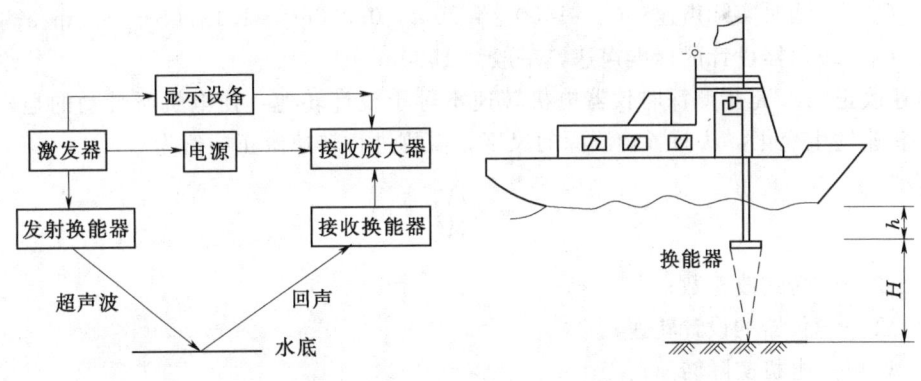

图 7.5 回声测深仪构造　　图 7.6 换能器的安装

操作仪须放稳妥，要既便于操作观测，又便于与驾驶员联系。宜离机舱远些，免受振动和电磁场的干扰，也要避开浪花溅湿仪器。

测深仪使用的电源一般为 12V 直流电瓶。

（2）测深仪的使用。测深仪的型号很多，且随技术的进步而不断更新，不同型号仪器的具体操作方法有些不同，但一般都有下述几个步骤。

1）连接换能器。把换能器盒的插头插入插孔。注意未接上换能器不要接通电源；否则会因空载而烧坏仪器元件。

2）接通电源。合上电源开关，若电源接反，指示红灯亮，说明正负极接错，马上调过来即可，一般仪器都有电源接反保护装置。

3) 检查电源电压。要求在 12～13V 之间。

4) 试测。将换能器放入水中，合上电源，仪器即开始工作，相应的记录纸上应有基位线及深度线，或者在显示盘上应有基位显示和深度显示。

5) 调节。增益过小，回波信号过弱，深度记录会消失；增益过大，杂乱信号会干扰记录，所以在工作时要调节增益旋钮，使回波信号记录清晰为止。

6) 调节纸速。船速快，水下地形复杂时用快速挡，一般用慢速挡。

7) 深度转换。工作时应根据实际深度及时拨动"深度转换"钮，选择合适的量程段。

(3) 测深改正。测深仪记录的水深值，还需要对其进行改正，包括换能器吃水改正、声速改正和转速改正。

换能器吃水改正数 ΔZ_b 即换能器盒的入水深度，如图 7.6 中的 h，一般在换能器安装好后用钢卷尺量取。

声速改正数 ΔZ_c 是由于水温和水质的不同，声波的传播速度不等于设计值，使测得水深与实际水深不符，所需改正值为

$$\Delta Z_c = S\left(\frac{C_n}{C_0} - 1\right) \tag{7.4}$$

式中　ΔZ_c——声速改正数；

　　　S——测得的水深；

　　　C_n——测时实际声速；$C_n = 1450 + 4.206t - 0.0366t^2 + 1.137(S-35)$ m/s；

　　　C_0——仪器设计的标准声速，一般为 1500m/s。

转速改正 ΔZ_n 是指测深时仪器电机转速不等于设计转速，使电机所带动的显示记录装置的转速发生变化，从而影响测深的尺度，需要进行转速改正的值为

$$\Delta Z_n = S\left(\frac{V_0}{V_n} - 1\right) \tag{7.5}$$

式中　ΔZ_n——转速改正数；

　　　V_0——仪器的设计转速；

　　　V_n——电机实际转速。

3. 使用测深仪注意事项

(1) 在开机使用前要进行检查，确认一切接线和各部件位置无误后方可打开电源，然后对电压、电机转动、测速、换挡、变速、定标、记录移动等情况进行检查，在各部位均处于正常运转状态下，经过 10min 运转后，方可正式进行水深测量。

(2) 在每次测深开始作业前，须对测深仪进行停泊比测和航行比测。停泊比测，测深仪测得水深与测深杆测得水深相差不大于 0.1m 为正常；否则应调整转速再进行比测，直至达到要求。航行比测，选择在水流平稳、流速不大、河床平坦、水深 5～10m 的断面上比测，测得水深之差应不大于 0.2m，个别测点不大于 0.3m。

(3) 测深作业中，每隔约 1h 测定电动机的转速及电压情况，其转速误差不应超过正

常值的 2%，电压不应超过正常值的 10%。若超出正常值须进行调整。随时注意仪器及部件温度升高情况，若温度升高超过正常值，应停止工作，待恢复正常再工作。

（4）作业结束后，关掉电源，各开关及旋钮置于正常位置，按规定要求拆卸仪器，保养、装箱。

7.3.3 水道断面测量水位观测及河底高程计算

水道断面测量过程中，水位涨落不超过 3cm，可在一岸观测一次水位作为计算水位。

宽浅河段，水位变化引起的断面面积变化不大于开始测量时断面面积的 5%；窄深河段，水位变化不大于 5cm，在同一岸观测开始和终了的水位，以其均值作为计算水位。

如果因为水位变化所引起的断面面积变化，大于开始测量时断面面积的 5% 且水位变化大于 5cm，则以开始测量时观测的水位作为计算水位，在实测水深的数值上加以水位涨落改正。

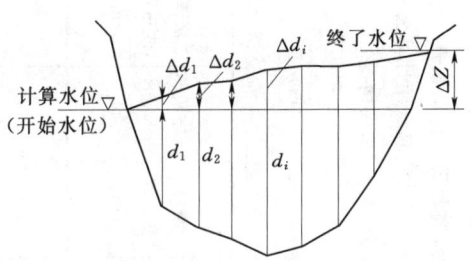

图 7.7 水位涨落改正示意图

水位涨落改正的方法，视由一岸至另一岸测量水深的过程中观测水位的次数而定。若在每一条垂线上测深时，水位均有实测记录，那么水位涨落改正数即为由计算水位减去垂线上测深时的水位后所得的数值（涨水时为负，落水时为正）。如果在一次测深过程中，只有开始和终了时的水位实测记录，水位涨落改正数可按时间直线插补而得。这种情况，在每条垂线上测深时，需要记录其相应时间。如图 7.7 所示，改正数的插补按式（7.6）计算，即

$$\Delta d_i = \frac{\Delta z}{\Delta t}(t_i - t_0) \tag{7.6}$$

式中 Δd_i——任一条垂线上（编号为 i）所加的水位涨落改正数；

$\frac{\Delta z}{\Delta t}$——在由一岸至另一岸测深过程中水位的涨落率，涨水时为负值，落水时为正值，m/min；

$t_i - t_0$——由一岸开始至任一垂线 i 测深所经的时间，min。

各断面在每次施测终了时，在主槽进行水位观测的同时，在对岸加测一次水位（即两岸均有同时水位资料）。如果横比降超过 5cm，须进行横比降改正，改正方法按水面宽与部分宽的比值进行。

如果断面上有分流和串沟，对每个较大的分流和串沟至少在其一岸观测一次水位，分别以所观测的水位减"实际水深"，单独计算出各股河槽的河底高程。

水道断面测量记载表式见表 7.2。

表 7.2　水道断面测量记载表表式

断面名称：　　　水系　　　　河　　　　站水道断面测量记载表

施测号数：　　　　　　　　　　基线编号：　　　　起点距计算公式：

施测时间：　　年　月　日　　时　分至　　时　分　　风向：　　　　风力：　　　水面情况：

测深方法：测深　　　　　起点距　　　　　　水位：左岸右岸　始　　　　　（m）终　　　　　（m）右岸

　　　　　　　　　　　　　　　　　　　　计算水位：　　　　　　　基面

垂线编号		起点距/m	测深时间/h min	实测水深/m			悬索偏角/(°)	偏角改正数/m	一岸实测水位/m	涨落改正数/m	横比降改正数	应用水深/m	河底高程/m	备注
测量	整理			I	II	平均								
角度/(°)														

测量：　　　　　记载：　　　　　计算：　　　　　初校：　　　　　复校：　　　　　月　日

7.4 大断面测量

水位线以下与河床线之间所包围的面积,为水道断面;历史最高洪水位与河床线之间所包围的面积,称为大断面。

7.4.1 大断面测量的一般要求

基本水尺、流速仪、浮标、比降、堰闸上下游水尺等各断面处,均需在设站时进行大断面测量。设站以后大断面测量的测次,按相关的水文测验标准规定进行。

大断面的施测工作宜在水位比较平稳、河床相对稳定的季节进行,一般在每年的汛前、汛后进行。汛期河势变化比较大时,进行相应加测。若当年发生较大洪水,洪水过后也应加测。每隔5年宜进行一次全断面测量。

7.4.2 断面宽度与测点布设

大断面测量包括水下和水上两部分测量。水上部分测至历年最高洪水位以上0.5～1.0m;对于滩地较宽的河流,可只测至洪水边;有堤防的河流,测至堤防背河侧的地面,无堤防而洪水漫溢至与河流平行的铁路、公路、围坝时,测至铁路、公路、围坝的外侧。

大断面测量前,清除断面上的障碍物以方便测量。在岸上主要转折点设测点标志,滩地很宽的断面,在适当位置设置固定桩。

1. 岸上测点布设

大断面测量岸上部分的测点布设,以能控制地形的转折变化为宜,需符合下列要求。

(1) 垂线一般是均匀分布,但主槽、陡岸边及急剧转折部位需适当加密。

(2) 断面最深点应布设垂线。

(3) 串沟和独股水流的测深垂线不少于表7.1所要求的一半。

(4) 新设站或者河床转折变化复杂的测站,测深垂线数应适当增加。

(5) 不漏测水边点。

2. 水下测点布设

大断面测量水下部分断面的测深线数目按表7.1规定布设。

7.4.3 起点距及高程测量

1. 起点距测量

大断面岸上部分的测点和水下部分的测深垂线位置起点距,根据设备条件和实际地形情况,选择采用7.2节介绍的方法。

2. 高程测量

(1) 岸上点高程测定。两岸端点的断面桩及固定桩,用四等水准测定其高程,每年汛前校测一次。水边线以上地形转折点的高程,可采用普通水准、三角高程或卫星定位RTK方式测量。除转点外的各地形点高程,可读记至厘米。测量大断面测点高程,若能闭合或附合于已知高程的固定点,可只进行单程测量;否则须往返观测。

表 7.3 大断面测量记载表式

水系_____ 河_____ 站大断面测量记载表

测量日期： 天气： 仪器型号：
断面名称：

仪器站号	测点	间距/m	起点距/m	后视/m	前视/m	间视/m	高差 (+)/m	高差 (−)/m	平均高差 (+)/m	平均高差 (−)/m	测深时水位/m	水深 第一次/m	水深 第二次/m	水深 平均/m	河底高程/m	河床质地	备注

时间	水尺编号	水尺读数/m	零点高程/m	水位/m
始：				
终：				

7.4 大断面测量

表7.4 水系 ×× 河 ×× 站 大断面测量记载表

测量日期：××××年×月×日　　天气：晴　　仪器：××××　　时：始 9:05　终 11:50

断面名称：基本断面

仪器站号	测点	间距/m	起点距/m	后视/m	前视/m	间视/m	高差(+)	高差(-)	平均高差(+)	平均高差(-)	测深时水位/m	水尺编号	水尺读数 第一次	第二次	平均	河底高程/m	河床质地	水位/m	备注
开始	BJ1			2.264								P4	0.63		0.63			34.63	
1	TBM3			7.051	1.908		0.356		0.356			P4	0.63		0.63			34.63	
				0.847	6.595		0.456									39.338			
2	转1		0.0	5.534	2.823	0.930		0.083		0.083						39.694			
			0.7	0.385	7.610			1.976		1.976						39.610			
3	转2		30.0	5.172		2.100		1.715		1.715						37.718			
			60.0	5.649	1.765	1.900		1.380		1.380						36.000			
			90.0		6.452	1.560		1.280								36.338			
4	转3		110.0	0.962		1.610		0.938		0.938						35.400			
			140.0	1.622	1.883	1.600		0.598		0.598						35.740			
			170.0	6.409	6.670	1.770		0.648		0.648						35.690			
5							0.022		0.022							35.417			
								0.921		0.921						35.440			
							1.021												
			200.0			2.030		0.148		0.148						35.270			
								0.408		0.408						35.010			

零点高程: 34.00　34.00

续表

仪器站号	测点	间距/m	起点距/m	后视/m	前视/m	间视/m	高差/m (+)	高差/m (−)	平均高差/m (+)	平均高差/m (−)	测深时水位/m	水尺编号	水深/m 第一次	水深/m 第二次	水尺读数 平均	河底高程/m	零点高程	河床质地	水位/m	备注
				1.506	1.958							P4			0.63		34.00		34.63	
				6.193	6.644							P4			0.63		34.00		34.63	
6	转4		210.0					0.336		0.336										
			240.0			1.530		0.024		0.024						35.081				
			270.0			1.570		0.064		0.064						35.060				
			300.0			1.620		0.114		0.114						35.020				
	转5		310.0	1.823	1.698		0.273	0.192	0.273	0.192						34.970				
			340.0	6.610	6.485	1.550	0.293	0.292	0.293							34.889				
7			366.0			1.530		0.258		0.258						35.160				
	水边		367.0			2.081					34.63		0.25	0.24	0.24	35.180				
			368.0										0.40	0.42	0.41	34.630				
			370.0								34.63		0.70	0.68	0.69	34.390				
			372.0										0.30	0.28	0.29	34.220				
			374.0								34.63					33.940				
	水边		375.0			2.082		0.259		0.259						34.340				
																34.630				

测量日期：××××年×月×日　　天气：晴　　时：分　始：9:05　终：11:50

断面名称：基本断面　　仪器：××××

7.4 大断面测量

续表

测量日期：××××年×月×日　　天气：晴　　时：分　始：9:05　终：11:50

断面名称：基本断面　　仪器：××××

仪器站号	测点	间距/m	起点距	后视/m	前视/m	间视/m	高差/m (+)	高差/m (-)	平均高差/m (+)	平均高差/m (-)	测深时水位/m	水尺编号	水尺读数	水深/m 第一次	水深/m 第二次	水深/m 平均	河底高程/m	零点高程	河床质地	水位/m	备注
8	转6		377.0	1.386	1.621	1.680	0.143		0.143			P4	0.63				35.030	34.00		34.63	
			410.0	6.073	6.308		0.202		0.202			P4	0.63				35.091	34.00		34.63	
			440.0			1.540	0.302	0.154		0.154							34.940				
9	转7		470.0			1.280	0.106		0.106								35.200				
			490.0			1.670		0.284		0.284							34.810				
			510.0	1.566	1.632		0.246	0.246		0.246							34.845				
10	转8		540.0	6.352	6.419	1.320	0.246	0.346	0.246								35.090				
			570.0			1.560	0.006		0.006								34.850				
			600.0	1.244	1.581	1.270	0.084	0.015		0.016							34.829				
			630.0	5.931	6.268	0.940	0.304	0.026	0.304	0.026							34.800				
11	转9		660.0			0.070	1.174	0.026	1.174								35.130				
			662.0	2.919	0.753		0.491		0.491								36.000				
				7.706	5.540		0.391										35.320				

续表

测量日期：××××年×月×日																
断面名称：基本断面						天气：晴				时:分 始:9:05						
						仪器：××××				终:11:50						

仪器站号	测点	间距/m	起点距/m	后视/m	前视/m	间视/m	高差/m (+)	高差/m (-)	平均高差/m (+)	平均高差/m (-)	测深时水位/m	水尺编号	水尺读数	水深/m 第一次	水深/m 第二次	水深/m 平均	河底高程/m	零点高程	河床质地	水位/m	备注
												P4	0.63					34.00		34.63	
												P4	0.63					34.00		34.63	
11	转10		671.0	2.606	0.101	2.150	0.769		0.769								36.090				
				7.293	4.788		2.918		2.818								38.138				
12	BJ2		677.0			1.260	1.346		1.346								39.480				
					1.644		0.962		0.962								39.100				
	结束				6.431		0.862														

200

(2)水下点高程测定。水下测点高程由水深和测时水位确定。水位观测和计算要求：水位变化不大于 5cm，在同一岸观测开始和结束的水位，以其算术平均值作为计算水位；水位变化大于 5cm，在各垂线测深时观测水位，各测点河底高程用相应观测的水位值作为计算水位（若水位变化平稳，也可由观测水位内插测深垂线相应水位）；横比降超过 5cm，需进行横比降改正；断面上有分流或串沟，则对每个较大的分流或串沟至少在一岸观测一次水位，单独计算出各股水流的河底高程。

3. 大断面测量记载簿

大断面测量记载簿表式见表 7.3。表 7.4 是某水文站大断面测量实例数据。

7.4.4 大断面测量数据处理

1. 观测成果检查整理

对水准测量、距离测量、水深测量等观测成果进行检查；对测点的起点距、固定点及其他地形转折点高程、每个水下点高程计算资用的水位进行计算、校核、复核及合理性检查；编制大断面实测成果表，格式见表 7.5。

表 7.5　　　　　　　　　　大断面实测成果表式

水系_____河_____站纵断面测量成果表

施测日期：　　年　月　日至　　月　日　　　　基面_____

断面编号	断面位置（距离）/m	测点编号	起点距/m	测时水面高程/m	深泓水深/m	深泓河底高程/m	备注

2. 绘制大断面图

根据大断面实测成果表绘制大断面图，绘图方法可以在毫米格纸上手工绘制，也可以利用 Excel、CAD 或 Cass 等软件绘制。大断面图的内容包括以下几项。

(1) 坐标系及比例尺。高程为纵坐标，起点距和面积为横坐标，选定后一般不再做变更，以便各测次的断面进行比较。纵、横比例尺一般采用 1m、2m、5m 的整倍数，纵、横坐标可采用不同比例尺，根据河道断面的宽深比和图的匀称美观确定。图幅的尺寸根据实际需要及有关规定确定。

(2) 测点位置。绘出大断面的所有测点，并在相应栏内填写测点的起点距、水深、河底高程。若填不下，则仅填写主要转折点的起点距、水深、河底高程。

(3) 左、右岸断面桩。

(4) 水位线。绘出施测时的水位线及历年最高最低水位线，注明其相应的年、月、日。曾发生干涸的河流，在图中备注栏内注明"×年×月×日发生河干"。

(5) 河床情况。注明河床土质、植被等情况，并标出分界线。

(6) 基面（高程系统）。注明所使用的基面名称。

(7) 其他。在大断面图上方适当位置注明流域、水系、河名、站名（或洪水调查的河段名称）、断面名称（或编号）。最后在图下方（边框下）注明施测者、制图者、校核者的姓名。

大断面图示例如图 7.8 所示。

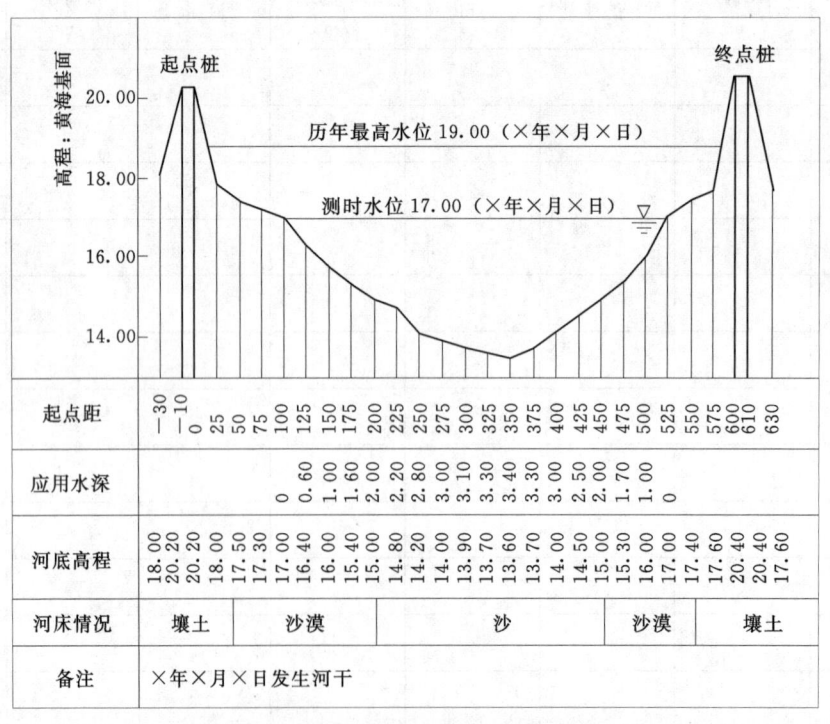

图 7.8 大断面图示例

7.5 纵 断 面 测 量

为掌握水文测验河段、洪水调查河段及其上、下游附近的河床纵向转折变化情况，及其对水文水力因素的影响，需要进行水文纵断面测量。水文纵断面测量一般随测站地形测量同时进行。当测验河段及其附近主槽河底出现纵向显著变化，或人类活动影响使水面线发生较大变化，或其他项目需要时，也需即时进行纵断面测量。

7.5.1 纵断面测量的一般要求

纵断面测量包括整个测验河段及下游对测验河段起控制作用的石梁、跌水、拦河闸（坝）、桥梁等，不宜小于测验河段长的 2 倍。洪水调查时的纵断面测量，应包括各种推算方法的计算断面。

纵断面测量的测点间距不大于比降断面间距的 1/2。在基本水尺、流速、浮标、比降等测验断面及纵向河底转折点处均需布设测点。

当水流平稳，比降均匀一致时，纵断面的水面高程可采用瞬时水面法用四等水准测定，也可用上下游水位内插法计算。如果河段内比降变化较大，分段用四等水准测定水位。水面高程也可以采用电磁波测距三角高程或卫星定位 RTK 方式测量，其精度必须不低于四等水准的精度要求。

深泓点的测量，在各测点的河道主槽横断面上探测出最大水深，同时测出水面高程，由水面高程减去最大水深求得深泓点高程，若同期进行过水下地形测量，也可用同次地形资料进行计算。

7.5.2 纵断面测点（或过测点横断面）间距测量

目前，纵断面测量中各测点（或过测点横断面）间距测量一般是采用全站仪或测距仪直接测量，或用卫星定位设备测量。如果设备条件不具备，也可用经鉴定的钢尺进行丈量。测量测点（或过测点横断面）间的距离，按以下要求进行。

（1）各横断面宜垂直流向。

（2）相邻断面平行，断面间距可在一岸测量；若相邻横断面不平行，则在两岸测量，取用中泓处的距离。

（3）对各横断面纵向距离要进行往返测量，不符值的相对精度不低于 1/500；测量比降时，比降断面间距的不符值的相对精度不低于 1/1000。

7.5.3 纵断面测点（水下）高程测量

纵断面测点基本都是在水下，所以对其进行高程测定，基本同大断面测量的水下部分。在各测点位置近水边处的水中钉设木桩，桩顶钉入圆帽铁钉，木桩须钉设牢固，使高程测量时不致引起变动。各测点桩顶高程采用四等水准测定，小河站距离小于 1km 时，也可按测量水尺零点高程的方法测定。测定桩顶高程后，量读水面至桩顶的读数，计算水面高程。水位有变化时，则在测定桩顶高程的同时还需测量水位。

连接各测点的水面高程，即为测时水面线（瞬时水面线）。

深泓河底线的测量，系在各测点的河道主槽横断面上探测出最大水深，同时测出水面高程，由水面高程减去最大水深即为深泓河底高程，也可用同次地形及各横断面测量的资料进行计算，取用各横断面的主槽最低高程点，连接各深泓河底高程点，即为深泓河底线。

河底平均高程线的测量，则要在每个测点位置施测河道横断面，计算平均河底高程（系指某级水位下的平均河底高程，一般为主槽的平均河底高程），连接每个横断面的平均河底高程即为平均河底高程线。

7.5.4 断面数据处理与纵断面图绘制

1. 检查测量成果

对纵断面测量中各测点（或过测点横断面）的间距测量、水位观测及水准测量等成果进行检查；对测点的高程和施测时水位进行计算、校核、复核及合理性检查，编制纵断面测量成果表。

2. 绘制纵断面图

根据纵断面测量成果表绘制纵断面图，绘图方法可以在毫米格纸上手工绘制，也可以利用 Excel、CAD 或 Cass 等软件绘制。纵断面图中宜包括下列内容。

（1）图名。包括水系、河名、站名（或调查河段名称），如××水系××河××站纵断面图。图名一般位于图上方居中。

（2）比例尺。高程纵坐标比例尺一般比水平距离横坐标比例尺放大 10～20 倍，纵、横坐标比例尺均采用 1m 或 2m 或 5m 或 10m 的整数倍数。

（3）高程系统。在高程比例尺的左边，注明采用的基面名称。

（4）河道各横断面位置。在其相应位置用虚线垂直标出各类横断面的位置，并注明横断面的编号（或名称）。

（5）河底线。深泓河底线。

（6）水面线。测时水面线（瞬时水面线），根据各测点同一时间的水面高程绘制主要大水年的洪水水面线，并注明相应的年、月、日及水面比降数值。

（7）建筑物。石梁、跌水、拦河闸（坝）及桥梁等位置及关键部位的高程，洪水调查时的洪痕位置及高程。

（8）支流情况。在测量范围内有支流汇入时，应绘出支流入汇的中心位置，并注明支流名称。

（9）起点距。自起始点（零点）起算累积的各测点距离。

（10）其他。视需要也可加绘两岸堤顶高程线，左岸用实线表示，右岸用虚线表示。并在大堤线上方注明其名称，如××大堤。

纵断面图示例如图 7.9 所示。

7.5 纵断面测量

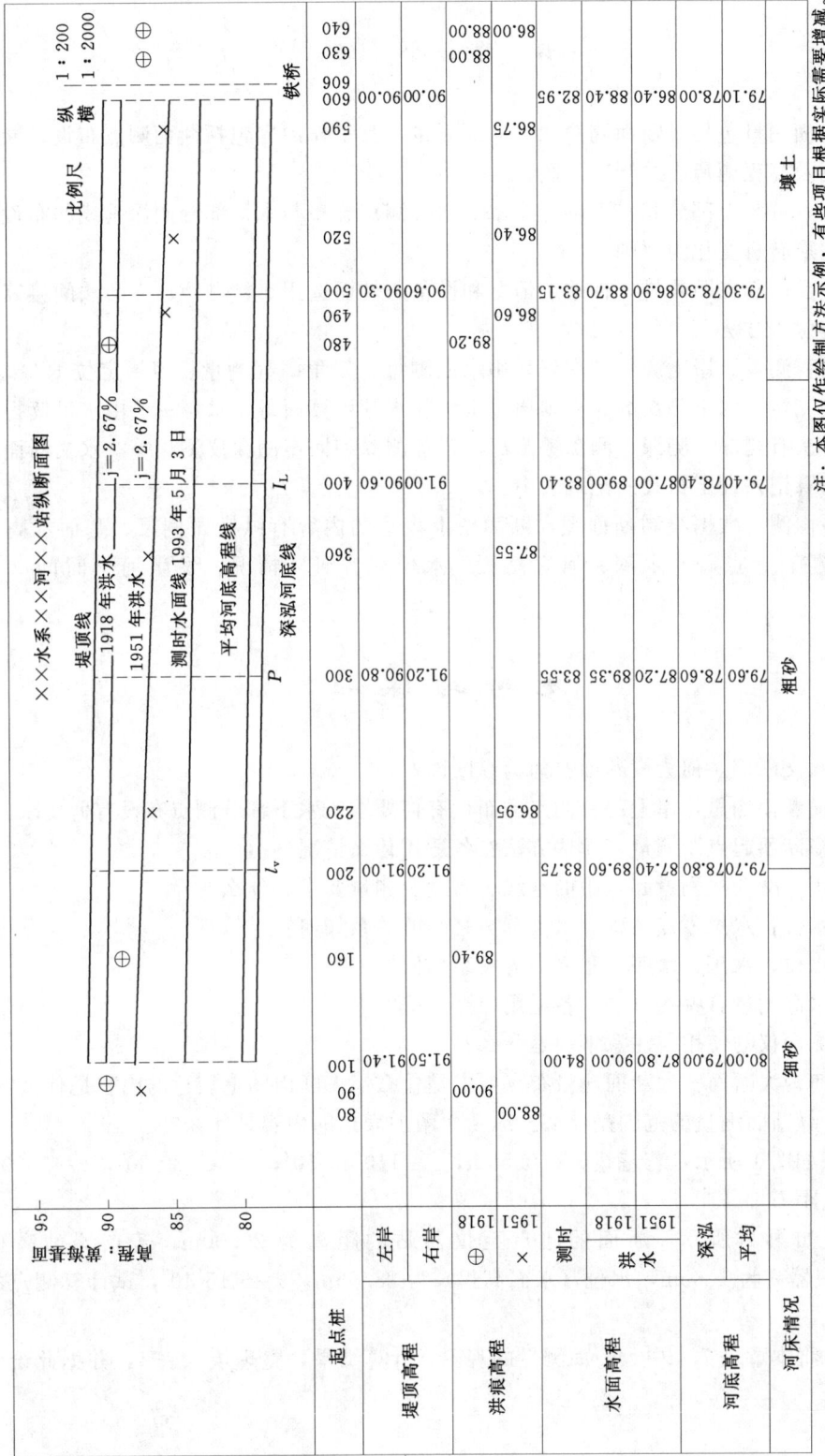

图 7.9 水文纵断面图示例（单位：m）

本 章 小 结

水文断面测量包括横断面测量和纵断面测量,其工作内容包括断面测点布设、断面测点的起点距及高程测量、绘制断面图。

断面测点分水上部分和水下部分。水上部分测点分布与水下部分测深垂线的布设,均以能控制地形转折变化为原则。

断面测点的起点距测量,视地形情况和设备条件而选用直接测距、交会法间接算出距离和卫星定位等方法。

测点高程测量。岸上测点的高程采用水准测量、三角高程测量、卫星定位 RTK 测量等方法直接测定;水下测点的高程则通过水位和水深计算而得,水位一般由水尺读得,水深测量的方法有测深杆测深、测深锤测深、铅鱼测深和回声测深仪测深等。水文断面测量的观测、计算记入设定格式的记载表中。

根据断面测量数据绘制断面图,断面图上表达的内容有纵横比例尺、基面(高程系统)、断面桩、起点距、水深、河底高程、水位线、河床情况、发生河干时间(如果有)等。

思 考 与 练 习

7.1 水文断面,何为横断面?何为纵断面?

7.2 横断面测量,岸上部分测点的布设有何要求?水下部分测点布设有何要求?

7.3 横断面起点距测量有哪些方法?各适用什么情况?

7.4 用于交会法测量起点距的基线、布设及测量要求是什么?

7.5 水位、水尺零点高程、水尺读数之间的关系如何?

7.6 水位、水深、水底高程之间的关系如何?

7.7 水深测量有哪些方法?各适用什么情况?

7.8 测深仪的使用与注意事项是什么?

7.9 何为大断面?大断面测量布点要求是什么?大断面图上表达的内容是什么?

7.10 纵断面测量的范围是什么?纵断面图上表达的内容是什么?

7.11 如图 1 所示,若基线 $l=50.50\text{m}$,$\alpha=110°45'30''$,$\beta=47°30'50''$,$k=25.00\text{m}$,试计算起点距 L。

7.12 如图 2 所示,断面的起点至仪器站的距离为 20.00m,若仪器站高程为 35.44m,仪器高为 1.65m,水位(水面高程)为 28.59m,$\theta=5°15'40''$,试计算测点的起点距 L。

7.13 将本章表 7.4 中大断面测量的观测、计算结果,整理填入表 1,并据此绘制大断面图。

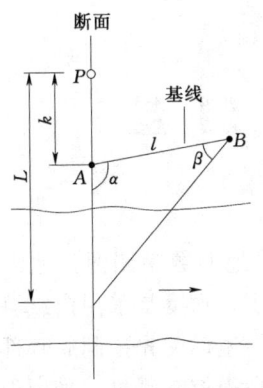 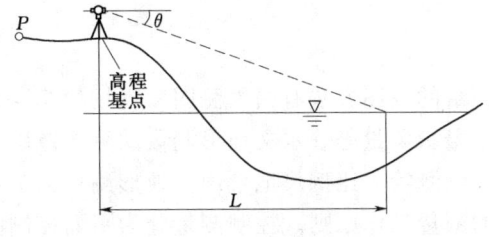

图 1 题 7.11 图　　　　　　　图 2 题 7.12 图

表 1　　　　　　　　　　　大 断 面 实 测 成 果 表

水系＿＿＿＿＿河＿＿＿＿＿站纵断面测量成果表

施测日期：　　　年　月　日至　　月　日　　　　基面＿＿＿＿＿

断面编号	断面位置（距离）/m	测点编号	起点距/m	测时水位/m	水深/m	河底高程/m	备注

第8章 水文地形测量

地形测量的成图方法有白纸测图（现场模拟法测图）、地面数字测图、地面立体摄影测量、航空摄影测量等。水文地形测量的测区范围一般较小，通常是采用白纸测图或数字测图的方法，测绘大比例尺地形图。地形测量的工作程序，遵循"先控制后碎部、由整体到局部"的测量工作原则。控制测量分为平面控制测量和高程控制测量，采用卫星定位的静态测量方式或全站仪三维导线方法，也可以将两者结合进行。关于高程控制测量已在第6章介绍，不再重述。本章将介绍平面控制测量、地形图的基本知识、地形图绘制方法（绘图软件使用）、水文测站地形测量、大水面水下地形测量等水文地形测量内容。

8.1 平面控制测量概述

8.1.1 国家平面控制网

我国的国家平面控制网主要由三角测量法布设，在西部困难地区采用导线测量法。最高级别的一等网也称一等三角锁，如图8.1所示。一等三角锁沿经线和纬线布设成纵横交叉的三角锁系，锁长200~250km，三角锁内由近于等边的三角形组成，边长为20~30km。

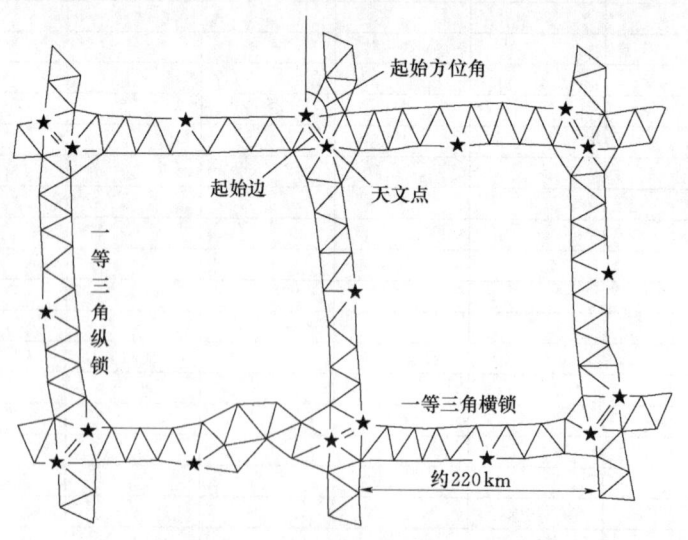

图8.1 一等三角锁（局部）布设示意图

在一等锁环内布设全面二等三角网，二等网的平均边长约为13km。国家一、二等网合称为天文大地网。我国天文大地网于1951年开始布设，1961年基本完成，1975年修补测量工作全部结束。三、四等三角网为在二等三角网内的进一步加密。

随着卫星定位技术的发展,并以其精度高、速度快、费用省、操作简便等优良特性,被广泛应用于大地控制测量中。我国已经建成了覆盖全国的国家级 GPS 网,全网共 2000 多个点,基本均匀布点,平均边长东部地区约为 50km,中部地区约为 100km,西部地区约为 150km。国家 GPS 网已经成为我国现代大地测量和基础测绘的基本框架。

8.1.2 水文地形测量的平面控制

8.1.2.1 平面控制的主要形式

平面控制的主要形式有三角测量、导线测量、交会测量、卫星定位静态测量等。过去,受测量装备条件和技术水平的限制,平面控制网的建立多采用三角测量、量距导线测量和旁点交会导线测量形式。随着测量装备条件改善和技术水平不断提高,越来越多地采用电磁波测距导线和卫星定位测量手段。

当测区内通视条件差异较大时,往往也将多种平面控制类型配合使用,如测绘区域大且通视条件不好的滩地的地形图,可在通视条件好的河道区建立三角网(或边角网),以三角网为基础,在通视条件不好的滩地区布设导线。

8.1.2.2 平面控制的坐标系统

水文地形图测绘均采用平面直角坐标。平面控制起算数据的确定,对于常规控制测量形式,如导线测量和三角测量,首先应利用国家或其他部门控制网数据资料。如果所布设控制网的端点是国家或其他部门控制网的点,该点用国家或其他部门控制网中的坐标值,并以此作为推算其余控制点坐标的依据。如果所布设控制网的端点不是国家或其他部门控制网的点,则测量出所布设控制网与国家或其他部门控制网间连接角,推求起始边方位角,作为计算其余各边方位的依据。

如果测区找不到国家或其他部门控制点标志和数据资料,可用国家地形图量算坐标和方位角,作为推算控制网各点坐标的依据。方法是,将标有起始端点的国家大比例尺地形图固定于平板仪图板上,再将平板仪安置在实地起始端点上。用移点器对准地面点,同时转动测图板,使罗盘器指针方向与国家地形图磁北线方向一致(或平行)固定测图板,用平板仪定规尺靠近图上起始端点,并使定规尺边缘与国家地形图纵坐标方向平行,在此方向地面上测设一点,这样就将国家地形图纵坐标方向测设于地面上了。在起始端点安置经纬仪(或全站仪),后视所测设的地面点测出起始边方位角,作为推算其余各边的依据。由于国家地形图上只有高斯投影分度带中央一条纵坐标线,与子午线的方向是一致的,故应由国家地形图的三北方向图查出子午线收敛角,标注在将要测绘的地形图上。

对于微小区域的水文地形测量,若采用独立坐标系统,其起算数据可按下述方法确定。

起算点坐标,以全测区各处坐标值均不为负值,假定控制网起始点坐标值,作为推算其余各点坐标依据。

起算方位角的确定,介绍以下几种方法:①在控制网起始点,用罗盘仪直接测出起始边磁方位角,作为起算数据;②在控制网起始点安置经纬仪(或全站仪),于北极星中天位置时(北极星位置最高时称为上中天,位置最低时称为下中天,近似地可取地方时中午十二时和凌晨十二时天体的位置)照准北极星,在地面上测设正北方向线,作为起算数据(寻找北极星的最简单办法:在夜晚,先找到北斗七星,即在天空中排列成水瓢状的七颗星，然后沿位于水瓢口的两颗星的延伸方向找到一颗最亮的星，那就是北极星）；③在控制网起始点上立标杆，在近中午前后观测杆影，杆影最短方向为正北方向，以正北方向线为后视线，测出起始边方位角，作为起算数据。

8.1.2.3 平面控制的精度要求

地形测量控制网一般分为基本控制、图根控制和仪器站点三级。在地形测量中，直接用于测图的控制网称为图根控制。由于图根控制网受允许的最大视距长度限制，边长不能过长，这样，当测区较大时，图根控制网的边数要相当多，会受误差传递影响而达不到要求的精度，因此，需先建立边长大、精度高的基本控制网，由基本控制网加密建立图根控制网。在测图过程中，有时还需要在局部地方由基本、图根控制网加密控制点，这些加密点称为仪器站点。

在一个测区内，控制网的最高一级称为首级控制。水文地形图测绘，一般面积不大，可采取以图根控制为首级控制的两级控制网。当然，对于测绘大江河或大漫滩河流的地形图，由于测区面积较大，还是宜采用以基本控制为首级的三级控制。

各级平面控制的布设层次、施测方法和精度要求见表8.1。

表 8.1　　　　　　　平面控制布设层次、施测方法和精度要求

平面控制层次	测图比例尺		精度要求（图上 mm）
	1∶500	1∶1000，1∶2000 1∶5000，1∶10000	
基本平面控制	三、四、五等	三、四、五等	三、四、五等基本平面控制最弱相邻点点位中误差不大于 0.05
图根平面控制	一级	一级 二级	最末一级图根点对于邻近基本平面控制点的点位中误差不大于 0.1
仪器站点平面控制	测站	测站	仪器站点对于邻近图根点的点位中误差不大于 0.2

注　1. 当进行 1∶500 比例尺测图时，其三、四、五等基本平面控制最弱相邻点点位中误差允许放宽到不超过 5cm。
　　2. 条件有利时，可以在基本平面控制的基础上直接加密仪器站点测图，较小测区可用图根控制作为首级控制。
　　3. 精度要求中不包括展点误差。
　　4. 在满足本标准精度指标的前提下，可逐级或越级布网。

8.2　平面控制测量方法

8.2.1　导线测量

导线测量是平面控制测量的一种常用方法。它是在地面上按一定的要求选定一系列的点（导线点），将相邻点连成直线而构成折线形，依次测定各折线边（导线边）的长度和各转折角（导线角），根据起算数据，推算求出各导线点的坐标。导线控制具有控制点布设灵活、测量时要求通视方向少、边长直接测定精度均匀等特点。

8.2.1.1　导线的布设形式

（1）闭合导线。如图 8.2（a）所示，由一已知点出发，经各导线点仍回到原出发点，

形成一个闭合多边形的导线。

（2）附合导线。如图 8.2（b）所示，由一已知点出发，经各导线点终止到另一已知点，形成附合于已知点的伸展形导线。

（3）支导线。如图 8.2（c）所示，由一已知点出发，经导线点后，既不返回原出发点，又不终止于另一已知点的开放型导线。

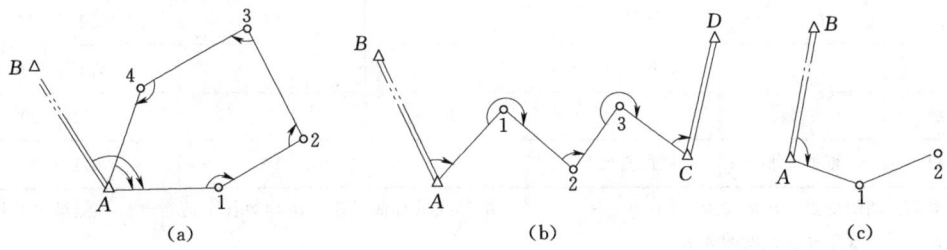

图 8.2　单一导线的布设形式

（4）节点导线。如图 8.3（a）所示，从 3 个或 3 个以上的已知点出发，经 3 条或 3 条以上导线汇交于一点或多点，汇交点称为节点，并选一个与节点相连的导线边作为节边。仅一个节点的称单节点导线。

（5）多闭合环导线。如图 8.3（b）所示，由导线组成的网状闭合多边形的导线。

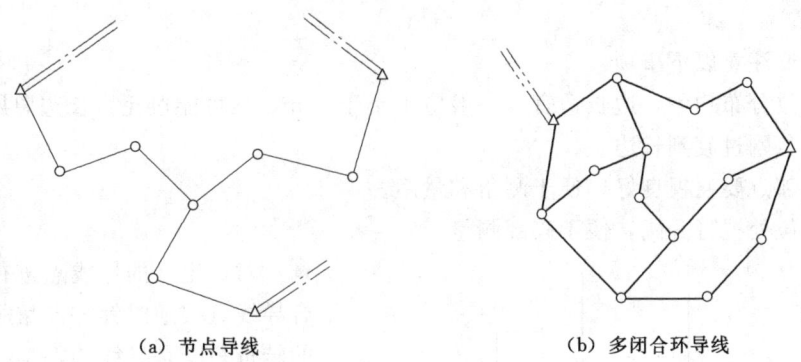

（a）节点导线　　　　　　　　　　（b）多闭合环导线

图 8.3　节点导线及多闭合环导线

8.2.1.2　导线控制形式的适用条件

（1）导线布设由于受导线全长限制，覆盖面积不大，故导线不适用于较大的测区。

（2）附合导线和节点导线，要依附于已知点布设，故不能用于独立测区的首级控制。独立测区的首级控制，只能选用闭合导线或多闭合环导线。

（3）由于支导线是一种外伸开放型导线，终止点既不闭合于起始点，又不附合于已知坚强点，延伸点过多很难保证一定的精度，故其只能用于最末一级控制点（仪器站点）的加密。

8.2.1.3　导线测量的技术要求

目前，测距仪或全站仪已被普遍使用，所以实际工作中的导线测量一般为电磁波测距导线，过去因测距设备条件限制而进行的钢尺量距导线或旁点交会导线已很少采用。表 8.2 列出电磁波测距导线的技术要求。

第8章 水文地形测量

表 8.2 电磁波测距导线的等级及技术要求

等级	导线长度/km	平均边长/km	测角中误差/(″)	测距中误差/mm	导线全长相对闭合差
三等	15	3	1.8	20	≤1/55000
四等	10	1.6	2.5	18	≤1/35000
一级	4	0.5	5	15	≤1/15000
二级	2.4	0.25	8	15	≤1/10000
三级	1.5	0.12	12	15	≤1/5000
图根	根据需要	根据需要	30	15	≤1/2000

注 当测区测图的最大比例尺为1:1000，一、二、三级导线的导线长度、平均边长可适当放长，但最大长度不应大于表中规定相应长度的2倍。

8.2.1.4 导线测量外业工作

1. 查勘选点

导线布设，首先应按技术要求作出总体设计，有条件可用已有地形图作图上设计。然后深入现场调查研究，搜集资料，即实地踏勘。根据现场情况及测量要求选定导线点。导线点选好后，将其位置在实地用大木桩等标定出来。对于重要的点或必须保留的点，要埋设混凝土桩。

选点时要注意以下事项。

（1）点位分布均匀，边长适宜，一般应不小于50m，尽可能避免由长边急剧过渡到短边或由短边急剧过渡到长边。

（2）相邻点要通视良好，便于测角和量距。

（3）点位处视野开阔，便于碎部测量。

对标定好的导线点进行编号。闭合导线点按逆时针方向编号，使观测的转折角既是导线的左角（面向前进方向，两导线边左边的角度），又是多边形内角；附合导线点的编号是使测出的角是左角。编号后为便于寻找，应绘出草图，标明点的位置，称为导线点点之记，如图8.4所示。

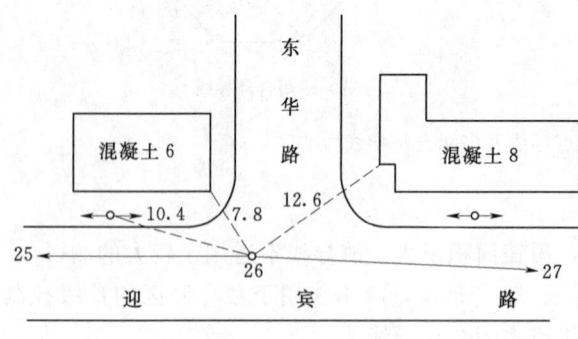

图 8.4 导线点点之记

2. 导线边长测量

使用测距仪或全站仪测量导线边长，各等级导线边长测量的主要技术指标应符合表8.3的规定。

测量时应注意以下事项。

（1）作业前应对仪器进行检验，精度应符合计量要求。

（2）测线离开地面或障碍物的距离应尽量不小于1.3m。

8.2 平面控制测量方法

表 8.3　　　　　　　　各等级导线边长测量的主要技术指标

等级	仪器等级	观测次数 往	观测次数 返	测回数	一测回读数间校差/mm	测回间校差/mm	往返测距校差/mm
三等	Ⅰ级	1	1	4	≤5	≤7	≤2 $(a+b \times D)$
三等	Ⅱ级	1	1	6	≤10	≤15	≤2 $(a+b \times D)$
四等	Ⅰ级	1	1	2	≤5	≤7	≤2 $(a+b \times D)$
四等	Ⅱ级	1	1	4	≤10	≤15	≤2 $(a+b \times D)$
一级	Ⅱ级	1		2	≤10	≤15	≤2 $(a+b \times D)$
二级	Ⅱ级	1		1	≤10	≤15	≤2 $(a+b \times D)$
三级	Ⅱ级	1		1	≤10	≤15	≤2 $(a+b \times D)$
图根	Ⅱ级	1		1	≤10	≤15	≤2 $(a+b \times D)$

注　1. 一测回为照准目标一次，读数 2~4 次。
　　2. 根据具体情况，测边可采取不同时间段观测代替往返观测。
　　3. 往返测校差为同一水平面上的平距校差。
　　4. 表中 a 为固定误差，b 为比例误差系数，D 为水平距离（km）。

（3）全站仪测量可以直接测出水平距离。如果使用测距仪，大多测距仪也能直接测量水平距离，如果不具备此功能，则需要测垂直角或两端高差，以用于将斜距换算成水平距离。

（4）进行往、返测量。往、返单向各观测两组，每组测读两次，各组互差应不大于 3cm，往返测互差应不大于 5cm。在进行每组读数时，测读与仪器同高处的气温、气压各一次，温度读至 0.5℃，气压读至百帕（hPa）。

3. 导线水平角观测

水平角观测用经纬仪或全站仪按测回法观测导线前进方向左角。观测时仪器水平盘水准气泡偏离中心应不超过一格。测角限差与测回数应满足表 8.2 和表 8.4 的要求。非独立导线，需在导线与连接网连接的端点上观测连接角，以便将高级控制网的坐标方位角传递给导线。观测连接角一般比转折角多观测一个测回。

各等级导线水平角观测技术指标见表 8.4。

表 8.4　　　　　　　　各等级导线水平角观测技术指标

等级	测回数 DJ$_1$	测回数 DJ$_2$	测回数 DJ$_6$	方位角闭合差限差/(″)
三等	6	10	—	$3.6\sqrt{n}$
四等	4	6	—	$5\sqrt{n}$
一级	—	2	4	$10\sqrt{n}$
二级	—	1	3	$16\sqrt{n}$
三级	—	1	2	$24\sqrt{n}$
图根			2	$60\sqrt{n}$

注　表中 n 为测站数。

8.2.1.5 导线测量的内业计算

导线测量的内业计算，即对导线测量的外业观测数据进行精度检核并平差改正，最后计算出各待定点的坐标。对于高等级的导线（四等及以上），应进行严密平差计算，其他等级导线可采用近似平差计算。严密平差计算较为复杂，需要这方面知识的读者可查阅测绘学科的有关书籍。下面介绍导线的近似平差计算方法。

1. 单一导线的平差计算

计算原理与方法步骤如下。

(1) 导线方位角闭合差及限差计算。对于闭合导线，理论上多边形的内角和应为 $(n-2) \times 180°$，其中 n 为内角的个数或导线的边数；对于附合导线，理论上可以用起始边的方位角和各个转折角推算出终了边的方位角。所以导线测量角度闭合差可按式（8.1）和式（8.2）计算。

对于闭合导线，有

$$f_\beta = \sum_1^n \beta - (n-2) \times 180° \tag{8.1}$$

对于附合导线，有

$$f_\beta = \sum_1^n \beta - n \times 180° + \alpha_u - \alpha_d \tag{8.2}$$

式中 f_β——导线方位角闭合差；

$\sum_1^n \beta$——闭合导线为各内角之和，附合导线为各转折角之和；

n——闭合导线内角个数，附合导线转折角个数；

α_u, α_d——附合导线的起止边方位角。

角度闭合差的限差，按表 8.4 的相应等级要求计算。

(2) 角度闭合差的调整。如果角度闭合差能够达到限差要求，则将角度闭合差反符号，平均分配到各转折角中，然后求得改正后的角度，即

$$v_\beta = -\frac{f_\beta}{n} \tag{8.3}$$

$$\beta' = \beta + v_\beta \tag{8.4}$$

(3) 各边方位角计算。用起算边的方位角和改正后的观测角推算各边方位角，计算方法在第 2 章已作讨论，这里直接给出公式，即

$$\alpha_{前} = \alpha_{后} + \beta_{左} \pm 180° \tag{8.5}$$

(4) 坐标增量计算。坐标增量由导线边的边长和方位角计算，其计算方法也在第 2 章已作讨论，这里直接给出公式，即

$$\begin{cases} \Delta x = S\cos\alpha \\ \Delta y = S\sin\alpha \end{cases} \tag{8.6}$$

(5) 坐标增量闭合差计算。理论上，坐标增量的代数和，对于闭合导线应为零；对于附合导线应为起、终点坐标的差值。由于测距、测角均含有误差，致使算得坐标增量的代数和不能满足上述理论要求，即存在坐标增量闭合差，其计算公式如下。

对于闭合导线，有

8.2 平面控制测量方法

$$\begin{cases} f_x = \sum_1^n \Delta x \\ f_x = \sum_1^n \Delta x \end{cases} \tag{8.7}$$

对于附合导线，有

$$\begin{cases} f_x = \sum_1^n \Delta x - (x_d - x_u) \\ f_y = \sum_1^n \Delta y - (x_d - x_u) \end{cases} \tag{8.8}$$

式中 $\sum_1^n \Delta x$，$\sum_1^n \Delta y$——分别为纵、横坐标增量代数和；

x_d，y_d——导线终点纵、横坐标；

x_u，y_u——导线起点纵、横坐标。

（6）导线全长相对闭合差计算。导线全长相对闭合差的计算公式为

$$f = \frac{f_s}{\sum S} \tag{8.9}$$

$$f_s = \sqrt{f_x^2 + f_y^2} \tag{8.10}$$

式中 f——导线全长相对闭合差；

$\sum S$——导线全长；

f_x，f_y——纵、横坐标增量闭合差。

（7）坐标增量闭合差的调整。若导线全长相对闭合差能够满足表8.2相应等级的要求，将增量闭合差反其符号与边长成正比例分配到各个增量中，公式如下。

坐标增量的改正数计算公式为

$$v_{\Delta x_i} = -\frac{f_x}{\sum S_i} \cdot S_i$$

$$v_{\Delta y_i} = -\frac{f_y}{\sum S_i} \cdot S_i \tag{8.11}$$

改正后的坐标增量为

$$\begin{aligned} \Delta x'_{i,i+1} &= \Delta x_{i,i+1} + v_{\Delta x_{i,i+1}} \\ \Delta y'_{i,i+1} &= \Delta y_{i,i+1} + v_{\Delta y_{i,i+1}} \end{aligned} \tag{8.12}$$

（8）待定点坐标计算。按导线的前进方向，前一点的坐标为后一点的坐标加上改正后的坐标增量，即

$$\begin{aligned} x_{i+1} &= x_i + \Delta x'_{i,i+1} \\ y_{i+1} &= y_i + \Delta y'_{i,i+1} \end{aligned} \tag{8.13}$$

注意：对于闭合导线，最后要推算到起始点的坐标，其值应与已知坐标值相等，以作校核；对于附合导线，最后要推算到终了点的坐标，其值应与已知坐标值相等，以作校核。

（9）导线计算示例。

1）闭合导线计算示例。

【例8.1】 如图8.5所示，某闭合导线（三级导线）的起点坐标为：$x_1 = 500.000$m，

$y_1 = 500.000 \text{m}$；起始边方位角 $\alpha_{12} = 125°30'00''$。角度和边长的观测数据如图8.5所示。全部计算见表8.5。

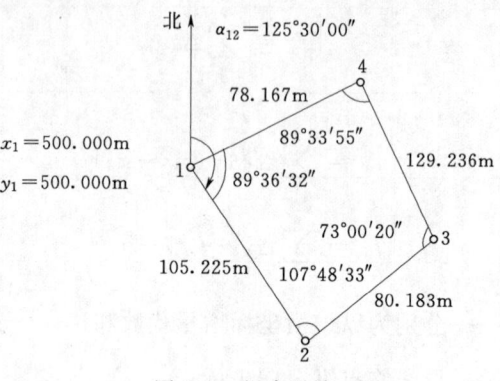

图 8.5 闭合导线

表 8.5 闭 合 导 线 计 算

点号	观测角度 /(° ′ ″)	改正数 /(″)	改正后角度 /(° ′ ″)	坐标方位角 /(° ′ ″)	边长 /m	坐标增量		改正后坐标增量		坐标值		点号
						Δx/m	Δy/m	Δx/m	Δy/m	x/m	y/m	
1										500.000	500.000	1
2	107 48 33	+10	107 48 43	125 30 00	105.225	−0.005 −61.104	−0.004 +85.665	−61.109	+85.661	438.891	585.661	2
3	73 00 20	+10	73 00 30	53 18 43	80.183	−0.004 +47.906	−0.003 +64.299	+47.902	+64.296	486.793	649.957	3
4	89 33 55	+10	89 34 05	306 19 13	129.236	−0.007 +76.546	−0.005 −104.128	+76.539	−104.133	563.332	545.824	4
1	89 36 32	+10	89 36 42	215 53 18	78.167	−0.004 −63.328	−0.002 −45.822	−63.332	−45.824	500.000	500.000	1
2				125 30 00								2
Σ	359 59 20	+40	360 00 00		392.811	+0.020	+0.014	0.000	0.000			

辅助计算	$f_\beta = \sum\beta - (n-2) \times 180°$ $= -40''$ $f_{\beta限} = \pm 24\sqrt{4} = \pm 48''$ $f_\beta < f_{\beta限}$，精度合格；	$f_x = \sum\Delta x = +0.020$m $f_y = \sum\Delta y = +0.014$m $f_s = \sqrt{f_x^2 + f_y^2} = \pm 0.0244$ $f = \dfrac{f_s}{\sum S} = \dfrac{1}{16098} < \dfrac{1}{5000}$，精度合格	

2）附合导线计算示例。

【例8.2】 如图8.6所示，某附合导线（三级导线）已知点（起点、终点）的坐标为：$x_B = 640.935$m，$y_B = 1068.442$m，$x_C = 640.935$m，$y_C = 1068.442$m；已知边（起始边、终了边）方位角为：$\alpha_{AB} = 224°02'52''$，$\alpha_{CD} = 24°09'12''$。角度和边长的观测数据如图

8.6 所示。全部计算见表 8.6。

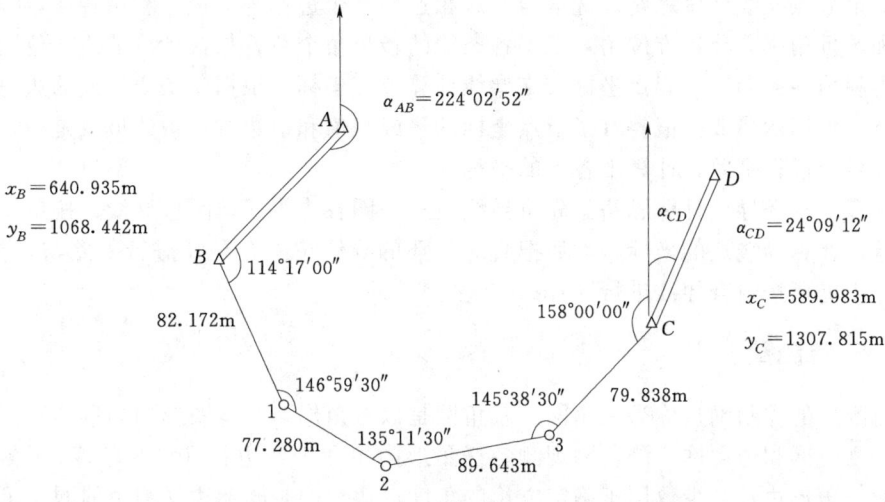

图 8.6 附合导线

表 8.6 附 合 导 线 计 算

点号	观测角度 /(° ′ ″)	改正数 /(″)	改正后角度 /(° ′ ″)	坐标方位角 /(° ′ ″)	边长 /m	坐标增量		改正后坐标增量		坐标值		点号
						Δx/m	Δy/m	Δx/m	Δy/m	x/m	y/m	
A												A
				224 02 52								
B	114 17 00	−2	114 16 58							640.935	1068.442	B
				158 19 50	82.172	+0.003 −76.365	−0.005 +30.342	−76.362	+30.337			
1	146 59 30	−2	146 59 28							564.573	1098.779	1
				125 19 18	77.280	+0.003 −44.681	−0.004 +63.054	−44.678	+63.050			
2	135 11 30	−2	135 11 28							519.895	1161.829	2
				80 30 46	89.643	+0.003 +14.776	−0.005 +88.417	+14.779	+88.412			
3	145 38 30	−2	145 38 28							534.674	1250.241	3
				46 09 14	79.838	+0.003 +55.306	−0.005 +57.579	+55.309	+57.574			
C	158 00 00	−2	157 59 58							589.983	1307.815	C
				24 09 12								
D												D
Σ	700 06 30	−10	700 06 20		328.933	−50.964	+239.392	−50.952	239.373			

辅助计算：
$f_\beta = \alpha_{AB} + \Sigma\beta - 5 \times 180° - \alpha_{CD}$
$= +10''$
$f_{\beta 限} = \pm 24\sqrt{5} = \pm 54''$
$f_\beta < f_{\beta 限}$，精度合格；

$f_x = \Sigma\Delta x - (x_C - x_B) = -0.012\text{m}$
$f_y = \Sigma\Delta y - (y_C - y_B) = +0.019\text{m}$
$f_s = \sqrt{f_x^2 + f_y^2} = \pm 0.0225$
$f = \dfrac{f_s}{\Sigma S} = \dfrac{1}{14619} < \dfrac{1}{5000}$，精度合格

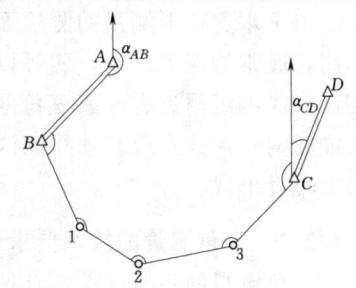

2. 单节点导线和多闭合环导线的平差计算

(1) 单节点导线计算思路。选取与节点相连的一个边作为节边，利用各条导线的起始方位角和转折角推算节边方位角，根据各条线的转折角个数，加权计算节边方位角的最或是值；再利用各条导线的起点坐标按支导线计算节点坐标，根据各条线导线的边总长，加权计算节点坐标的最或是值。有了节点坐标的最或是值和节边方位角的最或是值，将各条线按附合导线进行平差，计算出各点的坐标。

(2) 多闭合环导线计算思路。先将导线最外一圈各边组成单闭合导线，按单闭合导线进行平差，计算导线点的坐标，然后把直通外环的导线按附合导线进行平差与坐标计算，余下的各段仍可按附合导线进行计算。

8.2.2 三角测量

三角测量的控制网也称为三角网。三角网是以三角形为基本图形的测量控制网，分为测角网、测边网和边角网。测角网观测各三角形内角和少数边长（称为基线）；测边网观测所有的三角形边长和少数用于确定方位的角度；边角网是既测边又测角的网，可以测量全部边和角，也可以测量部分边和角。在三角网中，未观测的角度和边长可以通过三角形的解算（按正弦定理、余弦定理等）计算出来。实际工作中，为了进行观测值的检核，需要增加多余观测值。

8.2.2.1 三角网的布设形式

根据测区形状及起始点和起始边的位置，三角网可以布设成中点多边形、大地四边形、三角锁等形式，如图8.7所示。

布设三角网应首先根据测区面积与测图比例尺，确定平面控制的分级。分级的规定见表8.7。

表 8.7　　　　　　　　　三角网布设平面控制分级

测图比例尺	测区面积/km²	平面控制分级
1:1000	<3	2
	3~8	3
1:2000	<7	2
	7~20	3
1:5000	<12	2
	12~50	3

由于水文地形测量的测绘面积一般较小，所以用三角测量作为平面控制的等级也一般不高，通常为四等以下，四等以下的一、二、三级的三角网习惯上称作为小三角网。如果测区内或测区附近有国家三角网或其他单位高级控制网，首级控制的小三角网可选用插锁法或插网法形式布设。独立测区的首级控制小三角网可采用三角锁、中点多边形、大地四边形布设形式。

8.2.2.2 三角测量的技术要求

三角测量的主要技术要求见表8.8。

8.2 平面控制测量方法

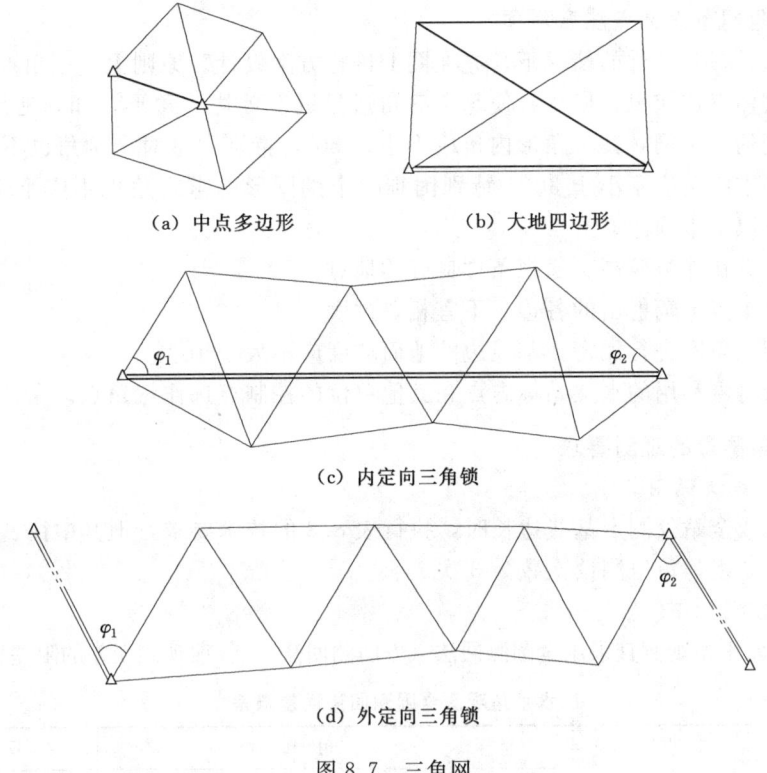

(a) 中点多边形　　(b) 大地四边形

(c) 内定向三角锁

(d) 外定向三角锁

图 8.7　三角网

表 8.8　　　　　　　　　三角测量主要技术要求

等级	边长	测角中误差限差	起始边边长相对中误差限差	最弱边边长相对中误差限差	三角锁中图形个数	水平角观测测回数		三角形闭合差限差	方位角闭合差限差
						J_2	J_6		
首级三角	≤500a	13″	1/8000	1/4000	≤12	1	3	40″	$20″\sqrt{n_a}$
图根三角	≤1.7R	25″	1/4000	1/2000	≤13		1	75″	$40″\sqrt{n_a}$

注　1. R 为测图允许最大视距长度，测图比例尺为 1∶500、1∶1000、1∶2000、1∶5000，R 值分别为 60m、100m、180m、300m。

　　2. a 为边长在图上的毫米数，测图比例尺为 1∶500、1∶1000、1∶2000、1∶5000，a 值分别为 2、1、0.5、0.2。

　　3. n_a 为传递方位角的角个数。

用小三角网作首级控制，而后仅需作一次图根控制加密，首级网的起始边和最弱边边长相对中误差可放宽至分别不低于 1/4000 与 1/2000。对于微小测区，仅需用图根三角网一次布网时，其起始边和最弱边边长相对中误差还可放宽至分别不低于 1/2000 与 1/1000。

对于独立网，其起始边宜用基线直接作为起始边。如果需采用基线扩大网测定起始边，基线网布设为近似菱形，扩大比不宜超过 1∶3，基线长度的测量精度应高于起始边边长精度的 2 倍，基线网水平角观测的测回数为同级网要求测回数的 1.5 倍。

8.2.2.3 三角网布设选点注意事项

三角网布设，有条件的情况下，先在图上进行方案设计。原则上，三角点在测区内应均匀分布，具体点位布设，应尽量使每个三角形呈近似等边三角形，如因地形条件限制，对于首级控制的三角网，其三角形内角应不小于30°，特别困难时个别角也不应小于25°；对图根三角网求距角应不小于30°，特别困难时个别图形的求距角也不应小于20°。实地选点时应注意以下事项。

（1）点位选在地势较高、通视条件良好的地点。
（2）在一个点上辐射出的各边长不宜相差过大。
（3）利用三角网进行加密，基线边的地面坡度应不大于10%。
（4）尽量将可利用的水文站标志点和其他单位的控制点选作三角点。

8.2.2.4 三角测量的观测要求

1. 边长、基线观测

用测距仪或全站仪测定基线边长时，执行表8.3的技术要求，但其中往、返各单向观测的组数应为3组，每组测读次数为3次。

2. 角度观测

三角网的水平角观测宜采用全圆测回法（方向测回法），各项观测误差的限差见表8.9。

表8.9　　　　　　　　水平角观测全圆测回法误差限差

项　目	小三角		图根三角
	J_2	J_6	J_6
两倍照准差（2c）	20″		
起始方向归零差	15″	30″	30″
前、后半测回角差	20″	40″	40″
水平方向各测回差	15″	30″	30″

观测时若误差超限，则按下列规定重测。
（1）归零差超限，重测半测回。
（2）两倍照准差超限，重测全测回。
（3）各测回水平方向值超限，超限方向数为测站点观测总方向数的1/3以下时，可重测超限方向，不小于1/3时重测全部方向。

3. 起始方位角观测

具有连接角的三角网，连接角观测执行同级三角网水平角观测技术要求。独立测区首级控制需要测定起始边方位角时，小测区可采用罗盘仪测定起始边磁方位角，比较大的测区应采用观测恒星的方法测定起始边方位角。

8.2.2.5 三角测量观测成果的精度计算

三角网的边长（或起始边）及水平角观测结束后，进行精度计算，其结果应满足表8.8的各项要求。

1. 测角中误差

测角中误差用费列罗公式计算，即

$$m_\beta = \pm\sqrt{\frac{\sum \omega^2}{3n}} \tag{8.14}$$

式中　m_β——测角中误差；

　　　ω——三角形闭合差；

　　　n——三角网中三角形个数。

2. 最弱边相对中误差

最弱边相对中误差为

$$\frac{m_{B_n}}{B_n} = \pm\sqrt{\left(\frac{m_{B_0}}{B_0}\right)^2 + \left(\frac{m_\beta}{\mu \times 10^6}\right)^2 K\sum R} \tag{8.15}$$

式中　$\dfrac{m_{B_n}}{B_n}$——最弱边边长相对中误差；

$\dfrac{m_{B_0}}{B_0}$——起始边边长相对中误差；

m_β——测角中误差；

μ——对数模，值为 0.4343；

K——系数，三角锁为 2/3，大地四边形为 0.4，中点多边形为 0.5；

R——图形强度函数，$R = \delta_a^2 + \delta_a\delta_b + \delta_b^2$；$\delta_a$、$\delta_b$ 为求距角正弦对数秒差，以对数第六位为单位。

8.2.2.6　三角测量平差计算

小三角和图根三角的平差计算均可采用近似平差法，下面简单介绍平差计算的思路。

(1) 利用各三角形或多边形，计算每个三角形或多边形的角度闭合差，若闭合差未超过限差要求，则将闭合差平均分配到各个观测角度上。这种利用多边形内角和条件的平差称为图形条件平差。

(2) 对于中点多边形，中心点各角之和应等于 360°，利用这个条件的平差称为圆周角条件平差。

(3) 利用经图形条件、圆周角条件（如果有）平差改正后的角度和起算边边长，按正弦定理推算其他边的边长。

(4) 对于两端有基线的三角锁，从一端的基线经过各三角形，推算到另一端基线。从理论上讲，推算出的基线长度应该与该基线的测量长度吻合，但由于测量误差，往往不会完全吻合而存在误差，即需要进行平差。这种利用基线长度的平差称为基线条件平差。

(5) 对于两端有起始边和起始方位角的三角锁，在经过图形条件平差后，利用初步改正后的角度计算方位角闭合差，然后进行平差，这种利用固定方位角条件的平差称为方位角条件平差。

(6) 对于大地四边形，在经过图形条件平差后，利用初步改正后的角度和起始边的边长，以任一点为极点，推算其他各边的边长，最终总是可以推算到起始边。从理论上讲，推算出的长度应该与测量的长度吻合，同样由于测量误差，往往不会完全吻合而存在误差，即需要进行平差。这种情况的平差称为极条件平差。

(7) 经过上述各种条件平差后，将三角网拆分成一些闭合或附合导线，按导线平差计算方法计算出各点的坐标。

三角网平差计算的具体公式和示例,请读者参阅测绘学科的有关书籍。

8.2.3 交会测量

交会测量也称为交会定点,用于进行局部少量控制点的加密。

1. 交会测量的形式

交会测量包括测角前方交会、测角侧方交会、测角后方交会、测边前方交会和测边后方交会等,如图 8.8 所示。布点时,交会角 γ 最好为 $90°$,因地形限制,也不应小于 $30°$ 或大于 $120°$。

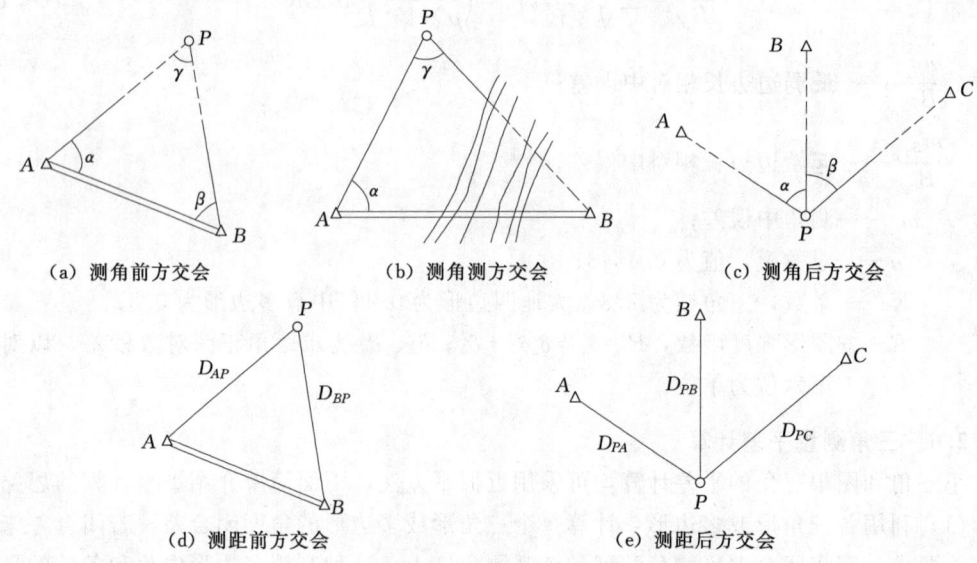

图 8.8 交会测量形式

2. 交会测量的外业观测

测角交会的外业观测是测量水平角,用经纬仪或全站仪观测。若测站上仅观测两个方向(一个角度),可采用测回法观测,若测站上观测的方向多于两个(两个或两个以上角度),宜采用全圆测回法观测。

测距交会的外业观测是测量水平距离,一般用测距仪或全站仪观测,距离较短的平坦地区,也可以用经鉴定过的钢尺丈量。

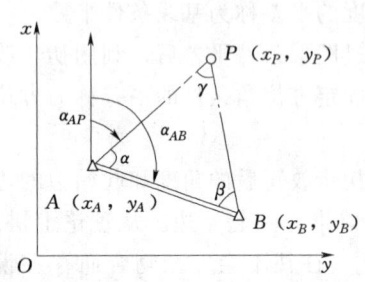

图 8.9 测角前方交会计算原理

角度和距离观测的要求可执行导线测量中角度和距离观测的有关技术要求。

3. 交会测量的计算

上述的几种交会形式中,测角前方交会和测角侧方交会的计算原理和方法是一样的,现介绍如下。

如图 8.9 所示,已知 A、B 两点的坐标 (x_A, y_A)、(x_B, y_B),观测水平角度 α、β,求 P 点坐标 (x_P, y_P)。

先说明计算思路。显然,有

$$x_P = x_A + \Delta x_{AP} = x_A + D_{AP} \cdot \cos\alpha_{AP}$$

$$y_P = y_A + \Delta y_{AP} = y_A + D_{AP} \cdot \sin\alpha_{AP} \tag{8.16}$$

式中，$\alpha_{AP} = \alpha_{AB} - \alpha$，而 α_{AB} 可以用 A、B 两点的坐标反算求出；D_{AP} 可以由 D_{AB} 按三角形正弦定理求出，而 D_{AB} 也是可以用 A、B 两点的坐标反算求出。

实际计算时，可以不需要反算 α_{AB} 和 D_{AB}，而直接用 A、B 两点的坐标和观测角度 α、β，即可计算出 P 点的坐标，下面推导其计算公式，即

$$x_P = x_A + \Delta x_{AP} = x_A + D_{AP} \cdot \cos\alpha_{AP} \tag{8.17}$$

式中：

$$\begin{cases} \alpha_{AP} = \alpha_{AB} - \alpha \\ D_{AP} = \dfrac{D_{AB}\sin\beta}{\sin\gamma} = \dfrac{D_{AB}\sin\beta}{\sin[180° - (\alpha+\beta)]} = \dfrac{D_{AB}\sin\beta}{\sin(\alpha+\beta)} \end{cases} \tag{8.18}$$

将式（8.18）代入式（8.17），即

$$\begin{aligned} x_P &= x_A + \frac{D_{AB}\sin\beta}{\sin(\alpha+\beta)}\cos(\alpha_{AB}-\alpha) \\ &= x_A + \frac{D_{AB}\sin\beta}{\sin\alpha\cos\beta + \cos\alpha\sin\beta}(\cos\alpha_{AB}\cos\alpha + \sin\alpha_{AB}\sin\alpha) \\ &= x_A + \frac{\dfrac{D_{AB}\sin\beta}{\sin\alpha\sin\beta}}{\dfrac{\sin\alpha\cos\beta + \cos\alpha\sin\beta}{\sin\alpha\sin\beta}}(\cos\alpha_{AB}\cos\alpha + \sin\alpha_{AB}\sin\alpha) \\ &= x_A + \frac{D_{AB}\cos\alpha_{AB}\cot\alpha + D_{AB}\sin\alpha_{AB}}{\cot\alpha + \cot\beta} \end{aligned}$$

而 $D_{AB}\cos\alpha_{AB} = \Delta x_{AB} = (x_B - x_A)$，$D_{AB}\sin\alpha_{AB} = \Delta y_{AB} = (y_B - y_A)$，代入上式得

$$x_P = x_A + \frac{(x_B - x_A)\cot\alpha + (y_B - y_A)}{\cot\alpha + \cot\beta}$$

整理得

$$x_P = \frac{x_A\cot\beta + x_B\cot\alpha + y_B - y_A}{\cot\alpha + \cot\beta}$$

同理可得

$$y_P = \frac{y_A\cot\beta + y_B\cot\alpha + x_A - x_B}{\cot\alpha + \cot\beta}$$

将两式写在一起，即

$$\begin{cases} x_P = \dfrac{x_A\cot\beta + x_B\cot\alpha + y_B - y_A}{\cot\alpha + \cot\beta} \\ y_P = \dfrac{y_A\cot\beta + y_B\cot\alpha + x_A - x_B}{\cot\alpha + \cot\beta} \end{cases} \tag{8.19}$$

式（8.19）即测角前方（或侧方）交会的实用计算公式。

实际工作中，往往是用 3 个已知点进行交会，构成两个三角形，如图 8.10 所示。计算时，通过两个三角形分别计算交会点的坐标，以进行检核。

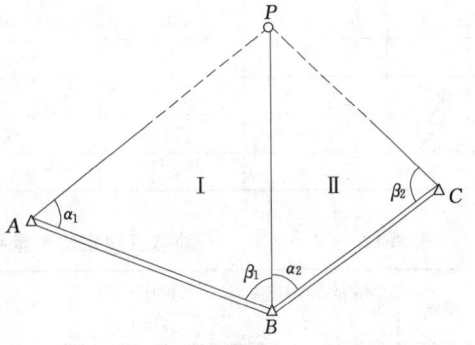

图 8.10 测角前方交会

测角前方交会计算示例如下。

【例 8.3】 如图 8.10 所示，A、B、C 为已知点，坐标为 (x_A, y_A)、(x_B, y_B)、(x_C, y_C)；观测水平角度 α_1、β_1 和 α_2、β_2，求 P 点坐标 (x_P, y_P)。

将已知数据、观测数据和计算结果一同列于表 8.10 中。

表 8.10　　　　　　　　　　前方交会计算示例

已知数据	x_A	1659.232m	y_A	2355.537m	x_B	1406.593m	y_B	2654.051m
	x_B	1406.593m	y_B	2654.051m	x_C	1589.736m	y_C	2987.304m
观测值	α_1	69°11′04″	β_1	59°42′39″	α_2	51°15′22″	β_2	76°44′30″
计算公式	\multicolumn{8}{c}{$x_{P_1} = \dfrac{x_A \cot\beta_1 + x_B \cot\alpha_1 + y_B - y_A}{\cot\alpha_1 + \cot\beta_1}, y_{P_1} = \dfrac{y_A \cot\beta_1 + y_B \cot\alpha_1 + x_A - x_B}{\cot\alpha_1 + \cot\beta_1}$}
	\multicolumn{8}{c}{$x_{P_2} = \dfrac{x_B \cot\beta_2 + x_C \cot\alpha_2 + y_C - y_B}{\cot\alpha_2 + \cot\beta_2}, y_{P_2} = \dfrac{y_B \cot\beta_2 + y_C \cot\alpha_2 + x_B - x_C}{\cot\alpha_2 + \cot\beta_2}$}
	\multicolumn{8}{c}{$x_P = \dfrac{1}{2}(x_{P_1} + x_{P_2}), y_P = \dfrac{1}{2}(y_{P_1} + y_{P_2})$}
计算结果	x_{P_1}	1869.200m	y_{P_1}	2735.228m	x_{P_2}	1869.208m	y_{P_2}	2735.226m
	x_P	\multicolumn{3}{c}{1869.204m}	y_P	\multicolumn{3}{c}{2735.227m}

测角后方交会、测距前方交会和测距后方交会的计算较为复杂，这里不予介绍，有需要的读者可查阅测绘学科的有关书籍。

8.2.4 卫星定位测量

8.2.4.1 卫星定位测量的一般要求

卫星定位测量用于平面控制，根据控制等级确定采用静态或动态测量方式进行施测。四等及以上平面控制网须采用静态测量方式，四等以下各级平面控制网可采用静态方式或动态（RTK）测量方式。各等级卫星定位平面控制网的主要技术要求见表 8.11 和表 8.12。

表 8.11　　　　　　　静态卫星定位测量平面控制网的主要技术要求

等级	平均边长 /km	仪器标称精度		约束点间的边长相对中误差	约束平差后最弱边相对中误差
		固定误差 a/mm	比例误差系数 b/(mm/km)		
三	4.5	≤5	≤2	≤1/150000	≤1/70000
四	2	≤10	≤5	≤1/100000	≤1/40000
一	1	≤10	≤5	≤1/40000	≤1/20000
二	0.5	≤10	≤5	≤1/20000	≤1/10000

表 8.12　　　　　　　动态卫星定位测量平面控制网的主要技术要求

等级	相邻点间距离 /m	点位中误差 /mm	相对中误差	起算点等级	流动站到基准站距离/km	测回数
一	≥500	≤50	≤1/20000	—	—	≥4
二	≥300	≤50	≤1/10000	四等及以上	≤6	≥3

8.2 平面控制测量方法

续表

等级	相邻点间距离/m	点位中误差/mm	相对中误差	起算点等级	流动站到基准站距离/km	测回数
三	≥200	≤50	≤1/6000	四等及以上	≤6	≥3
				二级及以上	≤3	
图根	≥100	≤50	≤1/4000	四等及以上	≤6	≥2
				三级及以上	≤3	

各等级控制网的基线精度，计算式为

$$\sigma=\sqrt{a^2+(bD)^2} \tag{8.20}$$

式中 σ——基线长度中误差，mm；

a——固定误差，mm；

b——比例误差系数，mm/km；

D——平均边长，km。

8.2.4.2 卫星定位控制网的设计与布设

1. 控制网设计

卫星定位控制网的设计，应根据测区的实际情况、精度要求、自然地理条件、观测接收机的类型和数量以及已有的测量资料进行综合设计。

按从整体到局部、分级布网的原则进行设计。首级网应全面布设，加密网可以逐级布设、越级布设或布设同级全面网。布设的首级控制网，应联测两个以上高等级国家控制点或者地方坐标系下的高等级控制点，并均匀分布于测区。当测区较大时，还应适当增加重合点数。

控制网宜由独立观测边构成一个或若干个闭合环或附合路线，构成闭合环或附合路线的边数不宜多于 6 条。控制网中独立基线的观测总数，不宜少于必要观测基线数的 1.5 倍。对于采用单基准站 RTK 方法测图的测区，在控制网的布设中应顾及参考站点的分布。

2. 控制网选点

（1）控制网点位应选在便于安置仪器设备、交通便利、土质坚实、有利于加密和扩展的地方。

（2）每个控制点要保证至少有一个通视方向，以能够适合常规测量仪器（经纬仪或全站仪）使用。

（3）控制网点位高度角宜在 15°以上，无成片连续遮挡物，并应尽量避开干扰卫星信号接收的干扰源以及强烈反射信号的物体。

（4）对于需要长期保存、离测区较远的控制点，应考虑图形结构且便于以后控制点的加密。

（5）控制点名可采用山名、地名、村名或单位名称等表示，利用原有旧点标志，可采用原有点名。

3. 控制点标石埋设

（1）卫星定位控制点标志一般要较长期地保留。标石可采用混凝土预制或现场灌注。若利用基岩、混凝土或沥青路面时，则现场凿孔用混凝土灌注。

（2）控制点标石的中心标志可用铜、不锈钢或其他耐腐蚀、耐磨损的材料制作，并安放正直、镶接牢固。标志顶部应为圆球状，并应高出标石面，以能满足平面、高程共用。在标志中心刻出清晰、精细的十字丝或嵌入直径小于 0.5mm 的不同颜色的金属。

（3）控制点周围应有醒目的保护装置，以防止车辆或机械的碰撞。

8.2.4.3 卫星定位静态测量

1. 观测技术指标

卫星定位静态测量，各等级外业观测基本技术指标见表 8.13。

表 8.13　　　　　　　卫星定位静态测量作业的基本技术要求

等　级	三	四	一	二
接收机类型	双频或单频	双频或单频	双频或单频	双频或单频
仪器标称精度	$5\text{mm}+2\times10^{-6}$	$10\text{mm}+5\times10^{-6}$		
观测量	载波相位			
卫星高度角/(°)	≥15	≥15	≥15	≥15
有效观测卫星数	≥5	≥4	≥4	≥4
观测时段长度/min	≥60	≥45	≥30	≥30
数据采样间隔/s	10～30	10～30	10～30	10～30
点位几何图形强度因子 PDOP	≤6	≤6	≤8	≤8

2. 外业观测

根据测区的地形条件、交通道路状况、交通工具情况、地理环境、控制网规模、观测仪器数量、卫星预报表等，编制作业计划或作业调度表，包括观测时段、测站号、测站名称、接收机号及作业人员安排等。将各台接收机采样间隔设置成一致。

外业观测时需注意以下事项。

（1）观测前，对接收机进行预热和静置，使其达到可正常作业状态，同时检查电池的容量、接收机的内存和可储存空间是否充足。

（2）确认各项连接完全无误后，方可接通电源，启动接收机。开机后，待接收机有关指示显示正常并通过自检后，才可输入有关测站和时段控制信息。

（3）在接收机开始记录数据后，注意查看有关观测卫星数量、卫星号、相位测量残差、实时定位结果及其变化、存储介质记录等情况。

（4）观测作业期间作业人员不要离开仪器太远，防止仪器受到振动和被移动、防止人或其他物体靠近天线。在观测过程中不要靠近接收机使用对讲机、手机等无线通信工具。

（5）观测中，若遇雷雨过境应关机停测，并卸下天线。

（6）根据技术设计要求做好外业现场记录工作，现场记录内容一般包括观测日期、天气情况、时段号、控制点点名、接收机类型及其编号、天线编号、观测开始与结束时间、接收机的天线高等。接收机天线高测前、测后各量测一次，量测至 mm，两次测量较差不应大于 3mm，取平均值作为最终结果。

（7）观测站的全部预订作业项目，经检查均已按规定完成，且记录与资料完整无误后方可迁站。

每日观测结束后，及时将当天外业观测记录结果录入计算机硬盘或其他存储介质。接收机内存数据文件在传输到机外存储介质上时，不应进行任何编辑、修改。

3. 数据处理

卫星定位静态测量的数据处理包括数据传输、基线解算、网平差、生成成果报表等工作。数据处理软件可采用硬件设备生产厂商提供的随机软件，也可以采用经正式鉴定的专门商用软件。

（1）基线解算。基线解算模式采用单基线解算模式或者多基线解算模式，每个同步观测图形应选定一个起算点，起算点的单点定位观测时间不宜少于 30min。解算成果，采用双差固定解。对解算的全部基线成果进行同步环、异步环和复测基线检核。

同步环各坐标分量闭合差及环线全长闭合差，须满足式（8.21）～式（8.25）的要求，即

$$W_x \leqslant \frac{\sqrt{n}}{5}\sigma \tag{8.21}$$

$$W_y \leqslant \frac{\sqrt{n}}{5}\sigma \tag{8.22}$$

$$W_z \leqslant \frac{\sqrt{n}}{5}\sigma \tag{8.23}$$

$$W = \sqrt{W_x^2 + W_y^2 + W_z^2} \tag{8.24}$$

$$W \leqslant \frac{\sqrt{3n}}{5}\sigma \tag{8.25}$$

式中　　n——同步环中基线边的个数；

　　W_x, W_y, W_z——同步环坐标分量闭合差，mm；

　　　　　　　W——同步环环线全长闭合差，mm；

　　　　　　　σ——基线长度中误差，mm，按式（8.20）计算。

异步环各坐标分量闭合差及环线全长闭合差，须满足式（8.26）～式（8.30）的要求，即

$$W_x \leqslant 2\sqrt{n}\sigma \tag{8.26}$$

$$W_y \leqslant 2\sqrt{n}\sigma \tag{8.27}$$

$$W_z \leqslant 2\sqrt{n}\sigma \tag{8.28}$$

$$W = \sqrt{W_x^2 + W_y^2 + W_z^2} \tag{8.29}$$

$$W \leqslant 2\sqrt{3n}\sigma \tag{8.30}$$

式中　　n——异步环中基线边的个数；

　　W_x, W_y, W_z——异步环坐标分量闭合差，mm；

W——异步环环线全长闭合差，mm。

复测基线长度的较差须满足式（8.31）的要求，即

$$\Delta d \leqslant 2\sqrt{2}\sigma \tag{8.31}$$

式中　Δd——基线的长度较差。

（2）网平差。在 WGS-84 坐标系中进行三维无约束平差，得到各观测点在 WGS-84 坐标系的三维坐标、各基线向量 3 个坐标差观测值的改正数、基线长度、基线方位及相关的精度信息。无约束平差的基线向量改正数的绝对值，应满足式（8.32）～式（8.34）的要求，即

$$V_{\Delta X} \leqslant 3\sigma \tag{8.32}$$
$$V_{\Delta Y} \leqslant 3\sigma \tag{8.33}$$
$$V_{\Delta Z} \leqslant 3\sigma \tag{8.34}$$

式中　$V_{\Delta X}$，$V_{\Delta Y}$，$V_{\Delta Z}$——基线分量的改正数绝对值。

在国家坐标系或地方坐标系下，对通过无约束平差后的观测值进行二维或三维约束平差。对于已知坐标、距离或方位，可强制约束，也可加权约束。约束点间的边长相对中误差及最弱边边长相对中误差，应满足表 8.11 中相应等级的规定。

约束平差中，各基线分量的改正数与无约束平差结果的同一基线相应改正数较差，应满足式（8.35）～式（8.37）的要求，即

$$dV_{\Delta X} \leqslant 2\sigma \tag{8.35}$$
$$dV_{\Delta Y} \leqslant 2\sigma \tag{8.36}$$
$$dV_{\Delta Z} \leqslant 2\sigma \tag{8.37}$$

式中　$V_{\Delta X}$，$V_{\Delta Y}$，$V_{\Delta Z}$——约束平差基线分量的改正数与无约束平差结果的同一基线相应改正数较差。

4. 卫星定位静态测量案例

图 8.11 所示为某 GPS 静态测量控制网，K_1、K_2、K_3 为起算点（已知点），G_1、G_2、G_3、G_4 为待定点。起始点为某市 GPS 四等控制网中的 3 个点（1 个三等点、2 个四等点），该控制网采用高斯 3°分带，1954 年北京坐标系，网平均点位中误差为 0.62cm，最弱点点位中误差为 1.19cm，最弱边相对中误差为 1/77000。起始点标石 K_1 和 K_2 位于建筑物顶上，标石为盘混—Ⅰ，K_3 位于地面，标石为柱混—Ⅰ。待定点位于地形测量测区的周边，平均点距约 500m，设计等级为一级控制点，标石为嵌入金属标芯的混凝土标石。

外业观测采用 Trimble 5800 双频 GPS 接收机进行观测，作业的技术要求执行表 8.14 的规定。

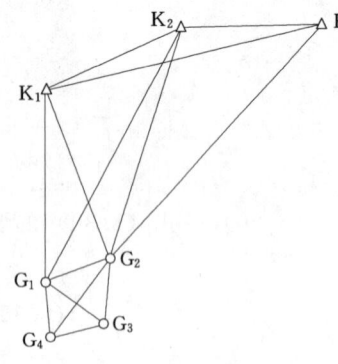

图 8.11　GPS 控制网

表 8.14　　　　　　　　　　　GPS 观测技术要求

项目 等级	观测方法	卫星高度角 /(°)	有效观测 卫星数	平均重复 设站数	时段长度 /min	数据采样间隔 /s
一	静态	≥15	≥4	≥2	≥30	10～30

8.2 平面控制测量方法

实际观测，7个点（3个起始点、4个待测点），共设16站次，平均重复设站数为2.28。观测时段长度均超过30 min。

GPS网的解算，采用随机配置的后处理软件TGO（Trimble Geomatics Office）进行计算，计算结果的有关精度情况如表8.15至表8.17所列。

表8.15 基线观测精度及验后精度

基线长/m	RMS/m						验后相对精度		
	观测			验后					
	平均	最大	最小	平均	最大	最小	平均	最佳	最差
最大 5196									
最小 411	0.005	0.006	0.004	0.003	0.005	0.001	1/48.8万	1/119万	1/7.0万
平均 2267									

表8.16 环闭合差情况

	同步环			异步环		
	平均	最佳	最差	平均	最佳	最差
$\Delta_{水平}$/m	0.006	0.001	0.017	0.009	0.002	0.017
$\Delta_{垂直}$/m	0.008	0.001	0.022	0.013	0.004	0.028
比率	1.714	0.108	2.559	1.812	0.492	4.716

表8.17 平差结果点位精度统计 单位：mm

点名	G_1	G_2	G_3	G_4
M_x	5.0	4.0	6.0	7.0
M_y	5.0	4.0	5.0	6.0
M_p	7.1	5.7	7.8	11.6

GPS网计算处理后打印输出的成果如下。

(1) 工程项目，包括项目名称、项目属性（项目区域，计算日期、坐标、高程系统，坐标、高程单位）。

(2) 控制网图。

a. 基线处理报告，包括基线的起点与终点、基线长度、解算类型、比率、参考变量、RMS。

b. 环闭合差报告，包括闭合环数目（同步环数＋异步环数）、通过的闭合环数目、失败的闭合环数目、通过/失败指标、最佳闭合环情况、最差闭合环情况、平均情况、标准偏差、每个闭合环的细节（闭合环的组成、基线解算类型、观测时间、闭合环长度、水平及垂直闭合差、比率）。

c. 网平差报告，包括统计总结（网参考因子、k^2检验情况、自由度）、平差网格坐标及精度、平差大地坐标及精度、平差后的观测值及后验误差、点位误差椭圆、协方差项（组成、后验误差、相对精度）。

8.2.4.4 卫星定位动态（RTK）测量

用 RTK 模式测量控制点，必须选用双频卫星定位接收机，其标称精度须优于 $10\text{mm}+2\times10^{-6}$。

1. 参考站建立

根据测区面积、地形地貌和数据链的通信覆盖范围，均匀布设参考站。参考站的有效作业半径不应超过 15km。参考站站点选在便于安置仪器、地基牢固、地势相对较高的地方，且周围无高度角超过 15°的障碍物，无强烈干扰接收卫星信号或反射卫星信号的物体。

如果参考站是在已知点上，接收机天线应精确对中、整平，对中误差不大于 5mm。需要量取天线高时应精确量取至 mm。

若数据链电台是分离式的，接收机天线与电台天线之间的距离不宜小于 3m。电台无论是内置式的还是分离式的，都要注意电台频率的选择，避免与作业区其他无线电通信频率相冲突。

2. 坐标系统转换

利用已知点的坐标计算转换参数时，应根据测区范围及具体情况，对起算点进行可靠性检验，并采用合理的数学模型，进行多种点组合方式分别计算和优选。对于面积较大的测区，可分区求解转换参数，相邻分区应不少于两个重合点。

若使用已知转换参数，转换参数的应用范围，不应超越原转换参数计算所覆盖的范围。并且须对转换参数的精度、可靠性进行分析和实测检查，检查点应分布在测区的中部和边缘。在控制点上检核，平面较差不应大于 5cm，若超限，则需分析原因，重新建立转换关系。

3. 流动站观测

正确设置和选择测量模式、基准参数、转换参数和数据链的通信频率等。

观测前对仪器进行初始化，在得到固定解状态且收敛稳定后方可开始观测记录。用 RTK 方法测量控制点，每测回的自动观测个数不应少于 10 个观测值，取平均值作为测量结果。测回间须对仪器重新进行初始化，测回间的时间间隔应不少于 60s。

作业中，如出现卫星信号失锁，要重新初始化，经重合点测量检查合格后方可继续作业。

重新设置基准站后，要至少在一个已知点上进行检测检核。在已知坐标的控制点上检测检核，其平面位置较差不大于 5cm。

每日观测结束，及时转存测量数据至计算机，做好数据备份。

4. 成果检核

对 RTK 测量的成果要进行 100%的内业检查和不少于总点数 10%的外业检测校核。校核按图形校核或进行同精度导线联测，技术要求应符合表 8.18 的规定。

表 8.18　　　　RTK 模式测量平面控制点校核技术要求

等级	边长校核		角度校核		导线联测校核	
	测距中误差 /mm	边长较差的相对中误差	测角中误差 /(″)	角度较差限差 /(″)	角度闭合差 /(″)	边长相对闭合差
一	≤15	1/14000	≤5	14	$\leqslant 16\sqrt{n}$	1/10000
二	≤15	1/7000	≤8	20	$\leqslant 24\sqrt{n}$	1/6000

续表

等级	边长校核		角度校核		导线联测校核	
	测距中误差 /mm	边长较差的相对中误差	测角中误差 /('')	角度较差限差 /('')	角度闭合差 /('')	边长相对闭合差
三	≤15	1/4000	≤12	30	≤$40\sqrt{n}$	1/4000
图根	≤20	1/2500	≤20	60	≤$60\sqrt{n}$	1/2000

注 表中 n 为测站数。

8.3 地形图的基本知识

地形图，顾名思义，即地形的图，而地形即地球表面的形状、形态，分为地物和地貌。地物是指地球表面上天然形成或人工建造的具有明显轮廓或边界的物体，如房屋、道路、桥梁、河流等；地貌是指地面的高低起伏、凹凸不平状态，主要是指山地和丘陵。

8.3.1 地形图的比例尺

1. 数字比例尺

测绘地形图时，不可能把地面上的地物、地貌按其实际大小进行绘制，而是按一定倍数缩小后，用规定的符号在图纸上表示出来。图上的一段长度和地面相应线段长度之比称为图的比例尺。比例尺用分子为 1 的分数表示。设图上的某一直线长度为 d，地面上相应线段的水平距离为 D，则图的比例尺为

$$\frac{d}{D}=\frac{1}{M} \tag{8.38}$$

式中 M——缩小的倍数。

地形图比例尺的序列有 1:500、1:1000、1:2000、1:5000、1:10000 等，这种用分数形式表示的比例尺称为数字比例尺。数字比例尺分数值越大即分母越小，比例尺越大，所以一般称 1:500、1:1000、1:2000 为大比例尺。

2. 图示比例尺

用图解法把比例尺绘在图上，作为图的组成部分之一，称为图示比例尺或直线比例尺，如图 8.12 所示。在直线上截取若干基本单位（如 2cm），将左端的基本单位再 10 等分（如 2mm）。对于某种比例尺，如 1:1000 比例尺，直线上每 2cm 及 2mm 分别相当于地面 20m 及 2m。

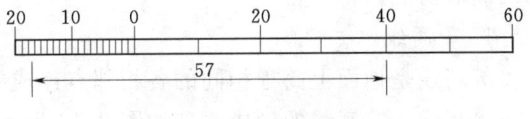

图 8.12 图示比例尺

3. 比例尺精度

一般认为，正常人的眼睛只能清楚地分辨出图上不小于 0.1mm 的两点间的距离，因此，实地距离按比例尺缩绘到图上时不能小于 0.1mm，所以称相当于图上 0.1mm 的实地水平距离为比例尺的精度，若用 δ 表示，则 $\delta=0.1M$mm，由此可算得不同比例尺的精度，如表 8.19 所列。

表 8.19　　　　　　　　　　　比 例 尺 精 度

比例尺	1∶500	1∶1000	1∶2000	1∶5000	1∶10000
比例尺精度/m	0.05	0.1	0.2	0.5	1.0

8.3.2　地物、地貌在图上的表示

8.3.2.1　地物在图上的表示

地物在图上按其特性和大小分别用比例符号、非比例符号、半比例符号（线形符号）及注记符号表示。

1. 比例符号

根据地物实际的大小，按比例尺缩绘于图上，如较大的房屋、田块、水塘、河流等。

2. 非比例符号

有些地物，如测量控制点、独立树、里程碑、水井、消防栓、路灯、旗杆等，由于平面位置尺寸太小，所以图上不能用比例符号表示。对这样的地物，在图上仅确定其位置，而形状用规定的形象符号表示。

3. 半比例符号

一些带状延伸的地物，如围墙、栅栏、管道、较窄的沟渠、较窄的小路等，其长度可以按比例显示，而宽度不能按比例显示。对这样的地物，在地形图上采取用一条与实际走向一致的线状符号表示。

4. 注记符号

有些地物，除用一定的符号表示外，还需要用文字或符号进行注记说明，如控制点的名称和高程，房屋的名称、类别和层数，单位、村庄、河流、道路等名称，田块的种植类别，河流、渠道的流水方向，道路的铺装材料等。

值得说明的是，地物在地形图上采用哪种地物符号，与测图比例尺是有关系的。有些地物，在比较大的比例尺图上是用比例符号表示，而在比较小的比例尺图上可能就需要用非比例符号或半比例符号表示。

8.3.2.2　地貌在图上的表示

地貌在地形图上一般用等高线表示，较为平坦的地方，也可以用高程注记点来表达地面的高低情况。

1. 等高线

等高线是地面上高程相同的各相邻点连成的闭合曲线，如平静水面池塘的水边线就是一条等高线。等高线的形成原理如图 8.13 所示，两座山头，设想用一系列的水平面与它相截，平面与山坡面的交线就是一条一条的等高线。将这些一条一条的等高线投影到水平面上，就形成了一圈一圈的封闭曲线。与山头相截的水平面是等间隔的，其高差称为等高距。注意，同一幅图上的等高距是相同的。在水平面上，相邻等高线间的水平距离称为等高线平距。

2. 等高线分类

等高线分为首曲线、计曲线、间曲线和助曲线，如图 8.14 所示。

8.3 地形图的基本知识

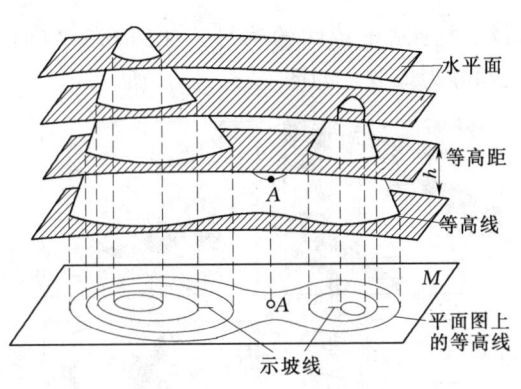

图 8.13 等高线原理

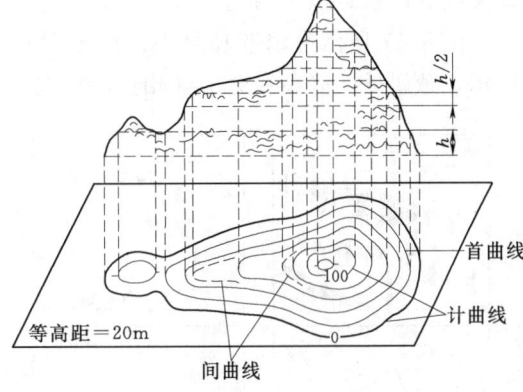

图 8.14 等高线分类

首曲线是按基本等高距绘制的曲线；计曲线是从高程为 0m 起算，每间隔 4 条首曲线加粗一条的等高线，计曲线的高程一般为 5 或 10 的整数倍；间曲线是对于某些坡度不均匀的局部地方，用基本等高线不足以反映地貌特征时，按 1/2 基本等高距加绘的等高线，间曲线可以不闭合；助曲线是当间曲线仍不足以反映地貌特征时，则按 1/4 基本等高距加绘的等高线，同样，助曲线也可以不闭合。

3. 几种典型地貌及其等高线特征

图 8.15 所示为山丘和盆地，其等高线都是由一圈套一圈闭合的曲线组成。根据注记的高程可以对两者进行区别：自外圈向里圈逐步升高的是山丘，如图 8.15（a）所示，自外圈向里圈逐步降低的是盆地，如图 8.15（b）所示。区别山丘和盆地的另一方法是用示坡线，即图中垂直于等高线的短线，示坡线指向降低的方向。

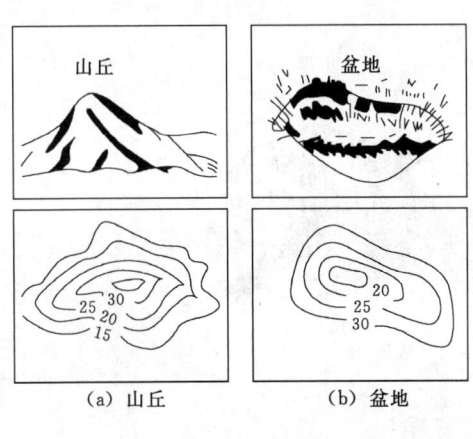

图 8.15 山丘和盆地

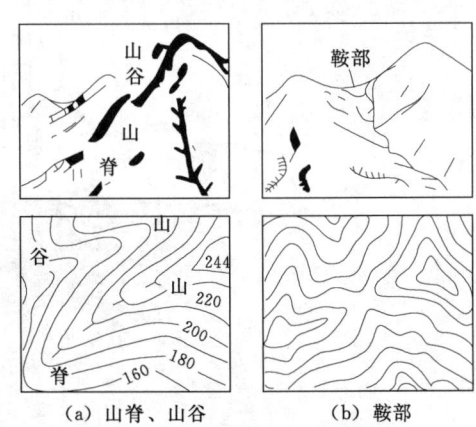

图 8.16 山脊、山谷和鞍部

图 8.16 所示为山脊、山谷和鞍部。山脊与山谷的等高线与抛物线形状相似，如图 8.16（a）所示。山脊的等高线是凸向低处的曲线，各凸出处拐点的连线为山脊线，也称为分水线；山谷的等高线是凸向高处的曲线，各凸出处拐点的连线为山谷线，也称为合水线或集水线。两山头之间的地方，因呈马鞍形，故称为鞍部，如图 8.16（b）所示，鞍部

等高线的形状近似于两组双曲线簇。

图 8.17 所示为峭壁和悬崖。峭壁处的等高线要绘制出特殊的符号,如图 8.17(a)所示。悬崖处的等高线会出现相交的情况,覆盖部分为虚线,如图 8.17(b)所示。

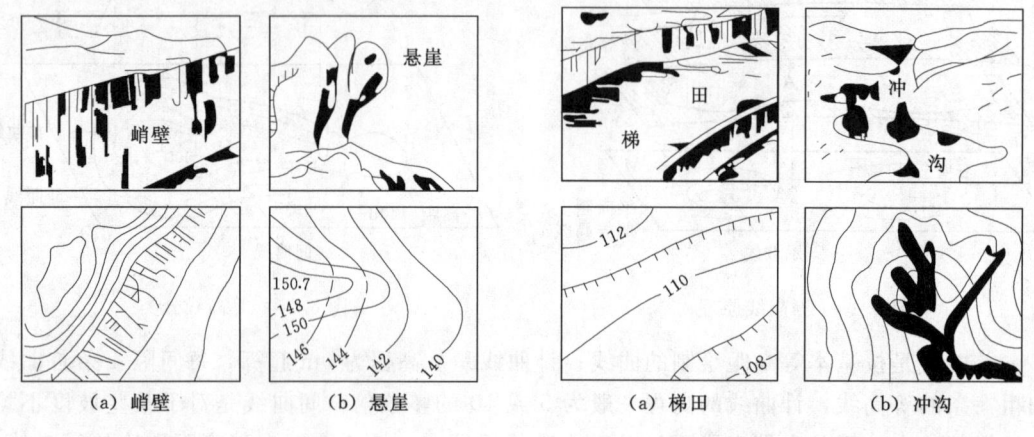

图 8.17　峭壁和悬崖　　　　　　　　图 8.18　梯田和冲沟

图 8.18(a)所示为梯田及等高线,图 8.18(b)所示为冲沟及等高线。

上述每一种典型的地貌形态,可以近似地看成是由不同方向和不同斜面所组成的曲面。相邻斜面相交的棱线,如山脊线、山谷线、山脚线等,称为地性线。由这些地性线构成地貌的骨骼。地性线的端点或其坡度变化点,如山顶点、盆地最低点、鞍部最低点、坡度变换点等,称为地貌特征点。地性线和地貌特征点是测绘地貌的重要依据。图 8.19 是各种典型地貌的综合及相应的等高线。

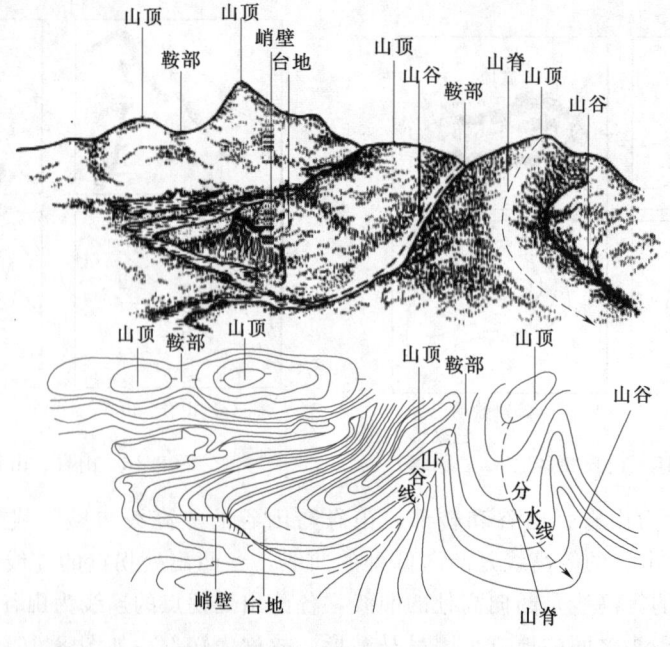

图 8.19　综合地貌等高线

8.3 地形图的基本知识

4. 等高线的特性

（1）同一条等高线上各点高程相同。

（2）等高线是闭合的曲线。若不在同一幅图闭合，也将跨越一个或几个图幅闭合。

（3）等高线不能相交。悬崖和峭壁处除外，悬崖处等高线相交，覆盖部分为虚线；峭壁处等高线重叠的地方，要用峭壁符号表示出。

（4）等高线与山脊线、山谷线正交。

（5）等高线在图上密集，即平距小，则实地坡度大或称坡度陡；反之，等高线在图上稀疏，即平距大，则实地坡度小或称坡度缓。

8.3.3 地形图图式

上述介绍的各种地物符号和地貌符号，国家测绘部门组织制定了相应的图式符号，其中大比例尺地形图图式要符合《国家基本比例尺地形图图式第一部分：1∶500 1∶1000 1∶2000 地形图图式》（GB/T 20257.1—2007）。表 8.20 列出了其中的部分图式符号。

表 8.20　　　　　　　　　　　地 形 图 图 式

编号	符 号 名 称	符号式样		
		1∶500	1∶1000	1∶2000
1	GPS 控制点 B14：级别、点号 495.267：高程		▲ B14/495.267　3.0	
2	三角点 张湾岭、黄土岗：点名 156.718、203.623：高程 a. 土堆上的 5.0：比高		3.0 △ 张湾岭/156.718 a　5.0 ✡ 黄土岗/203.623	
3	小三角点 摩天岭、张庄：点名 294.91、156.71：高程 a. 土堆上的 4.0：比高		3.0 ▽ 摩天岭/294.91 a　4.0 ✡ 张庄/156.71	
4	导线点 I16、I23：等级、点号 84.46、94.40：高程 a. 土堆上的 2.4：比高		2.0 ⊙ I16/84.46 a　2.4 ✧ I23/94.40	
5	埋石图根点 12、16：点号 275.46、175.64：高程 a. 土堆上的 2.5：比高		2.0 ⊞ 12/275.46 a　2.5 ✧ 16/175.64	
6	不埋石图根点 19：点号，84.47：高程		2.0 □ 19/84.47	
7	水准点 Ⅱ京石5：等级、点名、点号 32.805：高程		2.0 ⊗ Ⅱ京石5/32.805	
8	坚固房屋		坚4　▨ 1.5	

续表

编号	符号名称	符号式样		
		1:500	1:1000	1:2000
9	普通房屋			
10	简单房屋			
11	建筑物间的悬空建筑			
12	台阶			
13	棚房 a. 四边有墙的 b. 一边有墙的 c. 无墙的			
14	建筑中的房屋			
15	围墙 a. 依比例尺的围墙 b. 不依比例尺的围墙			
16	挡土墙			
17	栅栏、栏杆			
18	篱笆			
19	活树篱笆			
20	铁丝网、电网			
21	门墩 a. 依比例尺的 b. 不依比例尺的			

8.3 地形图的基本知识

续表

编号	符 号 名 称	符号式样		
		1∶500	1∶1000	1∶2000
22	码头 a. 固定顺岸式 b. 固定堤坝式 c. 浮码头（趸船式）	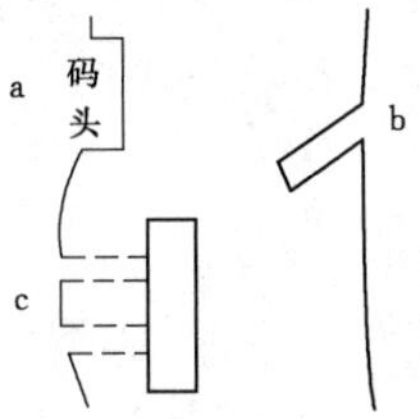		
23	停泊场（锚地）	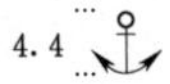	4.4 ⚓	

24	灯塔
	  a. 依比例尺的
	  b. 不依比例尺的
			a b	

25	喷水池		1.0 ◎ 3.6	
26	电力线 a. 高压 b. 低压 c. 电杆 d. 电线架 e. 铁塔 f. 通信线	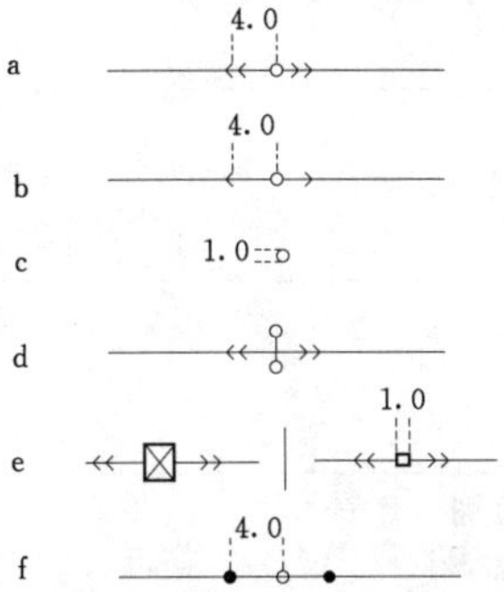		
27	沟渠 a. 一般的 b. 有堤岸的 c. 有沟堑的	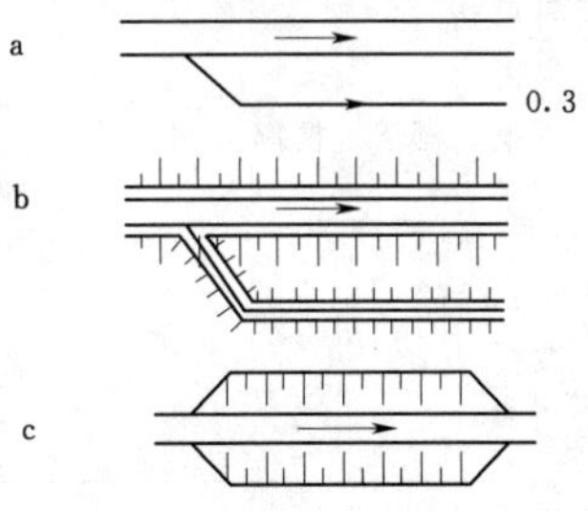		
28	堤 a. 堤顶宽依比例尺 24.5：坝顶高程 b. 堤顶宽不依比例尺 2.5：比高	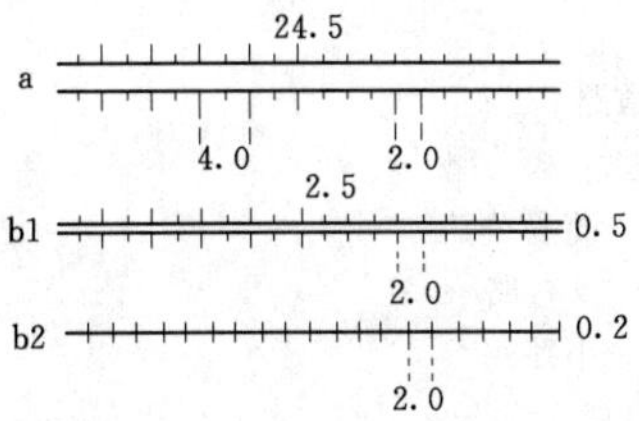		
29	池塘	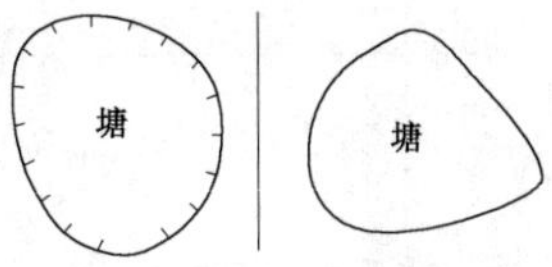		

第8章 水文地形测量

续表

编号	符号名称	符号式样		
		1:500	1:1000	1:2000
30	常年河 a. 水压线 b. 高水界 c. 流向 d. 潮流向	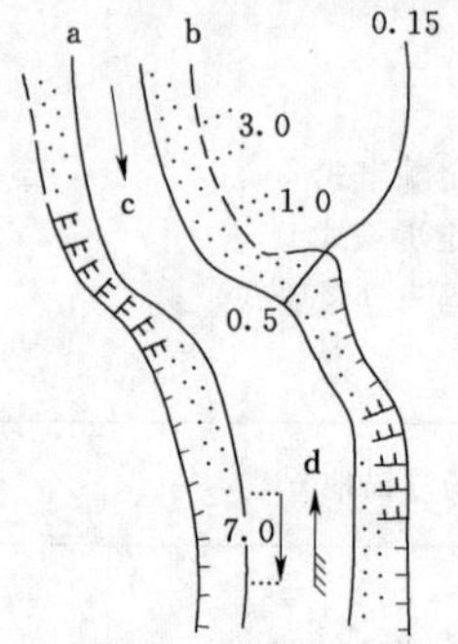		
31	宣传橱窗			
32	彩门、牌坊、牌楼	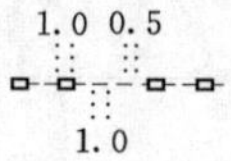		
33	水塔、烟囱	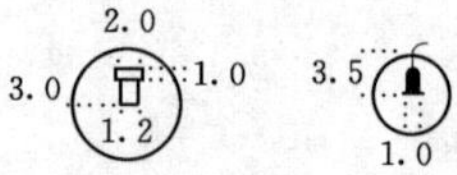		
34	消火栓、阀门	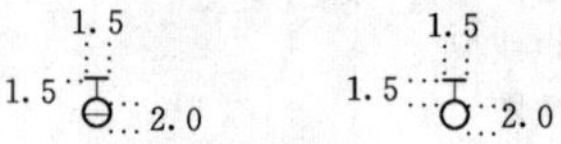		
35	独立树、竹子 a. 阔叶 b. 针叶树 c. 果树 d. 棕榈、椰子、槟榔 e. 竹子	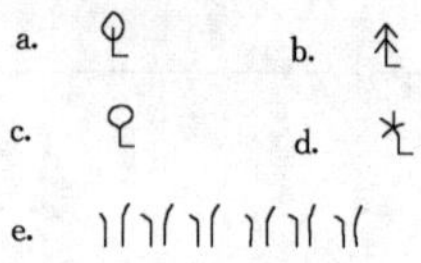		
36	散树、行树 a. 散树 b. 行树	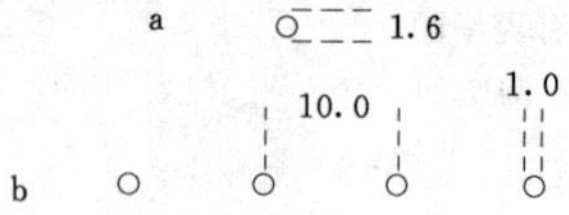		
37	道路 a. 一般公路 b. 简易公路 c. 乡村路 d. 小路	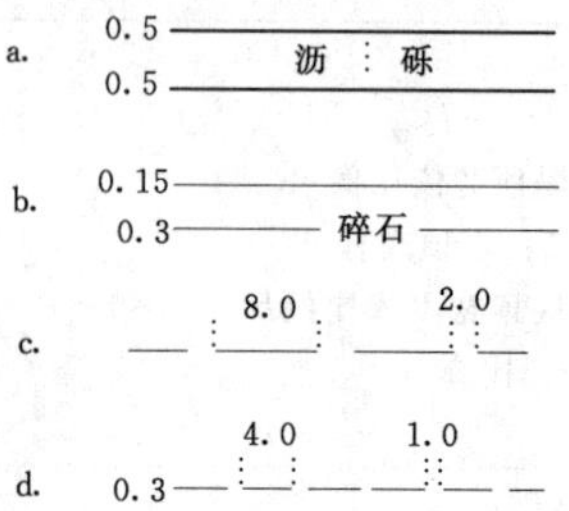		
38	阶梯路	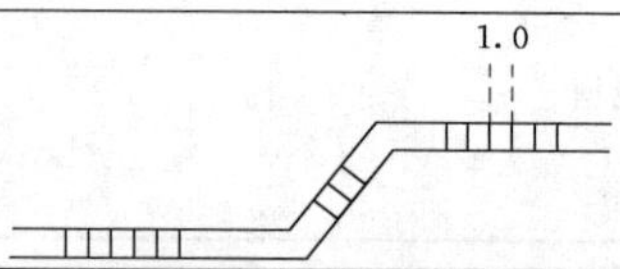		

8.3 地形图的基本知识

续表

编号	符号名称	符号式样		
		1:500	1:1000	1:2000
39	内部道路	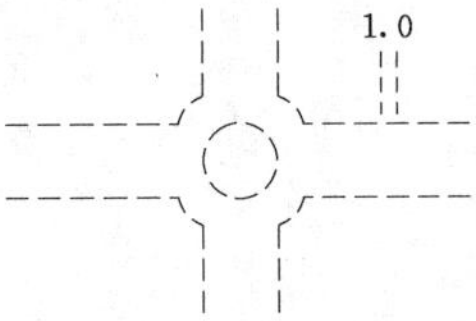		
40	水龙头、路灯、地灯	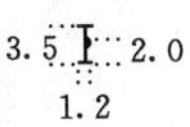	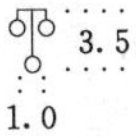	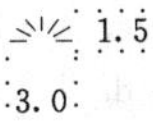
41	稻田 a. 田埂 b. 堤埂	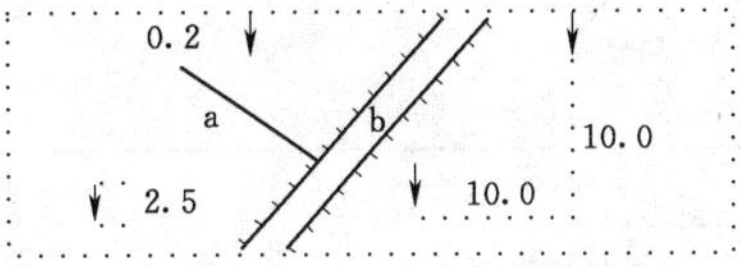		
42	旱地	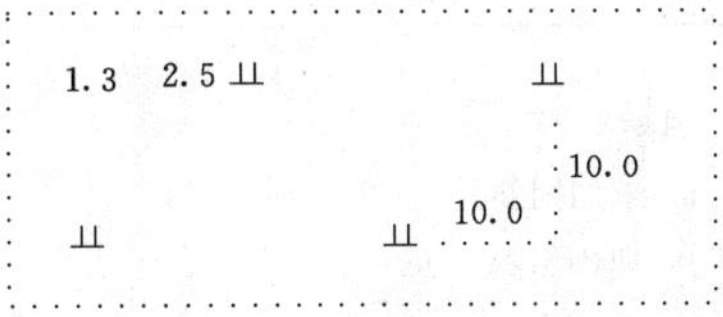		
43	菜地	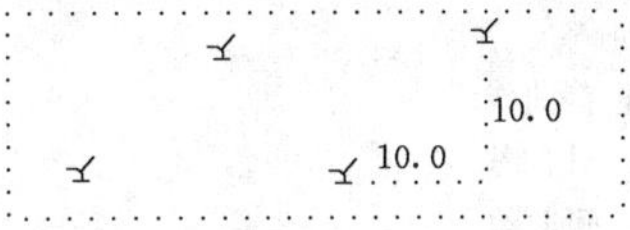		
44	花圃	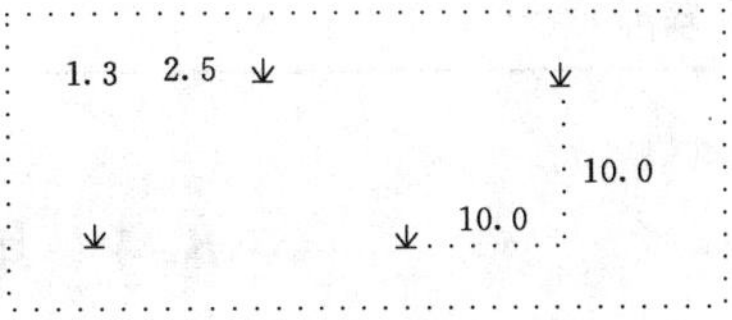		
45	有林地	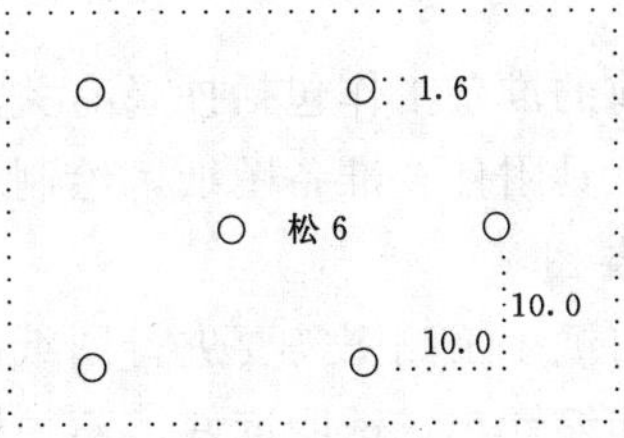		

第8章 水文地形测量

续表

编号	符号名称	符号式样		
		1∶500	1∶1000	1∶2000
46	草地 a. 天然草地 b. 改良草地 c. 人工牧草地 d. 人工绿地	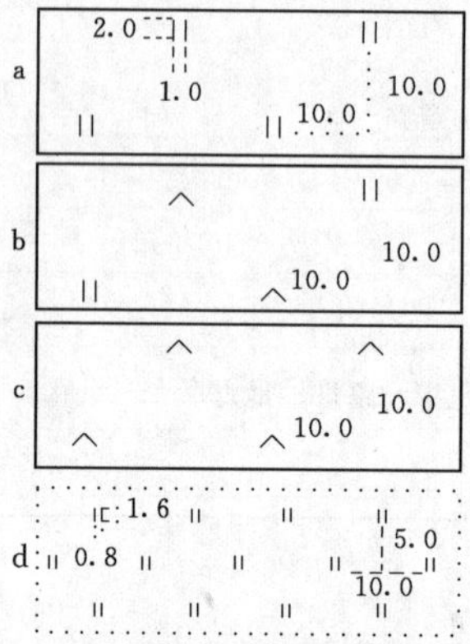 a 2.0 ⋮⋮ 1.0 10.0 b ∧ 10.0 c ∧ 10.0 d 1.6 0.8 5.0 10.0		
47	陡坎 a. 未加固陡坎 b. 加固陡坎	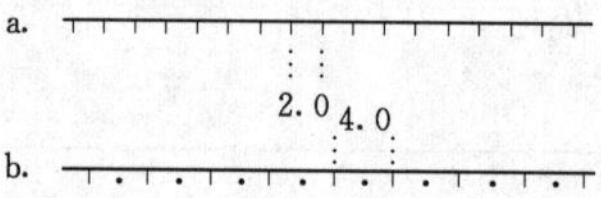 a b 2.0 4.0		
48	斜坡 a. 未加固斜坡 b. 加固斜坡	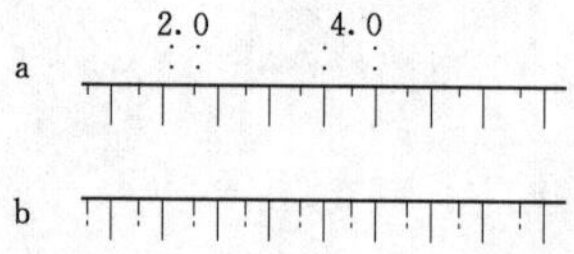 a 2.0 4.0 b		
49	等高线 a. 首曲线 b. 计曲线 c. 间曲线	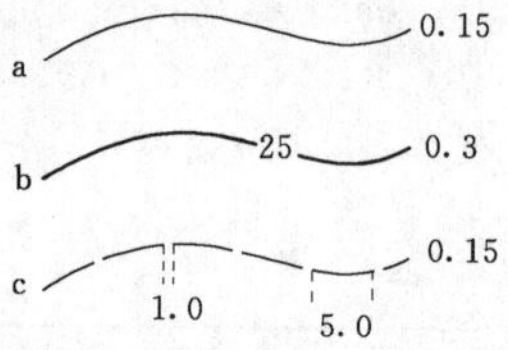 a 0.15 b 25 0.3 c 0.15 1.0 5.0		
50	梯田			

8.4 地形图测绘

8.4.1 测图前的准备工作

测图前的准备工作包括抄录有关测量资料、准备并熟悉地形图图示、检验校正测量仪器、清点工具附件、准备图纸、绘制坐标格网及展绘控制点等。

1. 准备图纸

对于白纸手工测图需要进行图纸准备。测绘地形图使用的图纸一般为聚酯薄膜图纸，这种图纸伸缩性小，透明度好，不怕潮湿，可直接晒蓝或制版成图，并便于携带和保存。测图时为了看清线划，可在薄膜图纸下面垫一张浅色薄纸。

2. 展绘控制点

展绘控制点之前,首先要在图纸上绘制每小格的边长为 10cm×10cm 的格网,其边长误差不应超过 0.2mm,对角线长误差(理论值为 14.14cm)不应超过 0.3mm。一般地,所购买的图纸上,其格网已由机器绘制出。下面介绍在已印制好坐标格网图纸上展绘控制点的方法。

如图 8.20 所示,先依比例尺及所分图幅的坐标值,标注坐标格网的坐标,然后根据控制点坐标,决定该点所在的方格。如在图 8.20 中,确定控制点 A 点的位置:设 A 点的坐标为 $x_A = 647.44$m,$y_A = 634.52$m,根据 A 点的坐

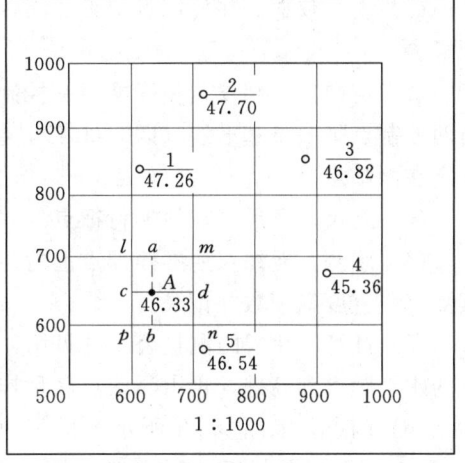

图 8.20 控制点展绘

标可确定其位置是在 $plmn$ 方格内。从 l、p 点用测图比例尺向右各量 34.52m,标出 a、b 点;再从 p、n 点向上各量 47.44m,标出 c、d 点。a、b 和 c、d 的交点,即为 A 点。同法展绘其他各点,并在其右侧注点号和高程(图中分子为点号,分母为高程)。展点后,检查展绘的精度,要求任意两点之间在图上量取的长度与坐标反算长度之差不应超过 0.3mm。

8.4.2 平板测图

平板测图即手工白纸测图,方法有大平板仪测图法、小平板仪与经纬仪(或水准仪)联合测图法、经纬仪或全站仪配合半圆仪测绘法等。目前平板测图已逐步被数字化测图所取代。所以,下面简单介绍经纬仪或全站仪配合半圆仪测绘法。

8.4.2.1 经纬仪配合半圆仪测绘法

如图 8.21 所示,欲测定碎部点(图中的墙角点)并在图上绘出其位置。

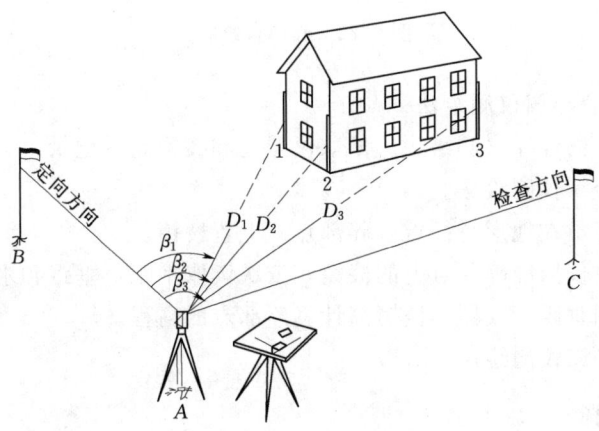

图 8.21 经纬仪测绘法

(1) 安置仪器。在控制点架设经纬仪，对中整平，量取仪器高并记录。在仪器旁安置图板。

(2) 定向。经纬仪盘左照准另一控制点，置经纬仪水平度盘读数为 $0°00'$。在图纸上由两控制点画一条基准线（即 $0°00'$ 线，线长略大于半圆仪的半径），然后用小针将半圆仪固定在测站点。

(3) 立尺。立尺员在地形特征点（碎部点）上立标尺。

(4) 观测。经纬仪照准碎部点上的标尺，依次读取视距丝读数、中丝读数、水平度盘读数、竖直度盘读数并记录。

(5) 计算。用视距测量公式［见第 4 章式（4.19）和式（4.20）］计算测站点至碎部点的水平距离和高差，再由测站点高程推算碎部点的高程。

(6) 刺点。如图 8.22 所示，根据测量的水平角（设为 $59°15'$）、水平距离（设为 64.5m），用半圆仪将碎部点展绘到图纸上（设比例尺为 1:1000），并标注高程。同法测绘其余碎部点。

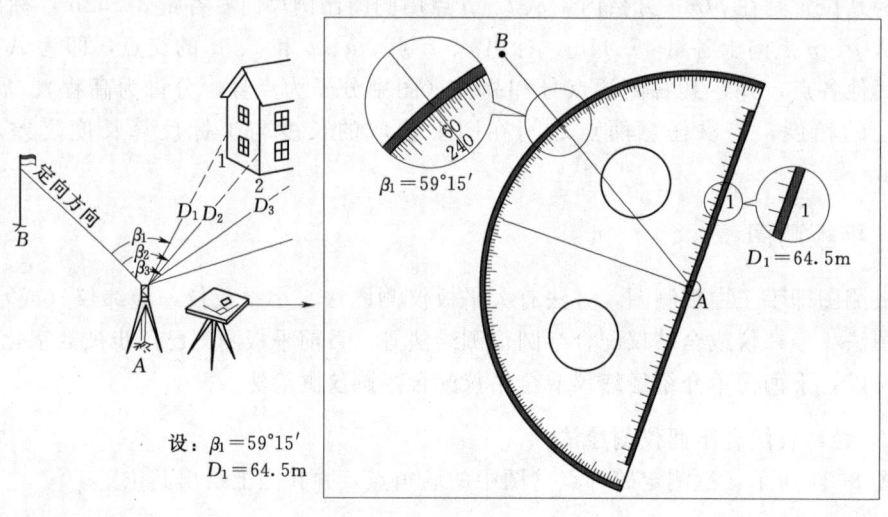

图 8.22 碎部点绘制

8.4.2.2 全站仪配合半圆仪测绘法

(1) 安置仪器。同经纬仪测绘法。量取仪器高和棱镜高并记录。

(2) 定向。同经纬仪测绘法。

(3) 立镜。立镜员在地形特征点（碎部点）上置棱镜。

(4) 观测。全站仪照准碎部点上的棱镜，依次读取平距、垂距和水平角。

(5) 计算。根据垂距、仪器和棱镜高计算碎部点的高程。

(6) 刺点。同经纬仪测绘法。

8.4.2.3 碎部点选择

如图 8.23 所示，对于地物，选择能反映地物形状的特征点，如房屋的房角，河流、道路的方向转变点，道路的交叉点，桥梁的桥头点，田块的拐角点。对于地貌，选择山顶和鞍部，地性线（山脊线、山谷线、坡脚线）上坡度和方向改变的地方。

图 8.23 碎部点选择

8.4.2.4 测图过程中的注意事项

(1) 碎部测量之前，观测员与跑尺（镜）员应先研究观测方案，并约定联络手势。全组人员要互相配合、协调一致。

(2) 跑尺（镜）员立尺（镜）要有规律，必要时应绘制草图。

(3) 观测员报读数时要注意记录员、绘图员能听清楚，记录员记录数据的同时要回报给观测员听，以得到确认。观测碎部点的精度，一般竖直角读到 $1'$，水平角读到 $5'$。测重要地物点的精度较地貌点要求高些。施测过程中，应注意经常检查起始方向定向值有无变化。

(4) 记录员注意应记录正确、工整、清楚，重要地物在备注栏加以注明，碎部点水平距离和高程均计算到 cm。不要弄错高差的正负号。报数据给绘图员时应注意绘图员是否听清。

(5) 绘图员应熟悉地形图图式，符号不足时用文字注记。绘图时做到点点清、片片清、站站清、板板清，做到有条不紊。绘图过程中，随时将图上绘出的地物、地貌与实地对照检查。

8.4.2.5 地形图勾绘

1. 地物勾绘

地物按地形图图式绘出，根据测图比例尺，选择运用地物符号的类别并进行适当取舍。

2. 等高线勾绘

对于高低起伏的山地或丘陵地，图纸上测得一定数量的地形点后，即可勾绘等高线。

勾绘等高线的方法：先用铅笔轻轻地将有关地形特征点连接，勾出地性线，如图 8.24 中的虚线所示。然后在相邻两点之间按其高程和确定的等高距内插等高线。由于测量时是沿地性线在坡度变化和方向变化处立尺（镜），因此图上相邻点之间的地面坡度可视为是均匀的,在内插时按平距与高差成正比的关系处理。例如,图中高程为 201.6m 和 208.60m 两个点,两点之间的 a、b、c、d、e、f、g 即分别是高程为 202m、203m、204m、205m、206m、207m 等高线通过的位置。

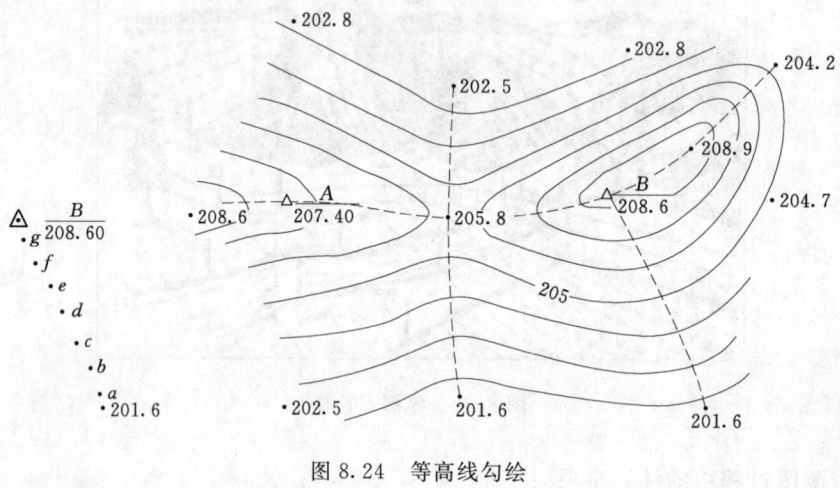

图 8.24 等高线勾绘

8.4.2.6 地形图的拼接、整饰、检查

1. 图幅拼接

当测区较大,采取分块、分幅测图,相邻的图幅边就需要拼接。为了便于拼接,测图时,测绘每幅图的边缘位置,应测出图框以外约 2cm。

拼接时,将两幅图的图框线叠放在一起,就可以看出相应地物和等高线衔接的情况,如图 8.25 所示。若地物相差不超过 2mm,等高线相差不超过一个等高距的位置,则可以作合理的修正(一般取平均位置),使相邻图幅的地物图形及等高线线条完全衔接。拼接时,若发现相差较大或有遗漏,则应重测或补测。

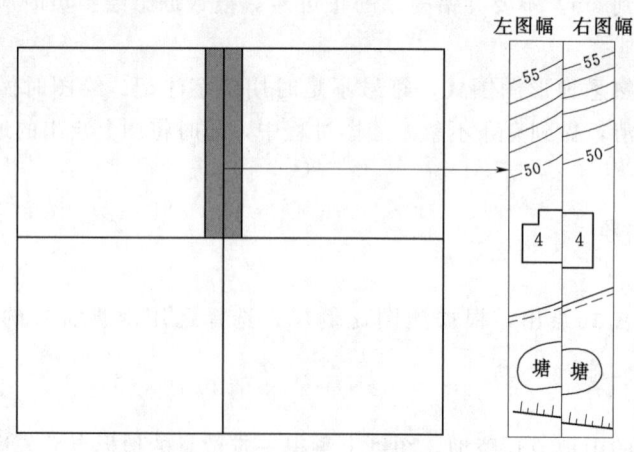

图 8.25 地形图拼接

2. 地形图整饰

擦去图上不需要的线条、注记,修饰地物轮廓线和地貌等高线,使其清晰、明了、规

范。在图框外标注图名、图号、接图表、比例尺、测图单位、坐标和高程系统、测图时间及测图人员姓名等，如图 8.26 所示。

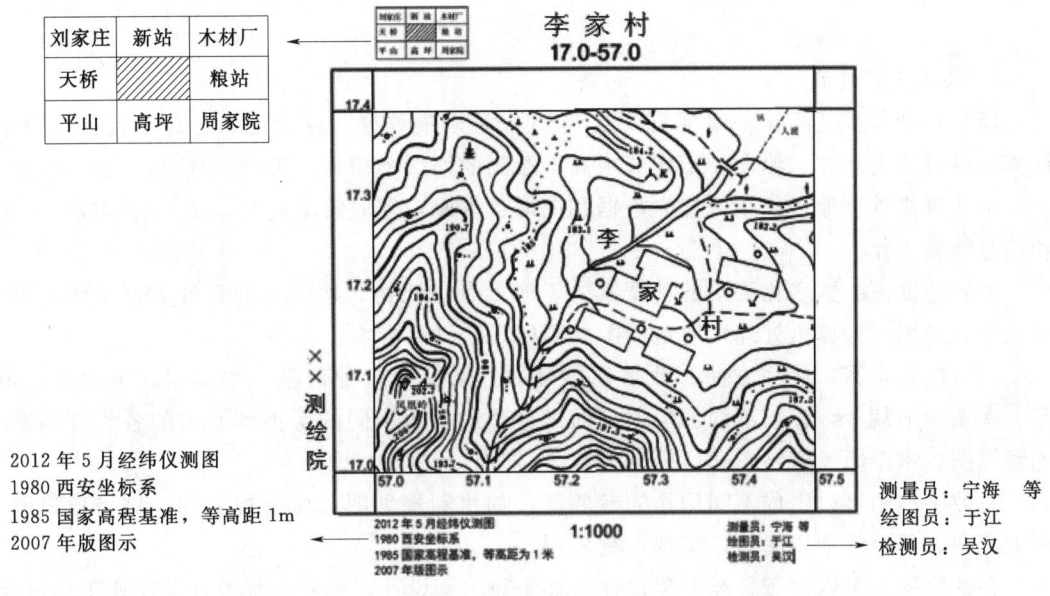

图 8.26　地形图整饰

3. 地形图检查

（1）室内检查。室内检查的内容有：图上地物、地貌是否清晰易读；各种符号注记是否正确；等高线与地形点的高程是否相符；图边拼接有无问题等。如发现错误或疑点，记录下来或在图纸上做好标记，然后到室外进行实地检查修改。

（2）外业检查。外业检查进行巡视检查和仪器设站检查。巡视检查是根据室内检查的具体情况，有计划、有目的地确定巡视路线，进行实地对照查看。检查地物、地貌有无遗漏，等高线是否逼真合理，符号、注记是否准确等。设站检查即安置仪器，对图上的地物位置、等高线的高程进行观测复核。

8.4.3　数字测图

8.4.3.1　数字测图的概念与特点

1. 数字测图系统

数字测图也称为数字化测图（Digital Surveying Mapping，DSM），是以数字的形式表达地形特征点的集合形态。

利用各种设备、技术将采集到的地形数据传输到计算机，并由功能齐全的成图软件进行数据处理、成图显示，再经过编辑、修改，生成符合规范的地形图。最后将地形数据和地形图分类建立数据库，也可以用数控绘图仪或打印机完成地形图和相关数据的输出。所以概括起来，数字测图系统是由三部分组成，即数据采集、数据处理和地图数据输出，如图 8.27 所示。

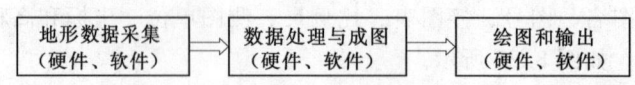

图 8.27　数字测图系统

2. 数字测图特点

(1) 自动化程度高。采用全站仪或 GPS 设备采集数据，自动记录存储，直接传输给计算机进行数据处理、绘图，工作效率高，绘制的地形图精确、美观、规范。

由计算机处理地形信息，建立数据和图形数据库，生成数字地图，便于后续成果应用和信息管理工作。

(2) 精度高。数字化测图的精度取决于地形点（地物、地貌）的野外数据采集精度，而成图、绘图（计算机处理）对地形图的精度几乎没有影响。

(3) 内容丰富，使用方便。数字地图可以分层保存多种信息，如房屋、电力线、道路、水系、地貌等，存于不同的层中，通过打开或关闭不同的层得到所需的各类专题图，如管线图、水系图、道路图和房屋图等。

由数字地图可以生成不同用途的专题图，如水利规划图、城市规划图、城市建设图、房地产图、各类管理用图等，实现一测多用。

在数字图上可以进行各类工程设计，如土建工程设计、水利工程设计、交通工程设计和园林工程设计等。

由数字地图可以绘制不同比例尺的地形图或不同用途的专题图。

(4) 方便修测和更新。数字测图采用解析法测定点位坐标，计算机软件成图，在图上增加、删除内容对图面的美观、整洁（规范性）无任何影响，所以，便于修测和更新。

8.4.3.2　数字测图数据采集

1. 野外地面数据采集

在野外实地，用全站仪或卫星定位设备，直接测定地形点的三维坐标。采集数据的同时，绘制地形草图。将野外采集的数据传输到计算机，利用绘图软件，参照野外绘制的草图，进行人机交互编辑，形成规范的地形图。这种方式也称为地面数字测图。

地面数字测图也可以在野外现场绘图。如图 8.28 所示，将便携机与全站仪连接，将

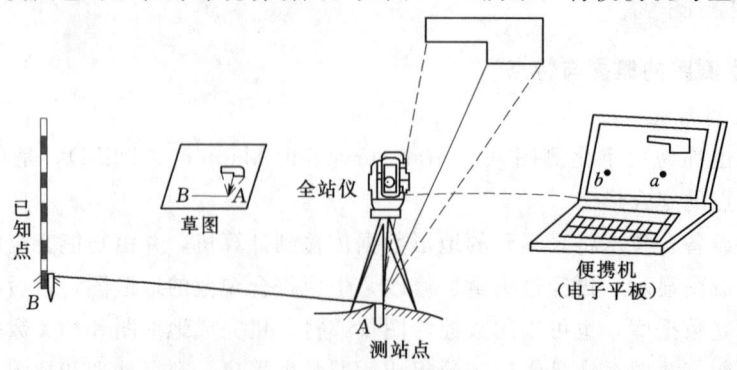

图 8.28　电子平板测图示意图

8.4 地形图测绘

全站仪的观测数据即时地传输到便携机，利用便携机上的绘图软件现场绘图。便携机类似于手工法测图时的绘图平板，所测地物可在屏幕上显示，因此也称其为电子平板。

2. 原图（底图）数据采集

在已进行过测绘工作的测区，有存档的纸介质或聚酯薄膜地形图，即为原图或底图。可以通过以下方法将纸质原图转化为数字化图。

（1）利用数字化仪对原图数字化。数字化仪主要由鼠标器、数字化板和微处理器组成，如图 8.29 所示。利用数字化仪对纸质图数字化时，把待数字化的图件固定在数字化板上。首先对图幅的 4 个图廓点进行数字化，即进行图幅定位。再对图中的控制点进行采集并与坐标值比较，满足要求后，用鼠标器依次采集图幅内各地物地貌的特征点位置。

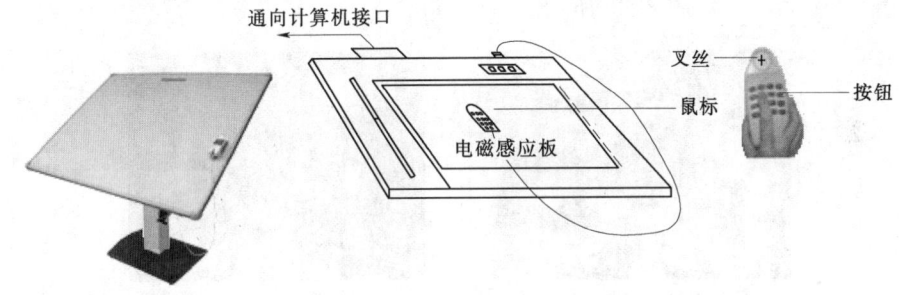

图 8.29 数字化仪

（2）利用图纸扫描仪对原图数字化。图纸扫描仪如图 8.30 所示。扫描仪可以将图形、图像快速地扫描并数字化后存入计算机。扫描仪扫出的图形是栅格形式，所以还需要利用矢量化软件将栅格图形转换为矢量图形，再供数字化成图软件使用。利用扫描仪，因速度快、不受人为因素的影响、手工操作强度小以及计算机运算速度、存储容量的提高和矢量化软件的踊跃出现，已成为将纸质图转换为数字化图的主要方法。

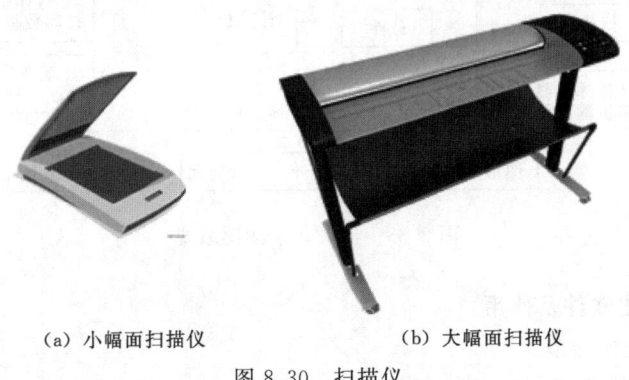

（a）小幅面扫描仪　　　　　　（b）大幅面扫描仪

图 8.30 扫描仪

3. 三维激光扫描仪数据采集

三维激光扫描仪如图 8.31 所示。利用三维激光扫描仪测量，对地形、地貌进行高分辨率的扫描，得到高精度的三维立体图像，将全站仪或卫星定位 RTK 的逐点测量变成了"面"的测量，并且在扫描时不需要与被测物体接触，作业人员劳动强度小、作业效率高。三维激光扫描仪测量，作为一种全新的测量技术，正越来越多地引起重视和利用。

4. 摄影测量照片数据采集

图 8.31 三维激光扫描仪

以航空或地面摄影测量获取的相片作为数据源，在解析测图仪或立体量测仪上采集地形特征点，然后经过绘图软件处理，生成数字地形图，如图 8-32 所示。利用航空数字测图进行大比例尺地形绘制和更新，已成为地形测量的重要手段和先进方法。它可以提供丰富的数字正射影像图（DOM）、数字高程模型（DEM）、数字栅格地图（DRG）、数字线划地图（DLG），统称为"4D"产品。

由于空间数据的来源不同，所以广义地理解数字测图系统如图 8.33 所示。

（a）航片坐标量测仪　　　（b）计算机 3D 坐标量测

图 8.32 摄影测量坐标量测

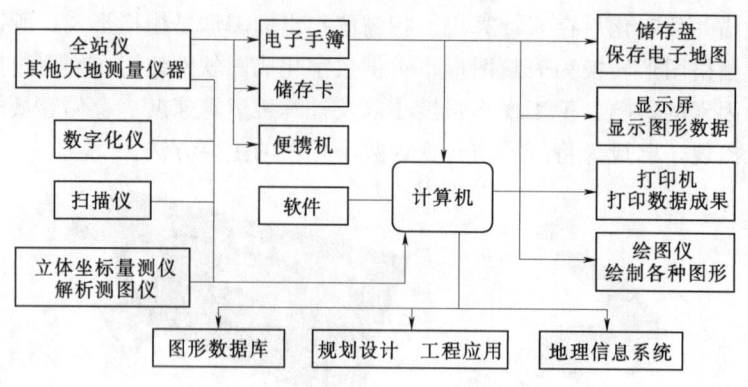

图 8.33 广义数字测图系统

8.4.3.3 数字测图软件及使用

1. 数字成图软件功能

数字成图软件有多种。目前，国内比较有代表性的数字测图软件有南方测绘仪器公司研发的基于 AutoCAD 的 CASS 软件、北京清华山维公司开发的 EPSW 测绘系统等。

数字测图软件一般都具备：数据采集、数据输入、数据处理、图形生成、图形编辑、图形输出等功能；在图形编辑处理方面的功能均较强，符合测绘人员的操作习惯；能与主要仪器设备（如全站仪）进行通信，生成的符号、注记满足国家最新的图式规范要求等。

2. 数字成图软件使用

成熟的数字测图软件的界面一般都很友好，能方便地采用屏幕菜单和对话框进行人机交互操作，完成数据处理、图形编辑、图幅整饰、图形输出及图形管理。

下面介绍用 CASS 数字测图系统（设在计算机上的安装位置为 C：\ CASS 8.0），生成编辑一幅地形图的整个过程。

（1）数据格式。CASS 数字成图系统要求的测量坐标文件数据格式为：

点号，编码，Y 坐标（横坐标），X 坐标（纵坐标），高程

或

点号，，Y 坐标（横坐标），X 坐标（纵坐标），高程

本示例的测量坐标文件名为 STUDY.DAT（为 CASS 8.0 数字成图系统自带的一个成图练习数据文件，默认路径为 C：\ CASS 8.0 \ DEMO \ STUDY.DAT）。STUDY.DAT 中的部分数据如图 8.34 所示。

```
1,,53167.880,31194.120,495.800
2,,53151.080,31152.080,495.400
3,,53151.080,31165.220,494.500
4,,53174.690,31109.490,499.300
5,,53161.730,31117.070,497.400
```

图 8.34 CASS 要求的数据格式

（2）展点。进入 CASS 主界面，如图 8.35 所示。单击顶部"绘图处理"菜单项，即出现图 8.36 所示的下拉菜单。

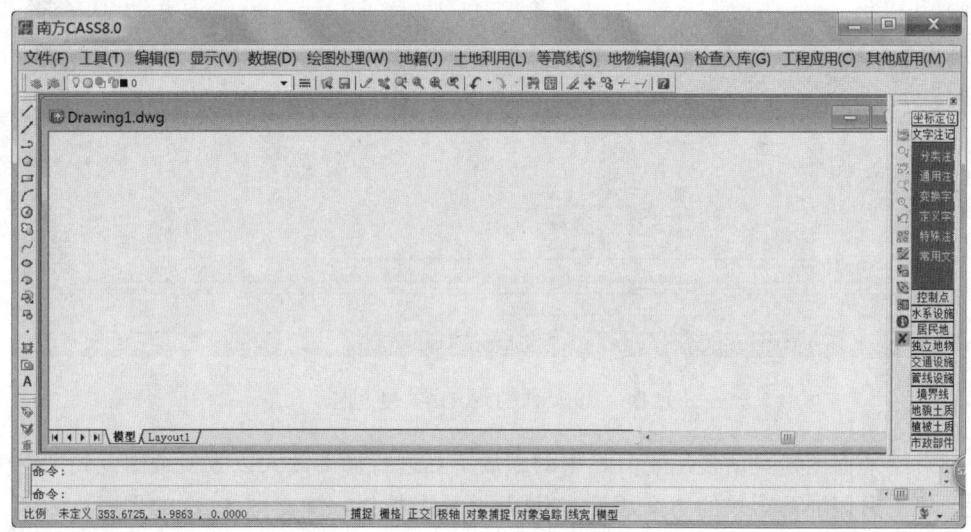

图 8.35 CASS 数字成图系统主界面

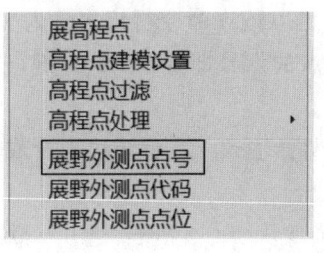

图 8.36 下拉菜单

选择"展野外测点点号"命令，即出现一个对话框，如图 8.37 所示。

这时，需要输入坐标数据文件名。可按 Windows 选择打开文件的方法操作，也可直接通过键盘输入，在"文件名（N）:"文本框中输入 C：\ CASS 8.0 \ DEMO \ STUDY.DAT，单击"打开（O）"按钮，便可在屏幕上展出野外测点的点号，如图 8.38 所示。

第 8 章 水 文 地 形 测 量

图 8.37 提示输入数据文件名界面

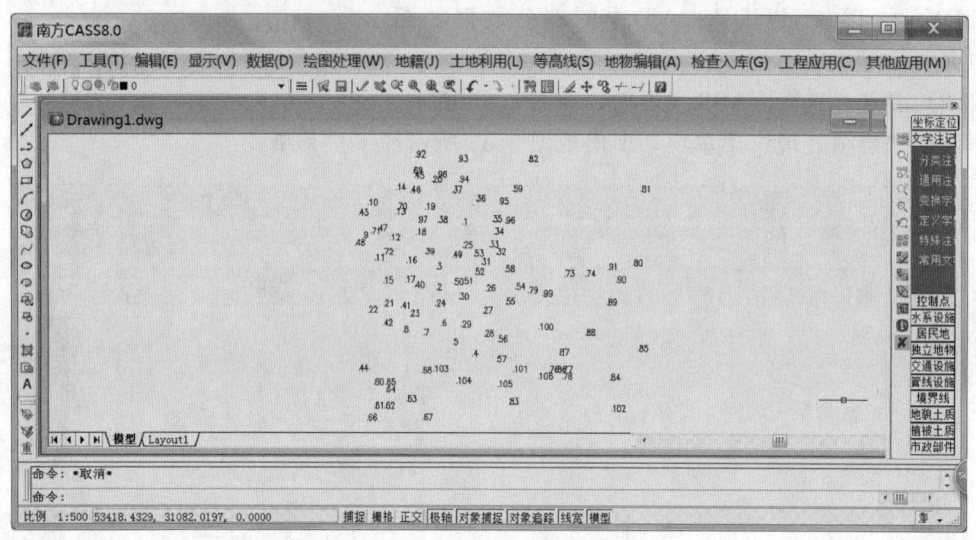

图 8.38 STUDY.DAT 展点图

(3) 绘平面图。灵活使用工具栏中的缩放工具进行局部放大以方便编图。先把左上角放大，单击右侧屏幕菜单的"交通设施/城际公路"按钮，弹出图 8.39 的界面。

找到"平行省道"并选中，单击"确定"按钮。返回展点界面，右击最下面一行中的"对象捕捉"，弹出图 8.40 所示的界面，选中全部复选框后，单击"确定"按钮。

依次捕捉单击 92、45、46、13、47、48 各点后按 Enter 键（或在命令行依次输入 92、45、46、13、47、48 各点号并按 Enter 键。注意：每输一个点的点号即要按 Enter 键，全部输入后，再按一次 Enter 键）。

命令区提示：拟合线<N>?，输入 Y，按 Enter 键。说明：输入 Y，将该边拟合成光滑曲线；输入 N（默认为 N），则不拟合该线。

命令区提示：1. 边点式/2. 边宽式<1>：按 Enter 键（默认 1）。说明：选 1（默认为 1），将要求输入公路对边上的一个测点；选 2，要求输入公路宽度。捕捉对面一点（19

250

8.4 地形图测绘

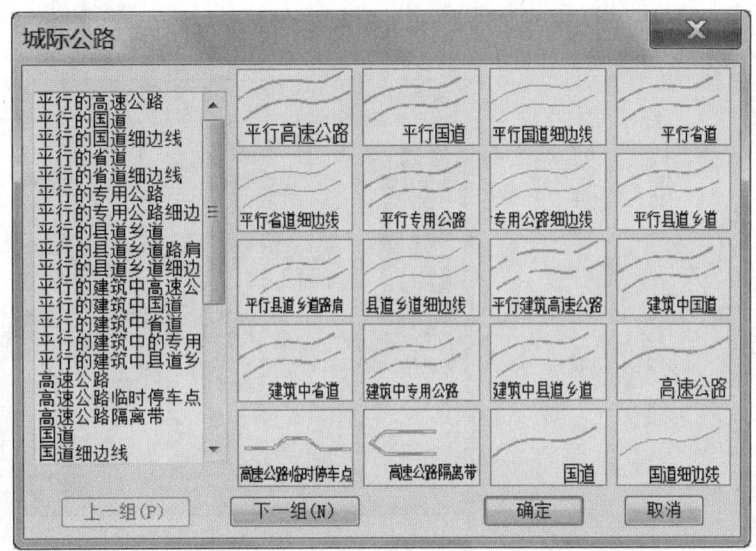

图 8.39 选择屏幕菜单"交通设施"

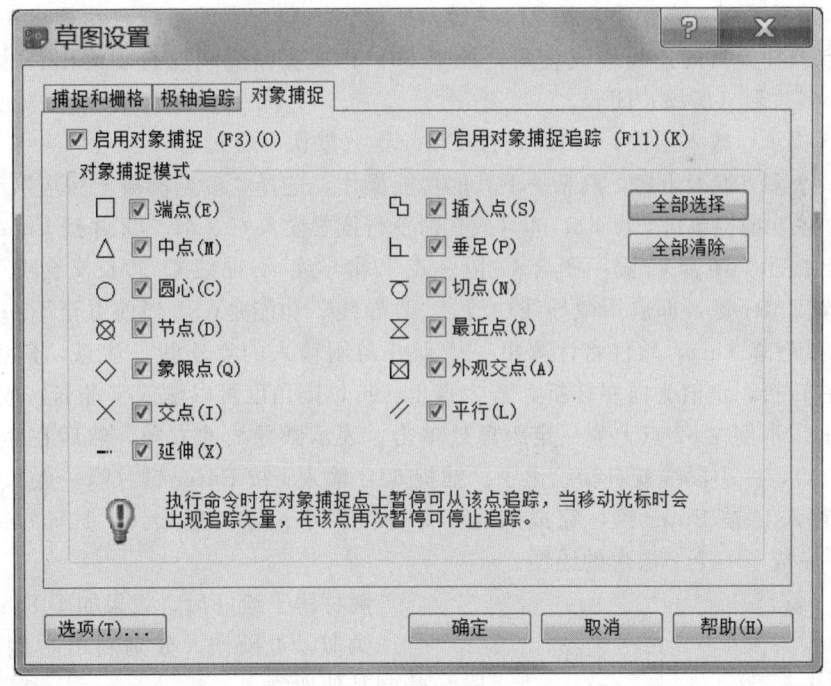

图 8.40 设置"对象捕捉"

号点),或在命令区输入 19 并按 Enter 键,这时平行城际公路就生成了,如图 8.41 所示。

下面介绍如何作一个多点房屋。选择右侧屏幕菜单的"居民地/一般房屋"选项,弹出图 8.42 所示界面。

选择"多点混凝土房屋",单击"确定"按钮。依次捕捉单击 49、50、51(或在命令区依次输入 49、50、51 并按 Enter 键）。

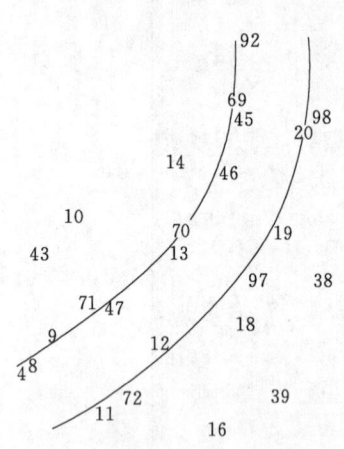

图 8.41 作好一条平行公路

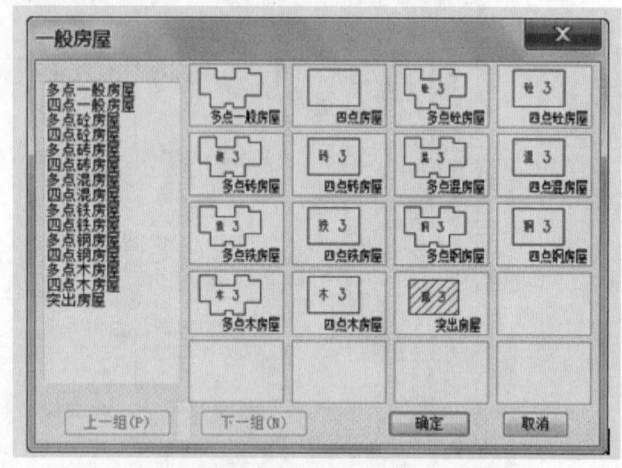

图 8.42 选择屏幕菜单"居民地\一般房屋"

命令区提示：闭合 C/隔一闭合 G/隔一点 J/微导线 A/曲线 Q/边长交会 B/回退 U/。输入 J，即选择了隔一点功能，按 Enter 键，捕捉 52。隔一点即系统自动算出一点，使该点与前一点及捕捉点的连线构成直角。捕捉 53，构成直角的线就自动绘出。输入 C，按 Enter 键，多边形（房屋）闭合。

命令区提示：输入层数：<1>，按 Enter 键（默认 1 层）。

再做一个多点混凝土房，熟悉一下其他功能操作。选择"多点混凝土房屋"，单击"确定"按钮。依次捕捉单击 60、61、62（或在命令行依次输入 60、61、62 并按 Enter 键）。

命令区提示：闭合 C/隔一闭合 G/隔一点 J/微导线 A/曲线 Q/边长交会 B/回退 U/。输入 A，按 Enter 键，即启用微导线功能。"微导线"功能是，由当前点至下一点的转折角度（°）和距离（m），软件将计算出一个点并与刚输入的点连线。注意，角度输入时，正值为向右转折，负值为向左转折。若为直角转折，则角度可以输入字母 K，或直接向左或向右单击。本例在 62 点上侧一定距离处单击，表示微导线的方向，然后在命令区输入距离（4.5m），一小段线就自动绘出了。捕捉 63，输入 J 按 Enter 键（隔一点），捕捉 64，捕捉 65，输入 C 按 Enter 键，完成闭合。命令区提示：输入层数：<1>，输入 2，按 Enter 键，完成了一个 2 层房的绘图。

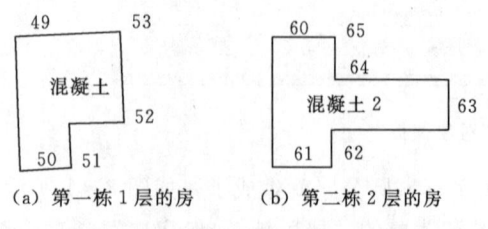

图 8.43 作好的两栋房效果

两栋房子绘好后，效果如图 8.43 所示。

类似以上操作，分别利用右侧屏幕菜单绘制其他地物。

在"居民地"菜单中，用 3、39、16 三点完成利用三点绘制 2 层砖结构的四点房；用 68、67、66 绘制不拟合的依比例围墙；用 76、77、78 绘制四点棚房。

在"交通设施"菜单中，用 86、87、88、89、90、91 绘制拟合的小路；用 103、

104、105、106 绘制拟合的不依比例乡村路。

在"地貌土质"菜单中，用 54、55、56、57 绘制拟合的坎高为 1m 的陡坎；用 93、94、95、96 绘制不拟合的坎高为 1m 的加固陡坎。

在"独立地物"菜单中，用 69、70、71、72、97、98 分别绘制路灯；用 73、74 绘制宣传橱窗；用 59 绘制不依比例肥气池。

在"水系设施"菜单中，用 79 绘制水井。

在"管线设施"菜单中，用 75、83、84、85 绘制地面上输电线。

在"植被园林"菜单中，用 99、100、101、102 分别绘制果树独立树；用 58、80、81、82 绘制菜地（第 82 号点之后仍要求输入点号时直接按 Enter 键），要求边界不拟合，并且保留边界。

在"控制点"菜单中，用 1、2、4 分别生成埋石图根点，命令区提问点名时分别输入 D121、D123、D135。

将图层按钮 ![] 点开，关掉展点号（ZDH）图层，![ZDH]，所有点号及点位标志将被关闭不显示。作好后的平面图效果如图 8.44 所示。

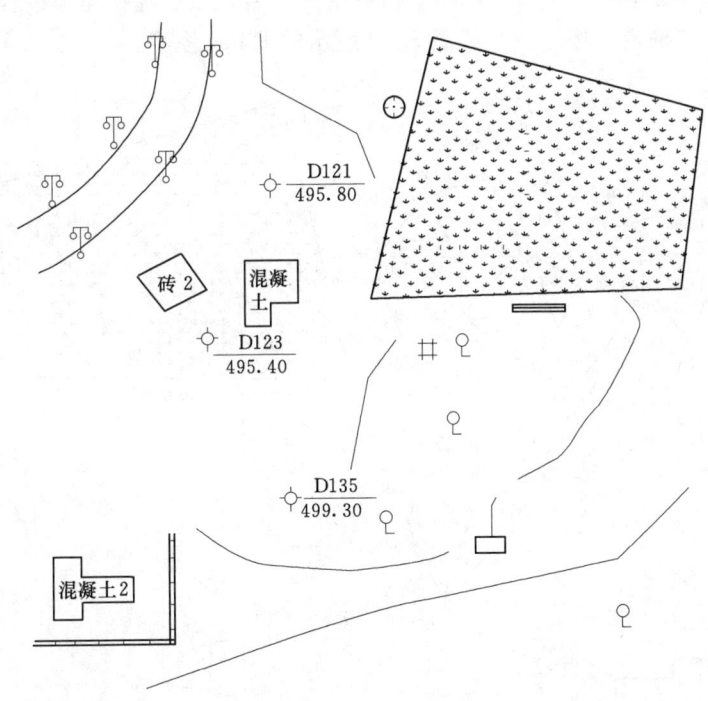

图 8.44 STUDY 的平面图

(4) 绘等高线。

1) 展高程点。选取"绘图处理"菜单下的"展高程点"命令，屏幕弹出数据文件的对话框，找到 C：\ CASS 8.0 \ DEMO \ STUDY.DAT，单击"确定"按钮，命令区提示"注记高程点的距离（米）:"，直接按 Enter 键，表示不对高程点注记进行取舍，全部展出来。

2）建立DTM模型。选取"等高线"菜单下"建立DTM"命令，弹出图8.45所示对话框。

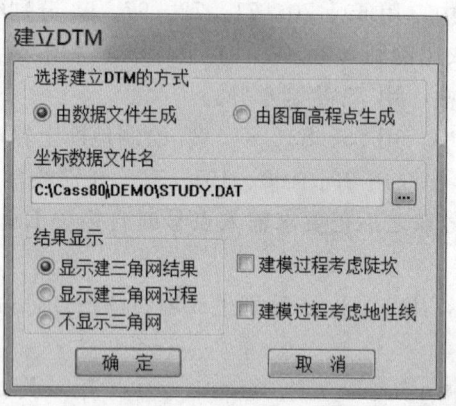

图8.45 建立DTM对话框

根据需要选择建立DTM的方式和坐标数据文件名，然后选择建模过程是否考虑陡坎和地性线，单击"确定"按钮，生成图8.46所示的DTM模型。

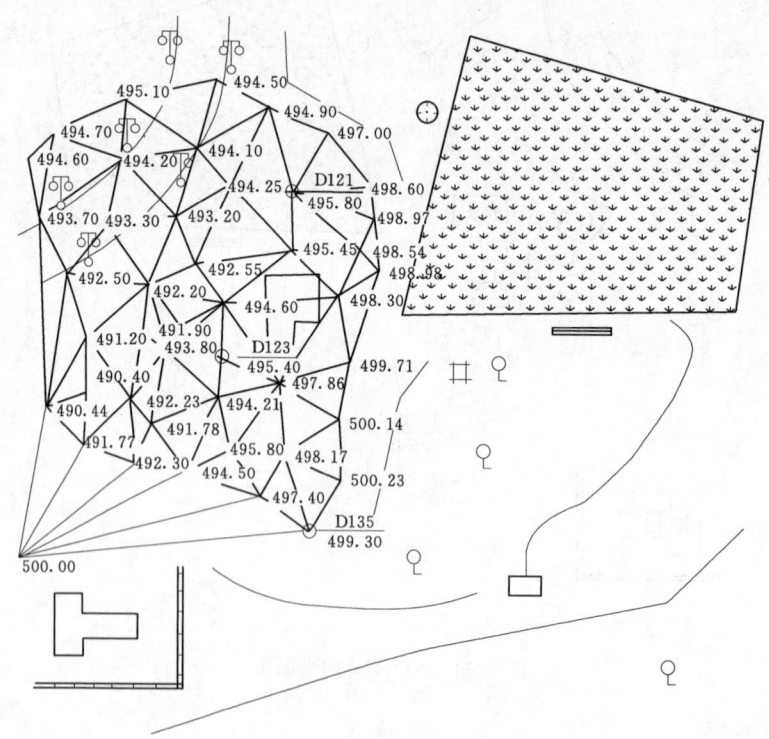

图8.46 建立DTM模型

3）绘等高线。选取"等高线'→'绘制等高线"菜单命令，弹出图8.47所示对话框。

输入等高距,选择拟合方式,单击"确定"按钮,系统马上绘制出等高线,关掉三角网图层后,效果如图 8.48 所示。

再选择"等高线"菜单下的"等高线修剪"命令,如图 8.49 所示。选取"批量修剪等高线"子命令,在弹出对话框中选择"建筑物"复选框,软件将自动搜寻穿过建筑物的等高线并将其进行整饰。选取"切除指定二线间等高线"子命令,依提示依次选取左上角的道路

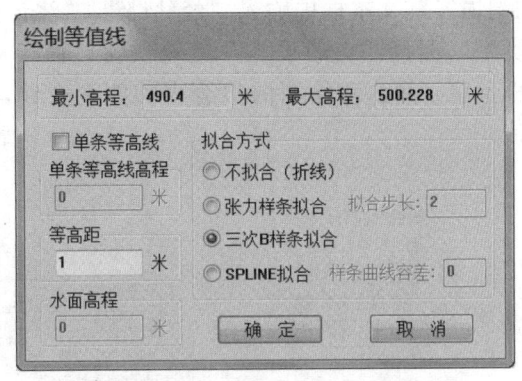

图 8.47 "绘制等值线"对话框

两边,系统将自动切除等高线穿过道路的部分。选取"切除穿高程注记等高线",系统将自动搜寻,把等高线穿过注记的部分切除。

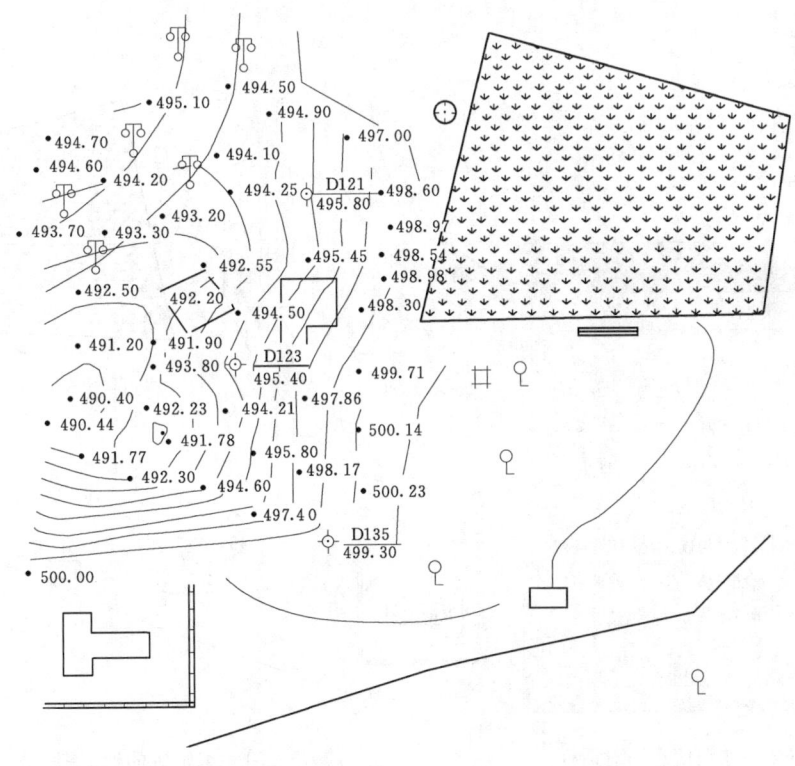

图 8.48 绘制等高线

(5) 加注记。下面说明如何在公路上注"经纬路"3 个字。先在需要添加文字注记的位置(大约道路的中线)绘制一条拟合的多功能复合线,然后选取右侧屏幕菜单的"文字注记"→"通用注记"命令,弹出图 8.50 所示的界面,在图 8.50 所示界面的

"注记内容"文本框中输入"经纬路","注记排列"选择"屈曲字列"单选按钮,"注记类型"选择"交通设施"单选按钮,输入文字大小,按"确定"按钮后光标变成小方框形状,单击刚绘制的拟合多功能复合线,即完成注记,最后删除绘制的多功能复合线。

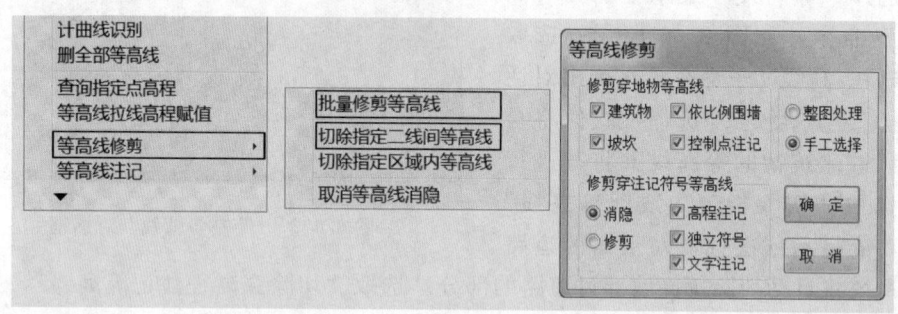

图 8.49 "等高线修剪"子命令

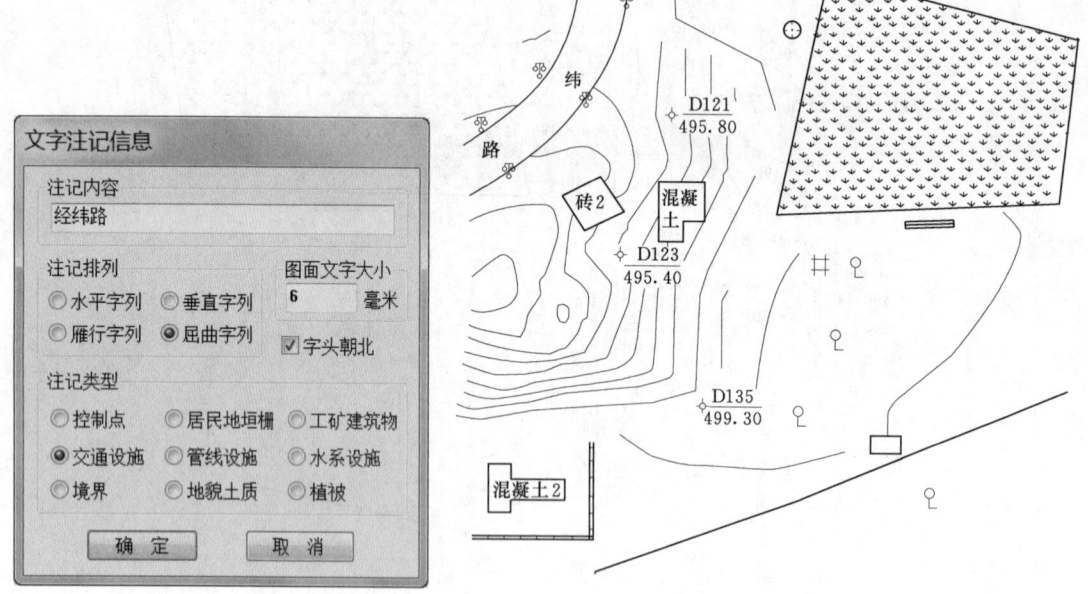

图 8.50 "文字注记信息"对话框

图 8.51 编辑后的地形图

经过以上各步,图编辑完成,效果如图 8.51 所示。

(6) 加图框。单击"绘图处理"菜单下的"标准图幅(50×40)"命令,弹出图 8.52 所示的界面。在"图名"文本框中输入"建设新村";在"左下角坐标"的"东""北"文本框内分别输入"53050""31050";选中"删除图框外实体"复选框,然后单击"确认"按钮。这样这幅图就作好了,如图 8.53 所示。

8.4 地形图测绘

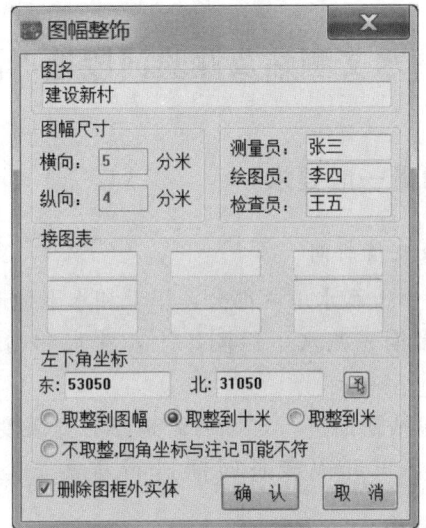

图 8.52 输入图幅信息

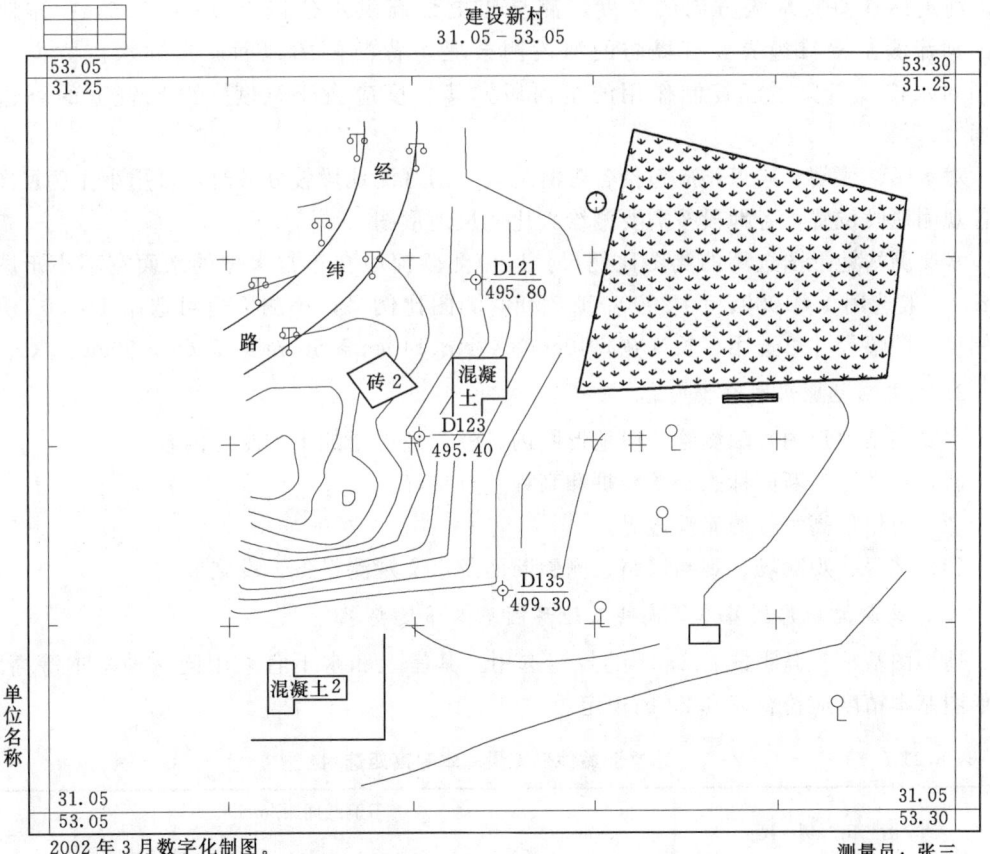

2002年3月数字化制图。
任意直角坐标系；坐标起点以地方为原点起算。
1985年国家高程基准，等高距为1m。
1996年版图式。

测量员：张三
绘图员：李四
检查员：王五

图 8.53 加图框后的地形图

8.5 水文测站及测验河段地形测量

8.5.1 水文测站地形测量一般要求

1. 水文测站地形测量及测绘时间

水文测站地形测量分为岸上和水下两部分，岸上和水下地形测量宜同时进行。因特殊原因不能同时进行时，落水期先测水下后测岸上，涨水期则相反，避免出现成图空白区域。

水文测站地形测量在建站初期进行，以后若地形有显著变化，应及时重新测量或局部重测。若地形变化不大，可间隔较长时间进行重测，但最长间隔时间应不超过20年。

2. 水文测站地形测量范围及测图比例尺

河道站在垂直水流方向的宽度，测至历史最高洪水位以上 0.5~1.0m；滩地较宽的河流测至漫滩边界，有堤防的河段测至堤防背河侧的地面。在顺水流方向，应包括对水位流量关系起控制作用的全河段，其长度应大于宽度，滩地较宽的可适当变通。

对水库、堰闸、渠道站应包括各观测地段。当观测地段较分散时，可用小比例尺图标明各观测地段位置，各地段按需要测绘大比例尺地形图。

水文测站地形图选用的测图比例尺，应使测验河段在正常水位的水面宽不小于图上 3cm。一般选用 1:1000、1:2000、1:5000 测图比例尺，小测区也可选用 1:500 测图比例尺。图幅尺寸可选用（长×宽）40cm×40cm、40cm×50cm 或 50cm×50cm。

3. 水文测站地形图测绘内容

水文测站地形图，除测绘一般地形图内容外，还应增加下列测绘内容。
(1) 水准点、断面标志、基线桩和高程基点桩等。
(2) 历年最高水位的淹没边界。
(3) 站房、观测场、观测道路、测验断面及水文观测设备、设施等。

4. 水文测站地形图基本等高距及地形图基本精度要求

地形图基本等高距按表 8.21 的规定选用，其岸上和水下宜采用同一种基本等高距。地形图基本精度应符合表 8.22 的规定。

表 8.21　　　　　　　水文测站地形测量基本等高距选用

测 图 比 例 尺	等高线间距/m	
	平原地区	山地地区
1:500	0.25 或 0.5	1 或 2
1:1000	0.5 或 1	1 或 2

8.5 水文测站及测验河段地形测量

续表

测 图 比 例 尺	等高线间距/m	
	平原地区	山地地区
1：2000	0.5 或 1	1 或 2
1：5000	1	1 或 2 或 5

注 1. 对于天然湖泊或水库参照平原地区选用等高距。
　　2. 对于潮汐河口、浅水型湖泊、水库可根据任务书要求，等高距适当减小（加密）。

表 8.22　　　　　　　水文测站地形图基本精度要求

地形类别	地面倾角	地物点图上点位中误差/mm	地形点高程中误差/m	等高线高程中误差/m	
				岸上	水下
平原	<6°	±0.5	±h/4	±h/2	±1h
山区	≥6°	±0.75	±h/3	±1h	±2h

注 h 为基本等高距。

8.5.2 水文测站地形测量示例

图 8.54 所示为某水文站蒸发场地形图（平面图）；图 8.55 所示为某水文站测验河段地形图（平面图）。

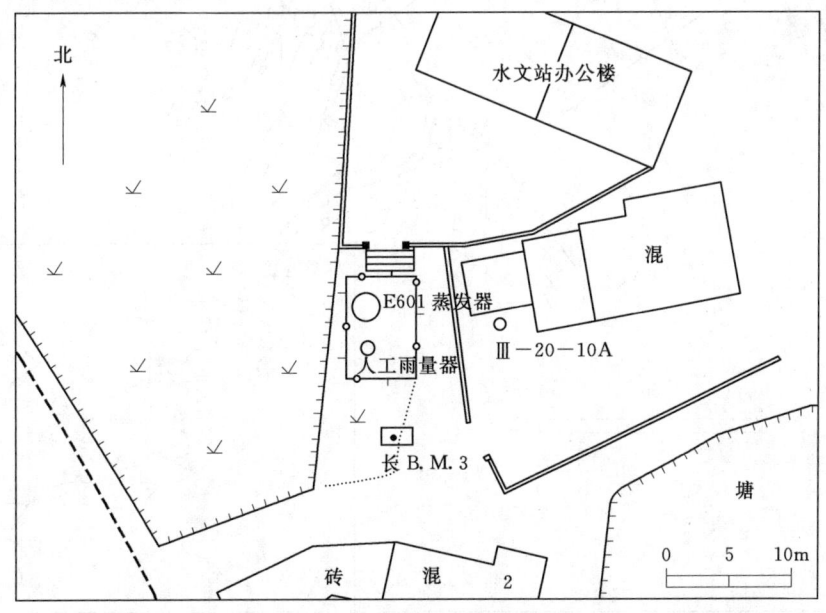

图 8.54　某水文站蒸发场地形图（平面图）

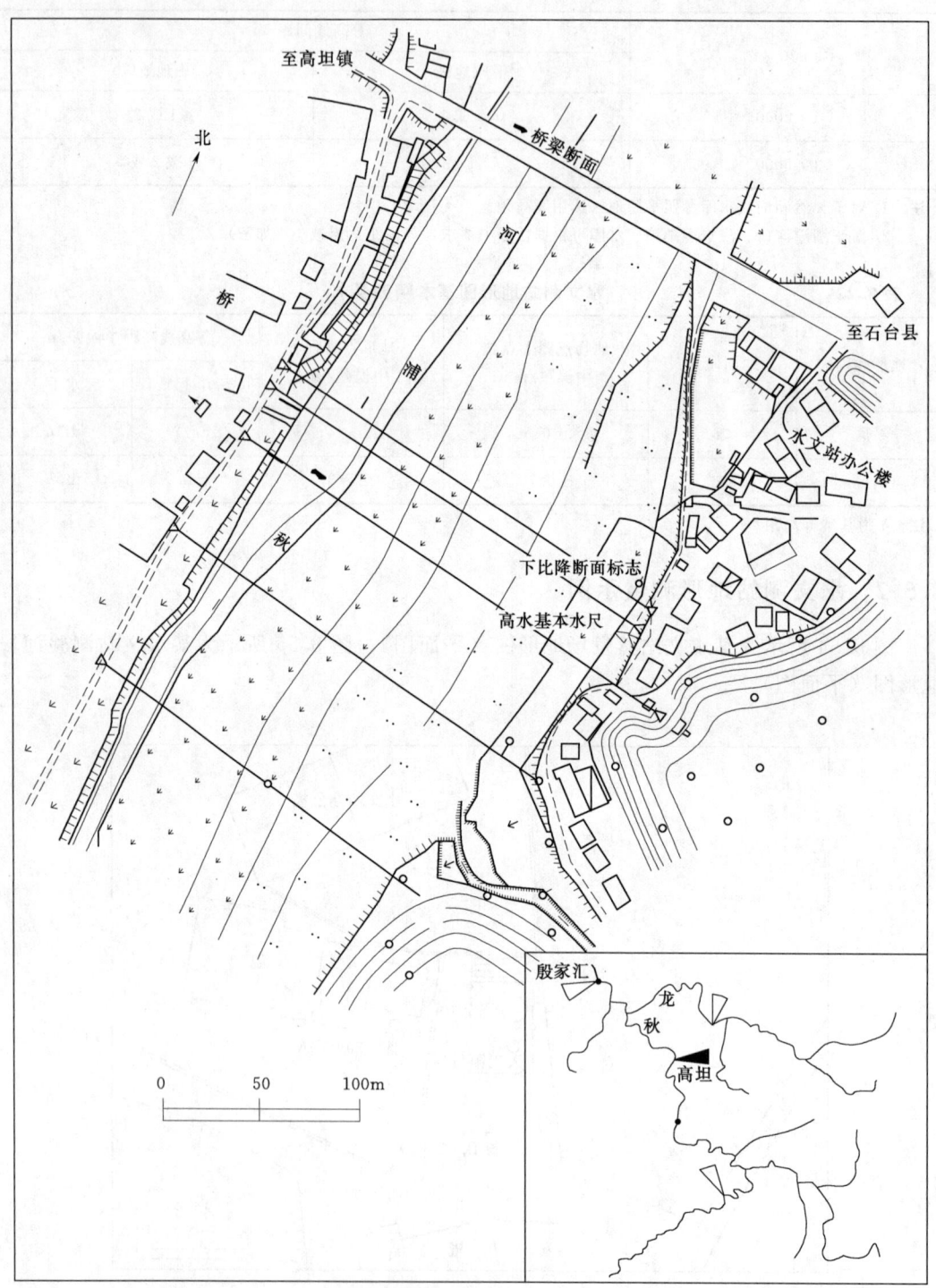

图 8.55 某水文站测验河段地形图（平面图）

8.6 大水面水下地形测量

8.6.1 概述

大水面或大水域，通常指海洋、湖泊、水库、宽大江河等，由于水面区域面积大，在控制测量、测区划分、水位观测与改正、测线设计与布置、水下地形点测量手段等，与小区域水面情况下的水下地形测量相比，更加复杂。例如，由于水域较大，用岸上测量仪器给船只定位就非常困难；水面大，一般水深也较大，用测深杆、测深锤、铅鱼等工具难以完成水深测量工作。随着卫星定位技术尤其是差分定位技术（RTD和RTK）的飞跃发展，水下地形测量方法取得了很大进步。目前，水下地形测量技术已经定型于采用卫星定位获取平面位置及水面高程、测深仪获取水深数据的基本模式，通过软件可以迅速获得各种比例尺的水下地形图、DTM数字高程图，还可制作分色立体三维图。这种模式不仅自动化程度高，可以全天候作业，大大提高效率，而且由于卫星定位数据的采集及水深测量均为连续的，改变了原盲目测点的作业模式，可以客观地反映水下细微的地形变化，大大提高了水下地形图的精度。

8.6.2 回声测深仪

回声测深仪的构造和工作原理在第7章7.3.2.4小节中已作介绍，这里作一些补充。

回声测深仪类型很多，可分为记录式和数字式两类。通常都由振荡器、发射换能器、接收换能器、放大器、显示和记录部分所组成。

所有这样的设备都有一个共同的特点：它们都利用一组发射换能器在水下发射声波，使声波沿水介质传播，直到碰到目标后再被反射回来，反射回来的声波被接收换能器接收。然后再由声呐源或计算机处理收到的信号，进而确定目标的参数和类型。

回声探测设备也是不尽相同的，所以往往会使用不同的发射和接收换能器，因此，声信号的频率和波形也有所不同。不同回声探测设备的差别，最主要的是在对回波信号的处理方法上。

回声测深仪的发明为水深测量提供了一个强有力的手段，由于它可以在船只航行时快速、准确地测得水深的连续数据，所以很快便成为水深测量的主要仪器，被广泛应用于水下地形测量，特别是大水面的水下地形测量。

回声测深仪的问世，使大水面水深测量技术发生了根本性的变革。目前已有升沉补偿测深仪、拖曳式测深仪、多波束测深仪等多种不同类型的测深仪器。

双频测深仪，即高、低两种不同频率工作的测深仪器，这种测深仪适用于测量沉积有稀泥的水底，用较低的工作频率探测较硬的水底，用较高的工作频率探测稀泥表面。

多波束测深仪，也称多波束测深系统或声呐阵列测深系统，能实现测区全范围无遗漏扫测，在与航向垂直的平面内每秒发数十拍、上百个深度点，获得一定宽度的全覆盖水深

第 8 章 水 文 地 形 测 量

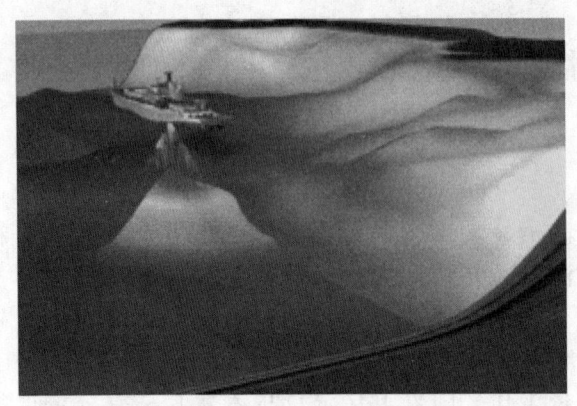

图 8.56 多波束测深系统示意

条带，相邻条带之间有一半的重叠，对水下地形地貌进行大范围全覆盖的测量及实时声呐图像显示，可现场直观地看出水下细微的地形变化（图 8.56）。

下面对多波束测深系统的组成及作业原理作简要介绍。

1. 多波束系统的组成

一套完整的多波束测深系统，包括定位测量系统、船舶姿态测量系统、船舶向测量系统、声学剖面和水位测量系统等，如图 8.57 所示。

2. 多波束系统的作业原理

多波束测深是利用波束形成，根据一系列已知角度测量声波的来回时间差，算出每个角度对应的斜距，再根据斜距和每个波束的固定角度计算出该点的水深。测深示意如图 8.58 所示。

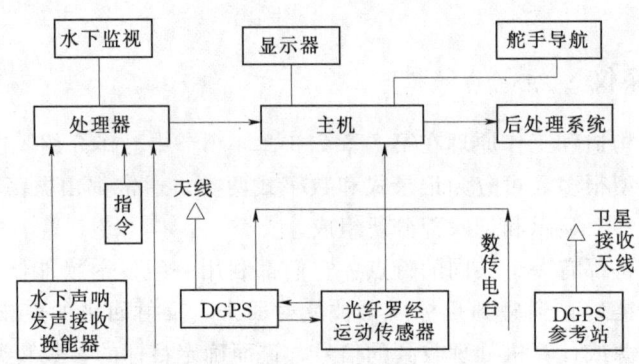

图 8.57 多波束测深系统组成

对第 i 号波束，测距和测深公式为

$$\begin{cases} r_i = ct_i \\ h_i = ct_i \cos\theta_i \end{cases} \quad (8.39)$$

式中　r_i——第 i 号波束对应的斜距；
　　　c——声速（与水温、水的含盐量等有关，可用声学剖面仪测得）；
　　　h_i——第 i 号波束对应的水深；
　　　t_i——声波单程传播时间；
　　　θ_i——第 i 号波束与多波速的夹角。

对第 i 号波束，i 点坐标公式为

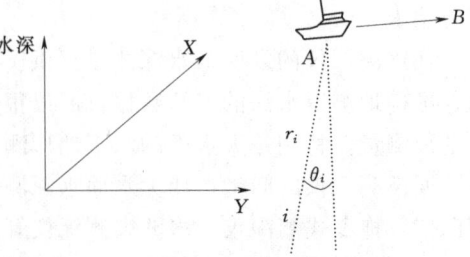

图 8.58 多波束测深系统作业原理

8.6 大水面水下地形测量

$$\begin{cases} X_i = X_A + r_i \cdot \sin\theta_i \cdot \cos\alpha_{AB} \\ Y_i = Y_A + r_i \cdot \sin\theta_i \cdot \sin\alpha_{AB} \end{cases} \tag{8.40}$$

图 8.58 和式（8.40）中，A 点为多波束测深探头位置，$A \rightarrow B$ 为船的运行方向，α_{AB} 为 A 到 B 的方位角。

8.6.3 卫星定位＋测深仪进行水下地形测量的实施

1. 系统组成

卫星定位（RTD 或 RTK）＋测深仪系统包括两台或两台以上的卫星定位接收机、数据通信电台、测量控制器或便携机、测深仪、陆地测量的便携工具、水上测量相应的设备以及动态测量软件、水下地形测量软件等。整个系统分为基准站和移动站两部分。基准站由卫星定位接收机、数传电台和天线及电源设备等组成；移动站（测量船）由卫星定位接收机、数据链和天线、控制器、测深仪及电源设备等组成。

2. 准备工作

在测区或测区附近选取至少 3 个有当地已知坐标的控制点，用静态或快速静态方式获得 WGS－84 坐标，由测得的 WGS－84 坐标与当地坐标推求转换参数，把转换参数和地球椭球投影参数等设置到控制器上。再把基准站控制点的点号和坐标输入控制器或者通过控制器输入到基准站 GPS 接收机，把规划好的断面线端点点号、坐标值输入移动站的控制器中或计算机中。

3. 观测

根据现场具体情况规划好测量日程和任务分工。基准站仪器尽量减少迁移，以提高工作效率。基准站 GPS 接收机天线设置在规划好的已知坐标点上，连接好设备电缆，通过控制器启动基准站 GPS 接收机。用控制器启动时，在控制器上调出基站点号和相应信息。设置好基站，数据链开始工作，发射载波相位差分信号。

在移动站（测量船）上，首先对测深仪进行调节，其包括以下内容。

(1) 脉冲宽度调节。改变声波能量大小，增加脉冲宽度可以增加声波能量，抵偿沿程损失。

(2) 增益调节。调整声波的识别度，分电平增益和时间增益，放大信号，拉开信号与噪声之间的幅度，提高识别度，根据时间对远场信号进行增益补偿与控制。

(3) 阈值调节。筛选声信号的阈值，可以分上限、下限或范围；集成信号，有的测深仪可集成姿态仪、GPS 等信号，重新组成新的数据串，使得可以采用一个通信端口；输出格式，按协议输出某种格式的数据信号。

(4) 测深仪校正。采用校准板或已知水深场所进行校正。

(5) 声速改正。设置正确的水声速度，可以通过淡水声速表或者采用声速剖面计获得的声速值。

调节好测深仪，根据水上测量软件提示的界面操作。软件很多，测量部分大同小异。基本功能都有：坐标转换；水深、姿态、定位数据的接入；卫星信号的判断和控制；测线的规划和设置；测线操作；水深、坐标、姿态和导航信息的显示；警告设置；数据输出设置；文件操作设置；双频信号处理等。

通常的数据操作方式是采取水深、定位保留记录的密采方式（以往也有采取逻辑选取方式）。

计算处理可以自动计算水位资料，也可以人工确定水位改正值。对于无验潮方式（GPS 同时提供高程数据）可以直接进行三维坐标处理。

数据输出可以根据需要设置输出间隔。有的软件具有数据筛选功能，可以自动剔除偏航超出要求的数据，不予计算或输出。

卫星信息包括大地坐标、平面直角坐标、定位数据质量类别、卫星几何因子、时间。卫星数据格式，通常采用 GPGGA，也有 GPGLL 以及其他格式。

数据采集一般采用固定时间间隔方式，控制器上可以显示偏离断面线的距离误差和测量点坐标及误差值。测量数据被保存在控制器内或相应的存储卡上。

在简易船只和专业测量船上地形测量作业如图 8.59 和图 8.60 所示。

图 8.59　在简易船只上进行水下地形测量作业

8.6 大水面水下地形测量

图 8.60 在专用测量船上进行水下地形测量作业

4. 水下地形图

对观测采集的水深数据进行水位改正、声速改正和动态吃水改正，以满足成图的要求。将处理后的水深（或水底高程）调入图中，进行必要的筛选整理，由软件生成等深线或等高线，加入必要的注记和地形、地物符号及图框，形成完整、规范的水下地形图。

水下地形图可以是等深线（或等高线）图，如图 8.61 和图 8.63 所示，也可用专门的软件制作水下立体地形图，如图 8.62 和图 8.64 所示。

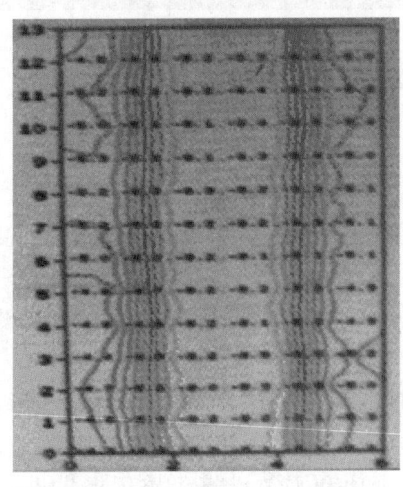

图 8.61 水下地形图（等深线）

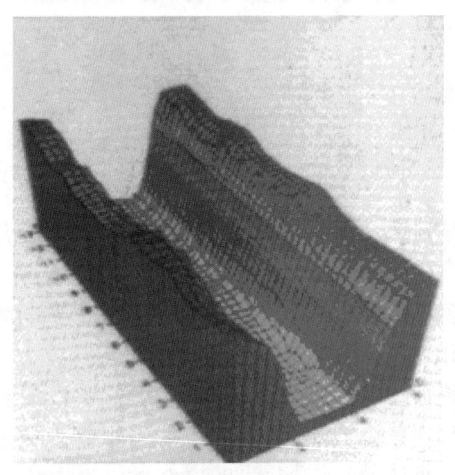

图 8.62 水下地形图（立体图）

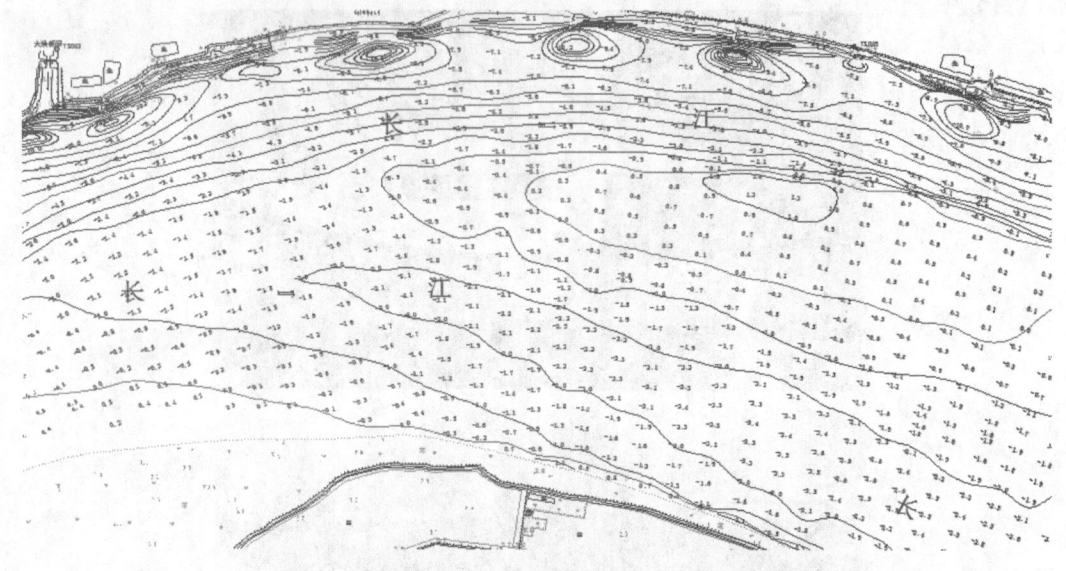

图 8.63 水下地形图（等深线）

图 8.64 水下地形图（立体图）

本 章 小 结

本章按"先控制后碎部、由整体到局部"的测量工作原则，组织安排水文地形测量的内容。

首先是国家基本平面控制概况，然后针对水文地形测量的特点，表述水文地形测量平面控制的方法和要求。

平面控制测量方法以导线测量为主，导线测量的内容包括导线布设形式、等级和技术要求、导线点布设注意事项、外业观测技术指标与观测注意事项、导线平差计算。对三角测量，介绍了布设形式、技术要求、注意事项和平差计算思路，提供进一步深入的路线。

卫星定位测量已越来越多地应用于控制测量，按静态模式的控制测量须把握方案设计、观测实施及注意事项、数据处理、成果输出等环节。RTK模式用于控制测量，只能是对图根点和测站点的局部加密，且必须进行100%的内外业检核。

地形图比例尺及比例尺精度，地物、地貌符号，为之后的地形图绘制奠立基础。

对地形图测绘不仅需要明晰总体工作流程，也需注意各个细的环节，只有掌握了方法并逐渐总结积累经验，才可能有高质量的测绘成果。地形图绘制以数字成图方法为主，简介手工绘图方法。

水文测站与测验河段的地形测量与一般地形图测绘有不同之处，它分为岸上和水下两部分。另外，在测绘时间、测绘范围、图面内容表达、等高距取用等方面有水文上的特点与要求。

大水面水下地形测量，目前已经基本定型于卫星定位＋测深仪的模式，这是一种组合模式或组合系统，涉及卫星定位测量、测深仪及使用、数字化成图等，需要全面的掌握与实践。

思 考 与 练 习

8.1 什么是控制测量？什么是控制网？控制测量的目的是什么？
8.2 控制网布测遵循哪些原则？了解我国等级控制网的建立。
8.3 水文地形测量平面控制的特点是什么？
8.4 建立平面控制网的方法有哪些？各有何特点或适用情况？
8.5 导线布设的形式是什么？试绘示意图加以说明。
8.6 导线测量的外业工作是如何进行的？其中踏勘选点应注意些什么？
8.7 何为导线的角度闭合差？在导线计算中如何处理？
8.8 何为导线的坐标增量闭合差？在导线计算中如何处理？
8.9 何为导线的全长闭合差和全长相对闭合差？
8.10 三角测量的布网形式有哪些？选点时应注意哪些事项？
8.11 交会定点有哪几种形式？试绘示意图加以说明。
8.12 卫星定位测量控制网的设计包括哪些内容？
8.13 卫星定位控制网布设控制点要注意哪些事项？
8.14 卫星定位控制测量观测前的准备工作是什么？观测中要注意哪些事项？
8.15 卫星定位控制网计算处理后打印输出的成果一般包括哪些内容？
8.16 用卫星定位RTK模式测量控制点要注意哪些事项？
8.17 何为地形图的比例尺？何为比例尺精度？
8.18 何谓地物？何谓地貌？地物符号分为哪几类？
8.19 何为等高线、等高距、等高线平距？等高线的分类是什么？
8.20 等高线的特性有哪些？
8.21 测图前的准备工作是什么？
8.22 手工白纸测图对方格网绘制和控制点展绘的精度要求是什么？

8.23 经纬仪测绘法测绘地形图的工作程序是什么？

8.24 测图时如何选择地物、地貌特征点？

8.25 地形图拼接、整饰要求是什么？如何对地形图进行检查？

8.26 大比例尺地形图整饰后图框外标注哪些项目？

8.27 数字测图概念是什么？数字测图的特点是什么？

8.28 数字测图系统包括哪几部分？

8.29 数字成图数据采集有哪些方法？

8.30 CASS数字成图系统要求的测量坐标文件数据格式是什么？

8.31 水文测站地形测量的测绘时间多长？

8.32 水文测站地形测量的测绘范围是什么？

8.33 水文测站地形图，除测绘一般地形图内容外，还应增加哪些测绘内容？

8.34 大水面水下地形测量的特点是什么？

8.35 用测深仪进行水下地形测量，测量前对测深仪需要做哪些调校？

8.36 水上测量软件的主要功能是什么？

8.37 如图1所示，已知1～2边的方位角 $\alpha_{12}=242°36'00''$，角度闭合差的允许值为 $f_{\beta允}=\pm60\sqrt{n}$，各内角标于图中，试计算各边的方位角。

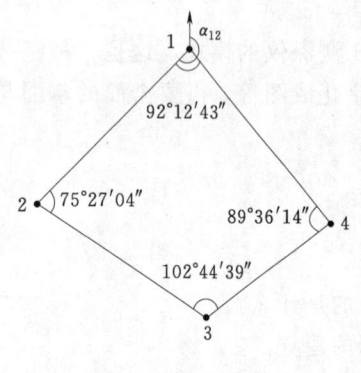

图1 题8.37图

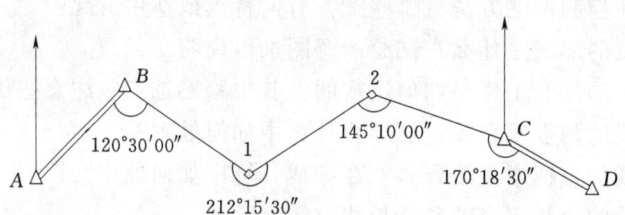

图2 题8.38图

8.38 附合导线如图2所示，已知 AB 边的方位角 $\alpha_{AB}=45°00'00''$；又已知 C 和 D 的坐标为：$x_C=1505.47$m，$y_C=2231.32$m，$x_D=1415.46$m，$y_D=2409.92$m；各转折角标于图中。要求角度闭合差的允许值为 $f_{\beta允}=\pm60\sqrt{n}$，试计算各边的方位角。

8.39 如图3所示的闭合导线，已知：$\alpha_{A1}=225°00'00''$；$x_A=2000.00$m，$y_A=2500.00$m。观测的角度和距离为：$\beta_A=87°50'00''$，$\beta_1=89°14'12''$，$\beta_2=87°30'18''$，$\beta_3=125°06'12''$，$\beta_4=150°20'12''$；$D_{A1}=449.00$m，$D_{12}=358.76$m，$D_{23}=359.60$m，$D_{34}=144.87$m，$D_{4A}=215.22$m。

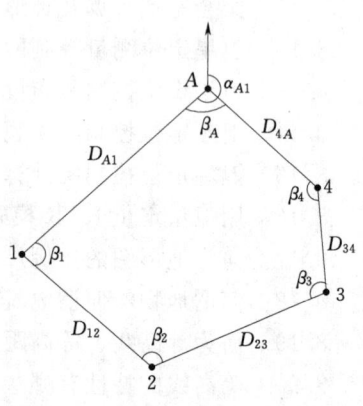

图3 闭合导线

在表1中计算1、2、3、4点的坐标。(注:$f_{\beta 允}=\pm 60\sqrt{n}$,$K_{允}=1/2000$)

8.40 某附合导线的起算数据为:$\alpha_{AB}=274°30'00''$,$\alpha_{CD}=91°18'00''$;$x_B=1509.60{\rm m}$,$y_B=1377.85{\rm m}$,$x_C=1401.20{\rm m}$,$y_C=1279.55{\rm m}$。观测数据如图4所示,在表2中计算各待定点坐标。(注:$f_{\beta 允}=\pm 60\sqrt{n}$,$K_{允}=1/2000$)

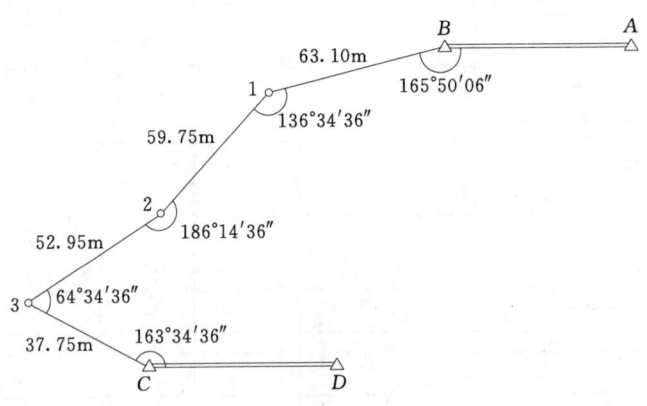

图4 附合导线

表1   闭合导线计算练习

点号	观测角度 /(° ′ ″)	改正数 /(″)	改正后角度 /(° ′ ″)	坐标方位角 /(° ′ ″)	边长 /m	坐标增量		改正后坐标增量		坐标值		点号
						Δx/m	Δy/m	Δx/m	Δy/m	x/m	y/m	
Σ												
辅助计算				略图:								

第8章 水文地形测量

表2　　　　　　　　　　　　　附合导线计算练习

点号	观测角度 /(° ′ ″)	改正数 /(″)	改正后角度 /(° ′ ″)	坐标方位角 /(° ′ ″)	边长 /m	坐标增量		改正后坐标增量		坐标值		点号
						Δx/m	Δy/m	Δx/m	Δy/m	x/m	y/m	
Σ												

辅助计算	略图:

第 9 章 水文测量工作的拓展

9.1 放 样 测 量

9.1.1 放样测量综述

测绘工作有两个基本任务，即测定和测设。测定是指对地面上已经存在的地物、地貌，测量出距离、角度、高差，或在一定的坐标、高程系统下，测定点的坐标和高程，或将地物、地貌绘制在图纸上（即地形图）；而测设是指把设计在图纸上的对象（如待布设的特定标志点、待建设的建筑物等）的位置在实地标定出来。可见，测定和测设是互为相反的工作。放样测量即为测设。

测设的基本工作是测设已知水平角、已知水平距离和已知高差。已知水平角、水平距离和高差是指在设计方案中，待测设对象与控制点（或控制网）之间的角度、距离、高差关系。所以，放样测量也需要进行控制测量，并遵循"先控制后碎部、由整体到局部"的工作原则。

上述的已知水平角、水平距离和高差又称为"测设数据"，测设数据可以在设计图纸上量算，更多情况是利用控制点坐标和待测设点的设计坐标进行计算。如图 9.1 所示，测设数据的计算式为

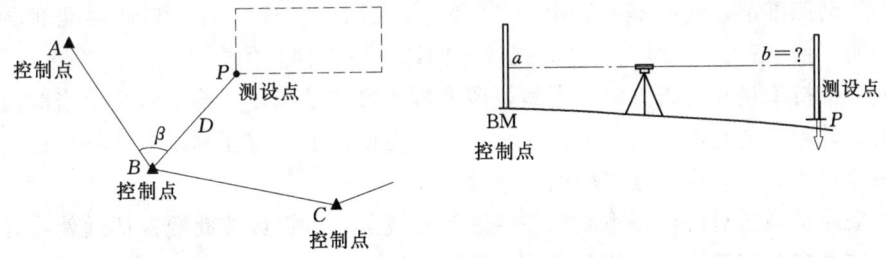

图 9.1 测设示意图

$$\beta = \alpha_{BP} - \alpha_{BA} = \arctan\frac{y_P - y_B}{x_P - x_B} - \arctan\frac{y_A - y_B}{x_A - x_B} \tag{9.1}$$

$$D = \sqrt{(x_P - x_B)^2 + (y_P - y_B)^2} \tag{9.2}$$

$$b = H_{BM} + a - H_P \tag{9.3}$$

采用全站仪或卫星定位测量设备进行放样测量，只需将控制点坐标和待测设点坐标导入或输入仪器，测设数据由仪器的功能程序计算出。

9.1.2 全站仪放样测量

1. 全站仪放样测量原理

如图 9.2 所示，对全站仪进行测站设置和后视定向完成后，输入待放样点坐标，仪器

中的功能程序会计算出放样所需的水平角和水平距离,并存储于内部存储器中。

预估放样点位置并置棱镜,瞄准观测当前棱镜,用仪器计算出角度、距离、高差的当前实测值与待放样值之差（$\Delta\beta$、ΔD、ΔH),并在屏幕上显示,根据显示的差值改变棱镜位置,再观测,直至 $\Delta\beta$、ΔD、ΔH 均为零,棱镜的位置即为待放样点位置。

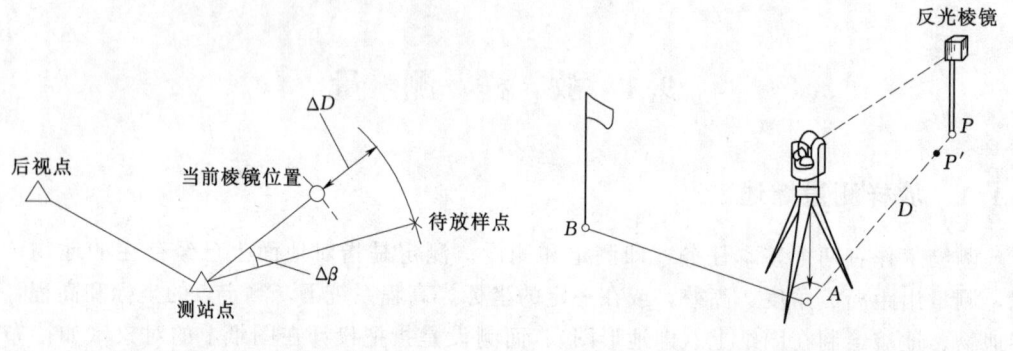

图 9.2　全站仪放样测量原理　　　　图 9.3　全站仪放样测量实施

2. 全站仪放样测量实施

用全站仪进行放样测量的实施步骤如下。

（1）如图 9.3 所示,在控制点 A 点安置全站仪,对中整平,另一已知控制点 B 为后视点。

（2）开机,进入放样测量模式,依全站仪屏幕提示,输入测站点坐标、后视点坐标或后视方向的方位角,瞄准后视点进行定向。

（3）输入待放样点 P 的坐标,全站仪自动计算 AP 与 AB 的夹角及 AP 的距离,进而计算并显示当前视线方向与设计方向之间的水平夹角 $\Delta\beta$。

（4）转动照准部,使屏幕上显示的 $\Delta\beta$ 变小,当 $\Delta\beta$ 接近 $0°$ 时,制动照准部,转动水平微动螺旋,使 $\Delta\beta$ 为 $0°00'00''$,此时视线方向即为待放样点的方向。

（5）指挥持镜员在视线方向上置镜,照准棱镜按测量键,屏幕上将显示当前棱镜位置的距离与设计距离的差值。差值为正表示棱镜立得偏远了,应往测站方向移动；差值为负表示棱镜立得偏近了,应往远离测站方向移动。

（6）观测员通过对讲机将距离偏差值通知持镜员,持镜员按此数据往远处或近处移动棱镜（观测员应指挥持镜员,使其必须保持棱镜在全站仪望远镜视线方向上）,观测员照准棱镜按测量键重新观测。这样,逐步试测,直至屏幕上显示的偏差值为零（或足够小）,即棱镜已处于待放样的位置,打桩定点。

（7）打桩定点后,测定桩点的坐标,与设计的放样坐标进行比较检核。

9.1.3　卫星定位放样测量

用卫星定位测量方法放样,可以放样地理坐标（经、纬度）,也可以放样网格坐标（直角坐标）。放样直角坐标一般是在 RTK 模式下进行。

RTK 模式下放样坐标的方法。基准站和流动站设置,包括仪器连接、项目设置、转换参数求取等,均与 RTK 测量的数据采集相同,这些内容在 5.4.2 小节已作介绍,不再重述,下面介绍在基准站和流动站设置完成后点位放样的操作。

9.1 放 样 测 量

（1）单击操作手簿的"测量"→"点放样"菜单命令，进入放样模式，如图9.4所示。

（2）打开放样点坐标库，选择待放样点。若事先未导入或录入待放样点数据，则现场输入待放样点坐标。

（3）用电子手簿计算出RTK流动站当前位置与待放样点位置的关系，如图9.5所示，手簿的界面显示了当前点与放样点之间的距离为15.978m，流动站对中杆（图9.6）还需向南15.773m、向西2.551m，根据提示移动对中杆。

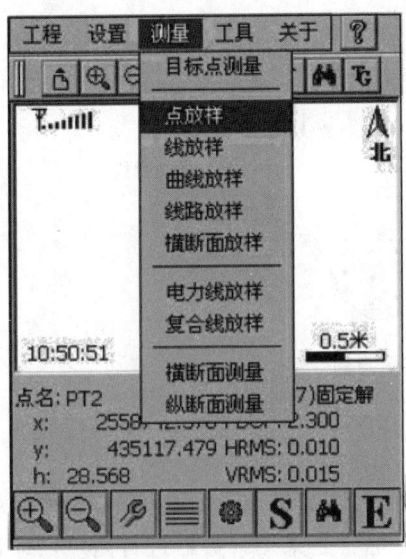

图9.4　RTK点放样菜单

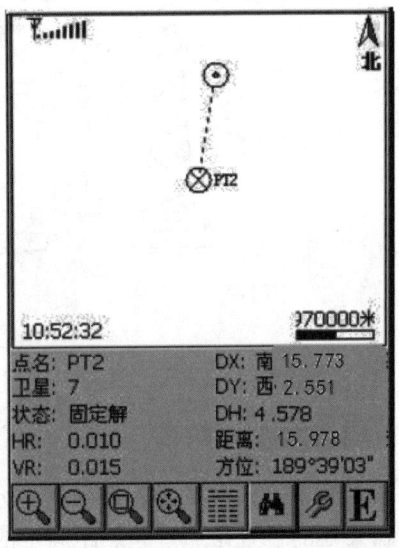

图9.5　当前点与待放样点位置的关系

（4）当对中杆即将到达目标点处时，手簿屏幕上会出现圆圈提示，指示流动站与目标点接近程度，如图9.7所示。慢慢移动对中杆，使 ΔX 和 ΔY 均为零（或足够小，即满足放样精度要求），即得欲放样点的位置。

图9.6　RTK流动站对中杆

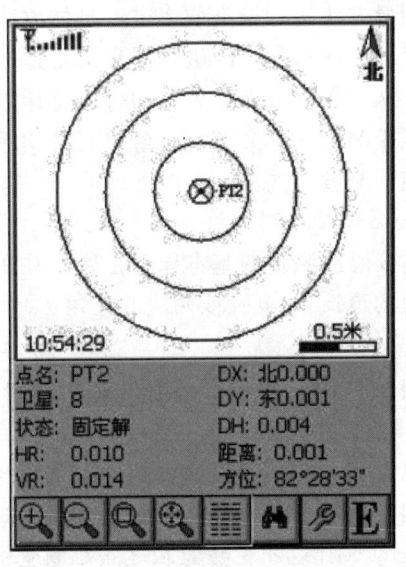

图9.7　对中杆已到达待放样点位置

9.2 缆 道 测 量

水文缆道是指把水文测验设备送到测验断面内任一指定点位置而架设的跨河索道系统,主要由承载、驱动、信号传递三大系统组成。其中承载部分包括承载索(主索)、支架、锚碇等,如图9.8所示。

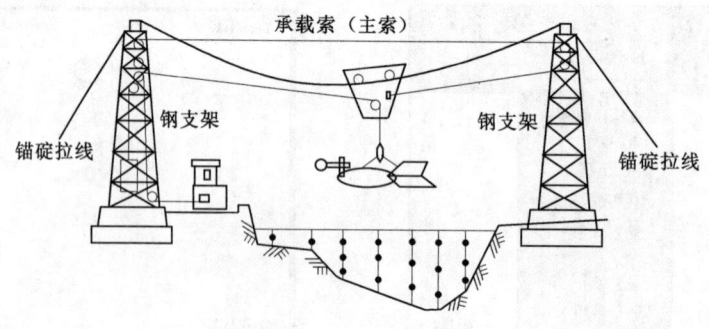

图 9.8 水文缆道示意图

9.2.1 缆道起点距校准

如图9.8所示,使用水文缆道进行水文观测时,测验设备(如铅鱼)悬挂在承载索上,它在某处的位置是通过起点距确定的。起点距通常是采用计数器进行测定,即运载行车行驶至断面的某位置上,通过安装在测站内的计数器,对循环索放出的实际长度进行测量和记录,进而计算出起点距。

由于放出去的循环索的实际长度代表的是一段曲线长度,该长度与水平方向的起点距存在一定的差异,因此,由计数器测量所得的数值并不能直接作为起点距使用。为此,还需借助测量方法进行校准或率定。具体方法是:在使用计数器进行数值测量记录的同时,利用测量的方法对起点距进行同步测定,以此建立循环索长度与测量的起点距两者之间关联曲线,从而在任意点位置,均可以将计数器所得的长度转换成起点距。

起点距测量在7.2节中已经介绍了几种方法,这里再介绍一种利用全站仪"对边测量"功能的测量方法。

1. 全站仪对边测量原理

全站仪对边测量的基本原理是数学中的余弦定理,如图9.9(a)所示,如果已知三角形两边的边长 a、b 及该两边的夹角 θ,则另一边边长 c 的计算公式为

$$c=\sqrt{a^2+b^2-2ab\cos\theta} \tag{9.4}$$

如图9.9(b)所示,全站仪对边测量功能有两种模式:一种为 MLM-1(A—B、A—C)模式,测量 A—B、A—C、A—D、…,即连续测量"对边"的各点与第一个点之间的距离;另一种为 MLM-2(A—B,B—C)模式,测量 A—B、B—C、C—D、…,即分别测量"对边"的各相邻点之间的距离。第一种模式在起点距校准中尤为实用。

2. 全站仪对边测量功能在起点距测量中的应用

(1)将仪器架在任意点,对中整平后开启仪器进入对边测量功能菜单,选择 MLM-

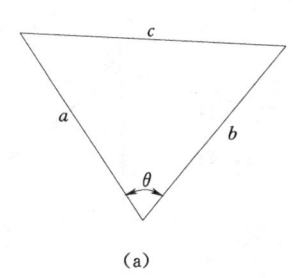 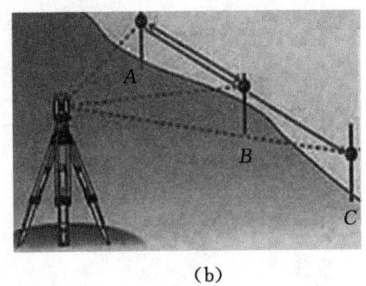

图9.9 全站仪对边测量原理

1测量模式。

(2) 瞄准观测起点和第一个校准点,观测完毕后在仪器主屏幕会显示两点间的距离。

(3) 再瞄准第二个校准点,观测完毕后在仪器主屏幕会显示第二个校准点与起点之间的距离。按照操作,可以依次测量出缆车行进过程中各点与起点之间的间距。

在实际测量中,将全站仪架设在水文缆道所在堤防处,该处必须能够直接观测到起点距的起点(或设定的特定点)及缆道上的任意点。在起点和索道车架上设置棱镜,如果全站仪具有免棱镜测量功能,则可在索道车架上贴涂反射片或其他反射物质以代替棱镜。

9.2.2 缆道垂度测量

缆道垂度,即缆道的最低处(一般为缆索中点位置)与两端(最高处)的高度差与缆道长度之比。缆道垂度有两种情形,即空载垂度和加载垂度。一般而言,空载垂度大,加载垂度也就大;反之亦然。

为保障水文缆道正常运行,缆道主索的垂度在加载时应保证在一定的范围,然而,由于缆道长年暴露在野外,长期受到不同气候变化和不同温度变化的影响,尤其是在汛期,在迎测洪水时,铅鱼入水时受到洪水水流的冲击很大,缆道主索经受比平时大很多甚至几倍的冲击力。多种因素的影响会使缆道主索慢慢拉伸变长,垂度不断增大而可能超出规范要求,所以要对其进行检测。另外,在架设新的缆道或更换主索时,为保证缆道垂度在规定范围之内,也必须进行鉴定。

9.2.2.1 缆道垂度测量方法

根据《水文缆道测验规范》(SL 443—2009)要求,水文缆道主跨两端点宜在同一水平线上,受条件限制不能等高时,两端点连线与水平线的夹角不宜大于3°,因此,对于两端点不等高的水文缆道,可以近似地按等高来处理。下面介绍两端支点等高情况下缆道垂度的测量和计算方法。

1. 测量

如图9.10所示,将全站仪(或经纬仪)架设于基线端点Q上(如无已设基线,可在垂直于缆道断面方向的堤岸上,测取约缆道跨度1/3长度的位置临时确定一基点)。依次测出基线与左、右岸支架顶点和主索最低点处的水平角β_1、β_2、β_P,如图9.11所示,图中A'、P'、B'分别为左岸支架顶点A、主索最低点P和右岸支架顶点B在水平面上的投影;再测出左、右岸支架顶点和主索最低点处的竖直角α_1、α_2、α_P,如图9.12所示。

第 9 章 水文测量工作的拓展

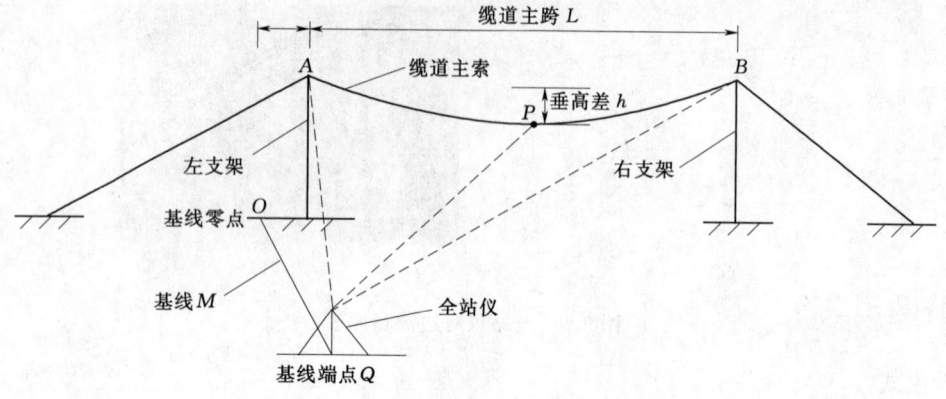

图 9.10 缆道垂度测量布置参考图

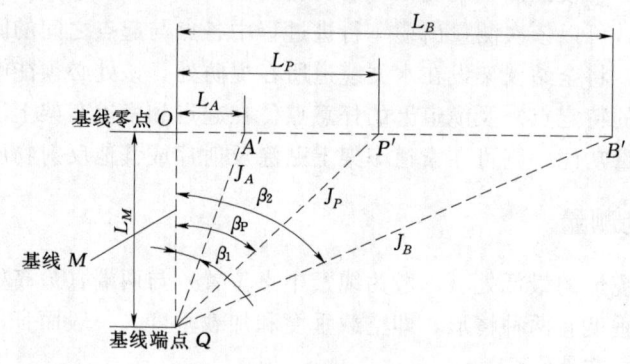

图 9.11 水平角示意图

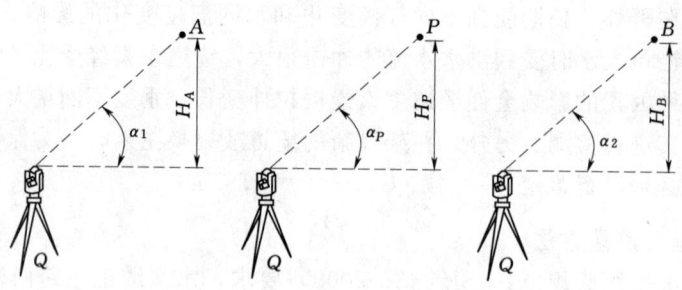

图 9.12 竖直角示意图

2. 垂度计算

根据基线长 L_M 和依次测得的基线与左、右岸支架顶点和主索最低点处的水平角 β_1、β_2、β_P，由式（9.5）计算 A、B、P 各点至基线零点 O 的水平距离，由式（9.6）计算 A、B、P 各点至基线端点 Q 的水平距离。

$$\begin{cases} L_A = L_M \cdot \tan\beta_1 \\ L_B = L_M \cdot \tan\beta_2 \\ L_P = L_M \cdot \tan\beta_P \end{cases} \tag{9.5}$$

$$\begin{cases} J_A = \dfrac{L_M}{\cos\beta_1} \\ J_B = \dfrac{L_M}{\cos\beta_2} \\ J_P = \dfrac{L_M}{\cos\beta_P} \end{cases} \tag{9.6}$$

根据 A、B、P 各点至基线端点 Q 的水平距离 J_A、J_B、J_P 及各点的竖直角 α_1、α_2、α_P，由式（9.7）计算 A、B、P 各点相对于仪器横轴的高度。

$$\begin{cases} H_A = J_A \cdot \tan\alpha_1 \\ H_B = J_B \cdot \tan\alpha_2 \\ H_P = J_P \cdot \tan\alpha_P \end{cases} \tag{9.7}$$

缆道主索的最大垂度为

$$f_V = \frac{h}{L} \tag{9.8}$$

式中：

$$h = \frac{1}{2}(H_A + H_B) - H_P$$

$$L = L_B - L_A$$

9.2.2.2 缆道垂度测量示例

某水文站断面基线设于左岸，基线长 100m。在缆道空载时，用全站仪测量基线与左、右岸支架顶点和主索最低点处的水平夹角及左、右岸支架顶点和主索最低点处的竖直角，测量成果见表 9.1。用式（9.5）～式（9.7）计算的各点至基线零点的水平距离 L_i、各点至基线端点的水平距离 J_i 及各点相对于仪器横轴的高度 H_i，一并列于表 9.1 中。

表 9.1　　　　　　　　　缆道垂度测量观测与计算成果

点	水平角 β_i	竖直角 α_i	L_i/m	J_i/m	H_i/m
支架 A	0°55′20″	7°23′42″	1.61	100.01	12.98
支架 B	75°11′13″	1°53′20″	378.14	391.14	12.90
主索最低点 P	62°07′00″	2°00′32″	189.00	213.82	7.50

由式（9.8）计算该缆道主索的最大垂度为

$$f_V = \frac{h}{L} = \frac{\frac{1}{2}(H_A + H_B) - H_P}{L_B - L_A} = \frac{\frac{1}{2}(12.98+12.90) - 7.50}{378.14 - 1.61} = \frac{1}{69}$$

9.2.3 缆道支架稳定性观测

水文缆道支架一般为钢塔式支架，也有采用钢管式或钢筋水泥杆式支架。缆道支架的稳定性观测宜包括支架基础（塔座）的沉降观测和塔身（或杆身）的倾斜观测。

无论是沉降观测还是倾斜观测，都是属于变形测量。与一般测量工作比较，变形测量具有以下特点。

(1) 观测时间长。在正常原因下，建筑物变形的发生与发育有一个较长的时间过程，所以需要长期监测。

(2) 精度要求高。变形观测的目的是为了监测建筑物的安全，其成果直接影响到变形特征、变形规律的正确分析和安全状态的准确判断。同时，变形值一般较小，变形速度在一般情况下也是比较缓慢的。因此，必须以较高的精度进行观测，才能准确反映变形状态。一般而言，变形观测的精度要求应达到毫米量级。

(3) 需重复观测。变形观测的基本方法是在不同时间观测建筑物上一系列具代表性的点的坐标和高程，根据坐标和高程的变化量来掌握变形情况，所以需要重复观测。对每次重复观测，为了消除或减弱系统误差对成果的影响，应尽量使观测的仪器、方法、精度、环境条件甚至观测人员保持一致。

(4) 数据处理方法严密。如上所述，变形值一般较小，有时甚至与观测误差大小相当，要从成果中精确地反映变形信息，需采取严密的数据处理方法。

变形测量一般采用独立坐标、高程系统。

9.2.3.1 缆道支架基础的沉降观测

1. 观测点布设

(1) 基准点布设。基准点应布设在塔基及其变形范围以外，并确保稳定。为了进行稳定性检核，基准点不应少于两个。水文测站的基本水准点，如果确认是稳定的，也可作为缆道支架基础沉降观测的基准点。

(2) 监测点布设。监测点布设于缆道支架的塔基上，能准确反映塔基是否沉降变形。沉降标志最好在建塔施工时就预埋在基础上，如果未预埋需后期埋设，一定要注意与塔座牢固结合，且避免被碰撞、碾压等遭到破坏。

2. 观测

沉降观测，一般采用精密水准测量的方法，由基准点的高程引测监测点的高程。测量时，需遵守或注意以下事项。

(1) 仪器距前、后视水准标尺的距离应尽量相等，其差应小于规定的限值。

(2) 在两相邻测站上，按奇、偶数测站的观测程序进行观测，即分别按"后前前后"和"前后后前"的观测程序在相邻测站上交替进行。

(3) 在一测段的水准路线上，测站的数目应安排成偶数。

(4) 每一测段的水准路线上应进行往、返测。

(5) 一个测段的水准路线的往、返观测宜在不同的气象条件下进行（如分别在上午和下午）。

3. 观测成果整理与分析

沉降观测的成果可在表格中整理，也可以绘制出沉降曲线。表格整理包括监测点点号、观测日期、本次高程、本次沉降及累积沉降等。沉降曲线图一般以横坐标表示观测时间，纵坐标表示沉降量。沉降曲线图具有较好的视觉效果，可直观地查看各时段的沉降和趋势。

某缆道支架塔座上设置了两个监测点，沉降观测成果整理见表9.2，图9.13所示为该两点的沉降曲线。

表 9.2 沉降观测成果汇总表

点号	首次成果 2012.3.1	第二次成果 2012.6.1			第三次成果 2012.9.1			第四次成果 2012.12.1		
	H_0/m	H/m	s/mm	Σs/mm	H/m	s/mm	Σs/mm	H/m	s/mm	Σs/mm
A	8.251	8.249	2	2	8.248	1	3	8.248	0	3
B	8.250	8.248	2	2	8.247	1	3	8.246	1	4

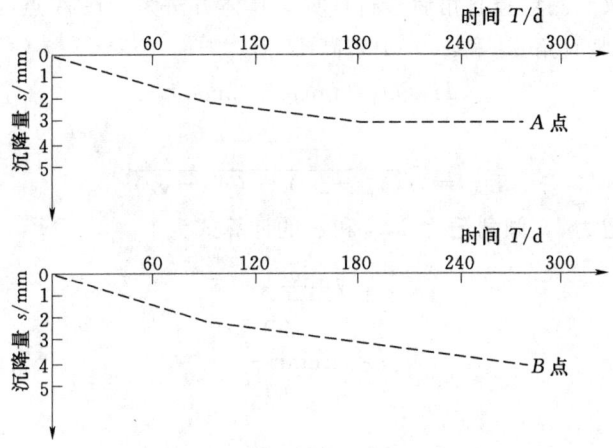

图 9.13 沉降曲线

9.2.3.2 缆道支架塔身倾斜观测

塔身倾斜可采取测定塔顶标志的水平位移来确定。下面介绍用前方交会法测定塔顶的水平位移。

如图 9.14 所示，A、B 为在地面建立的平面控制点（控制点标志应稳定，并确保不被碰撞、碾压等），M 为塔架顶部的标志，N 为塔架底部的中心位置。

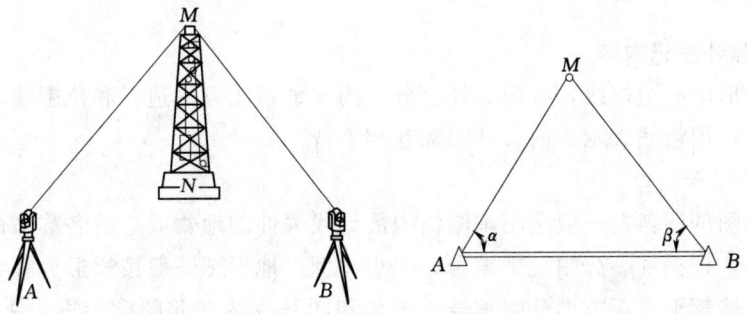

图 9.14 前方交会

假设 A 点坐标和 AB 的方位角，测出 A、B 之间的距离，进而推算出 B 点的坐标。观测水平角 α、β，则 M 点的坐标用前方交会公式计算为

$$\begin{cases} x_M = \dfrac{x_A \cot\beta + x_B \cot\alpha + y_B - y_A}{\cot\alpha + \cot\beta} \\ y_M = \dfrac{y_A \cot\beta + y_B \cot\alpha + x_A - x_B}{\cot\alpha + \cot\beta} \end{cases} \tag{9.9}$$

设两期测量 M 点的坐标分别为 (x'_M, y'_M) 和 (x''_M, y''_M)，则 M 点的水平位移即为

$$\delta = \sqrt{(x''_M - x'_M)^2 + (y''_M - y'_M)^2} \tag{9.10}$$

设塔身高度为 H，塔高可以通过查找建塔资料、悬挂钢尺量取等方式得到，也可通过全站仪（或经纬仪）测量竖直角后进行计算。具体方法为：在 A 点（或在 B 点），瞄准 M 点和 N 点，测出竖直角 α_M 和 α_N，则塔高 H 为

$$H = D_{AM}(\tan\alpha_M - \tan\alpha_N) \tag{9.11}$$

式中

$$D_{AM} = \sqrt{(x_M - x_A)^2 + (y_M - y_A)^2}$$

将塔身倾斜度记为 i，倾角记为 φ，i 和 φ 的计算式为

$$i = \dfrac{\delta}{H} \tag{9.12}$$

$$\varphi = \arctan \dfrac{\delta}{H} \tag{9.13}$$

9.3 地形图应用

地形图包含着丰富的自然地理和社会经济信息，是各项工程建设和管理的主要基础性资料。正确应用地形图是工程技术人员必备的基本技能之一。

本节介绍地形图应用的内容，具体包括：了解某区域的地物、地貌分布；确定点的坐标、高程，量算点与点之间的距离、方位、坡度；勾绘集水线和分水线，标绘洪水线和淹没线，确定汇水范围；量算确定区域的面积和体积（水库库容）。

9.3.1 地形图的阅读

9.3.1.1 图廓外注记内容

图廓即地形图的边框线，有内、外之分。内图廓是图幅的边界和范围线；外图廓位于图幅的最外面，用粗线表示。内、外图廓互相平行。

1. 图名、图号

一幅地形图的图名，一般是用本图幅内最具代表性的地物或地貌名称来命名。图号即图的分幅编号，根据统一分幅规则编号，中小比例尺地形图一般按梯形分幅编号，大比例尺地形图一般按矩形或正方形分幅编号。图名和图号标注在北图廓上方中央，图 9.15 所示为一大比例尺（1∶1000）地形图的局部，其中图名为李家村，图号为 17.0—57.0。

2. 接图表

接图表绘制在图的北图廓左上方，中间画有斜线的一格代表本图幅，周邻分别注明相应的图名。接图表的作用是用图时便于查找相邻图幅。

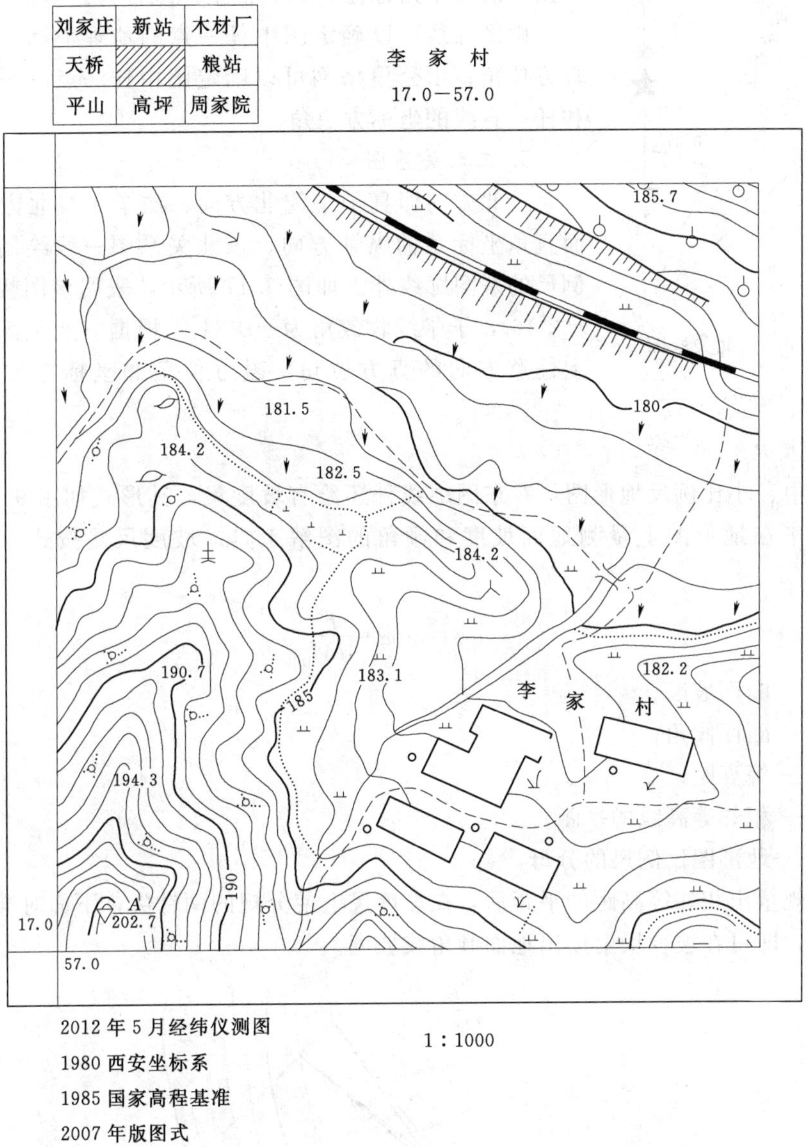

9.3 地形图应用

图 9.15 地形图图廓外注记

3. 比例尺

在每幅图南图框（下图框）外的中央位置注有数字比例尺，小比例尺地形图在数字比例尺下方还绘有图示比例尺，如图 9.16 所示。

4. 经纬度与坐标格网

对于梯形图幅，内图廓呈梯形，其图廓是由上、下两条纬线和左、右两条经线所构成，在图廓的 4 个角标注有经、纬度。对于矩形或正方形图幅，其图廓由上、下和左、右 4 条线所构成，

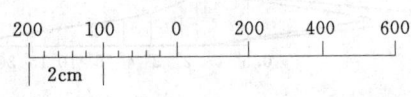

图 9.16 数字比例尺及
图示比例尺示意图

281

在图廊的 4 个角标注有纵、横坐标或称为公里格网。

由经纬线可以确定图中任一点的地理坐标和任一直线的真方位角；由公里格网可以确定图中任一点的平面直角坐标和任一直线的坐标方位角。

5. 三北关系图

三北方向即真子午线北方向、磁子午线北方向和高斯平面直角坐标系的纵轴方向。三北关系图一般绘制在中、小比例尺的东图廓线外。如图 9.17 所示，表明该图幅的磁偏角为 $-2°16'$，子午线收敛角为 $-0°21'$。根据三北关系图可以对图上任意方向的真方位角、磁方位角和坐标方位角进行相互换算。

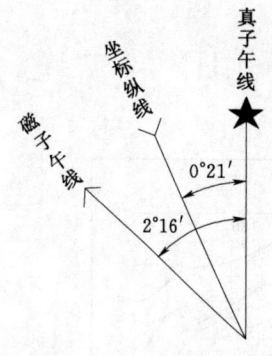

图 9.17 三北关系图

6. 坡度尺

对于中、小比例尺地形图，在东图廓线外还绘有坡度尺，其形式如图 9.18 所示。坡度尺是用来在地形图上量测地面坡度和倾角的图解工具。坡度尺是按式（9.14）制成的，即

$$i = \tan\alpha = \frac{h}{dM} \tag{9.14}$$

式中　i——断面坡度；

　　　α——断面倾角；

　　　h——等高距；

　　　d——相邻等高线的平距；

　　　M——地形图比例尺的分母。

用分规量出相邻等高距的平距后，在坡度尺上使分规的两针尖，下面对准底线，上面对准曲线，即可在坡度尺上读出地面倾角或坡度。

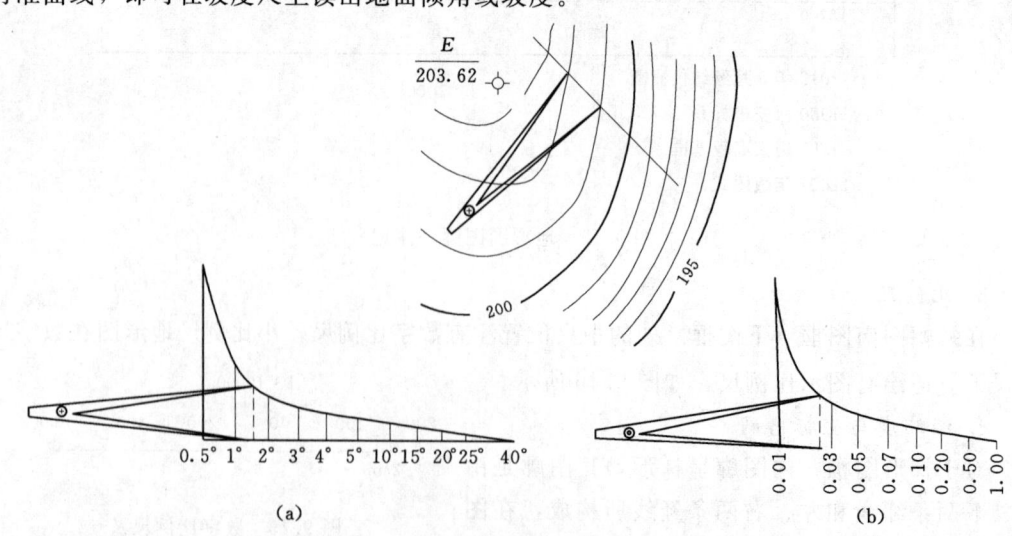

图 9.18 坡度尺

7. 测图时间与测图方法

在图廓的左下方标注有测图时间和测图方法，根据测图时间和测图方法，可以判断地形图的现势性和成图方式。

8. 坐标系统和高程系统

地形图的坐标系统和高程系统也是标注在图廓的左下方。坐标系统一般采用国家统一坐标系，如"1954年北京坐标系"或"1980年国家大地坐标系（也称1980年西安坐标系）"，当测图的范围较小且不便与国家坐标系联系，则可能是独立平面坐标系。

高程系统一般为"1956年黄海高程系"或"1985年国家高程基准"。

9.3.1.2 地形图的分幅与编号

地形图的分幅有两种方法：一种是按经、纬度划分的梯形分幅方法，用于小比例尺基本地形图的分幅；另一种是按坐标网格划分的正方形或矩形分幅方法，一般用于大比例尺地形图的分幅。

1. 梯形分幅与编号

梯形分幅法也称国际分幅法，由国际统一规定的经线为图幅的东西边界，统一的纬线为图幅的南北边界。由于经线（子午线）收敛于南北两极，因而使每幅图均呈现下宽上窄的形状，故称为梯形。

(1) 1：100万地形图的分幅与编号。如图9.19所示，国际上统一的1：100万比例尺图的分幅是，自赤道起向南、北纬度88°按纬度差4°为一横行，各行依次用字母A、B、C、…、V表示；自经度180°起按经度差6°为一纵列，各列依次用数字1、2、3、…、60表示。每一幅图的编号由其所在的横行字母与纵列数字组成，即编号为"行号—列号"，如某地的地理坐标为东经122°28′、北纬39°55′，其所在的1：1000000比例尺图的图幅编号为J-51。

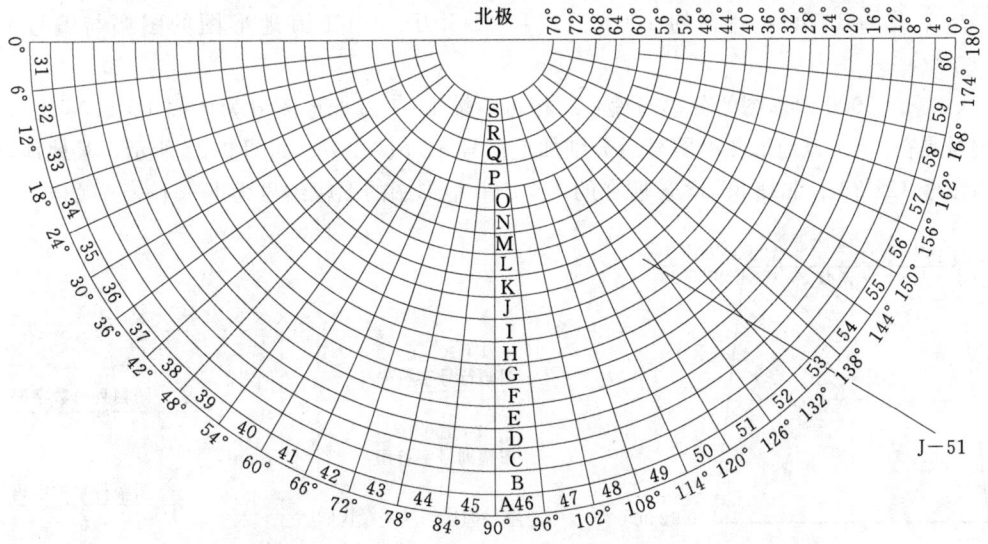

图9.19　1：1000000地图国际分幅与编号

(2) 1：50万、1：25万、1：10万地形图的分幅与编号。将每一幅1：100万地形图分为2行2列，共4幅1：50万地形图，分别用A、B、C、D表示；将每一幅1：

100万地形图分为4行4列,共16幅1∶25万地形图,分别用[1]、[2]、…、[16]表示;将每一幅1∶100万地形图分为12行12列,共144幅1∶10万地形图,分别用1、2、3、…、144表示。某地地理坐标为东经122°28′、北纬39°55′,所在的1∶50万、1∶25万、1∶10万地形图的图幅与编号如图9.20所示。

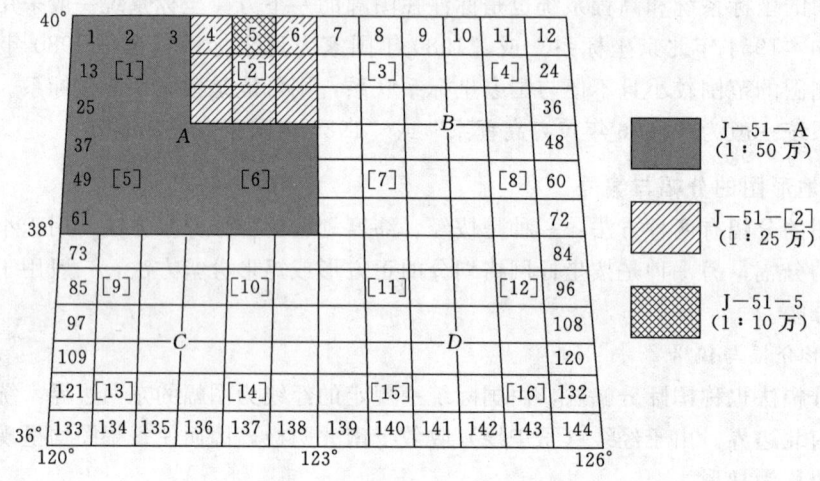

图9.20 1∶50万、1∶25万、1∶10万地形图的编号

(3) 1∶5万、1∶2.5万、1∶1万地形图的分幅与编号。将每一幅1∶10万地形图分为4幅1∶5万地形图,分别用A、B、C、D表示;将每一幅1∶5万地形图分为4幅1∶2.5万地形图,分别用1、1、3、4表示;将每一幅1∶10万地形图分为8行8列,共64幅1∶1万地形图,分别用(1)、(2)、(3)、…、(64)表示。某地地理坐标为东经122°28′、北纬39°55′,所在的1∶5万、1∶2.5万、1∶1万地形图的图幅与编号如图9.21所示。

(4) 1∶5000地形图的分幅与编号。将每一幅1∶1万地形图分为4幅1∶5000地形图,其编号是在1∶1万地形图的图号后分别加上代号a、b、c、d。如图9.22所示,某地地理坐标为东经122°28′、北纬39°55′,所在的1∶5000地形图的图幅编号为J-51-5-(24)-b。

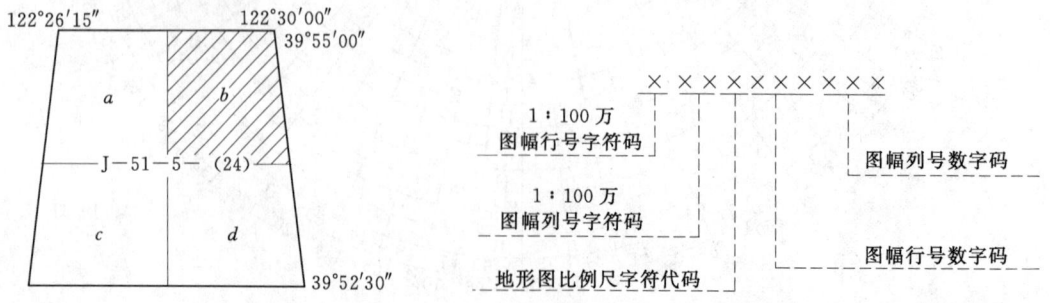

图9.22 1∶5000地形图的编号　　图9.23 1∶50万~1∶5000地形图的编号构成

2. 我国现行国家基本比例尺地形图的分幅与编号

1992年国家标准局发布《国家基本比例尺地形图分幅和编号》(GB/T 13989—92),

9.3 地形图应用

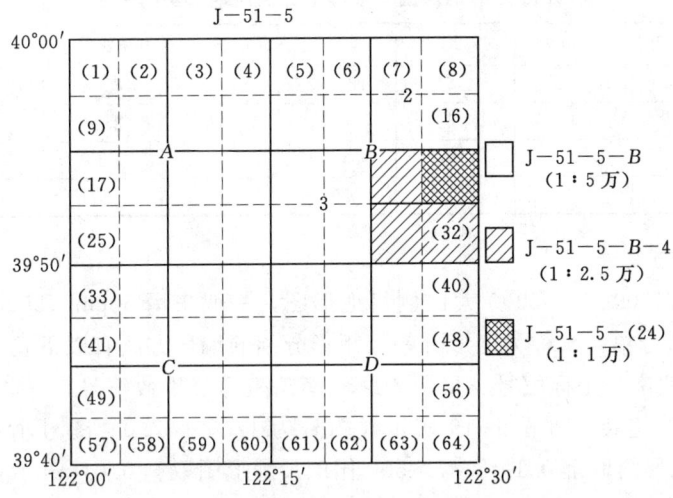

图 9.21 1∶5万、1∶2.5万、1∶1万地形图的编号

该标准以国际1∶100万地形图的图幅与编号为基础，1∶100万地形图的编号仍然是由行号（字母）与列号（数字）组成，如上述某地地理坐标为东经122°28′、北纬39°55′，所在的1∶100万地形图的图幅编号为J-51。1∶50万~1∶5000地形图的编号则以1∶100万地形图为基础，采用行列编号方法，每幅图的编号均由10位码组成，如图9.23所示：1~3位是所在1∶100万地形图的图号；第4位是比例尺代码，1∶50万~1∶5000地形图的比例尺代码见表9.3；5~7位是图幅的行号；8~10位是图幅的列号。例如，在图幅编号为J-51的1∶100万图范围内，1∶50万图的分幅编号如图9.24所示；1∶25万图的分幅编号如图9.25所示。

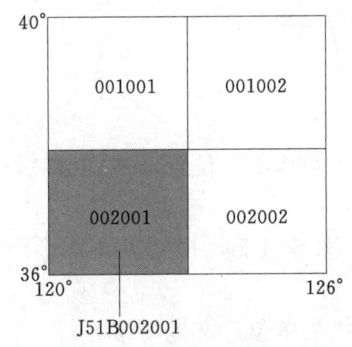

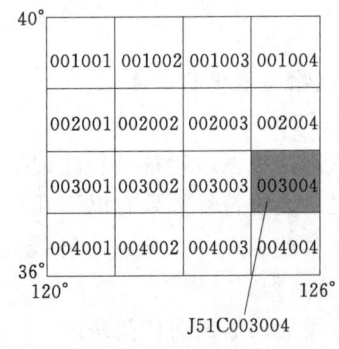

图 9.24 1∶50万地形图的分幅编号　　图 9.25 1∶25万地形图的分幅编号

国家基本比例尺地形图的分幅关系见表9.4。

表 9.3　　　　　　　　　　基 本 比 例 尺 代 码

比例尺	1∶100万	1∶50万	1∶25万	1∶10万	1∶5万	1∶2.5万	1∶1万	1∶5000
代码		B	C	D	E	F	G	H

表 9.4　　　　　　1∶100 万的地形图分成其他比例尺地形图的关系

比例尺	1∶100 万	1∶50 万	1∶25 万	1∶10 万	1∶5 万	1∶2.5 万	1∶1 万	1∶5000
行列数	1×1	2×2	4×4	12×12	24×24	48×48	96×96	192×192
图幅数	1	4	16	144	576	2304	9216	36864
经差	6°	3°	1°30′	30′	15′	7′30″	3′45″	1′52.5″
纬差	4°	2°	1°	20′	10′	5′	2′30″	1′15″

3. 矩形分幅与编号

1∶500、1∶1000、1∶2000 大比例尺地形图，一般采用 50cm×50cm 正方形分幅或 50cm×40cm 矩形分幅，统称为矩形分幅。矩形分幅的编号方法有以下几种。

(1) 按图廓西南角坐标编号。采用图廓西南角坐标公里数编号，x 坐标在前，y 坐标在后，中间用短线连接，如图 9.15 所示，图号为 17.0-57.0。图号小数位，1∶2000、1∶1000 比例尺地形图取至 0.1km，1∶500 比例尺地形图取至 0.01km。

(2) 按流水号编号。按流水号编号，将测区内统一划分的各图幅按从左到右、从上到下的顺序用数字编号，如图 9.26（a）所示。

(3) 按行列号编号。按行列号编号，将测区内图幅按行和列分别单独排出序号，再以图幅所在的行和列序号作为该图幅的图幅号，如图 9.26（b）所示。

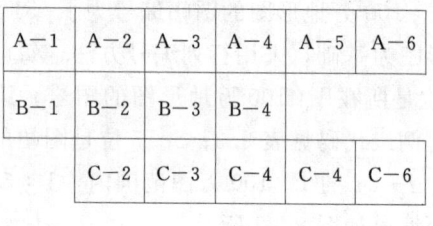

图 9.26　地形图矩形分幅与编号

9.3.1.3　地物与地貌的识读

1. 地物识读

地物识读是根据地物符号和注记了解地物的分布和地物的位置，根据植被符号了解植被分布情况。地物符号大致有以下几类。

(1) 测量控制点。三角点、导线点、水准点、GPS 点等，控制点在地形图上有点号（或名称）及高程。

(2) 居民地。居民居住的房屋、工商业用房、机关单位、文体场馆等。

(3) 工矿设施。如矿井、探井、吊车、燃料库、加油站、变电室、露天设备等。

(4) 独立地物。如纪念碑、纪念像、宝塔、亭、水塔、烟囱等。

(5) 道路。包括道路及其附属设施，如公路、铁路、车站、路标、桥梁、天桥、高架桥、涵洞、隧道等。

(6) 管线和垣栅。管线主要包括各种电力线、通信线及地上、地下的各种管道检修井、阀门等。垣栅如围墙、栅栏、篱笆、铁丝网等。

(7) 水系及其附属建筑。如河流、湖泊、水库、沟渠、防洪堤、渡口、码头、拦水坝等。

(8) 植被。植被是覆盖在地表上各种植物的总称，如树林、竹林、草地、经济林、农作物等，地形图上表示出植被的分布、类别、范围。

如图 9.15 所示，有居民点李家村，东北角有一条公路和一条铁路通过；沿铁路南侧有路堤（加固斜坡），沿公路两侧有路堑（未加固斜坡）；有一条清水河从西北至东贯穿图幅，该河除主河道外，南侧还有两条支流；从东至西，从南至北有小路通过，小路通至清水河边有人渡，小路跨越清水河支流架设有一座行人小桥；在西南山峰上有一个控制点；在向北的山坡上有一座宝塔；在图幅中部有坟地一块和瓦窑一座。图中主要植被是位于清水河两岸的大面积稻田，位于李家村周围和铁路与公路之间的一片旱地，位于东北角的梨树园，位于南部山上的大面积灌木林，在李家村房屋周围有零星树木和竹丛。

2. 地貌识读

地貌主要根据等高线进行阅读。根据等高线的形状识别山头、山脊、山谷、鞍部、盆地、悬崖、峭壁等，根据等高线的疏密程度及其变化情况分辨地面的坡度变化。

9.3.2 地形图应用

9.3.2.1 纸质地形图应用

1. 在地形图上量取点的坐标、高程

中、小比例尺地形图，根据图上的经、纬度的格网，可以内插求出图上点的地理坐标。大比例尺地形图，根据图上绘制的 10cm×10cm 的坐标格网，即可量测图上任一点的坐标。为克服图纸变形对量测结果的影响，如图 9.27 所示，采取内插的方法，按式 (9.15) 计算待测量点的坐标，即

$$\begin{cases} x_A = x_a + \dfrac{l_{ae}}{l_{ab}} \cdot 100 \\ y_A = y_a + \dfrac{l_{ag}}{l_{ab}} \cdot 100 \end{cases} \tag{9.15}$$

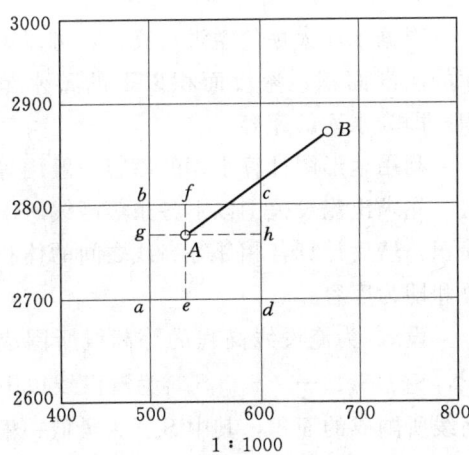

图 9.27 在地形图测量点的坐标

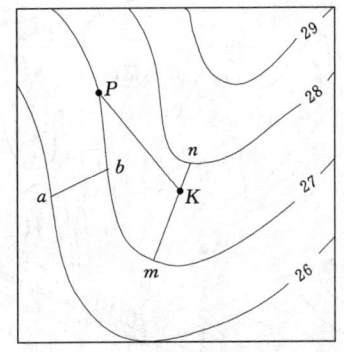

图 9.28 在地形图测量点的高程

在图 9.28 上确定点的高程，是根据地形图上的高程注记或等高线，直接读取或内插

求出图上点的高程。如果点位于平坦地面,则利用高程注记确定;如果点位于等高线上,则根据等高线高程直接确定;如果点位于两根等高线之间,则内插确定,如图 9.28 所示,按式(9.6)计算待测量点的高程,即

$$H_K = H_M + \frac{l_{mK}}{l_{mn}} \cdot h = H_M + \frac{l_{mK}}{l_{mn}} \times 1 \tag{9.16}$$

式中 h——等高距。

2. 在地形图上确定直线的长度和坐标方位角

(1) 图解法。在图上量出直线的长度,用比例尺换算成实地距离;用量角器量出直线的坐标方位角。

(2) 解析法。先在图上量算出直线两端点的坐标,再利用公式计算出距离和方位角。如图 9.27 所示,A、B 连线的距离和方位角按式(9.17)和式(9.18)计算,即

$$D_{AB} = \sqrt{(x_B - x_A)^2 + (y_B - y_A)^2} \tag{9.17}$$

$$\alpha_{AB} = \arctan \frac{y_B - y_A}{x_B - x_A} \tag{9.18}$$

3. 在地形图上确定两点间连线的坡度

利用两点的高程及两点间的距离,按式(9.19)计算两点间连线的坡度,如图 9.28 所示,P、K 间的坡度为

$$i_{PK} = \frac{h_{PK}}{D_{PK}} = \frac{H_K - H_P}{D_{PK}} \tag{9.19}$$

4. 在地形图上确定汇水面积边界

水库上游分水线与水库大坝所围成的范围即为水库的汇水边界。如图 9.29 所示,在地形图上确定汇水边界线,根据等高线的特性进行勾绘:分水线经过一系列的山头和鞍部;分水线处处都与等高线相垂直;边界线由坝的一端开始,到坝的另外一端,形成闭合环线。

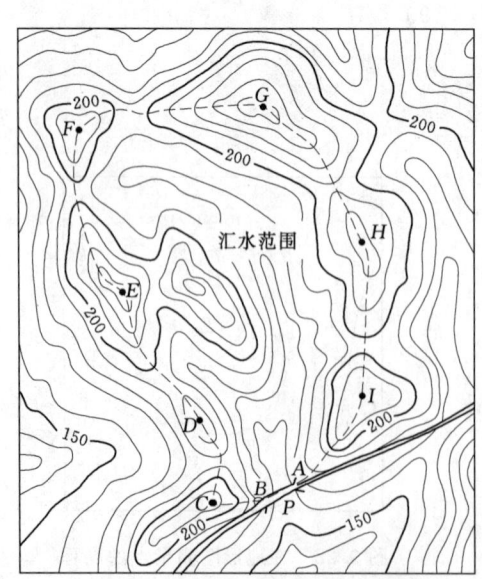

图 9.29 在地形图上确定汇水边界

5. 利用地形图计算水库库容

根据水库大坝的溢洪道高程,可以确定水库的淹没面积,淹没面积以下的蓄水量(体积)即为水库的库容。

利用地形图计算水库的库容一般用等高线法。先求出淹没范围以下各条等高线所围成的面积,然后计算各相邻等高线之间的体积,其总和即为库容。

设 S_1 为淹没线高程的等高线所围成的面积,S_2、S_3、$\cdots$、S_n、S_{n+1} 为淹没线以下各等高线所围成的面积,其中 S_{n+1} 为最低一根等高线所围成的面积。将两相邻等高线之间的体积视为台体,最低一根等高线与库底之间的体积视为锥体,则自上而下相邻等高线之间的体积

9.3 地形图应用

及最低一根等高线与库底之间的体积分别为

$$V_1 = \frac{1}{2}(S_1 + S_2) \cdot h$$

$$V_2 = \frac{1}{2}(S_2 + S_3) \cdot h$$

$$\vdots$$

$$V_n = \frac{1}{2}(S_n + S_{n+1}) \cdot h$$

$$V'_n = \frac{1}{3} S_{n+1} \cdot h'$$

式中　h——等高距；

h'——最低一根等高线与库底最低处之间高差。

将上面各式相加，即得水库的库容为

$$\begin{aligned} V &= V_1 + V_2 + \cdots + V_n + V'_n \\ &= \left(\frac{S_1}{2} + S_2 + S_3 + \cdots + \frac{S_{n+1}}{2}\right) \cdot h + \frac{1}{3} S_{n+1} \cdot h' \end{aligned} \quad (9.20)$$

注意，如果溢洪道高程不恰好等于地形图上某一条等高线的高程，则需要根据溢洪道的高程用内插法勾绘出水库淹没线，则第一个台体的体积即为

$$\frac{1}{2}(S_{淹没线} + S_{淹没线下第一根等高线}) \times (H_{溢洪道} - H_{淹没线下第一根等高线})$$

6. 面积量算

地形图应用中往往需要量算某一区域的面积，如上述水库库容计算中，需要量算淹没线及各条等高线围成的面积。在地形图上量算面积的方法有透明纸法、求积仪法、坐标解析法等。

(1) 透明纸法。将绘有方格网的透明纸覆盖在地形图上所要测量的区域，如图 9.30 (a) 所示，数出区域边界线内的方格数（非整方格进行拼凑），测量区域的面积即等于一个格的面积乘以方格数。透明纸上也可以绘平行线，如图 9.30 (b) 所示，则测量区域可看成是划分为若干个梯形和上、下两个三角形，利用梯形和三角形的面积计算公式进行计算。

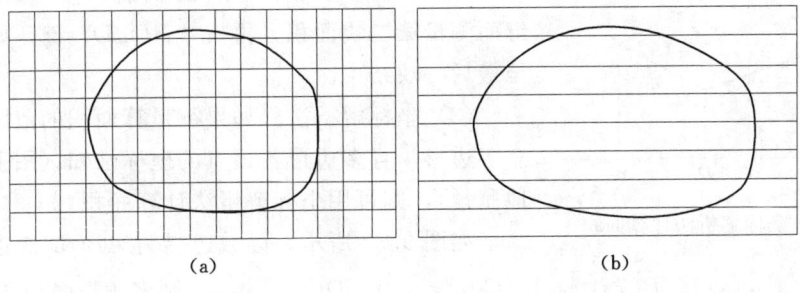

图 9.30　透明纸法面积量算

透明纸法面积量算,格网边长越短或平行线间距越窄,量算面积精度越高。透明纸法量算面积简单易行,对小块面积量算不失为一种实用方法。

(2) 求积仪法。求积仪是测量图上封闭区域面积的仪器。测量时,用求积仪的描迹点跟踪图上区域边界一周,即可得相应的面积。图 9.31 所示为 KP-90 型滚动式电子求积仪,其结构如图 9.31 (a) 所示,面板如图 9.31 (b) 所示。工作时,描迹点运动轨迹经模数转换后,由微处理器算得面积并以数字形式显示。

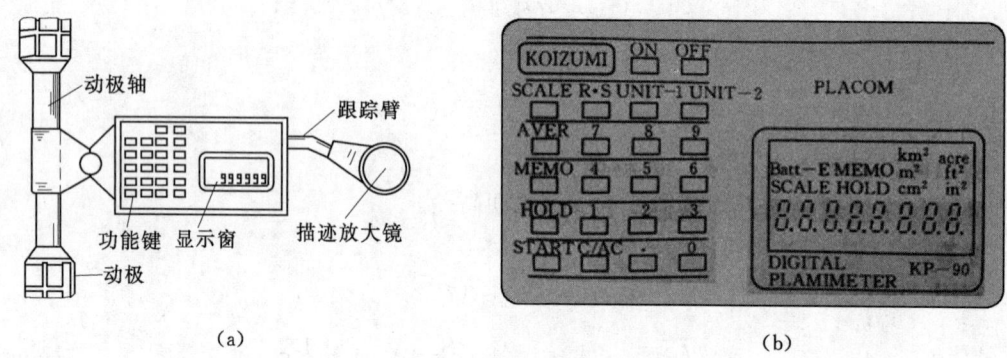

图 9.31　KP-90 电子求积仪

KP-90 电子求积仪的使用操作方法如下。

1) 按"ON"键开机。
2) 按"C/AC"键清除存储及显示屏。
3) 按"SCALE"键后根据提示输入地形图的比例尺分母。
4) 按"UNIT-1"键选择单位制(公制或英制),按"UNIT-2"键选择单位(公制 cm^2、m^2、km^2 或英制 in^2、ft^2、acre 等)。
5) 将描迹点对准边界线起点,按"START"键后跟踪边界线一周,在显示屏上读得图形实地面积。

为提高精度可重复测量,每测完一次按"MEMO"键存储,最后按"AVRE"键即显示平均面积。

若需对若干块面积进行量算并累加,可利用"HOLD"键,量完第一块面积后,按"HOLD"键,继而测量第二块面积,再按"HOLD"键,如此进行直至最后一块结束。

(3) 坐标解析法。如果欲量算面积的范围边界是任意多边形,且多边形各顶点的坐标已知(图上量出或实地测量),则可用坐标解析法计算面积。

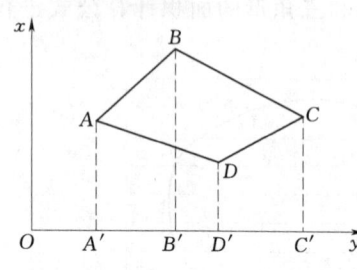

图 9.32　坐标解析法计算面积

如图 9.32 所示,区域边界为 ABCD 四边形,设各点坐标为 $A(x_A, y_A)$、$B(x_B, y_B)$、$C(x_C, y_C)$、$D(x_D, y_D)$,则多边形 ABCD 的面积可视为若干梯形的代数和,即

$$S_{ABCD} = S_{ABB'A'} + S_{BCC'B'} - S_{DCC'D'} - S_{ADD'A'}$$
$$= \frac{1}{2}(x_A + x_B) \cdot (y_B - y_A) - \frac{1}{2}(x_B + x_C) \cdot (y_C - y_B)$$
$$- \frac{1}{2}(x_C + x_D) \cdot (y_C - y_D) + \frac{1}{2}(x_D + x_A) \cdot (y_D - y_A)$$
$$= \frac{1}{2}[y_A(x_D - x_B) + y_B(x_A - x_C) + y_C(x_B - x_D) + y_D(x_C - x_A)]$$

整理后推广至 n 边形，得

$$S = \sum_{i=1}^{n} y_i(x_{i-1} - x_{i+1}) \tag{9.21}$$

或

$$S = \sum_{i=1}^{n} x_i(y_{i-1} - y_{i+1}) \tag{9.22}$$

坐标解析法求算面积精度高，但计算工作量较大，一般采用计算机程序计算。

9.3.2.2 数字地形图应用

目前，地形图测绘的方法已基本采用数字测图技术，因此地形图的应用也主要是数字地形图的应用。数字地形图的应用是在计算机上利用应用软件来实现，这里以较常用的南方 CASS 数字测图软件介绍数字地形图的应用。CASS 将地形图应用的内容都放在主菜单"工程应用"里，如图 9.33 所示。

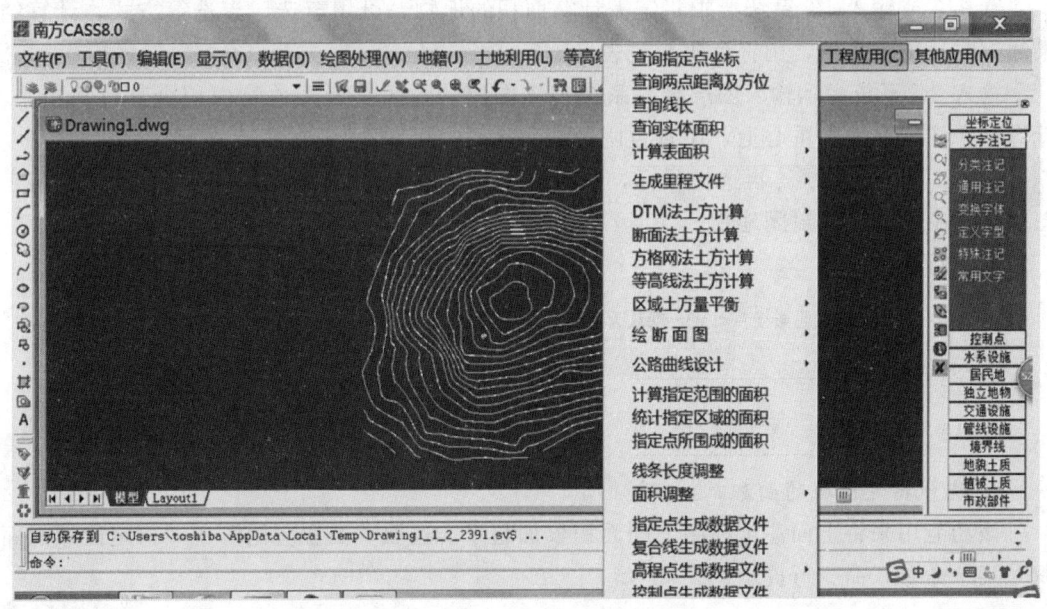

图 9.33　CASS 中"工程应用"下拉菜单

1. 查询指定点坐标

选择"工程应用"→"查询指定点坐标"菜单命令，再选取所要查询的点即可。查询的坐标、高程结果会显示在命令行。如果要在图上注记点的坐标，执行屏幕菜单的"文字注记"命令，在弹出的"注记"对话框中双击坐标注记图标，选取指定点和注记位置后，CASS 则自动标注该点的 x、y 坐标。

2. 查询两点距离及方位

选取"工程应用"→"查询两点距离及方位"菜单命令，再分别选取所要查询的两点即可。也可以先进入点号定位方式，再输入两点的点号，分别捕捉到两个点。同样，查询的距离、方位结果会显示在命令行。

3. 查询线长

CASS 不仅可以查询直线距离，还可以查询曲线距离。选取"工程应用"→"查询线长"菜单命令，命令行提示：

选择精度:(1)0.1m,(2)1m,(3)0.01m<1>,选择所需精度(默认是 0.1m)
按 Enter 键选择需要量长的曲线,完成响应后,CASS 会弹出一个提示框,给出查询线长的长度值。

4. 查询实体面积

选取"工程应用"→"查询实体面积"菜单命令，再选取待查询的实体边界即可，注意实体必须是闭合线。

5. 计算指定范围的面积

执行"工程应用"→"计算指定范围的面积"菜单命令，在命令行会提示：

1. 选目标/2. 选图层/3. 选指定图层的目标<1>

默认 1 或输入 1，系统要求指定需计算面积的地物，可用窗选、点选等方式，计算结果注记在地物重心上，用青色阴影线表示。

输入 2，系统提示输入图层名，系统把该图层的封闭复合线地物面积全部计算出来，计算结果注记在地物重心上，用青色阴影线表示。

输入 3，先选图层，再选择目标，这时采用窗选系统会自动过滤，只计算和注记指定图层被选中的复合线封闭地物。

命令行提示：

是否对统计区域加青色阴影线？<Y> 默认为"是"

命令行提示：

总面积=×××××.××平方米

6. 统计指定区域的面积

该功能用来将上面注记在图上的面积累加起来。选取"工程应用"→"指定区域的面积"菜单命令，命令行提示：

面积统计——可用:窗口(W.C)/多边形窗口(WP.CP)/…等多种方式选择已计算过面积的区域
选择对象:选择面积文字注记(用鼠标拉一个窗口即可)。

命令行提示：

总面积=×××××.××平方米

7. 计算指定范围的面积

执行下拉菜单"工程应用"→"指定点所围成的面积"命令，然后按提示操作：

输入点：点号，回车

……

输入点：点号，回车，再回车

命令行提示：

指定点所围成的面积＝×××××.××平方米

8. 计算表面积

对于不规则地貌，其表面积很难用常规的方法来计算。CASS通过DTM建模，在三维空间内将高程点连接为带坡度的三角形，再通过每个三角形面积累加得到整个范围地貌的面积。

CASS的"工程应用"中的其他命令，这里不一一详述，需要这方面内容的读者，可以参照软件说明或操作手册进行学习。

9.4 遥感及在水文测量中的应用

9.4.1 遥感总述

9.4.1.1 遥感的概念

1960年，美国人伊夫林·L·布鲁依特（Evelyn L. Pruitt）提出"遥感"这一术语。1962年，在美国"环境科学遥感讨论会"上遥感一词被正式引用。

遥感即遥远的感知，是在不直接接触的情况下，对目标物或自然现象远距离探测和感知。具体地讲，是指在地表、高空或外层空间的各种平台上，运用各种传感器获取反映地表特征的各种数据，通过传输、变换和处理，提取有用的信息，实现研究地物空间形状、位置、性质、变化及其与环境的相互关系。

9.4.1.2 遥感平台

遥感信息获取过程中搭载传感器的工具称为遥感平台，大体上分为四类。

1. 地面平台

地面遥感平台指用于安置遥感器的支架、遥感塔、遥感车等，高度在100m以下，在上面放置地物波谱仪、辐射计、激光扫描仪及全景相机等。

2. 水下平台

水下平台包括水下机器人、水下潜器等，可搭载水下相机、多波束剖面声呐设备等水下传感器。

3. 航空平台

航空平台指高度在100m以上，100km以下，用于各种资源调查、空中侦察、摄影测量的平台。

4. 航天平台

航天平台一般指高度在 240km 以上的航天飞机和卫星等，其中高度最高的要数气象卫星 GMS 所代表的静止卫星，它位于赤道上空 36000km 的高度上。GeoEye、SPOT 等地球资源卫星高度也在 500～900km 之间。

9.4.1.3 遥感系统构成

遥感系统是实现遥感目的的方法、设备和技术的总称，是一种多层次的立体化观测系统。任何一个遥感任务的实施，均由遥感数据获取、有用信息提取及遥感应用 3 个基本环节组成。

（1）遥感数据获取是指，在遥感平台和遥感器所构成的数据获取技术系统的支持下获取测量信息。按具体任务的性质和要求的不同，可采用不同的组合方式。

（2）遥感数据提取，是从遥感数据中提取有用信息，可以通过人工目视判读，也可采用计算机程序进行数据处理。

（3）遥感应用主要包括对某种对象或过程的调查制图、动态监测、预测预报及规划管理等，具有许多其他技术不能取代的优势，如宏观、快速、准确、直观、动态性和适应性等。

9.4.1.4 遥感的特点

1. 探测范围大

对于航空和航天遥感来讲，航摄飞机高度可达 10km 左右，地球卫星轨道高度更可达到 900km 左右。一张卫星图像覆盖的地面范围逾 3 万 km^2。比如，只需要 600 张左右的卫星图像就可以把我国全部覆盖。

2. 获取资料的速度快、周期短

实地测绘地图，要几年、十几年甚至几十年才能重复一次，而遥感只需很短的时间就可以覆盖大范围的区域，以陆地卫星为例，每 16 天就可以覆盖地球一遍。

3. 受地面条件限制少

航空和航天遥感，不受高山、冰川、沙漠和恶劣气候条件的影响，更无交通状况、作业设备、作业人员等条件的限制。

4. 手段多、获取的信息量大

可用不同的波段和不同的遥感仪器取得所需的信息，不仅能利用可见光波段探测物体，而且能利用人眼看不见的紫外线、红外线和微波波段进行探测；不仅能探测地表，而且可以探测到目标物的一定深度的性质；微波波段还具有全天候工作的能力。

5. 用途广

遥感技术已广泛应用于测绘、农业、林业、地质、地理、海洋、水文、气象、环境保护和军事侦察等许多领域。

9.4.2 遥感信息获取

总体上，遥感信息获取形式包括电磁波（光、热、无线电）和声波两种。电磁波形式又分为可见光与反射红外遥感、热红外遥感和微波遥感几种基本方式；声波形式包括单波束声波和多波束声呐。

9.4.2.1 可见光与反射红外遥感

它指利用可见光（0.4~0.7μm）和近红外（0.7~2.5μm）波段的遥感。前者是人眼可见的波段；后者是反射红外波段，人眼不能直接看见，但其信息能被特殊遥感器所接受。它们共同的特点是，其辐射源是太阳，在这两个波段上只反映地物对太阳辐射的反射，根据地物反射率的差异，可以获得有关目标物的信息。它们都可以用摄影方式和扫描方式成像。

摄影成像遥感系统选用光学摄影波段，通过照相机直接成像，是一种分幅成像系统，一幅相片的所有内容都在瞬间同时获得。遥感摄影系统以航空摄影系统为主，航空平台高，具有摄影范围大的优势。

扫描成像是逐点逐行地以时序方式获取二维图像，有两种主要的形式：一是对物面扫描成像，其特点是对地面直接扫描成像，这类仪器有红外扫描仪、多光谱扫描仪、成像光谱仪、自旋和步进式成像仪及多频段频谱仪等；二是瞬间在像面上先形成一条线图像，甚至是一幅二维影像，然后对影像扫描成像，这类仪器有线阵列 CCD 推扫式成像仪、电视摄像机等。

如图 9.34 所示，一种国产摄影成像遥感系统（SWDC），主体由 4 个高档相机（单机像素数为 3900 万或 2200 万，像元大小 6.8μm 或 9μm）经外视场拼接而成，如图 9.35 所示。SWDC 系统中集成了 GPS、数字罗盘、自动控制和精密单点定位等关键技术。

图 9.34　SWDC 航空数码相机　　　　图 9.35　拼接四镜头

图 9.36 所示是资源三号测绘卫星，简称 ZY3，于 2012 年 1 月 9 日发射，是中国第一颗民用高分辨率光学传输型测绘卫星。它搭载了 4 台光学相机，数据主要用于地形图制图、高程建模及资源调查等。ZY3 能长期、连续、稳定地获取立体全色影像、多光谱影像及辅助数据，可对地球南北纬 84°以内的地区实现无缝影像覆盖。

另外，值得提到的是近年来迅速发展的无人机测量系统。无人机测量系统包括硬件设备和影像处理软件系统。硬件设备包括无人机飞行平台（固定翼和旋翼）、飞行控制系统、地面监控系统、发射与回收系统、遥感任务设备、任务设备稳定装置、影像位置和姿态采集系统等。软件系统包括：影像数据快速检查、纠正、拼接；DOM（数字正射影像图）、DEM（数字高程模型）、DRG（数字栅格地图）、DLG（数字线划地图）生产等工具。一些无人机测量系统采用全球卫星导航系统（GNSS），按实时动态差分定位模式实现自主

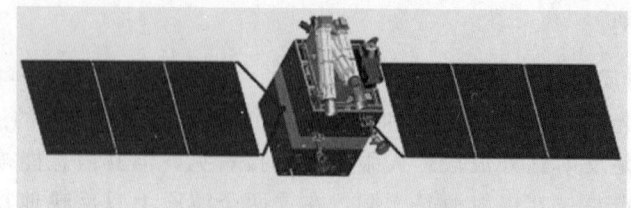

图 9.36 资源三号测绘卫星

规划飞行路线，无需地面控制点，可达到厘米量级精度。

9.4.2.2 热红外遥感

它指通过红外（8～14μm）敏感元件，探测物体的热辐射能量，显示目标的辐射温度或热场图像的遥感。地物在常温下热辐射的绝大部分能量位于此波段，在此波段地物的热辐射能量，大于太阳的反射能量。热红外遥感具有昼夜工作的能力。

9.4.2.3 微波遥感

它指利用波长 1～1000mm 的电磁波遥感。通过接收地面物体发射的微波辐射能量，或接收遥感仪器本身发出的电磁波束的回波信号，对物体进行探测、识别和分析。微波遥感的特点是对云层、地表植被、松散沙层和干燥冰雪具有一定的穿透能力，又能夜以继日地全天候工作。

微波遥感有主动、被动之分。记录地球表面对人为微波辐射能的反射属于主动遥感，其主动在于它自身提供能源而不依赖于太阳和地球辐射，最有代表性的遥感器是成像雷达；记录地球表面发射的微波辐射属于被动遥感。

图 9.37 所示为德国研制的一颗高分辨率雷达卫星（TerraSAR-X），它携带一颗高频率的 X 波段合成孔径雷达传感器，能以聚束式、条带式和推扫式 3 种模式成像，并拥有多种极化方式。可全天时、全天候地获取用户要求的任一成像区域的高分辨率影像。TanDEM-X 于 2010 年 6 月 21 日发射，卫星在 3 年内反复扫描整个地球表面，最终绘制出高精度的三维地球数字模型。

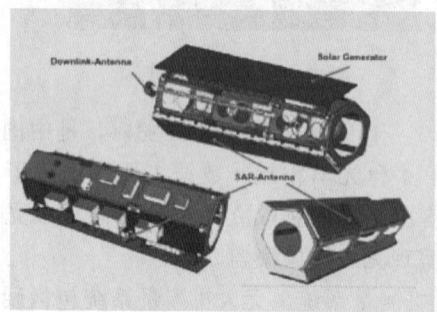 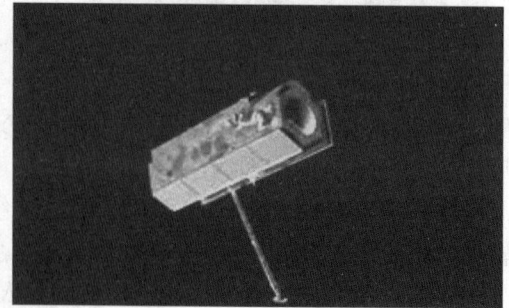

图 9.37 TerraSAR-X 卫星

9.4.2.4 声波遥感

声波遥感主要用于水下测深，包括单波束测深和多波束声呐测深。单波束测深，每次测量只能获得测量船正垂下方一个测点的深度数据。多波束探测，每发一次声波能获得多达数百个水底测点的深度数据。两者相比，多波束声呐测深实现了海底地形地貌的宽覆盖、高分辨探测，把测深技术从"点—线"测量变成"线—面"测量，促进了水底三维地形的测量效率和水底遥测质量的大幅度提高。

多波束声呐测深，其原理是利用发射换能器基阵向水底发射宽覆盖扇区的声波，由接收换能器基阵对水底回波进行窄波束接收，如图9.38所示。通过发射、接收波束相交，在水底与船行方向垂直的条带区域形成数以百计的照射"脚印"，对这些"脚印"内的反向散射信号同时进行到达时间和到达角

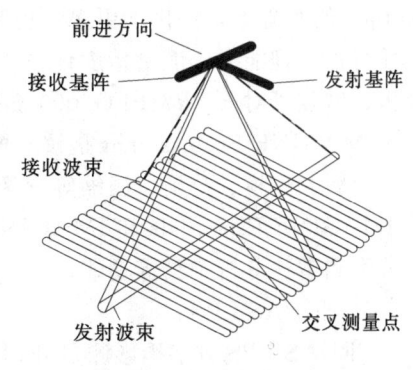

图9.38 多波束测深原理

度的估计，再进一步通过获得的声速剖面数据，由公式计算得到该点的水深值。沿指定测线连续测量，并将多条测线测量结果合理拼接后，便可得到该区域的水底地貌。

9.4.3 遥感信息提取

9.4.3.1 目视判读提取

目视判读是综合利用地物的色调或色彩、形状、大小、阴影、纹理、图案、位置和布局等影像特征，并结合其他非遥感数据资料，进行综合分析和逻辑推理，以达到较高的专题信息提取的准确度。目视判读多用于提取具有较强纹理结构特征的地物，判读中，有关专家的经验会起很大的作用。

9.4.3.2 计算机自动提取

遥感信息提取的数据成果主要是 4D（DOM、DEM、DRG、DLG）基础地理信息产品，此外，三维矢量模型、可测量实景影像也逐渐成为遥感信息提取内容。当前，遥感信息提取的主流软件有 ERDAS IMAGINE、ERDAS LPS、CARIS HIPS&SIPS 和 Kubit OrbitGIS 等。

1. ERDAS IMAGINE

ERDAS IMAGINE 是面向企业级的遥感图像处理系统，系统提供大量的工具，支持对各种遥感数据源影像的处理，包括：航空、航天遥感的全色、多光谱、高光谱遥感图像，雷达、激光雷达等形成的遥感图像。产品呈现方式从打印地图到三维模型。面向不同需求的用户，系统的扩展功能采用开放的体系结构，以 IMAGINE Essentials、IMAGINE Advantage、IMAGINE Professional 这3种形式为用户提供了基本、高级、专业三档产品架构。

IMAGINE Essentials 是入门级的核心模块，提供了关于影像制图、可视化、影像增强和几何校正等基本工具，同时还具有企业级访问能力，可以连接 ArcSDE、Oracle Spatial 及 OGC Services 等数据源。IMAGINE Essentials 的核心是 Viewer，它提供了多窗、高效的交互显示和处理能力。用户可以通过 Viewer，将文件和 OGC 服务中的影像或其他地理数据进行显示、合成、链接、分析和表达，以获取更多的信息。

IMAGINE Advantage 是 ERDAS IMAGINE 核心的中间级别，它是在 IMAGINE Essentials 的基础上，提供了更多、更高级的精确的制图和图像处理能力。增加的主要功能有并行批处理能力、度量精度评价工具、正射校正、镶嵌、RPF 产品、图像处理和空间分析、增强了对 ECW/JPEG2000 支持的能力、建模语言及知识分类器。

IMAGINE Professional 是核心模块的最高级产品，它是目前用于生成、可视化、纠正、投影、建模、分类、压缩等影像处理最强大的产品之一。IMAGINE Professional 提供 IMAGINE Essentials 和 IMAGINE Advantage 的全部功能，增加了图形数据建模、高级分类和雷达分析工具等功能。

2. ERDAS LPS

ERDAS LPS 数字摄影测量处理系统，对多种航空、航天遥感资源，支持数据输入、传感器模型设置、坐标系统定义、传感器内定向、影像自动匹配、区域网空三加密、DTM 的自动提取和编辑、DOM 生产、DLG 的采集、纹理提取、三维模型建立等全线数据生产需求。

LPS 系统的扩展模块，如光束法空中三角测量系统、数字地面模型提取、地形编辑器、数字测图系统、立体分析、影像匀光器等模块供用户自由选择。LPS 的核心功能和各扩展模块结合起来形成一个完整的空间数据生产工作流，为高精度、高效率的空间基础数据生产提供可靠的系统保障。

3. CARIS HIPS&SIPS

CARIS HIPS&SIPS 是水深数据处理系统。软件主要功能：编辑测船配置文件，建立新 HIPS 项目，将原始数据转换成 HIPS 格式，保存工作过程文件，编辑辅助传感器数据，编辑 GPS 和运动传感器数据，读入和编辑声速剖面文件并进行声速剖面改正（声速剖面改正可选最近距离或最近时间），输入潮位数据，合并数据（将水深数据与辅助传感器数据合并产生三维地理坐标数据），计算每个水深点的总传播误差，建立地域图表（地域图表用于生成数据处理及最终成果图用的加权网格模型），生成网格化水深地形曲面，编辑条带水深数据及子区水深数据（直接手工编辑或统计滤波以地理坐标为查考的水深数据，可同时处理多条测线），重新计算水深地形曲面，生成光滑水深曲面，数据输出，生成各种图件等。

4. Kubit OrbitGIS

Kubit OrbitGIS 由移动测量软件（Orbit Mobile Mapping）、无人机测量软件（Orbit UAS Mapping）、无人机和移动联合测量软件（Orbit Obliques）组成。

Orbit Mobile Mapping 可以输入、处理、管理全景影像和点云联合数据，提取点、线、面、体、属性等信息，将提取的信息发布在 IOS 移动端和网页端。

Orbit UAS Mapping 可以采集无人机 LiDAR（Light Detection And Ranging，光探与测量）数据和无人机影像数据。LiDAR 数据即利用 GPS 和机载激光扫描设备，获得数字表面模型（Digital Surface Model，DSM）的离散点，数据中含有空间三维信息和激光强度信息。基于 LiDAR 数据或正摄影像、立体影像，实现二维和三维特征提取、体积分析、纵横断面分析、等高线/DTM 生成等。

Orbit Obliques 是倾斜摄影测量软件，可联合处理无人机和移动测量车采集的影像和点云。

9.4.4 遥感在水文测量中的应用

9.4.4.1 河势遥感监测

1. 河势及其监测的基本内容

河势是指河道在水流的作用下形成的主河槽走向及发展趋势。归顺的河势形态，有利于河道的行洪排沙，不归顺的河势形态，会严重影响河道整治工程及堤防安全，甚至在汛期遭遇大洪水时发生堤防决溢。

河道形态一般有自然和人工控制两种表现形式，相应的河势表现可谓纷繁复杂。对于窄深形河道，多数情况下相对比降大，在水流的长期冲刷下所形成的主河槽比较稳定，在发生较大洪水时，河势仅有微小的变化甚至不发生改变。对于宽浅型的河道，特别是平原河道，由于河道比降较小，水体流速缓慢，上游水流携带的粗泥沙长期落淤而形成大 U 形河道，河道宽、浅、散、乱，河势极不稳定，需要构筑堤防加以控制，这在我国众多的河流中十分普遍。

河势监测的基本内容包括监测：主河槽的平面走向，主溜带的分布，主流线的位置，水体边界线、工程及其坝垛靠溜情况，主溜在控导工程及险工段与前期河势相比较，河道汊流、串沟、沙洲的分布及规模等。在纵向位置上，还要探测主流的深度和堤坝、工程根基的偎水情况。

2. 遥感监测河势的方法

（1）监测河段及时段的选择。大多数情况下，具备复杂河势的河流段主要分布在平原区，河流由工程所控制，一次中常洪水过程就可能改变河势走向。因此，应注意选择合适的监测河段及时段。监测时段的选择，以汛前（一般为 5 月上、中旬）和汛后（一般为 9 月下旬或 10 月上旬）作为两个控制性监测阶段，若汛期遭遇洪水，河势发生较大变化，还应实时加测。

（2）数据源的选用。利用遥感技术监测河势，宜选用正在运行的商业化卫星遥感图像数据，其原数据重复周期短、运行成本低，特别适用于宽长型河道。

对于首次实施遥感河势监测的河段，尽量选择高分辨率的图像数据，建立详细的本底河势信息数据库，为以后的对比观测奠定基础。对于小流量下的年际监测，由于河势变化微小，采用分辨率稍低的数据也可满足要求。

（3）遥感河势监测的技术路线。对获得的数据经图像处理，在专业图像处理系统的支持下，人机交互式标绘、提取河势信息，结合一定的外业调查，修正并确定解译结果，然后通过矢量转出功能，将河势矢量信息交换为 GIS 系统能够读入的数据格式，在 GIS 系统下添加属性数据，供进一步分析应用，流程如图 9.39 所示。

（4）图像处理。图像处理主要包括影像合成、河道及水体信息的增强、几何校正及投影变换、不同分辨率图像的融合以及图像的镶嵌和裁剪。

（5）河势信息的判别提取。

1）解译提取的基本内容。遥感影像所要提取的是水边线、主溜带、串沟、汊流、沙洲、洪水上滩及其淹没面积等内容。在高分辨率图像上能够表现出的坝垛靠溜及其程度，也是解译的重要内容之一，另外还有一些特殊用户所感兴趣的目标。

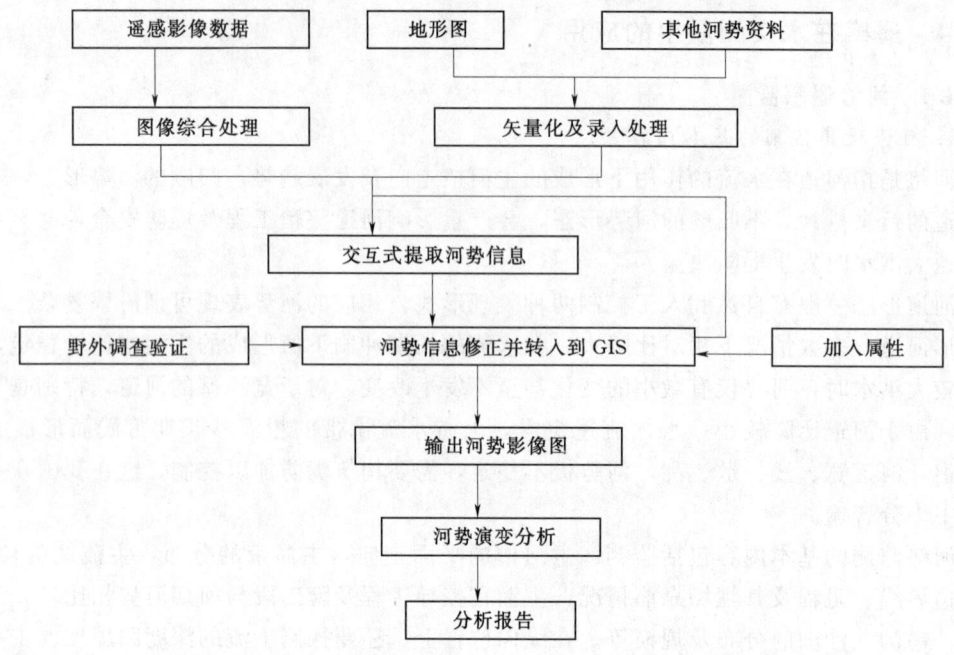

图 9.39 河势遥感监测技术流程

a. 主流水边线。由于汊流、串沟和沙洲的影响，主流水边线的提取会受到一定干扰，在部分散乱的河道内尤甚。提取时，首先区分出主流，可以与既往河势资料比较分析，也可以通过实地勘查得到确认，再通过图像放大窗口沿水边线逐点标绘形成矢量线文件。

b. 主溜带。主溜带是河槽主流内具有较大深度和较大流速的带状过水面，往往伴有高含沙水流，大水时在图像上易于识别。

c. 主流线。主流线具备最大深度（个别情况例外）和最大流速的过水条件，通常用一条线来表征。主流线并非一定位于主流带的中央，它受制于河势走向和水下地形，在遥感影像上准确定论比较困难，可通过河势查勘获取。

d. 汊流、串沟。汊流、串沟在影像上特征明显，标绘时视其宽度用双线或单线勾画。

e. 沙洲。沙洲分布于主流与汊流或汊流与汊流之间，可一次完成一个闭合图斑的勾绘。

f. 工程靠溜信息。各种工程是否靠溜，在遥感影像上易于识别，但具体到个体坝、垛的靠溜和程度则较难判定，可通过河势查勘获取。这部分内容无需在图上标绘，仅在同性数据库中加以描述。

以上信息应分层存放，以利后期的编辑。

2) 野外综合调查及验证。野外作业是对遥感解译的补充和验证，特别是补充因分辨率低而造成的坝、垛靠溜信息的不足。野外作业并非要全面铺开，主要是对不利河势的河段展开调查，获取重要信息。

3) 信息编码及转存。河势信息编码，目的在于数据管理、查询和分析的方便，应与本区域的防汛信息系统尽可能保持一致，最少应包含信息码、名称及相应属性等字段。若信息提取是在图像处理系统下作业的，还应对数据进行转换，以能被 GIS 所引用。

9.4.4.2 水库库容动态变化的遥感监测

水库的面积曲线和容积曲线被称为水库的特性曲线。水库建成蓄水后，因淤积等原因，库区会发生明显的地形变化，因此，在运行一定时间后，必须重新复核水库的特性曲线。以往常规做法是由人工进行实地重新测定，这种方法费时、耗资、野外工作量大、更新慢。应用卫星提供的遥感资料进行水库库容动态变化监测，具有视野宽、周期短、资料新、受约束少、用途广等优点。

应用卫星遥感技术复测水库库容曲线，关键在于水位与水面面积关系的推求。由于水体对近红外波段是充分吸收，所以图像上反映为黑色，而陆地、植被等地物是强漫射反射物体，都程度不同地反射近红外波段，图像上的反映与黑色有差异，这样，通过对比就可识别水体面积区域。因此，只要收集到不同水位条件下的卫星资料及同步的实测库水位资料，用计算机分别求出各水位时的水面实际面积，根据这些对应关系，即可绘出水位—面积曲线，从而推算水位—库容曲线。

1. 工作流程

（1）资料收集。根据水库出现过的最高、最低水位，按所需精度购买合适的遥感卫星资料。

（2）图像处理。

1）胶片资料处理。如果是胶片资料，必须将其置于高密度扫描仪下，进行高分辨率扫描，使其转化为数字化格式，便于计算机处理。

2）图像灰度处理。卫星拍摄地物是以灰度成像，而各图像拍摄时的天气、日照等条件可能不一样，因而存在着灰度不一致的问题。进行灰度一致化处理，使得各图像都拥有统一的灰度基础。

3）图像几何校正。尽管遥感卫星地面接收站在卫星数据接收后已进行了常规校正，但对高精度的地形测量和面积量算而言，仍嫌不足，还需要进行几何精校正，即地理位置纠正，将卫星图像纠正到统一的大地坐标网格上，使得各图像拥有相同几何地理坐标系。

4）水体图像分辨增强。工作的目的是获取精确的各级水位时的水库库面积，故识别图像中的水体是一个重要环节。为了突出水体，采用图像增强技术，以突出水陆界线，在此基础上，利用计算机程序来识别水体。

（3）水库特性曲线绘制。利用计算机程序，依据不同时间卫星资料上的水体面积和相应的实测库水位资料，绘制水库面积曲线和库容曲线。

2. 精度问题

卫星遥感技术复测水库库容的精度主要体现在水体面积的量算和图幅取用的多少。

关于图幅的取用，对相同的水位高差，卫星图像收集得越多，即相邻两幅图像之间的水位差越小，库容曲线的精度也就越高。

对于水体面积量算问题，一般来讲，卫星图像经过地理位置精校正后，完全可以保证其测量误差保持在一个像元之内，因而，在这样的图像上统计水体面积，误差也应在一个像元之内。

可以采取各种措施进行精确度验证,如选择1~2个样区,针对某个特征水位,将卫星图像上计算的水面面积,与在尽可能同期且尽可能大比例尺的地形图上量算的面积进行比较;采用人工测定的水库高水位段面积曲线和库容曲线接轨的方式进行比较;选择一个地形基本不发生变化的样区进行人工测定,以此验证遥感方法的精度等。

9.4.4.3 其他应用

1. 湖泊水质遥感监测

如图9.40所示,有色可溶性有机物等是水质监测的重要参数,这些水质参数浓度的变化,会引起水体生物光学特性和水面反射率的改变,利用遥感技术,根据水体光谱特性与水质参数浓度间的关系,反演水质参数,可以实现湖泊水质的高频率、大范围、准实时监测。

图9.40 某湖泊(局部)水质遥感监测

2. 河流流域水上水下一体化移动三维测量

河流流域往往从上至下既有山峦重叠、激流弯道、悬崖峭壁,也有宽阔缓流、行船较多的下游区域。

如图9.41所示,船载水上水下一体化三维移动测量系统,将三维激光扫描设备、卫星定位设备、惯性导航装置、360°全景相机、总成控制模块和计算机高度集成,封装在刚性平台中。在移动过程中,系统快速获取高精度定位定姿数据、高密度水上三维点云、高清连续全景影像及水下多波束数据。通过系统配备的数据加工处理、海量数据管理和应用服务软件,获得全方位的数据或图形。

图9.41 船载水上水下一体化三维移动测量系统

船载水上水下一体化三维移动测量系统,为江河的河道测量、水岸景观制作以及工程和抢险现场指挥等提供了新的技术手段。

3. 无人机测量系统应用

(1) 水资源信息巡航。无人机飞行高度最大可达2000m,飞行半径可达数公里,适用于大面积的航拍与巡视。通过大范围飞行快速巡查,能够第一时间掌握水利资源调查信息。地面工作站根据实时航拍监控数据,可以清晰地分析水利资源的实时动态,也可后期制作电子版或相片成果图,生成水利巡查图。

(2) 灾害监测。无人机从空中俯视地形、地貌,能快速对监测对象进行定点实时监控、巡视,对江河、湖泊、水库等边缘环境比较恶劣的地段,也可操控前往完成监测任务。遇到险情时,无人机可克服交通险情等不利因素,快速赶到受灾区域,实时传送现场实况,监视险情发展,为决策提供准确的信息。

9.5　地理信息系统及在水文测量中的应用

9.5.1　地理信息系统的构成及基本功能

9.5.1.1　地理信息系统的构成

地理信息系统 (Geographic Information System,GIS) 是在计算机硬件、软件及网络技术支持下,对有关地理空间数据进行输入、处理、存储、查询、检索、分析、显示、更新和提供应用的计算机系统。从学科组构的角度来看,GIS 是集计算机科学、地理学、测绘遥感学、环境科学、空间科学、信息科学和管理科学于一体的新兴边缘学科和交叉学科。

完整的 GIS 主要由 4 个部分构成:计算机硬件系统、计算机软件系统、地理空间数据和系统管理操作人员。硬件和软件是 GIS 的必要组成部分,地理数据库是 GIS 的核心部分,而 GIS 人才是整个地理信息系统运作成功与否的关键。

1. 计算机硬件系统

GIS 的硬件是指计算机系统的硬件环境及外围设备,包括电子的、电的、磁的、机械的、光的元件或装置。系统的规模、精度、速度、功能、形式、使用方法甚至软件,都与硬件有极大的关系,受硬件指标的支持或制约,如图 9.42 所示,GIS 硬件配置一般包括以下内容。

(1) 计算机主机。其包括从主机服务器到桌面工作站乃至网络系统的一切计算机资源。

(2) 数据输入设备。数字化仪、图像扫描仪、解析和数字摄影测量仪、手写笔、光笔、键盘、通信端口等,以及全站仪、卫星定位测量设备等测绘仪器。

(3) 数据存储设备。其包括盘刻录机、磁带机、光盘塔、活动硬盘、磁盘阵列等。

(4) 数据输出设备。其包括矢量式绘图仪、彩色喷墨绘图仪、激光打印机等。

(5) 网络通信设备。在网络系统中用于数据传输和交换的光缆、电缆。

2. 计算机软件系统

它指 GIS 运行所必需的各种程序。

(1) 计算机系统软件。它是用户开发和使用计算机的程序系统,通常包括操作系统、汇编程序、编译程序、诊断程序、库程序以及各种维护使用手册、程序说明等。

(2) 地理信息系统软件和其他支撑软件。可以是通用的 GIS 软件,也可包括数据库

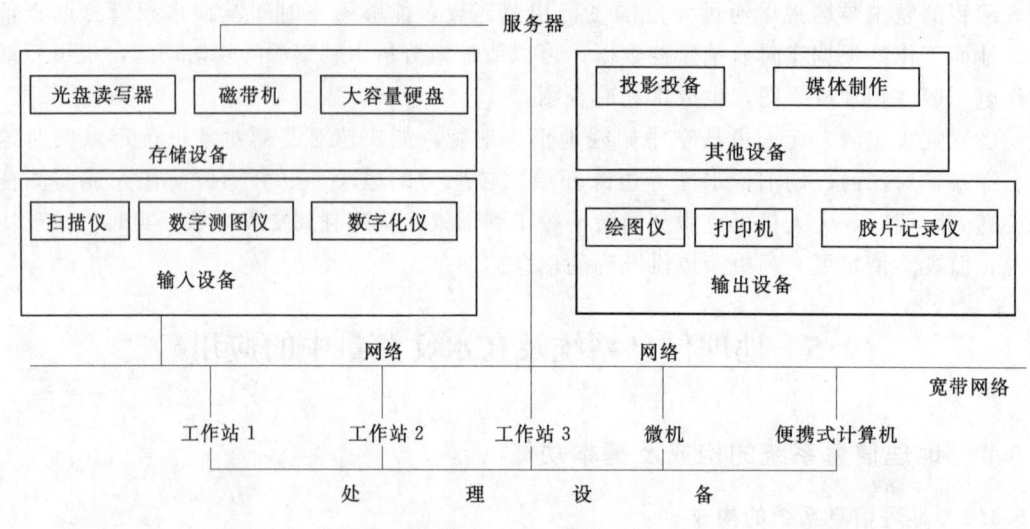

图 9.42　GIS 的硬件组成

管理软件、计算机图形软件包、图像处理软件等。GIS 软件按功能可分为以下几类。

1) 数据输入。将系统外部的原始数据（多种来源、多种形式的信息）传输给系统内部，并将这些数据从外部格式转换为便于系统处理的内部格式。如将各种已存在的地图、遥感图像数字化，或者通过通信或读磁盘、磁带的方式录入遥感数据或其他系统已存在的数据，还包括以适当的方式录入各种统计数据、野外调查数据和仪器记录的数据。

2) 数据存储与管理。数据存储和数据库管理涉及地理元素（表示地表物体的点、线、面）的位置、连接关系及属性数据如何构造和组织等。用于组织数据库的计算机系统称为数据库管理系统（DBMS）。空间数据库的操作包括数据格式的选择和转换、数据的连接、查询、提取等。

3) 数据分析与处理。对单幅或多幅图件及其属性数据进行分析运算和指标量测，在这种操作中，以一幅或多幅图作为输入，而分析计算结果则以一幅或多幅新生成的图件表示，在空间定位上仍与输入的图件一致，故可称为函数转换。函数转换还包括错误改正、格式变性和预处理。

4) 数据输出。将地理信息系统内的原始数据或经过系统分析、转换、重新组织的数据，以某种用户可以理解的方式，提交给用户以地图、表格、数字或曲线等形式表示于某种介质上，或采用显示器、胶片副本、打印机、绘图仪等输出，也可以将结果数据记录于磁存储介质设备，或通过通信方式传输到用户的其他计算机系统。

5) 用户接口。该模块用于接收用户的指令、程序或数据，是用户和系统交互的工具，主要包括用户界面、程序接口与数据接口。系统通过菜单方式或解释命令方式接收用户的输入。由于地理信息系统功能复杂，且用户又往往为非计算机专业人员，用户界面是地理信息系统应用的重要组成部分，它通过菜单技术、用户询问语言的设置，还可采用人工智能的自然语言处理技术与图形界面等技术，提供多窗口和鼠标选择菜单等控制功能，为用户发出操作指令提供方便。该模块还随时向用户提供系统运行信息和系统操作帮助信息，使地理信息系统成为人机交互的开放式系统。

（3）应用分析程序。应用分析程序由系统开发人员或用户编制，用于某种特定应用任务，是系统功能的扩充与延伸。优秀的应用程序应该是透明和动态的，与系统的物理存储结构无关，且随着系统应用水平的提高而不断优化和扩充。应用程序作用于地理专题数据或区域数据，构成GIS的具体内容，这是用户最为关心的真正用于地理分析的部分，也是从空间数据中提取地理信息的关键。用户进行系统开发的大部分工作是开发应用程序，应用程序的水平在很大程度上决定系统的实用性和优劣。

3. 地理空间数据

地理空间数据是指以地球表面空间位置为参照的自然、社会和人文景观数据，可以是图形、图像、文字、表格和数字等，由系统的建立者通过数字化仪、扫描仪、键盘、磁带机或其他通信系统输入到GIS，是系统程序作用的对象，是GIS所表达的现实世界经过模型抽象的实质性内容。不同用途的GIS，其地理空间数据的种类、精度都是不同的，但基本上都包括以下几方面特点。

（1）某个已知坐标系中的位置。标识地理实体在某个已知坐标系中的空间位置，可以是经纬度或平面直角坐标，也可以是矩阵的行、列数等。

坐标系统的选择根据具体应用要求，可以选择国际或全国通用坐标系统，也可以选择局部（地方）坐标系统。在我国，依照国际惯例并结合我国的具体实际，一般采用与我国基本图系列一致的地图投影系统，如大比例尺采用高斯—克吕格投影、中小比例尺采用兰伯特投影，在某些城市或工程系统中，则可能采取独立的地方坐标系统。

（2）实体间的空间相关性。实体间的空间相关性即拓扑关系，表示点、线、面实体之间的空间联系，如网络节点与网络线之间的枢纽关系、边界线与面实体间的构成关系、面实体与岛或内部点的包含关系等。空间拓扑关系对于地理空间数据的编码、录入、格式转换、存储管理、查询检索和模型分析等有重要意义，是地理信息系统的重要特色。

（3）非几何属性。非几何属性即与几何位置无关的属性，常简称属性（Attribute），是与地理实体相联系的地理变量或地理意义。属性分为定性的和定量的两种，前者包括名称、类型、特性等，如岩石类型、土壤种类、土地利用类型、行政区划等；后者包括数量和等级，如面积、长度、土地等级、人口数量、降雨量、河流长度、水土流失量等。非几何属性一般是经过抽象的概念，通过分类、命名、量算、统计得到。任何地理实体至少有一个属性，而地理信息系统的分析、检索和表示主要是通过属性的操作运算实现的，因此，属性的分类系统和量算指标对GIS功能有重要的影响。

地理数据具有周期性和时间性，过时的信息不具备现势性。可在GIS中以时间属性标注数据特征，当然增加时间表达维会增加数据处理的难度。

由于地理数据具备以上种种特性，在GIS中，地理数据的表达非常复杂，难以用简单的数据结构进行表达和再现，因此，要求选用合理的数据结构和数据管理系统统一组织地理数据库系统，才能迅速、有效地利用地理数据。

4. 系统开发、管理和使用人员

人是GIS中的重要构成因素。GIS人员既包括从事GIS系统开发的专业人员，也包括 GIS 产品的用户或称终端用户。从事 GIS 工作的人员应熟悉数据的整合、管理、GIS 应用服务、用户需求调查、工作流程的组织、有关机构的管理协调等。专业 GIS 人员需涉及软件工程、GIS 功能、数据结构、系统设计、地理模型等领域。GIS 系统从设计、建库、管理、运行直到用来分析决策处理问题，自始至终都需要有专门的技术人才，他们必须掌握 GIS 的基本知识，熟悉所利用的工具和分析问题的模型及数据的性质，才能使 GIS 系统更好地运作。

9.5.1.2 地理信息系统的基本功能

GIS 的基本功能体现在 6 个方面，如图 9.43 所示。

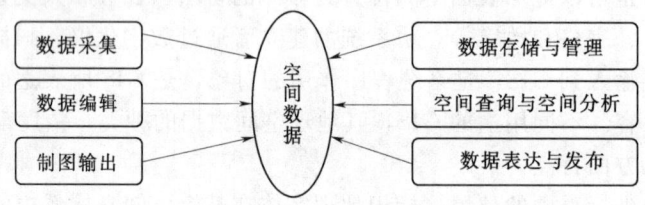

图 9.43 GIS 基本功能

1. 数据采集

GIS 的核心是地理数据库，建立 GIS 的第一步就是要将地面上的实体图形数据和描述它的属性数据输入到数据库中。数据输入即建立 GIS 数据库的过程，就是将系统外部的原始数据传输到系统内，并经过编码将其由外部格式转换为计算机可读的内部格式，此过程也称为数据采集，它包括数字化、规范化和数据编码 3 个方面的内容。数据输入方法通常有键盘输入、手工数字化、扫描矢量化和已有的数据文件输入。

2. 数据编辑

(1) 图形数据编辑。通过野外实测或航测内业仪器实测或对现有地图数字化或对航片的扫描等方式获取图形数据之后，用功能很强的图形编辑系统对图形进行编辑。图形编辑系统应具备文件管理、数据获取、图形编辑窗口显示、参数控制、符号设计、图形编辑、自动建立拓扑关系、属性数据输入与编辑、地图修饰、图形几何功能、查询及图形接边处理等功能。

(2) 属性数据编辑。属性数据是用来描述实体对象的特征和性质等的数据，许多 GIS 都采用关系型数据库管理系统进行管理。关系型数据管理系统能为用户提供一套功能很强的数据编辑和数据库查询语言，系统设计人员可利用数据库语言建立友好的用户界面，以方便用户对属性数据的输入、编辑和查询。

3. 数据存储与管理

地理对象通过数据采集与编辑后，送到计算机的外存设备上，如硬盘、光盘、磁带等。因地理数据十分庞大，需要数据管理系统来管理，其功效类似于对图书馆的图书进行编目、分类存放，以便于管理人员或读者快速查找所需的图书。

4. 制图输出

GIS 是一个功能极强的数字化制图系统，它具有输出各种地图的功能，如提供全要素地图、行政区划图、利用现状图、规划图、交通图、等高线图等分层专题图。通过分析还可以得到各类分析用图,如坡度图、剖面图、透视图等。此外,在及时更新,对数字地图进行整饰,添加符号、颜色和注记,图廓整饰等方面也极为方便。

5. 空间查询与空间分析

空间数据间存在着复杂的空间关系,这些关系可归纳为连通、邻接、相邻、相交、包含、相对位置、高度差等。因 GIS 中包容了这些空间关系,只要有与查询稍有关系的信息,即可迅速、准确地获得所需的信息。例如,决定废物填埋的合适地点,寻找消防站到失火点的最佳路径,查找某个区域的最佳视点等。可见,GIS 的空间查询非常方便,应用极为广泛。

空间分析是一组分析结果依赖于所分析对象位置信息的技术,空间分析由以下几部分内容组成。

(1) 空间量测。

1) 质心测量:目标的中心点位置。

2) 几何测量:坐标、距离、方向、面积、体积、周长、表面积等。

3) 形状测量:形状系数计算。

(2) 空间变换。经过一系列的逻辑或代数运算,将原始地理图层及其属性转换成新的具有特殊意义的地理图层及其属性。因空间数据的复杂性,空间变换的操作十分复杂,合理有序的空间变换是有效的空间分析的前提。空间变换一般都在同等属性间进行,如在土地评价中,必须将土地类型、土地湿度、土地结构、土地地貌等多层因素转换成土地适宜性后,才能运用数学运算方法进行土地分析。

(3) 空间内插。用数学拟合方法在已有观测点的区域内估计未观测点的特征值,包括整体趋势面拟合与局部拟合两大类。

(4) 空间依赖。其包括拓扑空间查询、缓冲区分析、叠加分析等。

(5) 空间查询。其包括基于空间关系特征的查询、基于属性特征的查询以及基于空间关系和属性特征的查询 3 种方式。

(6) 空间决策支持。通过应用空间分析的各种手段对空间数据进行处理变换,提取隐含于空间数据中的某些事实和内在关系,并以图形和文字形式直观地表达,为实际应用目标提供科学、合理的支持。空间决策支持过程包括确定目标、建立定量分析模型、寻求空间分析手段、结果的合理性与可靠性评价 4 个阶段,常用于如最佳路径选择、选址、定位分析、资源分配等经常与空间数据发生关系的领域,以及由这些领域所延伸的其他部门。

空间分析具有很强的目的性,是一种面向应用的空间数据分析处理方法,许多复杂的空间查询和空间决策,一般采用缓冲区建立、图层叠置、特征信息的提取和合并、数学分析模型的建立等方法来解决。空间分析在 GIS 中占有重要位置,是 GIS 的核心功能。

6. 数据表达与发布

随着计算机技术的发展,特别是互联网技术的发展,用户可以查询和使用集中在服务器终端的大量空间数据,实现空间数据的合理共享。为此,空间数据必须具有标准的定义、表达和发布形式。元数据(Metadata)作为描述数据的数据,对数据的质量、表达形式和数据的内容等进行具体描述。GIS 的空间数据发布功能，即是利用元数据把空间数据向用户描述的过程，从而能使用户合理、有效地使用空间数据。

万维网（Web）GIS，就是利用互联网技术来扩展和完善 GIS 的一项新技术，它是由地理信息系统和互联网技术相结合产生的一种新的技术方法。人们可以利用它在互联网上获取各种空间信息，并可进行各种地理空间分析。

9.5.2 常用地理信息系统软件

在新的 GIS 技术和时代背景下，GIS 服务的提供者以 Web 的方式供给资源和功能，而用户则采用多种终端随时随地访问这些资源和功能，GIS 平台变得更加简单易用、开放和整合，使得 GIS 为"所有人"使用成为现实，为"Web GIS"赋予了全新的内涵。

目前世界上商品化的 GIS 工具软件有很多，不可能一一介绍。这里简要介绍两个比较常用的地理信息系统软件，一是美国 GIS 软件产品 ArcGIS，另一是国产 GIS 软件产品 SuperMap GIS。通过介绍，旨在让读者了解常用 GIS 工具软件的主要模块和功能目标。

9.5.2.1 ArcGIS

ArcGIS 是一套完整的"GIS 平台"产品，具有地图制作、空间数据管理、空间分析、空间信息整合、发布与共享的能力。ArcGIS 以用户为中心的 Named User 授权模式，形成以 Named User 为纽带、三大组成部分有机结合的支撑平台，是新一代 Web GIS 应用模式。产品包括 ArcGIS for Desktop、ArcGIS for Server、ArcGIS Online 和 CityEngine。

1. ArcGIS for Desktop

ArcGIS for Desktop 是为 GIS 专业人员提供的用于信息制作和使用的工具，包括地理分析和处理能力，提供编辑工具、地图生产过程、数据和地图分享。

ArcGIS for Desktop 主要功能是空间分析、数据管理、制图和可视化、高级编辑、地理编码、地图投影、高级影像、数据分享以及可定制 GIS 桌面应用。

2. ArcGIS for Server

ArcGIS for Server 是基于面向服务的体系结构（Service-Oriented Architecture，简称 SOA）架构的 GIS 服务器，通过它可以跨企业或跨互联网，以服务的形式共享二维或三维地图、地址定位器、空间数据库和地理处理工具等 GIS 资源，并允许多种客户端（如 Web 端、移动端、桌面端等）使用这些资源创建 GIS 应用。

ArcGIS for Server 主要功能是空间数据管理、提供 Web 服务、空间可视化、在线编辑、空间分析和地理处理、实时数据处理分析、以地图为核心的内容管理 Web 应用以及移动应用。

3. ArcGIS Online

ArcGIS Online 是基于云的协作式平台，允许组织成员使用、创建和共享地图、应用程序和数据以及访问权威性地图和 ArcGIS 应用程序。通过 ArcGIS Online，可以访问 ESRI（Environment System Research Institute）的安全云，在其中可将数据作为发布的 Web 图层进行管理、创建和存储。由于 ArcGIS Online 是 ArcGIS 系统的组成部分，还可以利用其扩展 ArcGIS for Desktop、ArcGIS for Server、ArcGIS Web API 和 ArcGIS

Runtime SDK 的功能。

ArcGIS Online 主要功能是使用和创建地图、访问即用型图层和工具、作为 Web 图层发布数据、协作和共享、使用任何设备访问地图、使用 Microsoft Excel 数据制作地图、自定义 ArcGIS Online 网站以及查看状态报告。ArcGIS Online 还可用作构建基于位置的自定义应用程序的平台。

4. CityEngine

CityEngine 提供基于程序规则建模，可以使用二维数据快速、批量、自动地创建三维模型。与 ArcGIS 的深度集成，可以直接使用 GIS 数据来驱动模型的批量生成，保证三维数据精度、空间位置和属性信息的一致性。同时，还提供如同二维数据更新的机制，可以快速完成三维模型数据和属性的更新。

CityEngine 主要功能是基于规则批量建模、动态城市规划设计、三维数据编辑与更新以及三维场景共享。

9.5.2.2 SuperMap GIS

SuperMap GIS 是具有完全自主知识产权的国产大型地理信息系统软件平台。包括组件式 GIS 开发平台、服务式 GIS 开发平台、嵌入式 GIS 开发平台、桌面 GIS 平台、导航应用开发平台以及相关的空间数据生产、加工和管理工具。

SuperMap 服务式 GIS 平台也是基于面向服务的架构，提供完整的 GIS 服务，不仅是高性能的企业级 GIS 服务器，还是可扩展的服务式 GIS 开发平台。主要功能是服务定制、个性化服务集成、多源服务无缝聚合、分布式集群、服务扩展、服务配置、部署与管理以及多种客户端软件开发工具包（Software Development Kit，简称 SDK）。在传统二维 GIS 服务的基础上增加了三维 GIS 服务，提供了三维 Web 客户端 SDK，实现了二、三维一体化。

SuperMap Objects 6R 系列是基于 Realspace 的二、三维一体化的组件式 GIS 开发平台，适用于快速开发专业级 C/S 结构应用系统。SuperMap 组件式 GIS 平台包括支持 Java、NET 和 COM 组件的系列产品。主要功能：在多种开发环境下通过二次开发，能够将 GIS 的功能融入业务应用系统，使业务应用系统具备空间数据采集、入库、显示、编辑、查询、分析、制图输出、三维显示等 GIS 核心功能。

SuperMap iMobile for Android/iOS 是基于 Android、iOS 等智能移动系统的组件式 GIS 开发平台，用于快速开发、定制面向行业领域和公众服务的移动 GIS 应用系统。它基于 SuperMap 共相式 GIS 内核与智能移动终端系统有机结合，提供二、三维一体化的专业移动 GIS 功能。主要功能是离线地图浏览、在线服务访问、多源数据聚合、空间定位与查询、空间分析、数据采集与编辑、动态专题图、路径导航以及三维地图。

SuperMap 桌面 GIS 平台软件提供空间数据的采集、管理、编辑、浏览、查询、分析、制图输出、三维显示等 GIS 核心功能，并具有海量空间数据管理和多源数据无缝集成能力。

9.5.3 地理信息系统在水文测量中的应用

9.5.3.1 区域水资源实时监控管理

我国是一个水资源严重短缺的国家，而且由于水资源时空分布不均，与人口、耕地资源分布以及经济发展的格局不匹配,加剧了水资源的紧缺和供需矛盾。水资源实时监控管理就是利用地理信息系统,对水资源的数量、质量及其空间分布进行实时监测、调控和管理,实现对水资源的实时监测、评价、预测预报和调度管理,为水资源的合理配置和动态调控提供决策支持。

1. 系统功能概要

区域水资源实时监控系统是一个动态的交互式计算机辅助支持系统,系统主要包括水资源实时监测、水资源实时评价、水资源实时预报、水资源实时管理和实时调度,如图9.44所示。系统构建结构如图9.45所示。

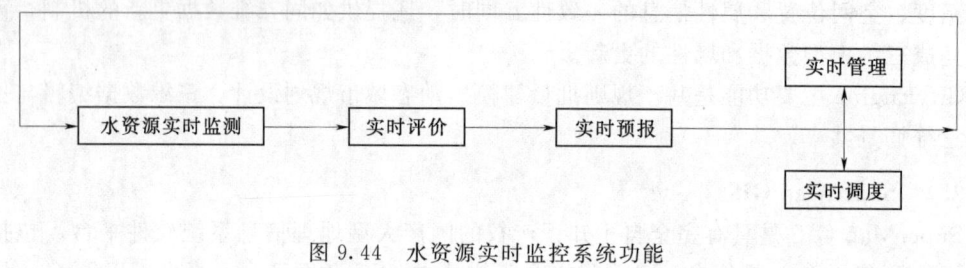

图 9.44 水资源实时监控系统功能

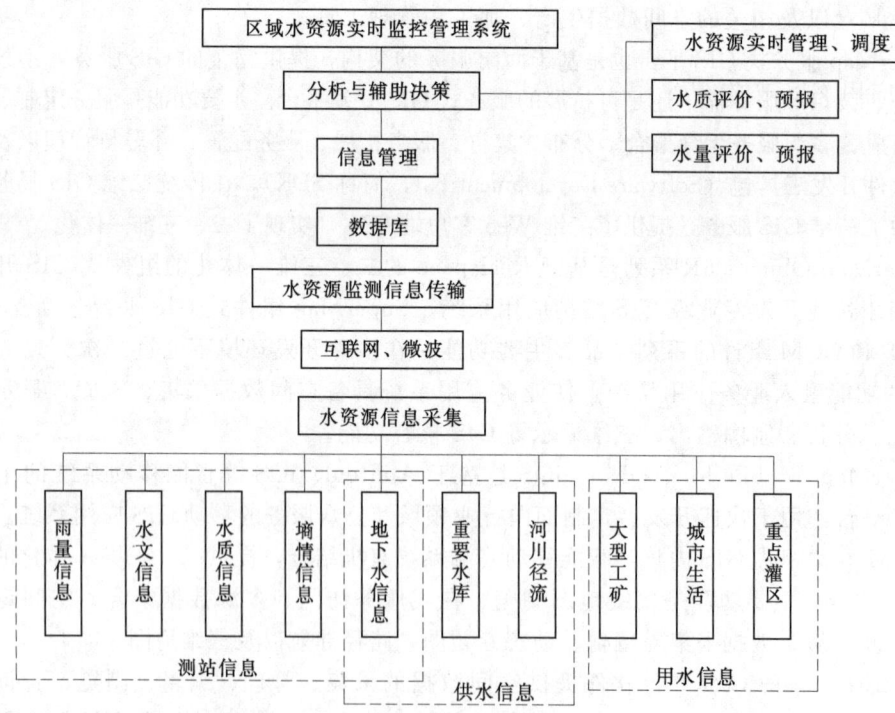

图 9.45 水资源实时监控系统构建结构

水资源信息采集提供区域内相关水资源监测数据的采集和数据处理,包括监测数据的采集、可靠性分析。信息管理则存储和管理各种监测项目的数据信息,提供数据输入、存储、整编、查询与传输等功能。分析与决策支持功能对数据信息进行综合分析处理,运用相应模型对监测数据资料进行综合分析,形成水资源动态状况的分析成果,生成辅助决策报告。数据库是整个系统的基础,目的是准确、高效地采集并实时处理大量监测信息。应用模型模块提供分析模型和计算方法,包括水量评价预测模型、水质评价预测模型、需水模型、水资源调度管理模型等。

2. GIS 功能应用

(1) 空间数据组织。在水资源实时监控系统中不仅包含非空间信息,还包含大量空间信息以及和空间信息相互关联的信息,如地理背景信息、各类测站位置信息、水资源分析单元(行政单元、流域单元等)、水利工程分布、各类用水单元等。这些实体均需采用空间数据模型(如点、线、多边形、网络等)来描述。GIS 提供管理空间数据的强大工具,应用 GIS 技术,对实时监控系统中的空间数据进行存储、处理和组织。

(2) 空间关联分析。采用 GIS 空间叠加方法可以方便地构造水资源分析单元,将各个要素层在空间上联系起来。同时 GIS 的空间分析功能还可以进行区域内各类供用水对象的空间关系分析,建立在区域地形信息、遥感影像数据支持下的区域三维虚拟系统,配置各类基础背景信息、水资源实时监控信息,实现区域的可视化管理。

(3) 集成系统构建。GIS 具有很强的系统集成能力,是构成水资源实时监控系统集成的理想环境。GIS 强大的图形显示能力,只需要很少的开发量,就可以实现电子地图显示、放大、缩小、漫游。同时,GIS 软件采用组件化技术、数据库技术和网络技术,使 GIS 与水资源应用模型、水资源综合数据库以及现有的其他系统集成起来。因此,应用 GIS 来构建水资源实时监控系统可以增强系统的表现力,拓展系统的功能。

9.5.3.2 基于 WebGIS 的全国水文站网信息系统

按照部水文局提出的对水文站网信息资源的开发管理、存储、处理、共享和利用的要求,建立了全国水文站网信息系统。系统建立了水文站网普查数据库和 1:25 万水系及站网电子地图,实现了对水文站网历史及实时的空间数据和属性数据的检索与查询,并具有统计、数据远程更新维护和站网评价等功能。

本 章 小 结

本章介绍的内容,既是测量学的必要组成部分,也与水文测量工作密切相关,但直接纳入前面其他章节中不合适,所以单列一章。

对放样测量,首先要明确概念,进而清楚工作程序方法。放样测量的基本工作是已知平距、水平角和高程的放样,其根本目的一般是为了放样点位,从实际应用考虑,介绍了全站仪点位放样和卫星定位 RTK 放样点位的具体操作。读者注意,一定要领会其基本原理,以能触类旁通。

水文缆道测量内容,通过给读者介绍缆道起点距校准、垂度测量和支架稳定性观测的一些具体方法,旨在启发读者就水文缆道测量的方法进行更广泛地探究。

地形图应用应该是工程技术人员必备的基本技能。应用地形图,首先是阅读地形图,从图廓外的注记明了这幅图的比例尺、坐标和高程系统、图示版本等,根据地物、地貌符号及性质,了解某区域的地物、地貌分布;其次了解地形图分幅与编号的规则和方法;

最后，掌握在地形图上确定点的坐标、高程和量算点与点之间的距离、方位、坡度，掌握应用地形图勾绘集水线和分水线，确定汇水范围、量算确定区域的面积，计算水库库容。数字地形图越来越成为地形图的主要呈现方式，所以掌握数字地形图的应用，更具有实际意义。

遥感具有宏观、快速、直观、动态等优势，遥感技术的应用越来越得到重视。遥感系统构成包括遥感数据获取、遥感信息提取及遥感应用3个方面。读者学习这一块内容，注重了解遥感种类、遥感资料获取方式、有用信息提取方法等，了解遥感软件的一般功能，领会遥感应用的一般流程，了解遥感在水文测量中的应用，拓展视野。

地理信息系统，是在计算机硬件、软件及网络技术支持下，对有关地理空间数据进行输入、处理、存储、查询、检索、分析、显示、更新和提供应用的计算机系统。读者学习这一块内容，注重了解地理信息系统的构成及特点，了解地理信息系统软件的一般用法，了解地理信息系统在水文中的应用，拓展视野。

思 考 与 练 习

9.1 什么是放样测量？放样测量的基本内容是什么？

9.2 在图1中，A、B为测量控制点，P为设计点，其坐标如表1所示，试计算放样数据 β 和 D。

表1　　　　　放样测量坐标数据

点号	x/m	y/m	备注
A	560.120	369.629	控制点
B	360.156	472.839	控制点
P	495.576	606.431	放样点

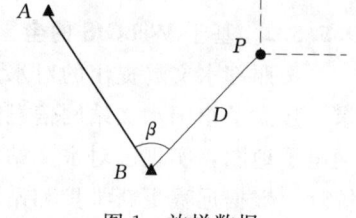

图1　放样数据

9.3 全站仪坐标放样基本原理是怎样的？

9.4 全站仪坐标放样测量的工作流程是怎样的？

9.5 卫星定位RTK模式进行放样测量工作流程是怎样的？

9.6 水文缆道起点距测量有哪些方法？

9.7 全站仪对边测量的基本原理是什么？

9.8 探究水文缆道垂度测量方法。

9.9 大比例尺地形图图廓外一般包括哪些注记？

9.10 小比例尺地形图图廓外一般包括哪些注记？

9.11 某地的经度为117°16′、北纬31°53′，按国际分幅法，该地所在1∶2.5万和1∶1万地形图的分幅编号是什么？

9.12 某地的经度为117°16′、北纬31°53′，按我国现行国家基本比例尺地形图的分幅与编号方法，该地所在1∶10000万和1∶5000万地形图的分幅编号是什么？

9.13 某四边形区域顶点A、B、C、D的坐标如表2所示，试计算其面积。

表 2   面 积 计 算 坐 标 数 据

点号	x/m	y/m
A	200.50	100.78
B	250.34	210.52
C	180.25	250.46
D	100.52	132.78

9.14 在图 2 中标绘水库汇水范围线。

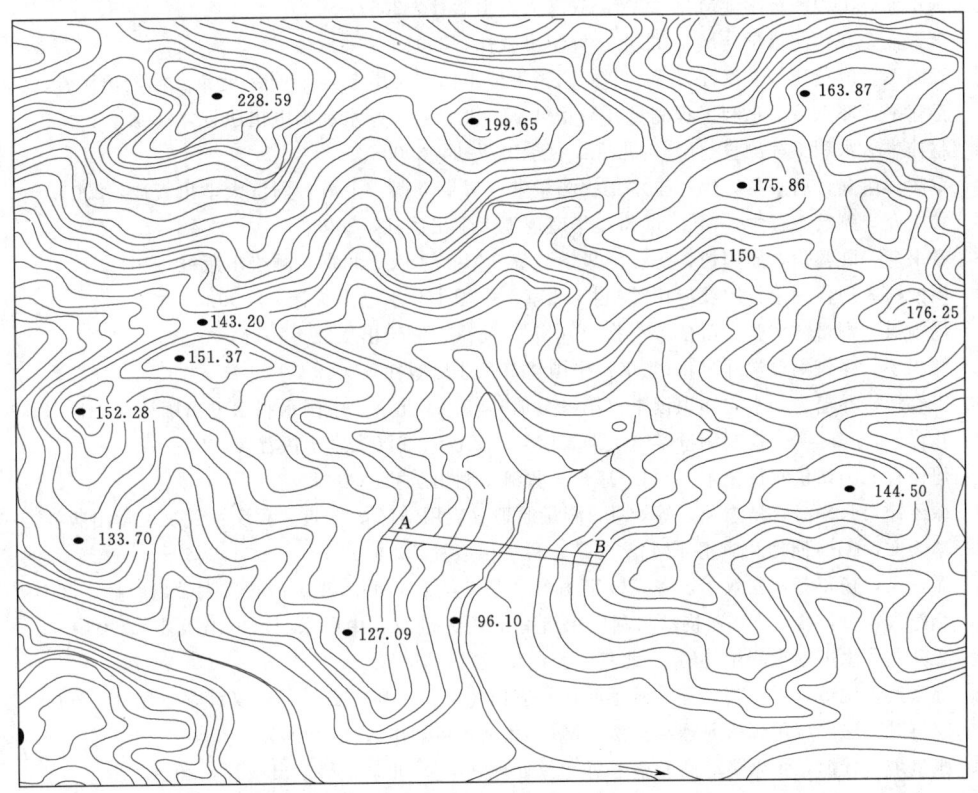

图 2 在地形图上确定汇水边界

9.15 应用地形图计算水库库容的思路方法。
9.16 什么是遥感？遥感有何特点？
9.17 遥感技术系统包括哪些组成部分？
9.18 遥感软件一般具有哪些功能？
9.19 地理信息系统由哪些部分组成？
9.20 地理信息系统的基本功能是什么？
9.21 地理空间数据有哪些特点？
9.22 地理信息系统软件一般具有哪些功能？

参 考 文 献

［1］ 水利部水文司．水文普通测量手册［M］．南京：河海大学出版社，1996.
［2］ 林祚顶．水文现代化与水文新技术［M］．北京：中国水利水电出版社，2008.
［3］ 宁津生，陈俊勇，李德仁，等．测绘学概论［M］．武汉：武汉大学出版社，2004.
［4］ 张正禄．工程测量学［M］．武汉：武汉大学出版社，2002.
［5］ 李天文．现代测量学［M］．北京：科学出版社，2007.
［6］ 程鹏飞，成英燕，文汉江，等．2000国家大地坐标系实用宝典［M］．北京：测绘出版社，2008.
［7］ 岳建平，邓念武．水利工程测量［M］．4版．北京：中国水利水电出版社，2008.
［8］ 赵桂生．水利工程测量［M］．北京：科学出版社，2009.
［9］ 覃辉，伍鑫，唐平英，等．土木工程测量学［M］．3版．上海：同济大学出版社，2006.
［10］ 林文介．测绘工程学［M］．广州：华南理工大学出版社，2006.
［11］ 章书寿，陈福山，周国树，等．测量学教程［M］．4版．北京：测绘出版社，2011.
［12］ 周国树．现代测绘技术及应用［M］．北京：中国水利水电出版社，2009.
［13］ 周国树．测量学实验实习任务与指导［M］．北京：测绘出版社，2011.
［14］ 邹积亭．建筑测量学［M］．北京：中国建筑工业出版社，2009.
［15］ 王春泽，乔建光．水文知识读本（第一分册）［M］．北京：中国水利水电出版社，2011.
［16］ 孔祥元，郭际明．控制测量学（上册）［M］．武汉：武汉大学出版社，2006.
［17］ 何保喜．全站仪测量技术［M］．郑州：黄河水利出版社，2005.
［18］ 徐绍铨，张华海，杨志强，等．GPS测量原理及应用［M］．3版．武汉：武汉大学出版社，2008.
［19］ 李天文．GPS原理及应用［M］．北京：科学出版社，2010.
［20］ 潘正风，杨正尧，程效军，等．数字测图原理与方法［M］．武汉：武汉大学出版社，2004.
［21］ 李纪人，黄诗峰．"3S"技术水利应用指南［M］．北京：中国水利水电出版社，2003.
［22］ 梁开龙．水下地形测量［M］．北京：测绘出版社，1995.
［23］ 孙家抦，倪玲，周军其，等．遥感原理与应用［M］．2版．武汉：武汉大学出版社，2009.
［24］ 赵英时．遥感应用分析原理与方法［M］．北京：科学出版社，2003.
［25］ 张良培，杜博，张乐飞．高光谱遥感影像处理［M］．北京：科学出版社，2014.
［26］ 梁顺林．定量遥感［M］．范闻捷，译．北京：科学出版社，2009.
［27］ 龚健雅．地理信息系统基础［M］．北京：科学出版社有限责任公司，2016.
［28］ 邬伦，刘瑜，张晶，等．地理信息系统——原理、方法和应用［M］．北京：科学出版社有限责任公司，2016.
［29］ 汤国安，杨昕．ArcGIS地理信息系统空间分析实验教程［M］．2版．北京：科学出版社有限责任公司，2016.
［30］ 张贵军，陈铭．WebGIS工程项目开发实践［M］．北京：清华大学出版社，2016.
［31］ 周国树，郭清．微视距精密三角水准研究［J］．测绘通报，2006年第4期：6-9.
［32］ 谭良，全小龙，张黎明．多波速测探系统及其在水下工程监测中的应用［M］．全球定位系统，2009（1）：37-42.
［33］ 曹正池．介绍一种水文缆道垂度的测量计算方法［J］．水利水文自动化，2007（2）：37-38.
［34］ 中华人民共和国水利部，SL 58—2014，水文测量规范［S］．北京：中国水利水电出版社，2014.
［35］ 中华人民共和国国家质量检验检疫总局，中华人民共和国住房和城乡建设部．GB 50026—2007，

工程测量规范 [S]. 北京：中国计划出版社，2008.
- [36] 中华人民共和国国家质量检验检疫总局，中国国家标准化管理委员会. GB/T 20257.1—2007，1∶500、1∶1000、1∶2000 地形图图式 [S]. 北京：测绘出版社，2007.
- [37] 南方测绘仪器有限公司. 南方 NTS 系列全站仪操作手册.
- [38] 南方测绘仪器有限公司. CASS 数字化地形地籍成图系统用户手册.